E. Schlichting · H.-P. Blume · K. Stahr

Bodenkundliches Praktikum

Pareys Studientexte

81

Blackwell Wissenschaft

Ernst Schlichting · Hans-Peter Blume · Karl Stahr

Bodenkundliches Praktikum

Eine Einführung in pedologisches Arbeiten für Ökologen, insbesondere Land- und Forstwirte, und für Geowissenschaftler

2., neubearbeitete Auflage

Mit 46 Abbildungen und 60 Tabellen

Blackwell Wissenschafts-Verlag Berlin · Wien 1995

Oxford · Edinburgh · Boston · London · Melbourne · Paris · Yokohama

Blackwell Wissenschafts-Verlag GmbH
Kurfürstendamm 57, D-10707 Berlin
Feldgasse 13, A-1238 Wien

Blackwell Science Ltd
Osney Mead, GB-Oxford OX2 0EL
25 John Street, GB-London WC1N 2BL
23 Ainslie Place, GB-Edinburgh EH3 6AJ

Arnette Blackwell SA
1, rue de Lille, F-75007 Paris

Blackwell Science, Inc.
238 Main Street, 5th Floor, USA-Cambridge,
Massachusetts 02142

Blackwell Science Pty Ltd
54 University Street, AUS-Carlton, Victoria 3053

Blackwell Science Japan
290-2 Nase Totsuka, J-Yokohama

Hinweis
Die Begriffe Standortkunde und Standortskunde (s. S. 72) bzw. Standorteigenschaften und Standortseigenschaften (s. S. 242) werden synonym verwandt, in Süddeutschland überwiegt die Form mit Fugen 's'.

Vorangegangene Auflage:
Schlichting, Ernst & Hans-Peter Blume (1966): Bodenkundliches Praktikum. Eine Einführung in pedologisches Arbeiten für Ökologen, insbesondere Land- u. Forstwirte und für Geowissenschaftler. Erschienen im Verlag Paul Parey, Hamburg und Berlin.

Anschriften der Verfasser:
Prof. Dr. Hans-Peter Blume
Institut für Pflanzenernährung und Bodenkunde,
Christian-Albrechts-Universität
Olshausenstraße 40
D-24118 Kiel

Prof. Dr. Karl Stahr
Institut für Bodenkunde und Standortslehre,
Universität Hohenheim
Emil-Wolff-Straße 27
D-70595 Stuttgart

Die Deutsche Bibliothek – CIP-Einheitsaufnahme

Schlichting, Ernst:
Bodenkundliches Praktikum : eine Einführung in pedologisches Arbeiten für Ökologen, insbesondere Land- und Forstwirte und für Geowissenschaftler ; mit 60 Tabellen / Ernst Schlichting ; Hans-Peter Blume ; Karl Stahr. – 2., neubearb. Aufl. – Berlin ; Oxford [u.a.] : Blackwell Wiss.-Verl., 1995
(Pareys Studientexte ; 81)
ISBN 3-8263-3042-0

ISBN 3-8263-3042-0 · Printed in Germany

Einbandgestaltung: Rudolf Hübler, D-12683 Berlin, unter Verwendung der Abb. 2.5.1
Schrift: Times
Herstellung: Schröders Agentur, D-14199 Berlin
Satz: Schröders Agentur, D-14199 Berlin
Lithographie: C. Schütte & C. Behling, D-12103 Berlin
Druck und Bindung: WB-Druck, D-87669 Rieden
Gedruckt auf chlorfrei gebleichtem Papier

Vorwort zur 2. Auflage

Auch in der zweiten Auflage, die unserem Lehrer Ernst Schlichting zwar zu konzipieren, aber nicht mehr umzusetzen vergönnt war, wird versucht, exemplarisch einen abgerundeten Abriß von Grundlagen, Technik und Auswertung bodenkundlicher Untersuchungsmethoden zu geben. Neben einer gründlichen Überarbeitung der Methoden, der Berücksichtigung moderner Meßtechniken und Auswertungsmöglichkeiten wurden Methoden neu aufgenommen, mit denen sich die Dynamik am Standort über längere Zeit messend verfolgen läßt. Es wurden Methoden verstärkt berücksichtigt, die auch die Böden anderer Klimate zu charakterisieren und zu klassifizieren gestatten.

Den Biologen allgemeiner (Botaniker, Mikrobiologen, Zoologen) oder angewandter Richtung (Land- oder Forstwirte, Gärtner) sowie den Landschaftsökologen interessiert der Boden insbesondere als Standort und Lebensraum für höhere und niedere Pflanzen und Tiere, den Geowissenschaftler dagegen vornehmlich als umweltbedingtes Landschaftssegment (Geographen) bzw. von der Umwelt zeugende erdgeschichtliche Urkunde (Geologen). Für Archäologen ist er kulturgeschichtliche Urkunde, für Wasserwirtschaftler und Umweltingenieure Filter für umweltrelevante Stoffe. Alle genannten Disziplinen eint das Bestreben des Erhaltes der für Mensch und Umwelt wichtigen Bodenfunktionen. Das Buch wendet sich daher an alle Interessenten, um ihnen nicht nur für ihre speziellen Fragen eine Hilfe zu sein, sondern ihnen auch einen Einblick in die weiteren Aspekte zu vermitteln.

Die Methoden wurden auf jeder Stufe so ausgewählt, daß sie grundsätzlich internationalen (ISO) bzw. nationalen (DIN) Normen folgen, aber möglichst einfach sind (z. T. sogar vereinfacht wurden), um dennoch eine möglichst umfassende Aussage über einen Boden zuzulassen. Sie haben sich überwiegend seit vielen Jahren in Geländeübungen, kleinen und großen Praktika bewährt. Der zur Verfügung stehende Platz zwang auch in der zweiten Auflage zur Beschränkung auf das rein Bodenkundliche. Daher wurden die physikalisch-chemischen Grundlagen der Methoden nur kurz skizziert. Bei der Charakterisierung des Stoffbestandes wurden auch anorganische Schadstoffe (z. B. Schwermetalle) verstärkt berücksichtigt, hingegen keine anthrophogenen organischen Verbindungen. Auch wurden Methoden zur Untersuchung bodenbewohnender Pflanzen und Tiere nur dann berücksichtigt, wenn anders die exakte Bestimmung einer Bodeneigenschaft nicht möglich erschien (z. B. mikrobielle Biomasse im Bezug auf organische Bodensubstanz). Breiterer Raum wurde weiterhin der integrierenden Auswertung der ermittelten Daten gegeben, weil Entsprechendes in der Literatur wenig geschieht.

Für diese Auflage hat es viele Anregungen, konstruktive Kritiken und Verbesserungsvorschläge gegeben, von unseren früheren und heutigen Kolleg(inn)en und Mitarbeiter(inne)n in Kiel, Hohenheim und Berlin vor allem, aber auch aus weiteren Instituten, Ämtern und Arbeitskreisen, wofür wir herzlich danken. Dem Verlag danken wir für eine sehr konstruktive und gute Zusammenarbeit. Trotz aller Mühe sind wir uns bewußt, daß sich manches noch nicht optimal gestalten ließ und sich auch Fehler eingeschlichen haben. Dankbar nehmen wir deshalb auch jede Anregung entgegen, die zu einer Verbesserung führt.

Kiel und Stuttgart-Hohenheim,
im Frühjahr 1995

HANS-PETER BLUME
KARL STAHR

Vorwort zur 1. Auflage

Die wesentliche Frage der Bodenkunde lautet: Wie entwickelt sich (ein) Boden aus (einem) Gestein und welche Eigenschaften bekam er dadurch für die Organismen? Das bodenkundliche Praktikum soll zur Beantwortung dieser Frage in konkretem Falle mittels sinnvoller Untersuchungen anleiten.

Die Verfasser versuchten, exemplarisch einen abgerundeten Abriß von Grundlagen, Technik und Auswertung bodenkundlicher Untersuchungsmethoden zu geben. Da sich eine Disziplin am leichtesten demjenigen erschließt, der das Spezielle studiert, ohne das Allgemeine aus dem Auge zu verlieren, hoffen sie, dadurch auch zur Einführung in die Bodenkunde beizutragen.

Die obige Frage zeigt, daß die Bodenkunde genetische und ökologische Aspekte untrennbar miteinander verbindet. Den Biologen allgemeiner (Botaniker, Mikrobiologen, Zoologen) oder angewandter Richtung (Land- oder Forstwirte, Gärtner) interessiert der Boden insbesondere als Standort und Lebensraum für höhere und niedere Pflanzen und Tiere, den Geowissenschaftler dagegen vornehmlich als umweltbedingtes Landschaftssegment (Geographen) bzw. von der Umwelt zeugende erdgeschichtliche Urkunde (Geologen). Das Buch wendet sich daher an alle diese Interessenten, um ihnen nicht nur für ihre speziellen Fragen eine Hilfe zu sein, sondern ihnen auch einen Einblick in die weiteren Aspekte zu vermitteln.

Im Methodischen haben wir eine Dreiteilung nach erforderlichen Vorkenntnissen und Gerätschaften, Zeitaufwand und damit nach der erzielbaren Exaktheit der ermittelten Daten vorgenommen. Der erste Teil umfaßt Felduntersuchungen, die überwiegend ohne oder mit jedermann zugänglichen Hilfsmitteln durchgeführt werden können. Die einfacheren Laboruntersuchungen erfordern nur wenige spezifisch bodenkundliche Geräte und dürften daher in den meisten Instituten praktikabel sein, während die eingehenderen (durch Kleindruck gekennzeichnet) eine normale bodenkundliche Ausstattung erfordern. Die Methoden wurden auf jeder Stufe so ausgewählt, daß sie zwar möglichst einfach sind (z. T. sogar vereinfacht wurden), aber dennoch eine wirklich umfassende Aussage über einen Boden zulassen. Sie haben sich zum größten Teil seit 10 Jahren in unseren Geländeübungen, kleinen und großen bodenkundlichen Praktika in Kiel und Hohenheim bewährt und erfordern in der Lehre nach unseren Erfahrungen anfänglich im Gelände je Profil etwa 2–3 Stunden und im Labor je Horizontprobe ein halb- bzw. eintägiges einsemestriges Praktikum.

Der zur Verfügung stehende Platz zwang zur Beschränkung auf das rein Bodenkundliche. Daher konnten die physikalisch-chemischen Grundlagen der Methoden meist nur kurz skizziert werden. Ebenso betrachteten die Verfasser es nicht als ihre Aufgabe, Methoden zur Untersuchung der bodenbewohnenden Pflanzen und Tiere zu beschreiben. Breiterer Raum wurde dagegen der integrierenden Auswertung der ermittelten Daten gegeben, weil Entsprechendes in der Literatur bislang fehlt. Infolge der Vielfalt möglicher bodengenetischer und -ökologischer Faktorenkonstellationen und Merkmalskombinationen konnten jedoch nur allgemeine Grundzüge erläutert werden. Hier müßte dann die »Anleitung zu selbständigen wissenschaftlichen Arbeiten« folgen.

Im Technischen wird ein Praktikumsbuch wegen der Vielzahl der anwendbaren Methoden und der stetigen Entwicklung nur schwerlich alle Interessenten dauernd zufriedenstellen können. Wir wären daher für Änderungsvorschläge jederzeit dankbar, zumal mancher Schatz als scheinbar simple Gelände- oder Laborerfahrung noch zu heben ist.

Stuttgart-Hohenheim,
im Herbst 1965

ERNST SCHLICHTING
HANS-PETER BLUME

Inhaltsverzeichnis

1 Ziele und Wege bodenkundlicher Untersuchungen

Wesentliches Ziel bodenkundlicher Untersuchungen ist es, die Böden einer Landschaft zu verstehen. Das beinhaltet eine Antwort auf die Fragen, wie sich die einzelnen Böden entwickelt haben (d. h. wie die Faktoren der Bodenbildung wirkten), wie sie als Standort auf Organismen und als Filter auf Gewässer wirken werden und wie sie in Bildung und Standorteigenschaften miteinander verknüpft sind.

Nötig ist zunächst, an charakteristischen Stellen der Landschaft den gegenwärtigen Zustand des Mineral- und des Humuskörpers sowie des Gefüges in den verschiedenen Horizonten vorurteilslos (wertneutral) zu beschreiben. Um dies in allgemein verständlicher und interpretierbarer Form tun zu können, sind jedoch aus der Vielzahl der ermittelbaren Merkmale bestimmte konventionelle und diagnostisch wichtige auszuwählen (Entsprechendes gilt für die nur im Labor an Bodenproben meßbaren Merkmale). Auf diese also beziehen sich die folgenden Ausführungen, wobei im speziellen Falle andere durchaus bedeutsamer sein können. Stabile Merkmale wie die Körnung oder der Mineralbestand sind dabei einmal anzusprechen. Labile Merkmale wie Gehalt und Zusammensetzung des Bodenwassers ändern sich im Jahreslauf und erfordern demzufolge mehrfache Untersuchungen, d. h. Umsatzmessungen oder Jahresgänge.

Aus diesen Merkmalen sind ihre Bildungsprozesse (Verwitterung und Mineralbildung, Zersetzung und Humifizierung, Verlagerung und Gefügebildung) zu rekonstruieren. Da ein Boden natürlicherweise unten durch sein anorganisches und oben durch sein organisches Ausgangsmaterial (Gestein bzw. Streu) begrenzt wird und die Umweltkräfte von oben eingreifen, kann man den allgemeinen Ablauf der Prozesse aus einem Horizontvergleich mit Gestein und Streu erschließen. Man folgt dabei dem einfachen Prinzip, daß in der Regel Abschwächung eines Merkmals in einem Horizont Abbau oder/und Fortfuhr, Verstärkung entsprechend Bildung oder/und Zufuhr bedeutet (Beispiel: Tongehaltsanstieg im Unterboden durch Tonbildung bzw. -verlagerung). Je näher dem Ausgangsmaterial diese Veränderung auftritt, desto früher hat sie im allgemeinen eingesetzt (Beispiel: Kalkgehaltsabfall unmittelbar über dem Gestein durch frühe Entkalkung). Umsatzmessungen gestatten dabei, rasch ablaufende Vorgänge zu verfolgen bzw. zu ermitteln, inwieweit Prozesse auch heute noch ablaufen.

Sodann sind aus den Bodenmerkmalen die künftigen Lebensbedingungen der Organismen vorherzusagen. Da für sie nur die in labiler Bindung vorliegenden Wasser-, Luft- und Nährstoffvorräte verfügbar und die entsprechenden Schadstoffvorräte wirksam sind, hat man die Veränderbarkeit der entsprechenden Bodenmerkmale in ihrem Wurzel- bzw. Lebensraum abzuschätzen (Beispiel: Gehalt an leicht verwitterbaren Mineralen, wie Kalk). Das hat aber stets in Zusammenhang mit dem gleichgewichtigen Standortfaktor Witterung zu geschehen (bes. bedeutsam beim Wasser- und Lufthaushalt). Entscheidend ist dann das Verhältnis zum Anspruch für optimales Gedeihen. Infolgedessen ist der Vergleich mit der gegenwärtigen Vegetation (Artenbestand, Wuchsleistung) eine wichtige Gegenprobe. Mit der Analyse der Fähigkeit, Stoffe zu binden, werden Böden nicht nur als Lebensraum von Organismen und Wurzelraum von Pflanzen charakterisiert, sondern zugleich als Regulator der Grundwasserneubildung und Grundwasserqualität.

Für die genannten Interpretationen gilt, daß sie nicht nur in Gänze, sondern auch für jedes der Einzelmerkmale um so sicherer werden, je mehr andere man berücksichtigt. Eine gegebene Kombination der bodenbildenden Faktoren beeinflußt ja alle Prozesse, und diese tun es untereinander. Daher müssen alle Merkmale in gewisser Weise harmonisch ausgeprägt sein, so daß sich die Schlüsse wechselseitig sichern lassen. Dazu kommt, daß die vielfältigen Ansprüche der Organismen an ihren Lebens- bzw. Wurzelraum eine Einheit bilden, die der Boden harmonisch erfüllen muß.

Die Böden einer Landschaft unterliegen in ihr nicht nur einer abgestuften Einwirkung der Umwelteinflüsse, sondern sind auch oft durch Umlagerungsprozesse (durch Wasser, Wind oder Schwerkraft) miteinander verbunden. Infolgedessen lassen sich manche Schlüsse durch einen Profil- bzw. Standortvergleich in der Landschaft sichern (Beispiele: geköpften Profilen am Ober- werden überdeckte am Unterhang entsprechen, erstere werden weniger, letztere mehr Wasser erhalten als der Niederschlagshöhe entspricht; auf Wasserstau deutende Merkmale werden vom Rand zum Kern von Plateaus zunehmen). Der Vorteil der Bodenuntersuchung im Gelände liegt gerade in der Möglichkeit, die Gültigkeit entsprechender Schlüsse schnell zu überprüfen.

Bei diesen Indizienbeweis-Methoden werden aber die gegenwärtig ablaufenden Prozesse, die sich morphologisch (bei kürzlichen Eingriffen oft auch ökologisch) kaum ausgewirkt haben, meist wenig erfaßt. Hier muß die Veränderung der Bodenmerkmale über eine ausreichend lange Zeit beobachtet oder gemessen werden. Beweisen lassen sich alle Aussagen über den Ablauf bestimmter bodenbildender Prozesse bzw. über die Wuchsbegrenzung durch diesen oder jenen Faktor nur durch einen gezielten Eingriff in das System, d. h. durch Experimente. Diese Experimente wiederum müssen letztlich unter Feldbedingungen durchgeführt werden. *Bodenkundliche Untersuchungen beginnen und enden also im Gelände.*

2 Auswahl der Untersuchungsobjekte

Man muß zunächst versuchen, typische Böden aufzufinden, die von wenigen Punkten ausgehend das ganze Bodenmosaik begreifbar machen. Solche typischen Böden sind dort zu erwarten, wo die Faktoren der Bodenbildung in charakteristischen Kombinationen wirkten. Diese Faktoren sind Gestein, Klima, Relief, Vegetation, Zeit und bei Kulturböden der Mensch. Das Gestein ist das umzuwandelnde Substrat, das Klima repräsentiert die Umweltenergien, das Relief modifiziert dessen Wirksamkeit, die Vegetation liefert die Streu, die Zeit bestimmt das mögliche Ausmaß der durch die vorhergenannten Faktoren bedingten Prozesse, während der Mensch in vielfältiger Weise in sie eingreift.

Landschaften können nach verschiedenen Gesichtspunkten abgegrenzt werden und demnach unterschiedlich groß sein. Der Erdball wird durch das Großklima in Zonen gegliedert, diese weiter durch klimatische Variationen in Provinzen. Dann treten in den Regionen Gesteine bzw. Gesteinsgruppen (oft als tektonische Einheiten) hervor, die durch bestimmte Reliefgruppen in Elementarlandschaften unterteilt werden können. Es ist zweckmäßig, sie durch die Wasserscheiden und nicht durch die Wasserläufe abzugrenzen. In der genannten Folge nimmt also die Bedeutung des Klimas als Gliederungsprinzip ab, diejenige des Reliefs dagegen zu (das heißt natürlich nicht, daß in den kleineren Einheiten etwa keine Gesteinsunterschiede vorkämen). Im folgenden wird diese Elementarlandschaft kurz als Landschaft bezeichnet. In ihr gilt es also, die wahrscheinlichen Positionen typischer Böden zu lokalisieren. Das geschieht durch Auswerten vorhandenen Kartenmaterials und durch eine Geländebegehung.

2.1 Auswertung vorhandenen Kartenmaterials

Sie ist erforderlich, um das fragliche Gebiet in die nächstgrößere Landschaftseinheit einordnen und ratsam, um Arbeit sparen zu können. Wichtigste Grundlage ist eine *topographische Karte* (Maßstab zweckmäßigerweise 1 : 25000 oder größer) mit Höhenschichtlinien. Legt man die verschiedenen Höhenstufen (kleine im Flach-, größere im Bergland) farbig an, so lassen sich die geomorphen Einheiten (z. B. Terrassen, Moränen, Hochebenen) leichter erkennen. Diese Einheiten sind durch ein bestimmtes Relief (bzw. eine Reliefabfolge), gleiches Alter (durch Gesteinsbildung oder -abtragung) und meist auch gleiches Gestein (prüfe!) ausgezeichnet. Man erfaßt mit ihnen in einem großklimatisch einheitlichen Gebiet also die Faktoren Relief (und das davon mit abhängige Mikroklima), Zeit und oft auch Gestein. Bei Flußtälern mit starkem Gefälle oder nachträglich gekippten Hochebenen mit starkem Schichtenfallen ist jedoch zu berücksichtigen, daß sie Höhenschichtlinien queren. Hier ist nicht die absolute, sondern die relative, d. h. auf die Flußsohle oder die Schichtbasis bezogene Höhenlage herauszuziehen.

Durch diese morphologische Gliederung gewinnt man auch einen Überblick über das Gewässernetz. Der Vergleich mit einer *hydrologischen Karte* läßt alte (trockengefallene oder verlandete) Wasserläufe bzw. -flächen erkennen. Je genauer diese Karte, desto mehr kann die Landschaft weiter nach Flächen gleicher Grundwasserhöhe, -schwankung und -zügigkeit gegliedert werden.

Innerhalb der geomorphen Einheiten vorhandene Gesteinsunterschiede auszugrenzen, ist oft nicht einfach, da es petrographische Karten kaum gibt. Die *geologischen Karten* gliedern häufig bei den Sedimentiten nicht nach der Art, sondern nach dem Bildungszeitraum der Gesteine (Chronostratigraphie). In großmaßstäbigen geologischen Karten sind aber meist einheitliche Gesteinskörper, d. h. die Fazies (Lithostratigraphie) innerhalb eines Zeitraumes, gegliedert und diese angegeben (z. B. Dogger α = Opalinuston). Bei Magmatiten und Metamorphiten wird jedoch mehr die Art und weniger das Alter der Gesteine angegeben. Das Alter eines Gesteins bestimmt natürlich auch die maximale Dauer der Bodenbildung. Die tatsächliche ist aber oft beträchtlich kürzer, weil die Bedingungen, unter denen das Gestein gebildet wurde, keine Bodenbildung erlaubten (z. B. Glazialklima) oder weil das Gestein überdies durch ein neues überdeckt wurde (z. B. Meeressedimente). In letzterem Falle vermittelt die geologische Karte keine Kenntnis darüber, wann Deckgebirge wieder abgetragen wurden und danach die Bodenbildung in dem betreffenden Gestein beginnen konnte. Die Nutzbarkeit geologischer Karten für die Gliederung einer Landschaft nach den Faktoren Gestein und Zeit wird ferner dadurch eingeschränkt, daß die Darstellung meist »abgedeckt« ist, d. h. geringermächtige jüngere Deckschichten nicht enthält. Diese aber werden natürlich besonders intensiv umgewandelt und bestimmen demnach oft den Charakter der Böden (z. B. Lößschleier über Unterkeuperton, Flugsand über Geschiebemergel).

Der Vergleich *jüngerer* mit *älteren Karten* läßt einen Nutzungswandel erkennen und dann ältere Prägungen erwarten. So läßt ackerbauliche Nutzung Erosionsspuren am Ober- und Kolluvien am Unterhang erwarten und zwar auch dann, wenn dem Ackerbau die Forstnutzung folgte. Auch Abgrabungen und Verfüllungen lassen sich dann prognostizieren.

Hat man auf diese Weise charakteristische Relief-(Mikroklima-)Gestein-Zeit-Kombinationen lokalisiert, so müßte die natürliche Vegetation ihnen folgen, da sie ja vom Boden einerseits und vom Klima andererseits bestimmt wird. Der Vergleich mit *Karten der natürlichen* (potentiellen) *Vegetation* (d. h. derjenigen, die sich ohne menschliche Eingriffe vorfände bzw. wieder einstellen würde) kann also als Gegenprobe dienen. Eine Karte der Kulturvegetation wäre sinngemäß oft nur vorübergehend gültig. Diese aktuelle Vegetation ist auch weniger als Faktor der Bodenbildung aufzufassen denn als Indikator. Einerseits werden beim Pflanzenbau meist natürliche Bodenunterschiede berücksichtigt, und andererseits erfordert er bestimmte Eingriffe des Menschen in den Boden. Diese sind selten direkt kartographisch erfaßt. Karten über die Waldgeschichte sind daher von besonderem Wert, da sie Informationen über alle erwähnten Gesichtspunkte und oft auch über Rodungszeiten vermitteln. Vorhandene Bodenbewertungs- und davon abgeleitete Bodenkarten sollten selbstverständlich benutzt werden, wenngleich z. B. bei der Reichsbodenschätzung unterschiedliche Merkmalskombinationen zur selben Bewertungsziffer führen können (s. 3.6.2.6). Besonders zu empfehlen ist es, vorliegende forstliche Standortkarten einzusehen (AG Bodenkunde 1982, AK Standortkartierung 1980, AK Stadtböden 1989).

2.2 Luftbildinterpretation/Fernerkundung

Einen Übergang zwischen der Kartenauswertung und der Geländebegehung stellt die Interpretation des *Luftbildes* dar (in Entwicklungsländern ist es oft die alleinige »Karten«-Grundlage). Wie eine Karte gibt es die Landschaft verebnet und verkleinert wieder, abstrahiert aber im Gegensatz zu dieser nicht von »unwesentlichen« Landschaftsmerkmalen, die bodenkundlich von Belang sein können. Es erlaubt zunächst eine Kontrolle der Relief- und Vegetationseinheiten (zumal bei stereoskopischer Betrachtung), bei schütterer Vegetation oft auch des Mikroreliefs und des Gesteins. Ferner läßt es indirekt regelmäßige Störungen im Bodenaufbau erkennen (z. B. prähistorische Anlagen, Dränstränge). Und letztlich können Unterschiede in Bodenfarbe, Bearbeitungseffekten u. a. wahrgenommen werden, die bei der Geländebegehung als gleitende Übergänge nicht auffallen (BURINGH 1960).

2.3 Geländebegehung

Aber die beste Vorbereitung kann die Geländebegehung nicht ersetzen. Sie dient zunächst wiederum der Kontrolle der vorigen Ermittlungen. Beim Relief stehen die kartographisch nicht erfaßten Kleinformen im Vordergrund. Sie bedingen besonders bei Grundwassernähe und in Trockengebieten oft große Bodenunterschiede. Noch größer sind diese, wenn das Mikrorelief selbst die Folge der Bodenbildung ist (z. B. Thufur oder Gilgai). Mittelbar trifft das auch für anthropogene Kleinformen (z. B. Ackerbeete, Bifänge) zu. – Die anstehenden Gesteinsarten lassen sich an vorhandenen Aufschlüssen (z. B. Steinbrüchen, Kiesgruben) sicher, aber nicht immer flächenrepräsentativ ermitteln. Unverwitterte Blöcke und Steine an der Bodenoberfläche erlauben oft, das Bild zu vervollständigen. Unterschiede zwischen Aufschluß- und Oberflächenermittlungen deuten auf geringmächtige Deckschichten (z. B. Fließerden, Flugsanddecken, Lößschleier). Der Inhalt von Lesesteinhaufen und Steinwällen läßt nur einen Schluß auf die überhaupt vorkommenden Gesteine zu, nicht auf ihre Verbreitung, da sie ja von verschiedenen Stellen zusammengetragen sein können. – Die Vegetationsunterschiede sind ähnlich sorgfältig zu beobachten wie die Kleinformen des Reliefs. Einmal ist auch die rezente Vegetationsdecke selten eingehend kartographisch erfaßt, und zum anderen gilt hier in besonderem Maße, daß Bodenunterschiede direkt angezeigt werden können. Kennt man den Zeigerwert der verschiedenen Pflanzen bzw. Pflanzengesellschaften, so sagt die spontane Vegetation nicht nur aus, ob, sondern auch welche Bodenunterschiede bestehen. Bezüglich der Einzelheiten muß hier auf die pflanzensoziologische Literatur verwiesen werden (BRAUN-BLANQUET 1964; DIERSSEN 1990; ELLENBERG 1979; SCHUSTER 1980).

Es sei nur kurz vermerkt, daß die beiden in Mitteleuropa heimischen Nutzungsformen Wiese und Wald insbesondere die Gründigkeit und den Grundwassereinfluß anzeigen. Der Pflanzenbestand des Dauergrünlandes kann noch in gewissem Maße als standortgebunden betrachtet werden; in den Forsten gilt das allenfalls für die Krautschicht und auf den Äckern für die Unkräuter. Die Aussage wird allerdings infolge der neuerdings auch in Forsten verbreiteten Düngung und bei den Äckern zusätzlich wegen der Anwendung selektiver Herbizide immer problematischer. Besser zu sichern ist die Abgrenzung von bodenbedingten Vegetationseinheiten, wenn man ihre jahreszeitlich wechselnden Aspekte beobachtet. Indessen hat man häufig nicht so viel Zeit für die Auswahl seiner Untersuchungsobjekte. Bei den Kulturbeständen tritt an die Stelle der Artenzusammensetzung das Wuchsbild (Bonität der Bäume, Stand der Feldfrüchte). Hier wirken sich allerdings kurzfristige Veränderungen des Bodenzustandes (z. B. durch Düngung) oft so stark aus, daß Vorsicht geboten ist. Letztlich muß man bei der Geländebegehung natürlich versuchen, direkte Hinweise auf Bodenunterschiede zu erhalten. Vorhandene Gruben usw. ermitteln ähnliche Einblicke wie beim Gestein beschrieben, während die Beobachtung der Bodenoberfläche meist aufschlußreicher ist als dort, da nicht nur der Steingehalt von

Belang ist. Bereits beim Überschreiten sind Unterschiede spürbar, z. B. am Federn die Lockerheit des Gefüges. Bei nacktem Boden treten Farbe und Gefüge der Oberfläche an die Stelle der Vegetation. Da bei beiden Merkmalen Unterschiede durch hohe Wassergehalte nivelliert werden können, empfiehlt sich auch hier, sie zu verschiedenen Jahreszeiten zu beobachten (z. B. gibt sich bei Trockenheit ein schluffiger Oberboden durch Verkrusten, ein toniger durch Zersplittern zu erkennen; Unterschiede im Humusgehalt erscheinen dann viel deutlicher). Aber auch unterschiedliche Feuchte zu einer gegebenen Zeit deutet auf merkliche Bodenunterschiede. Beim Gefüge ist natürlich wiederum zu beachten, daß Unterschiede zwischen zwei Äckern bearbeitungsbedingt und somit vorübergehender Natur sein können.

2.4 Placierung der Leitprofile

Hat man auf diese Weise alle verfügbaren Informationen über wahrscheinliche und sichere Bodenunterschiede gesammelt, so ist zunächst zu entscheiden, welche Differenzen wesentlich und welche unwesentlich sind. Das hängt natürlich sehr von der erstrebten bzw. möglichen Genauigkeit der Untersuchung, d. h. sowohl von der Ausdehnung der Landschaft als auch von ihrer Ausgeglichenheit sowie vom möglichen Zeitaufwand ab. Nach dieser Entscheidung werden in der Mitte der jeweils als einheitlich angesehenen Flächen sogenannte Leitprofile freigelegt. Zu vermeiden sind dabei jedoch gestörte Lokalitäten (z. B. ehemalige Siedlungsplätze, Wege und Gräben, deren Lage älteren topographischen Karten oder dem Luftbild entnommen werden kann) und deren nähere Umgebung (z. B. können Veränderungen am Straßenrand 10–100 m weit reichen). Auch sollte man nicht alte Aufschlüsse oder Wegeeinschnitte wählen bzw. die Leitprofile der Arbeitsersparnis wegen an untypischen Stellen (z. B. Wegraine, Waldlichtungen) legen; denn die unzweckmäßige Placierung eines Leitprofils vermindert den Nutzeffekt der ganzen folgenden Arbeit.

2.5 Anlage eines Bodenprofils

Die Felduntersuchung erfolgt an einem Bodenprofil. Ersatzweise ist sie an einem Bohrkern möglich, und zwar um so besser, je größer dessen Querschnitt ist. Der Durchmesser eines *Erdbohrstocks* (∅ 2 cm) läßt z. B. noch die Ermittlung der Körnung, dagegen nicht mehr die des Gefüges zu. Die Eignung verschiedener im Handel befindlicher *Bohrgeräte* hängt dabei von den Bodeneigenschaften ab. Geeignet sind insbesondere für sandige Böden *Löffelbohrer*, für lehmige und tonige Böden *Schlagbohrer* und für Moore *Kammerbohrer*. Bohrungen sind zu unterlassen, wenn mit verlegten Leitungen zu rechnen ist, z. B. im städtischen Bereich, weil diese beschädigt werden können (und auch zu einer Gefährdung des Bohrenden führen können). Bei steinreichen Böden empfiehlt sich die Anlage kleinerer Schürfen mit einer *Hacke*.

Als **Bodenprofil** wird mit *Spaten* sowie *Schaufel* oder *Pickhacke* eine Grube von 1 m Breite ausgehoben, die bis 0,2 m unterhalb der Oberkante des Gesteins, bei Böden aus Lockergesteinen jedoch mindestens bis 1 m Tiefe reicht. Der Aushub wird auf rechts und links ausgebreitete *Planen* geworfen (und zwar Ober- und Unterboden getrennt); dadurch wird ein Flurschaden gering gehalten und das spätere Schließen der Schürfe erleichtert. Die Grube sollte 1 1/2 mal so lang wie tief sein und mit mehreren Treppen für den Einstieg ausgeführt werden (Abb. 2.5.1). Die Stirnwand sollte in Hanglagen bergwärts angelegt

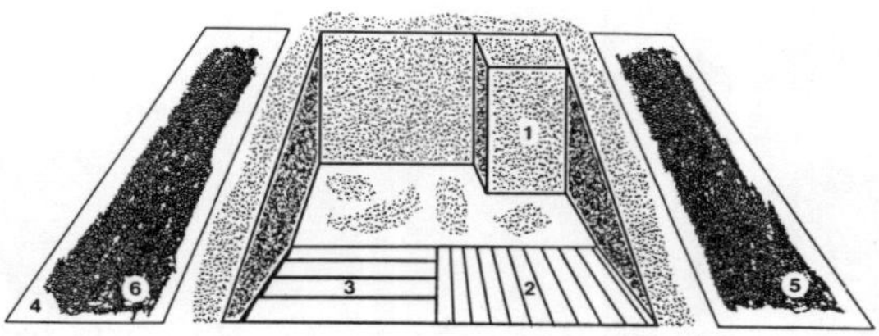

Anlage eines Bodenprofils
Geräte: Spaten, Zollstock, 2 Planen (ca. 1,50 × 2 m).
Breite: 100 cm
Länge: 180 cm
Tiefe: 120 cm, falls das Ausgangsgestein nicht erreicht wird

1. Diagnostische Säule (bleibt für die Untersuchungen erhalten)
2. Schiefe Ebene (Rettungsweg für Tiere)
3. Treppe
4. Plane
5. Oberboden (bis ca. 40 cm Tiefe. Er enthält das Bodenleben)
6. Unterboden (Rechtshänder)

Grube über Nacht sichern, ansonsten in der Reihenfolge Unterboden-Oberboden wieder zuschütten, um die Belastung für das Bodenleben gering zu halten.

Abb. 2.5.1: Anlage des Bodenprofils

werden, sonst nach Westen oder Osten ausgerichtet, um gute *Fotos* machen zu können (s. 3.7.2). Für Beobachtungen an Baumwurzeln ist die Stirnwand etwa 1 m neben dem Stammfuß anzulegen. Dann kann nach der Profilbeschreibung der durchwurzelte Bereich abgegraben werden. Die Stirnwand wird zur einen Hälfte spatenglatt abgestochen, zur anderen dem Aggregatverband nach mit *Messer* oder *Spatel* präpariert. Bei lehmig-tonigen Böden kann man in einer Ecke der Profilgrube einen Quader für Gefügestudien stehen lassen (s. 3.5.3). Auch eine der Längswände wird spatenglatt abgestochen, da an langen Wänden ein Streichen bzw. Fallen von Schichten, Steineinregelungen usw. besonders gut beobachtet werden können. Später wird hier eine zweite Treppe, deren Stufen sich jeweils in der Mitte einer Lage (mächtige Lagen werden mehrfach unterteilt) befindet, für Aufsichtsbeobachtungen und Gefügemessungen angelegt.

3 Aufnahme und Deutung des Bodens im Gelände

Vom Bodenprofil (s. Kap. 2.5) werden neben den Eigenschaften der Horizonte bzw. Schichten auch die Lokalität und die bodenbildenden Faktoren angesprochen. Es folgen die genetische Deutung, die ökologische Beurteilung und ggfs. die Eignungsbewertung im Hinblick auf spezifische Nutzungen (Abb. 3.1).

Alle Erhebungen und Beobachtungen werden in ein vorbereitetes Formular eingetragen (s. Abb. 3.7.1). Dabei können Symbole verwendet werden. Die üblichen Abkürzungen (DV-Zeichen) finden sich in AG Bodenkunde (1982), OELKERS (1984); DIN 4220, 19682, 19685, 19686.

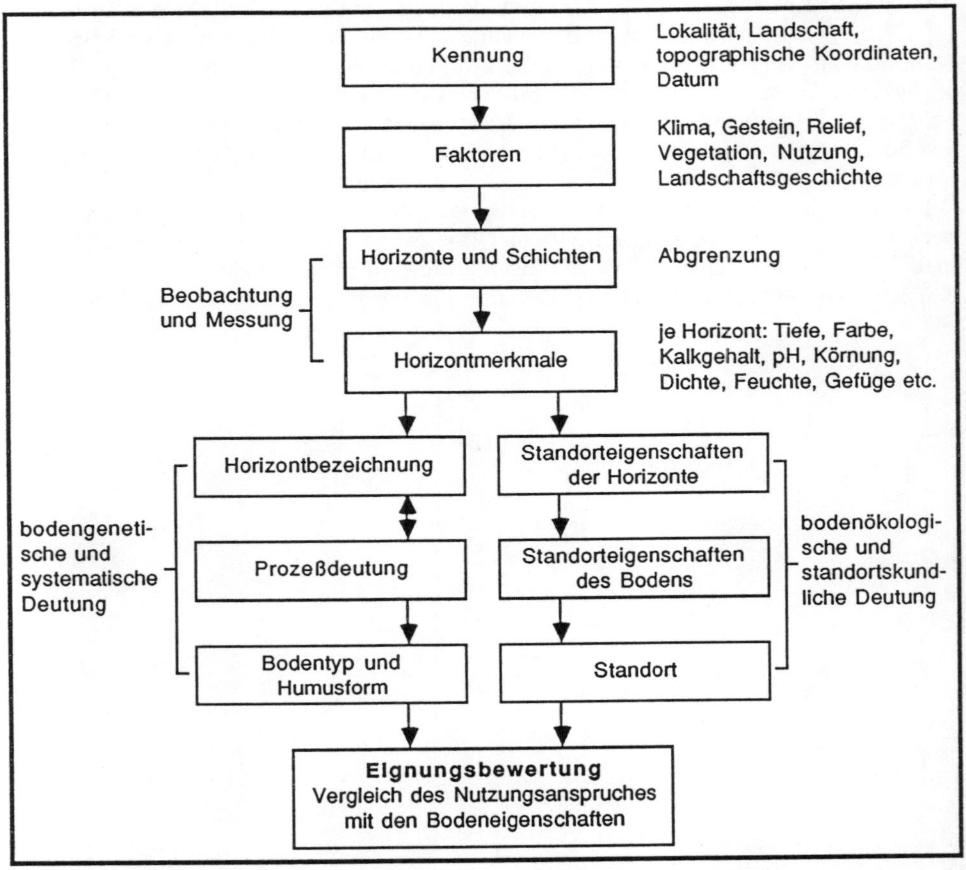

Abb. 3.1: Übersicht zur Ansprache von Böden im Gelände

3.1 Kennzeichnung der Lokalität

Jede Profilbeschreibung ist zur Vermeidung von Verwechslungen zunächst mit folgenden Angaben zu versehen (Abb. 3.7.1):
- Profilnummer (fortlaufend) wird in die Feldkarte eingetragen
- Angabe der benutzten Feldkarte (Kartennummer, Maßstab)
- Lokalität (möglichst eindeutige Beschreibung des Ortes mit Flurdaten etc.)
- Koordinaten des beschriebenen Standortes (Hoch- und Rechtswerte)
- Aufnahmedatum und Bearbeiter

Das **Oberflächenrelief** hat sowohl für die Eigenschaften der Böden als auch für deren Abgrenzung auf Bodenkarten Bedeutung. Unterschiedliche Neigungen, Längen und Formen von Hängen beeinflussen z. B. die Sicker- und Abflußgeschwindigkeit des Niederschlagswassers und damit die Gefahr der Bodenerosion. Kuppenlagen sind in der Regel trockener als Mittelhänge, und an Unterhängen treten nicht selten Vernässungen auf. Bei der Bodenkartierung nicht nur im Bergland liefern die Reliefformen und die Hangneigung wichtige Kriterien zur Abgrenzung von Bodeneinheiten. Die Kennzeichnung des Oberflächenreliefs am Aufnahmepunkt kann nach folgendem Schema erfolgen:

- **Lage auf einer ebenen Fläche:** **E**
- **Lage im Kulminationspunkt einer Erhebung** (Berg, Hügel):

Kulminationsbereich allgemein	**K**	Sattel	**KS**
Firstbereich (Grat)	**KF**	Gipfel	**KG**
Firstverebnung	**KE**	Gipfelverebnung	**KV**
Rücken	**KR**	Kuppe	**KK**

- **Lage im Tiefenbereich einer Hohlform** (Tal, Mulde):

Tiefenbereich allgemein	**T**
Konkaver Tiefenbereich (sohlenloser) einer Hohlform	**TV**
Ebener Tiefenbereich einer Hohlform mit Sohle	**TE**

- **Lage im Abdachungsbereich eines Hanges:**

Geneigte Lage allgemein	**H**		
Oberhang	**HO**	Unterhang	**HU**
Mittelhang	**HM**	Hangfuß	**HF**

Zusätzliche Angabe zum Hangteil:

- **Besondere Hangelemente:**

Hangschulter (-oberkante)	..**S**
Hangrücken	..**R**
Hangmulde	..**M**
Hangnische	..**N**
Hangverebnung	..**E**

- **Formen des Hanglängsprofiles**

Konkaver Hangbereich	**V**
Konvexer Hangbereich	**X**
Gestreckter Hangbereich	**G**

- **Entfernung von der Hangoberkante in m**

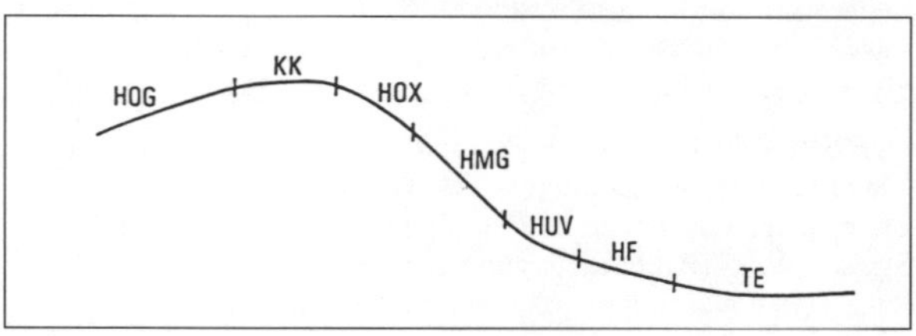

Abb. 3.1.1: Beispiele für die Kennzeichnung von Reliefpositionen

Die **Hangneigung** wird mittels eines *Klinometers* festgestellt oder ersatzweise aus dem Höhenlinienabstand der *topographischen Karte* abgelesen (bei starkem Mikrorelief kann mit letzterem ein erheblicher Fehler auftreten):

Tab. 3.1.1: Hangneigungsstufen (AG Bodenkunde 1982, FAO 1990)

Neigungsstufen %	°	Bezeichnung	Bez. FAO	Kurzzeichen	Abstand der 10 m-Linien in Karte 1 : 25000
0– 2	0–0,5	nicht geneigt	flat	N 0	> 20 mm
2– 4	0,5–2	sehr schwach geneigt	to	N 1	11-20 mm
4– 9	2– 5	schwach geneigt	undulating	N 2	4,5–11 mm
9–18	5–10	mittel geneigt	rolling to	N 3	2,2–4,5 mm
18–27	10–15	stark geneigt	hilly	N 4	1,5–2,2 mm
27–36	15–20	sehr stark geneigt	steeply dissected	N 5	1,1–1,5 mm
>36	>20	steil	to mountainous	N 6	< 1,1 mm

3.2 Kennzeichnung von Klima und Witterung

Das **Lokalklima** müßte langjährig gemessen werden (s. hierzu Kap. 6), um repräsentative Werte zu erhalten. Im Normalfall entnimmt man daher *Tabellenwerken der Klimakunde* (z. B. WALTER und LIETH 1967, MÜLLER 1987) die langjährigen Mittel von Jahresniederschlag und -temperatur der nächsten *Klimastation* des Wetterdienstes und schätzt das Standortklima unter Berücksichtigung abweichender Höhenlage und Auslage zur Himmelsrichtung.

Genauere Aufschlüsse geben langjährige Monatsmittel des Niederschlages oder der Temperatur sowie Angaben über die Zahl der Tage mit Bodenfrost und mit über 1 mm Niederschlag. Die komplexe Wirkung von Niederschlag und Temperatur auf die Durchfeuchtung des Bodens läßt sich dann über die klimatische Wasserbilanz (s. 3.6.2.2) oder andere Indices charakterisieren. Bezüglich weiterer Einzelheiten sei auf LESER und KLINK (1988) verwiesen.

Die **Witterung** zur Zeit und unmittelbar vor der Profilaufnahme ist zu registrieren, weil von ihr die aktuelle Bodenfeuchte und davon abhängige Größen (z. B. Gefügeform, Redoxpotential, Salzgehalt) der Bodenhorizonte abhängen. Die Kennzeichnung des aktuellen Niederschlagsverlaufes ist aus Tab. 3.2.1 ersichtlich.

Tab. 3.2.1: Kennzeichnung des aktuellen Niederschlagsverlaufes (AG Bodenkunde 1982):

Witterungsereignis	Kurzzeichen
keine Niederschläge während des letzten Monats	**WT 1**
keine Niederschläge während der letzten Woche	**WT 2**
keine Niederschläge während der letzten 24 Stunden	**WT 3**
Regnerisch mit nicht sehr starken Niederschlägen während der letzten 24 h	**WT 4**
stärkere Niederschläge seit mehreren Tagen oder Starkregen während der letzten 24 h	**WT 5**
extrem niederschlagsreiche Zeit	**WT 6**
schlechte Belichtung (z. B. Beeinträchtigung der Farbansprache)	**L**
Nebel (z. B. Beeinträchtigung der Geländeübersicht)	**N**
Tiefe Temperaturen (z. B. Beeinträchtigung der Fingerprobe)	**T**
Starker Wind (Beeinträchtigung der gesamten Aufnahme)	**W**
Regen (Beeinträchtigung der gesamten Aufnahme)	**R**

3.3 Kennzeichnung der Biocoenose und der Bestandesgeschichte

3.3.1 Biocoenose

Vegetation und Tierwelt beeinflussen einerseits die Entwicklung eines Bodens und reflektieren andererseits dessen Eigenschaften als Wuchsort, so daß ihnen vielfach diagnostische Bedeutung zukommt. Bei natürlicher bzw. standortbestimmter **Vegetations**decke (z. B. Hochgebirge, Flußaue, Moor, Naturschutzgebiet) sollten die vorhandenen Pflanzenarten und ihr Deckungsgrad erfaßt werden, z. B. nach BRAUN-BLANQUET(1964), DIERSSEN(1990); bei Ackerflächen (A) die derzeitige Kulturart und Fruchtfolge sowie Art und Bedeckungsgrad der Pflanzen; bei Forsten die vorkommenden Holzarten, Bestandesalter und -dichte, außerdem Zusammensetzung und Dichte der Krautschicht. Weiterhin ist auf Naturverjüngung sowie Auftreten bestimmter **Tierarten** (z. B. Regenwürmer, Ameisen, Termiten) zu achten, weil auch deren Kenntnis der Standortdiagnose zu dienen vermag (Isolierung der Tiere s. SCHINNER et al 1993, Ansprache s. DUNGER und FIEDLER 1989).

3.3.2 Bestandesgeschichte

Nicht nur die derzeitige Nutzung, sondern auch frühere Nutzungen haben die Eigenschaften eines Bodens geprägt. Deren Kenntnis erleichtert daher die Deutung erfaßter Bodeneigenschaften. Insbesondere ist zu ermitteln, ob Stoffe entnommen (Streunutzung, Torfstich, Plaggenstich, Grundwassersenkung) oder zugeführt (Düngung, Berieselung, Kalkung, Überschwemmung) oder der Boden bearbeitet, drainiert, nivelliert, terrassiert oder verdichtet wurde.

3.4 Ausgangsgestein

Ausgangsgesteine sind Mineralvergesellschaftungen und bilden geologische Körper, die das anorganische Ausgangsmaterial für die Bodenbildung darstellen. Bei Böden aus einheitlichem Gestein läßt sich die Gesteinsart nach Tabelle 3.4.1 aus den Eigenschaften der untersten, noch unveränderten Bodenlage nach sichtbarer Struktur, Mineralbestand und Körnung ermitteln (MÜLLER 1964; PAPE 1977).

Auch die vor allem in städtisch/industriellen Verdichtungsräumen vom Menschen verursachten Aufträge natürlich entstandener oder künstlicher Substrate bilden das Ausgangsmaterial von Böden (Tabelle 3.4.2, s. auch MEUSER 1993).

Oft ist ein Boden nicht aus einem, sondern aus mehreren, übereinander lagernden Gesteinsschichten entstanden, z. B. aus Flugsand über Geschiebemergel. Dann sind die ursprünglichen Eigenschaften des(r) oberen Gesteins(e) nicht am Profil selbst zu studieren, sondern müssen mittels verwitterungs- und verlagerungsresistenter Bestandteile rekonstruiert werden. Häufig stellt das Gestein eines Bodens oder einzelner Bodenlagen auch ein Gemisch verschiedener Gesteine (Fließerden, Schuttdecken) dar, deren Mischungsanteile dann zu ermitteln und anzugeben sind (s. Tabelle 3.4.2). Die Böden deutscher Mittelgebirgslagen entwickelten sich z. B. überwiegend aus Hangschutt und/oder Fließerden, deren obere Lagen (Deck- und Hauptlage) zudem eingewehten Löß und deren untere (Basislage) auch Anteile älterer Böden (Paläoböden) enthalten können. Auch viele Böden städtisch/industrieller Verdichtungsräume haben sich vielfach aus Aufträgen verschiedener, übereinander liegender und/oder miteinander vermischter natürlicher und/oder technogener Substrate entwickelt. In all diesen Fällen ist für jede Lage eines Bodens das Ausgangsgestein gesondert zu ermitteln.

Tab. 3.4.1: Bestimmung häufiger natürlicher Gesteine nach makroskopischen Merkmalen

Eigenschaften	Bezeichnung	Symbol
1. Prüfen der Festigkeit		
a) locker, grabbar oder zerfällt im Wasser	zu 2	
b) fest, nicht grabbar, zerfällt nicht im Wasser	zu 11	
2. Prüfen auf Kies und Steine (> 2 mm)		
a) kies- und steinhaltig	zu 3	
b) kies- und steinfrei	zu 6	
3. Verteilung und Form von Kies und Steinen		
a) geschichtet und gerundet, kaum Feinerde	**Fluß-, Terrassenkies**	Gt
b) ungeschichtet, z. T. gerundet	zu 4	
c) ungeschichtet, Steine kantig, z. T. am Hang eingeregelt	zu 5	
4. Bodenart und Carbonatgehalt		
a) sandig ± Kalk	**Geschiebesand**	Sg
b) lehmig, mit Kalk	**Geschiebemergel**	Mg
c) lehmig, ohne Kalk	**Geschiebelehm**	Lg
5. Bodenart		
a) feinerdearm	**Hangschutt**[1]	hg
b) feinerdereich	**Fließerde**[1]	fl
6. Bodenart		
a) sandig	zu 7	
b) schluffig	zu 9	
c) tonig, geschichtet	**Beckenton**	Tb
7. Sortierungsgrad		
a) hoch	**Flugsand**	Sa
b) mittel, geschichtet	zu 8	
8. Salzgehalt und Schichtung		
a) z. T. salzhaltig, Meeresfossilien	**Meeressand**	Sm
b) salzfrei, deutlich geschichtet	**Flußsand**	sf
c) salzfrei, mäßig geschichtet	**Talsand**	Ss
9. Schichtung		
a) ungeschichtet, kalkhaltig	**Löß**	Lo
b) ungeschichtet, kalkfrei	**Lößlehm**	Lol
c) geschichtet	zu 10	
10. Salzgehalt		
a) salzhaltig, oft schwarz	**Schlick**	Tm
b) salzfrei, kalkhaltig	**Auenmergel**	Mf
c) salzfrei, kalkfrei	**Auenlehm**	Lf
11. Mineralbestand		
a) eine Mineralart	zu 12	
b) mehrere Mineralarten	zu 14	
12. Ritzbarkeit		
a) mit Fingernagel ritzbar, weiß	**Gips**	−y
b) nur mit Messer ritzbar	zu 13	
c) mit Messer kaum ritzbar	**Quarzit**	×q
13. Prüfung mit 10 %iger HCl		
a) braust schwach, Einzelkörner erkennbar	**Dolomit**	−d
b) braust stark, keine Einzelkörner erkennbar	**Kalkstein**	−k
c) braust stark, Einzelkörner erkennbar	**Marmor**	

14. Anordnung der Minerale		
a) schichtig und/oder Fossilien enthaltend	zu 15	
b) schlierig, fossilienfrei	zu 20	
c) weder a noch b	zu 22	
15. Kies- und Steingehalt		
a) reich (> 50 %)	zu 16	
b) arm bis frei	zu 17	
16. Form der Steine und Kiese		
a) gerundet	**Konglomerat**	–c
b) kantig	**Breccie**	–b
17. Prüfung mit 10 %iger HCl		
a) braust	zu 18	
b) braust nicht	zu 19	
18. Bodenart des Lösungsrückstands		
a) sandig	**Kalksandstein**	–mo
b) schluffig	**Schluffmergelstein**	–mu
c) tonig	**Tonmergelstein**	–mt
19. Bodenart		
a) sandig	**Sandstein**	–s
b) schluffig	**Schluffstein**	–u
c) tonig	**Tonstein**	–t
d) tonig und deutlich plattig	**Schieferton**	–tsf
20. Körnigkeit		
a) grobkörnig (verschiedenfarbige Partikel)	**Gneis**	×gn
b) feinkörnig, sehr schiefrig, z. T. spaltbar	zu 21	
21. Oberflächenkonsistenz bzw. -Glanz		
a) leuchtend, viele Glimmerplatten erkennbar	**Glimmerschiefer**	×gl
b) seidig, fühlt sich fettig an	**Phyllit**	×ph
c) stumpf, keine Minerale sichtbar	**Tonschiefer**	×t
22. Körnigkeit		
a) grobkörnig (= Tiefengestein)	zu 23	
b) feinkörnig ± wenige grobe Körner (= Ergußgestein)	zu 24	
23. Färbung und Mineralarten		
a) grau (Plagioklase, Augite)	**Gabbro**	+Gb
b) bunt (weiß, rosa, schwarz: Quarz, Feldspat, Biotit)	**Granit**	+G
24. Färbung und Mineralarten		
a) dunkelgrau bis schwarz, z. T. Olivin/Augiteinsprenglinge	**Basalt**	+B
b) hell, meist rosa, Quarzeinsprenglinge	**Quarzprophyr**	+R

– Sedimentite + Magmatite × Metamorphite

[1]) Hangschutt und Fließerden können aus allen sowie mehreren Festgesteinen entstanden sein, Fließerden auch aus präholozänen Lockergesteinen, was im Namen zu berücksichtigen ist (z. B. Löß/Sandstein – Fließerde)

Tab. 3.4.2: Bestimmungsschlüssel häufiger Aufträge

Eigenschaften	Substrat	Symbol
1. Natürliche Substrate (j)		
geschichtet, überwiegend Sand	**Sand**	jS
geschichtet, Gemisch aus Sand, Schluff, Ton	**Lehm**	jL
geschichtet, überwiegend Ton	**Ton**	jT
geschichtet, kalkhaltig	**Mergel**	jM
geschichtet, überwiegend Kies	**Kies**	jG
gebrochenes Festgestein (z. B. Granit)	**Schotter**	jX
geschichtet, feinkörnig, humushaltig, schwarz-grau	**Mudde**	jF
geschichtet, C-reich, grau-schwarz, sulfidhaltig	**Kohle** (-Sand, -Lehm, -Schluff, -Ton)	jK
bei >1 % org. Substanz	humoser jS, jL. usw.	
2. Künstliche bzw. technogene Substrate (Y)		
alkalisch, salzhaltig, feinkörnig, grau-braunrot	**Asche**	Ya
>30 % × (Ziegel, Mörtel), 5-10 % Kalk	**Bauschutt**	Yb
>30 % org. S., Skelett (Glas, Keramik, Leder, Holz, Plaste) schwarz, methan- und sulfidhaltig	**Müll**	Ym
>30 % gesinterte Brocken, alkalisch, grau-braunrot	**Schlacke**	Ys
>30 % org. S., alkalisch, feinkörnig, d. grau-schwarz	**Industrieschlamm**	Yi
	Klärschlamm	Yh
alkalisch; braunrote, poröse Pellets	**Thermisch behandelte Bodensubstrate**	Yt
3. Gemenge (Beispiele)		
Lehmarmes Bauschutt-Gemenge	(< 10 % Lehm)	
Lehmhaltiges Bauschutt-Gemenge	(10–30 % Lehm)	
Lehm-Bauschutt-Gemenge	(30–70 % Lehm)	
Bauschutthaltiges Lehm-Gemenge	(70–90 % Lehm)	
Bauschuttarmes Lehm-Gemenge	(> 90 % Lehm)	

3.5 Beschreibung und Untersuchung des Bodenprofils

AG Bodenkunde (1982), AK Standortkartierung (1980), DVWK (1994), FAO (1990), DIN 4220

3.5.1 Abgrenzung von Lagen

Aus 1–2 m Entfernung wird die Profilwand nach Farbe und Gestalt in **Lagen** untergliedert. Deren Mächtigkeit wird mit einem *Zollstock* von der Oberkante des Mineralkörpers ab nach oben und unten gemessen. Die Grenzen der Lagen werden als scharf (dann Übergangsbereich < 2 cm), deutlich (2–5), gleitend (5–12) bzw. diffus (> 12 cm) sowie gerade, wellig oder lappig angesprochen. In der Folge werden alle Bodenmerkmale (Gefüge, Bodenart etc.) an Proben aus den so abgegrenzten Lagen bestimmt.

3.5.2 Kennzeichnung der Bodenfarbe

Zunächst wird (aus größerer Entfernung) die Mischfarbe jeder Lage angesprochen, dann die Farbe der einzelnen Aggregate, und zwar sowohl die ihrer Oberfläche als auch die des Inneren angegeben. Bei Fleckung (rundliche Formen fl), Marmorierung (vertikal

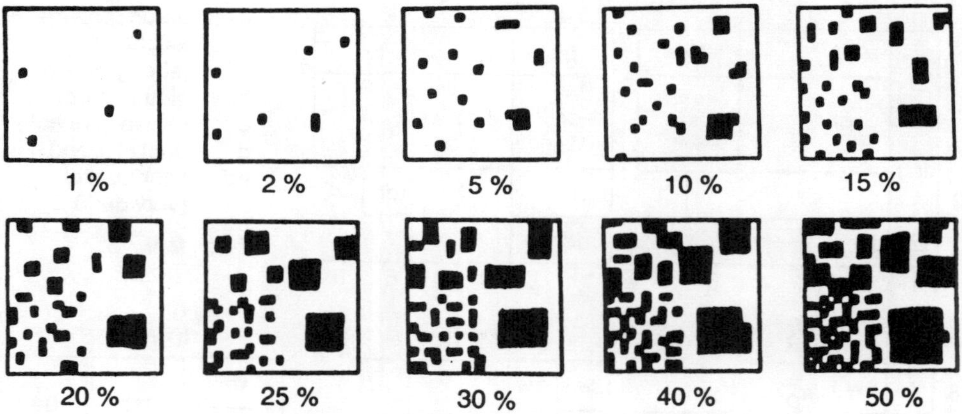

Abb. 3.5.1: Vergleichstafel zur Schätzung des Deckungsgrades (Flächen %)

gestreifte Formen vm) oder horizontaler Bänderung (st); wird der Deckungsgrad ermittelt (1: < 1 %, 2: 1–2, 3: 2–5, 4: 5–10, 5: 10–30, 6: > 30 %); gleiches gilt für Gefügebesonderheiten, wie Konkretionen. Gute Dienste leisten *Vergleichstafeln* (s. Abb. 3.5.1). Um Farbwerte später vergleichen zu können, sollte nicht nur die gegenwärtige Farbe, sondern auch die im feuchten Zustand ermittelt werden. Die Ansprache läßt sich mit Hilfe von *Farbtafeln* (nach MUNSELL 1954) verfeinern und objektivieren. Bei diesen wird nach Farbart (hue: z. B. 7.5 YR), Farbwert (value: 8 = hell, 1 = dunkel) und Farbtiefe (chroma: 1 = blaß, 8 = leuchtend) unterschieden (s. Abb. 3.5.2) und die Farbe dann als Symbolkombination angegeben (z. B. dunkelbraun = 7.5 YR 2/3).

3.5.3 Kennzeichnung des Bodengefüges

Das Bodengefüge ist charakterisiert durch die räumliche Anordnung der festen Bodenbestandteile und der wasser- oder lufterfüllten Hohlräume in den verschiedenen Lagen. Die Anordnung bestimmt sowohl den von Hohlräumen eingenommenen Anteil (die Porosität) als auch die Größe und Form der Aggregate und Poren (die Gefügeform). Da Porosität und Gefügeform oft labile Bodenmerkmale darstellen, die sich bereits im Jahreslauf (z. B. mit der Durchfeuchtung) rhythmisch ändern, wird mit ihrer Ansprache nur eine Momentaufnahme gemacht, die durch die Ermittlung der Gefügeamplitude, d. h. durch wiederholte Messungen, ergänzt werden sollte. Erste Anhaltspunkte über die Gefügeamplitude ergeben sich auch aus der Stabilität der Aggregate gegen Wasser und der zeitlichen Änderung der Wasserleitfähigkeit bei Beregnung.

3.5.3.1 Gefügeform und Gefügebesonderheiten

Im Felde läßt sich nur das mit unbewaffnetem Auge oder *Lupe* sichtbare Makrogefüge ansprechen; vielfach ist daher eine Ergänzung durch mikroskopische Untersuchungen erforderlich (5.3.2.5). Zur Ermittlung der wichtigsten Makrogefügeformen prüfe man nacheinander die in Tabelle 3.5.1 aufgeführten Kriterien.

Angegeben werden sollte auch der Grad der Ausprägung (z. B. kaum oder deutlich ausgeprägt). Zwischen den Gefügeformen gibt es Übergänge (Gefügeinterferenzen); es

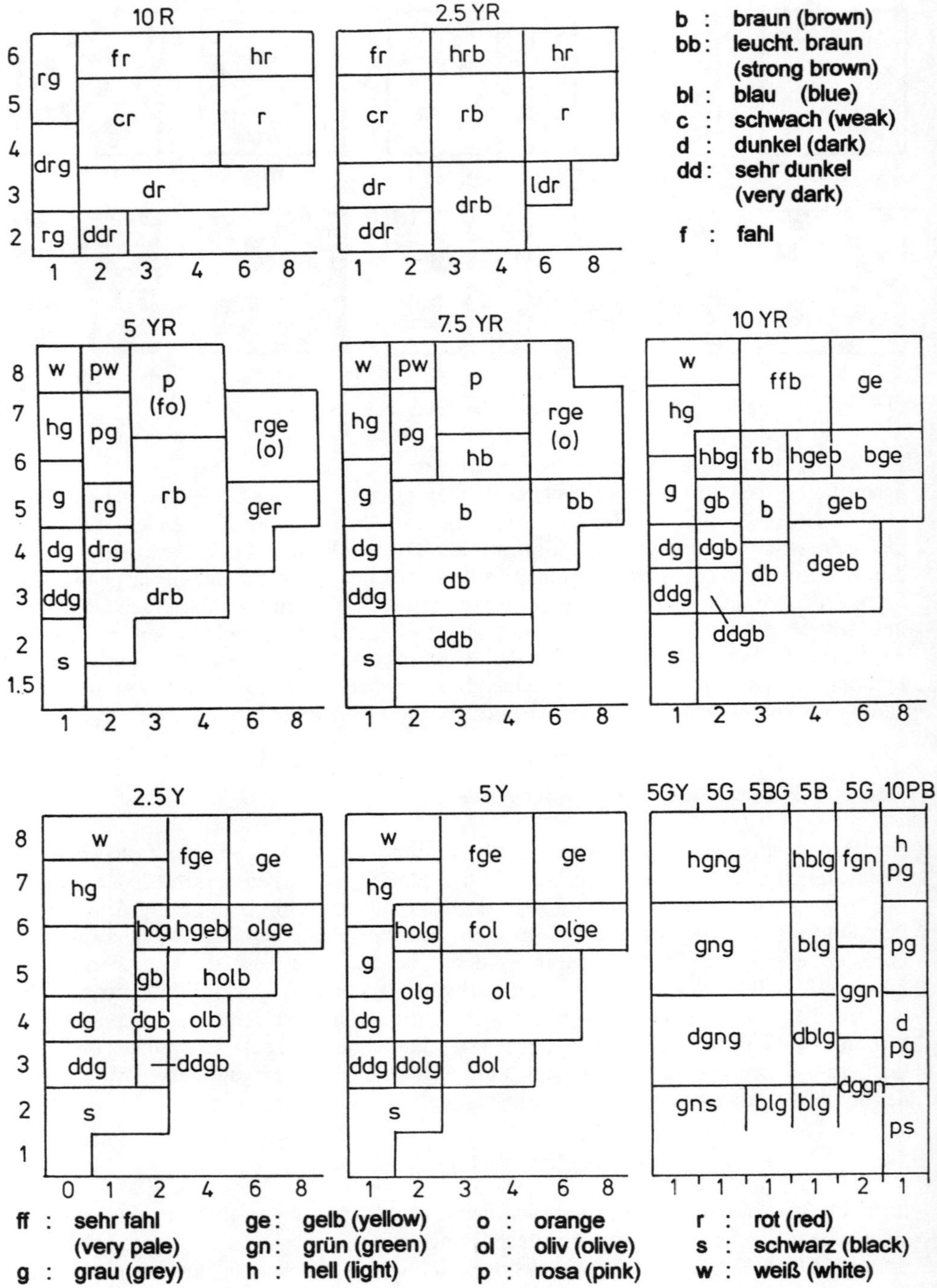

Abb. 3.5.2: Deutsche Bezeichnungen für MUNSELL-Werte häufig auftretender Bodenfarben (MUNSELL 1954)

Tab. 3.5.1: Bestimmung der Gefügeform

Diagnostische Merkmale	**Gefügeform** ∠	**Aggregatgröße** (in mm)	
1. Vorhandensein von Aggregaten			
a) keine Aggregate			
Primärpartikel (z. B. Sandkörner) lose gelagert	**Einzelkorn** - (ein)		
Primärpartikel (z. B. Schluffkörner) zusammenhängend	**Kohärent** - (koh)		
b) Primärpartikel durch gefällte Stoffe verkittet (kein Zerfall im Wasser)[1)]	**Kitt** - (kit)		
c) Boden aggregiert s. 2.			
2. Form der Aggregate			
a) Aggregate abgerundet, oft traubig-nierig ∅ 1 bis mehrere mm	**Krümel** - (kru)		
Krümel zu größerem Aggregat verklebt	**Schwamm** - (schw)		
b) Aggregate gerinnselartig, ∅ < 0,5 mm	**Feinkoagulat** - (gri)		
c) Aggregate ± scharfkantig, s. 3.			
3. Räumliche Orientierung der Aggregate		fein	grob
a) Aggregate nicht orientiert (Breite ~ Länge)			
mit rauhen Flächen	**Subpolyeder** - (sub)	< 5	> 20
mit glatten Flächen	**Polyeder** - (pol)	< 5	> 20
b) Aggregate vertikal orientiert (Breite < Länge)			
mit rauher Kopffläche	**Prismen** - (pri)	< 20	> 50
mit gerundeter Kopffläche	**Säulen** - (sau)	< 20	> 50
c) Aggregate horizontal orientiert (Breite > Länge)	**Platten** - (pla)	dünn < 2	dick > 5

1) Zur Bestimmung der stofflichen Eigenschaften s. 3.5.5

kann beispielsweise ein Prismengefüge in sich Elementar- oder Polyedergefüge besitzen. Durch Bearbeitungsmaßnahmen kann ein Kohärent-, Polyeder-, Prismen-, Säulen- oder Plattengefüge in Bröckel (bro, < 5 cm ∅) oder Klumpen (klu, > 5) zerteilt werden. Bei der Ermittlung der optimalen Bearbeitungstiefe begnügt man sich bisweilen mit der Ansprache des Bodengefüges im Oberboden nach der GÖRBINGschen Spatendiagnose (besonders auf Plattengefüge in Bearbeitungstiefe achten).

Gesondert anzusprechen sind Gefügebesonderheiten (Tabelle 3.5.2), und zwar Konkretionen und Einschlüsse im Innern von Aggregaten, Beläge von Hohlraumwandungen, Röhrenfüllungen sowie Bänder. Deren stoffliche Eigenschaften sind ebenso wie die eines Kittgefüges (Ortstein, Raseneisenstein, Kalk(= Calcrete)-, Gips-, Salzbänke, Silcrete bzw. Duripan, Permafrost) nach 3.5.5.1 und 3.5.5.4 anzusprechen.

3.5.3.2 Stabilität der Aggregate

Die Stabilität der Aggregate bzw. ihre Verschlämmungsneigung kann man nach dem Widerstand einschätzen, den sie dem Zerdrücken oder der Verschlämmung durch überschüssiges Wasser entgegensetzen. Es werden etwa 10 Aggregate (∅ 1–3 mm) in einem Teller mit Wasser überstaut. Nach kurzem rotierendem Umschwenken (1/2 min) wird die Aggregatstabilität (nach SEKERA und BRUNNER 1943) nach dem Zerfallsgrad bewertet:

Kein Zerfall oder nur große Bruchstücke	sehr groß	AS1
Vorwiegend große und wenig kleine Bruchstücke	groß	AS2
Etwa gleichviel große und kleine Bruchstücke	mittel	AS3
Vorwiegend kleine und wenige große Bruchstücke	mäßig	AS4
Nur kleine Bruchstücke und merkliche Trübung	gering	AS5
Völliger Zerfall und starke Trübung	sehr gering	AS6

Tab. 3.5.2: Besonderheiten des Gefüges

1. In Aggregaten oder kohärenten Massen	
a) Kalk-, Gips-, Eisen- und/oder Manganklümpchen	**Konkretionen** (ko)
b) Tierschalen, Ziegelbrocken, Holzkohle usw.	**Einschlüsse**
2. Auf Aggregatoberflächen	
a) Eingeregelte Eisenoxid-, Ton- und/oder Humusüberzüge	**Wandbeläge** (Häu)
b) Körnige Kalk-, Gips-, Kochsalz-, Eisenoxid- und/oder Kieselsäure-Überzüge	**Krusten** (Kru)
c) Hauchdünne, stengelige Kalk-, Gips- und/ oder Kochsalzanflüge	**Pseudomycelien** (My)
d) weißgraue, mehlige Beläge	**Puder** (Pu)
3. Bänder (< 2 (bis 10) mm dick)	
a) schwarz, weich	Humus-
b) braun, plastisch	Ton-
c) braun(rot)-schwarz, hart	Fe/Mn-Oxid-
4. Als Röhrenfüllungen	
a) Rostbraune Fe/Mn-Oxidfüllungen	Roströhren
b) Weißgraue Kalkfüllungen	Kalkröhren, Kindel
c) Schwarze, Exkrementfüllungen	Wurmröhren
d) Wurzel(reste)	Wurzelröhren
e) Bodenfüll. von Wühlern	Krotowinen

Bei der Ansprache muß von Einzelkörnern abstrahiert werden; eine genaue Schätzung ist also nur bei kies- und sandarmen Böden möglich.

3.5.3.3 Lagerungsdichte

Unter (trockener) Lagerungsdichte (ρb), auch Bodendichte, Rohdichte (trocken) versteht man das Verhältnis der trockenen Bodenmasse zum Bodenvolumen, ausgedrückt in g/cm^3. Sie ermöglicht die Umrechnung massebezogener Bodengehalte in volumenbezogene Daten.

Zur Bestimmung wird dem Boden horizontweise mit einem 100 cm^3 – *Stahlzylinder* eine Volumenprobe entnommen, bei 105 ° im *Trockenschrank* getrocknet und gewogen. Multiplikation mit 0.01 ergibt dann die Lagerungsdichte in g/cm^3. Die Klassifizierung erfolgt nach Tab. 3.5.3 (exakte Bestimmung s. 5.3.1.2).

Soll die Volumenprobe mit dem *Bohrstock* gezogen werden, ist zunächst das Volumen der unteren 10 cm des inneren Bohrstockschaftes zu ermitteln. Dann wird der Bohrstock zunächst bis zur Entnahmetiefe in den Boden getrieben und das Bohrgut entfernt. Anschließend wird der Bohrstock um weitere exakt 10 cm in den Boden getrieben. Dieses Bohrgut ermöglicht nach Trocknung bei 105 °C und Wägung die Ableitung der Lagerungsdichte.

Eine grobe Schätzung der Lagerungsdichte im Felde ist (bei weitgehend steinfreien Böden) nach Tabelle 3.5.4 über den Eindringwiderstand möglich, der beim Eintreiben eines *Messers* in die Profilwand zu überwinden ist. Bei hohem Eindringwiderstand ist zu prüfen, ob eine Verfestigung vorliegt (s. Kittgefüge in 3.5.3.1): dabei kann die Lagerungsdichte gering sein.

Tab. 3.5.3: Kennzeichnung der Lagerungsdichte (ρb in g/cm^3) von Mineralböden

ρb (g/cm^3)	Stufe	DV-Zeichen
< 0.8	sehr gering	ρb 1
0.8–1.25	gering	ρb 2
1.25–1.50	mittel	ρb 3
1.50–1.75	hoch	ρb 4
> 1.75	sehr hoch	ρb 5

Tab. 3.5.4: Schätzen der Lagerungsdichte (ρb) eines Mineralbodens

Merkmal Für trockene Lagen gilt:	ρb in g/cm³ S, U	 L	 T
Messer nur mit Gewalt in den Boden zu treiben, Probe zerfällt kaum (außer Sande)	> 1,9	> 1,8	> 1,6
Messer nur schwer 1–2 cm in den Boden zu drücken, Probe zerfällt nur in wenige Bruchstücke, die kaum weiter zerteilbar sind (außer S)	1,8	1,6	1,4
Messer mit wenig Kraft in den Boden zu drücken, Probe zerfällt in wenige Bruchstücke, die von Hand weiter zerteilt werden können	1,6	1,4	1,2
Boden zerfällt bereits bei leichtem Drücken in zahlreiche Bruchstücke oder in seine Einzelteile	1,4	1,2	1,0
Probe zerfällt schon bei der Probenahme, an der Profilwand sind viele Grobporen sichtbar	< 1,2	< 1,0	< 0,8

Bei Humusgehalten > 2 % ist die geschätzte Lagerungsdichte je % Humus um 0,03 g/cm³ zu verringern.

Die Lagerungsdichte und das Substanzvolumen von **Torfen** lassen sich grob nach deren Entwässerungsgrad bzw. Humifizierungsgrad (s. Tab. 3.5.14) abschätzen, wobei davon ausgegangen werden kann, daß schwach entwässerte bzw. schwach humifizierte Torfe ein geringeres Substanzvolumen und eine geringere Lagerungsdichte haben als stark entwässerte bzw. humifizierte (Tab. 3.5.5).

Tab. 3.5.5: Schätzen des Substanzvolumens (SV) und der Lagerungsdichte von Torfen

Entwässerungsgrad Hochmoor	 Niedermoor	kennz. Eigenschaften	Hum. grad	Einstufung	Substanzvolumen Vol. %	 Stufe	Lagerungsdichte g/cm³
nicht entw.	nicht entw.	fast schwimmend	H1	sehr gering	< 3	SV1	< 0,04
schwach	schwach	locker		gering	3–5	SV2	0,04–0,07
mäßig	schwach	zieml. locker	H5	mittel	5–7,5	SV3	0,07–0,11
stark	mäßig	zieml. dicht		groß	7,5–12	SV4	0,11–0,17
stark	stark	dicht	H10	sehr groß	> 12	SV5	> 0,17

3.5.3.4 Porosität

Neben dem Porenvolumen interessiert die Porenverteilung. Im Felde lassen sich Größe und Form der (meist luftgefüllten) Makroporen qualitativ beschreiben und deren Menge aus Wasser- und Luftleitfähigkeit (vgl. 3.5.3.7/8) abschätzen. Es werden Form (Röhren, Risse), Größe (in mm) und Zahl (wenig, viel) der sichtbaren Poren im einzelnen beschrieben.

3.5.3.5 Feuchte

Unter Feuchte ist die gegenwärtige Verfügbarkeit des Wassers zu verstehen. Ihr entspricht jeweils ein bestimmter pF-Wert (log der zur Wasserentbindung mindestens aufzuwendenden Saugkraft in cm Wassersäule). Naturgemäß können Lagen unterschiedlicher Porengrößenverteilung bei gleicher Feuchte ganz verschiedene Wassergehalte besitzen. Die Feuchte läßt sich an einer Probe nach Tabelle 3.5.6 zu entnehmenden Kriterien bestimmen.

Tab. 3.5.6: Schätzen der Feuchte

Zerdrücken	Formen (zu einem Ball)	Befeuchten	Reiben (in warmer Hand)	Feuchte	pF
staubt bzw. hart	bindet nicht, fühlt sich warm an	dunkelt stark	nicht heller	**dürr**	5
staubt nicht	bindet nicht, fühlt sich warm an	dunkelt merklich	kaum heller	**trocken**	4
staubt nicht	formbar (außer Sand)	dunkelt wenig	merklich heller	**frisch**	3
klebt	Finger feucht, kühl, schwacher Glanz	dunkelt nicht	merklich heller	**feucht**	2
freies Wasser	zerfließt, bzw. Wasser tropft ab	dunkelt nicht		**naß**	1
freies Wasser	bereits ohne Drücken	dunkelt nicht		**sehr naß**	0

Beim Klopfen an den *Bohrstock* zerfließen Proben nasser Lagen, während bei denen feuchter Lagen nur wenig Wasser austritt; sehr nasse lehmige und tonige Proben sind im Bohrstock zähflüssig, während sandige bereits beim Ziehen des Bohrers herausgleiten. Wird eine nasse Lage von trockneren unterlagert, liegt **Stauwasser** vor, sonst **Grundwasser**. Gespanntes Grundwasser (bes. bei Tonen) wirkt nur feucht statt naß: der Grundwasserstand stellt sich dann erst nach längerer Zeit über der Sohle der offenen Grube ein.

Im Feuchtebereich frisch bis naß können als Hilfsmittel die *Wasserzange* nach TEPE (1961) oder der *Tonstift* nach DIMBLEBY (1954) eingesetzt werden. Mit beiden Geräten wird die durch Saugpapier bzw. Kieselgur in einer bestimmten Zeit aufsaugbare Wassermenge ermittelt. Die Ergebnisse hängen damit nicht nur vom Sättigungsgrad, sondern auch vom Gehalt an leicht gebundenem Wasser ab.

3.5.3.6 Der Wassergehalt

läßt sich im Felde mittels Carbid bestimmen, aus dem durch Wasser Acetylen freigesetzt wird, das gasvolumetrisch bestimmt werden kann (SIBIRSKI 1935). Stationäre Mehrfachmessungen der Feuchte oder der Wassergehalte s. Kapitel 6.2.

Eine grobe Schätzung läßt sich bei Kenntnis von Feldkapazität (FK), nutzbarer Feldkapazität (nFK) und Totwasser (TW) (Schätzung dieser Größen s. 3.6.2.2) aus der Bodenfeuchte ableiten: Beim Feuchtezustand feucht entspricht der Wassergehalt FK; frisch bedeutet bei Sanden TW + 1/3 nFK, bei Lehmen + 1/2 und bei Tonen + 2/3 nFK; trocken bedeutet TW + weniger als 1/10 nFK; naß bedeutet bei den Bodenarten G und S die 3–6fache nFK, bei Sl, u, t die 2-fache nFK, bei L und U ist die nFK mit 1,5, bei T mit 1,2 zu multiplizieren, die jeweils mit TW zu addieren sind, um den Wassergehalt zu erhalten.

3.5.3.7 Die Wasserleitfähigkeit im wassergesättigten Zustand,

d.h. der kf-Wert einer Bodenlage, hängt von Größe und Zahl dränender Poren ab. Da diese sehr wesentlich von Bodenart und Lagerungsdichte bestimmt werden, läßt sich aus diesen Größen eine grobe Schätzung von kf-Stufen nach Tabelle 3.5.7 ableiten, die wie folgt zu bewerten sind:

kf-Wert	< 1	– 10	– 40	– 100	– 300	>300 cm/d
Bezeichnung	sehr gering	gering	mittel	hoch	sehr hoch	äußerst hoch
kf-Stufe	kf1	kf2	kf3	kf4	kf5	kf6

Tab. 3.5.7: Ableiten von kf-Stufen aus Lagerungsdichte (ρb/SV-Stufe n. 3.5.3.3) und Bodenart (n. 3.5.4.1) mineralischer bzw. Humifizierungsgrad (n. 3.5.6.5) organischer Lagen (n. AG Bodenkunde 1982, verkürzt).

ρbi SV	G, gS, X, mS	fS	Su	Sl	St	Ls	Lu	Us, Uu Ul, Lts Lt, Tt	H1 - H4	H5 H6	H7 - H10
1–2	6	5	4	5	5–4	5	4	5–4	6–4	4–3	3–2
3	6	4	3	4	4–3	4–3	3	3	4–3	3–2	2–1
4–5	5	3	2	3–2	2	2–1	2–1	2–1	3–2	2–1	1

Die Wasserleitfähigkeit stau- oder grundwassererfüllter Lagen läßt sich mit der Bohrlochmethode nach HOUGHOUDT ermitteln (s. hierzu DIN 19682 Teil 8).

Wasserleitfähigkeiten im **ungesättigten Zustand** bzw. ku-Werte sind zusätzlich von der Porenfüllung mit Wasser abhängig und nehmen mit dem Wassergehalt ab. Deren Ermittlung im Felde bei abnehmendem Wassergehalt ist möglich durch zeit- und tiefenversetzte Wasserspannungs- und gleichzeitig Wassergehaltsmessungen nach Wassersättigung des Bodens unter mindestens 4 m^2 Fläche und bei Verdunstungsschutz.

Eine grobe Vorstellung über den Verlauf der ku-Werte bei zunehmendem Wassergehalt vermögen Bestimmungen der Infiltrationsraten zu liefern. Dabei sind zwei *Zylinder* verschiedener Größe (∅ z. B. 5 u. 15 cm) senkrecht so in den Boden zu treiben, daß sie noch 5 cm herausragen und der größere den kleineren gleichmäßig umgibt. Beide Zylinder sind bis zum Rand mit *Wasser* zu füllen; das Wasser ist periodisch (je nach Durchlässigkeit alle 5–30 min) zu ergänzen, und zwar beim inneren Zylinder mit einer *Meßpipette* (bei raschem Durchlauf mit *Meßzylinder*). Die ergänzte Wassermenge entspricht der Versickerung im voraufgegangenen Zeitraum. Die Messungen sind fortzusetzen, bis eine konstante Sickergeschwindigkeit erreicht ist.

Die Sickerraten streben dabei einen scheinbaren Endwert an. Erst wenn der kapillare Anschluß in den feuchten Unterboden bei nicht quellenden Böden hergestellt ist, nehmen die Werte wieder zu und erreichen in etwa den kf-Wert. Bei quellenden Böden nehmen sie ab, da sich das Grobporenvolumen verringert.

3.5.3.8 Die Luftleitfähigkeit (kl)

hängt von Zahl, Größe und Kontinuität luftführender Hohlräume einer Bodenlage ab, schwankt also mit dem Wassergehalt. Sie läßt sich nach DIN 19682,9 mit einem Luftdurchlässigkeitsmesser ermitteln, bei dem nach dem Gasometerprinzip Luft mit geringem Überdruck durch den Boden gedrückt und damit kl in cm/s erfaßt wird. Für einen Bodenwassergehalt der Feldkapazität (3.6.2.2) gelten

	< 0.07	- 0.14	- 0.3	- 0.6	> 0.6
	als sehr gering	gering	mittel	hoch	sehr hoch
Stufe	kl1	kl2	kl3	kl4	kl5

Die kl-Stufe läßt sich nach DIN 4220,2 grob aus Bodenart (3.5.4.1) und Lagerungsdichte (3.5.3.3) ableiten:

Lagerungsdichte Bodenart	gering ρb 1–2	mittel ρb 3	hoch ρb 4–5
gS	5	5–4	4
mS	5–4	4–3	3
fS, Su, Sl	5–4	3	2–1
übrige	5–4	3–2	1

3.5.4 Kennzeichnung von Dispersität, Ionenbelag und Redoxzustand

Dispersität, Ionenbelag und Redoxzustand können als Eigenschaften des Gefüges als auch des Mineral- und Humuskörpers angesehen werden. Mit der Dispersität einer Probe wird die Kornverteilung der Primärpartikel und (häufig ungewollt) der stabilen Mikroaggregate gemessen. Durch die Eigenschaften der Grenzflächen seiner festen Bestandteile einerseits und der Bodenlösung andererseits stellt der Boden ein Ionenaustauschsystem und gleichzeitig ein Redoxsystem dar. Ersteres ist durch Menge und Verteilung der verschiedenen Ionen auf Austauscher und Lösung charakterisiert, letzteres durch das Redoxpotential.

3.5.4.1 Bodenart

Die *Dispersität* bzw. Bodenart wird mit der Fingerprobe ermittelt. Dabei wird der Anteil von Ton, Schluff und Sand am Feinboden (∅ < 2 mm) geschätzt, d. h. die Bodenart.

Für die Bestimmung der **Bodenart** wird eine Probe im Handteller gleichmäßig (bis pF 2,5) durchfeuchtet und zur Entfernung überschüssigen Wassers so lange geknetet, bis der Glanz verschwindet. In diesem Zustand wird nach Tabelle 3.5.8 geprüft. Der dabei geschätzte Sand-, Schluff- und Tongehalt läßt sich aus Abb. 3.5.3 entnehmen.

Die **Bodenschätzung** für steuerliche Zwecke beruht auf einer Bodenart, die nur den Massenanteil der Korngrößenfraktion < 10 µm ∅ am Feinboden berücksichtigt:

S	Sl	lS	SL	sL	L	LT	T
0 – 10	– 14	– 19	– 24	– 30	– 45	– 60	– 100 % < 10 µm ∅

Diese Bodenart läßt sich ebenfalls nach Tabelle 3.5.8 schätzen.

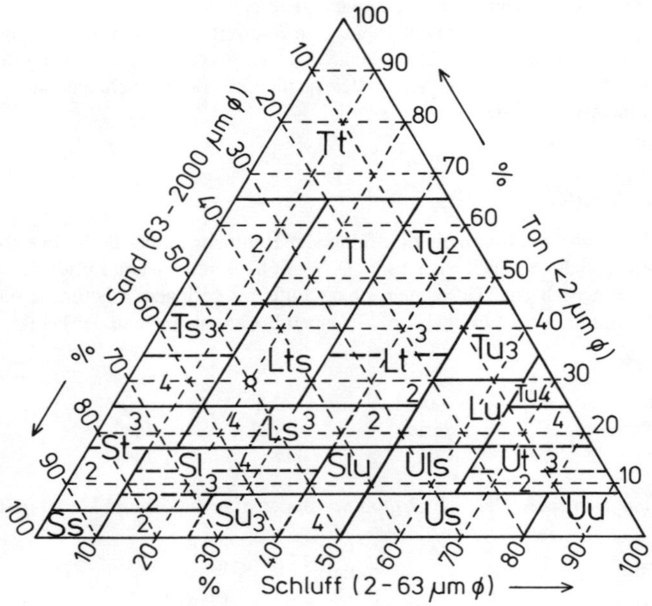

Abb. 3.5.3: Bodenarten des Feinbodens nach DIN 4220 im Dreieckskoordinatensystem (S = Sand, s = sandig, U = Schluff, u = schluffig, L = Lehm, l = lehmig, T = Ton, t = tonig, 2 = schwach, 3 = mittel, 4 = stark;
Beispiel: Der Punkt O entspricht Anteilen von 50 % Sand, 20 % Schluff und 30 % Ton.

Tab. 3.5.8: Schätzen der Bodenart

Diagnostische Merkmale	**Bezeichnung**		x)
1. Versuch, die Probe zwischen den Handtellern zu einer bleistiftdicken Wurst auszurollen			
a) ausrollbar	zu 4		
b) nicht ausrollbar	zu 2		
2. Prüfen der Bindigkeit zwischen Daumen und Zeigefinger			
a) bindig, haftet schwach am Finger	**lehmiger Sand**	Sl	Sl
b) nicht bindig, nicht formbar	zu 3		
3. Zerreiben in der Handfläche			
a) in den Fingerrillen mehlig-stumpfe Feinsubstanz sichtbar	**schluffiger Sand**	Su	lS
b) in den Fingerrillen keine Feinsubstanz sichtbar	**Reinsand**	Ss	S
4. Versuch, die Probe zu einer Wurst von halber Bleistiftstärke auszurollen			
a) ausrollbar, stumpf, mehlig	zu 7		
b) ausrollbar, plastisch, klebrig	zu 10		
c) nicht ausrollbar	zu 5		
5. Prüfen der Bindigkeit zwischen Daumen und Zeigefinger			
a) bindig, haftet deutlich am Finger (Sand > 46 %)	zu 6		
b) nicht oder schwach bindig, kaum Sandkörner	zu 7		
6. Beurteilen der Menge an Feinsubstanz			
a) wenig Feinsubstanz (Sand 60–95 %)	**toniger Sand**	St	Sl
b) viel Feinsubstanz (Sand 45—68 %)	**stark sandiger Lehm**	Ls4	SL
7. Prüfen der Körnigkeit			
a) Sandkörner sicht- und fühlbar	**sandiger Schluff**	Us	lS
b) Sandkörner nicht oder kaum sicht- und fühlbar	zu 8		
8. Prüfen der Bindigkeit zwischen Daumen und Zeigefinger			
a) nicht bindig, samtartig-mehlig, reißt und bricht stark, wenig formbar	**Schluff**	Uu	SL
b) schwach bindig, reißt beim Quetschen	zu 9		
9. Prüfen der Konsistenz			
a) deutlich mehlig, reißt leicht	**toniger Schluff**	Ut	sL
b) schwach mehlig, reißt kaum, gut formbar	**schluffiger Lehm**	Lu	L
10. Prüfen der Körnigkeit			
a) Sandkörner gut sicht- und fühlbar, rissig	**sandiger Lehm**	Ls3	SL
b) Sandkörner nicht oder kaum fühlbar	zu 11		
11. Versuch, die Wurst zu einem Ring zu formen			
a) schlecht formbar, schwach glänzende Gleitfläche	**sandiger Ton**	Ts	LT
b) gut formbar	zu 12		
12. Beurteilen der Gleitfläche bei der Quetschprobe			
a) Gleitfläche stumpf	**Lehm**	Lts	LT
b) Gleitfläche sehr schwach glänzend	**toniger Lehm**	Lt	LT
c) Gleitfläche glänzend	zu 13		
13. Prüfen zwischen den Zähnen			
a) knirschen	**lehmiger Ton**	Tl	LT
b) butterartige Konsistenz	**Ton**	Tt	T

x) Bodenart der Bodenschätzung (ROTHKEGEL 1952)

Bei reinen Sanden wird zwischen überwiegend Feinsand (fS), überwiegend Mittelsand (mS) und überwiegend Grobsand (gS) unterschieden, ggfs. durch Vergleich mit entsprechenden Fraktionen (*Glasröhren* mit reinen Siebfraktionen gefüllt).

Der **Grobboden** (bzw. Skelett)-anteil wird an der Profilwand mittels Abb. 3.5.1 getrennt nach gerundetem Kies (G) bzw. kantigem Grus (Gr), beide 2–63 mm ∅, sowie Steinen (X: > 63 mm ∅) geschätzt und nach Tabelle 3.5.9 klassiert.

Tab. 3.5.9: Klassierung der Skelettanteile von Böden und Sedimenten (n. AG Bodenkunde 1982)

Vol.-%	Gew.-%	Bezeichnung	Kurzzeichen
< 1	< 2	sehr schwach steinig, kiesig, grusig	x1, g1, gr1
1–10	2–15	schwach steinig, kiesig, grusig	x2, g2, gr2
10–30	15–45	mittel steinig, kiesig, grusig	x3, g3, gr3
30–50	45–60	stark steinig, kiesig, grusig	x4, g4, gr4
50–75	60–85	sehr stark steinig, kiesig, grusig	x5, g5, gr5
> 75	> 85	Skelettboden	X, G, Gr

3.5.4.2 pH-Wert

Die Bodenreaktion ist definiert durch die H-Ionenaktivität der Bodenlösung. Ein durchsichtiges 50 ml-*Plastikgefäß* erhält Graduierungen für 8 cm^3 (entspricht ca. 10 g) Boden und zusätzlich 25 ml Flüssigkeit. Dieses Gefäß wird im Feld bis zur unteren Marke mit feldfrischer Feinerde und dann bis zur oberen Marke mit *0.01 M* $CaCl_2$*-Lösung* versetzt und durch Schwenken homogenisiert. Nach ca. 30 min wird der pH-Wert der überstehenden klaren Lösung *elektrometrisch* mit einer *pH-Elektrode* unter Beachtung der Gebrauchsanleitung ermittelt (pH < 7.0 sauer, 7.0 neutral, > 7.0 alkalisch):

pH	<	3.0	4.0	5.0	6.0	6.5	7.0	7.5	8.0	9.0	10.0 >
Symbol	s6	s5	s4	s3	s2	s1	s0	a1	a2	a3	a4 a5

Ältere kolorimetrische Verfahren, z. B. *Hellige-Pehameter* geben nur sehr grobe Anhaltspunkte.

3.5.4.3 Die Kationenaustauschkapazität (KAK)

läßt sich für illitreiche Böden aus Bodenart (3.5.4.1) und Humusgehalt (3.5.6.3) abschätzen. Sie ist (in $cmol_c$/kg) etwa bei

G,gS	mS,fS	Su	Sl	St,Us	Uu	Ut,Ls	Lu	Lts	Ts	Lt	Tl	Tt
1	2	4	6	8	10	12	16	17	18	24	29	38

Bei smectitreichen Böden sind die Werte mit dem Faktor 2.5, bei kaolinitreichen mit dem Faktor 0.3 zu multiplizieren. Diese Werte erhöhen sich infolge der hohen **potentiellen KAK** (KAK_{pot} b. pH 8) des **Humus** bei der Stufe

	h1	h2	h3	h4	h5	h6	
um	0	3	7	15	25	50	$cmol_c$/kg.

Die **effektive KAK** (KAK_{eff}) **des Humus** ergibt sich durch Multiplikation mit einem pH-abhängigen Faktor:

pH	7.5	6.5	5.5	4.5	3.5	2.5
	1	0.8	0.6	0.4	0.25	0.15

Die **effektive KAK des Bodens** ergibt sich durch Summierung der aus der Bodenart abgeleiteten KAK und der effektiven KAK des Humus.
Die KAK-Werte skeletthaltiger Lagen sind mit dem Faktor

$$\frac{100 - \% \ (x, g, gr)}{100}$$

zu multiplizieren.

Die **potentielle KAK von Humusauflagen und Torfen** ergibt sich nach deren Humifizierungsgrad (gemäß 3.5.6.5):

H1	H2	H3	H4	H5	H6	H7	H8	H9	H10
20	40	60	80	100	120	140	160	180	200 $cmol_c/kg$.

und die effektive KAK entsprechend der des Mineralbodenhumus.

3.5.4.4 Der Basensättigungsgrad (BS)

gibt den %-Anteil der basischen Kationen (vor allem Ca^{2+}, Mg^{2+}, Na^{+}, K^{+}) an der potentiellen KAK an. Da sorbierte H- (und Al-) Ionen mit denen der Bodenlösung im Gleichgewicht stehen, läßt sich BS grob aus dem pH- ($CaCl_2$-) Wert in Abhängigkeit vom Humusgehalt ableiten:

	pH $CaCl_2$								
h 0 – 3	> 7.5	6.1	5.4	4.7	4.2	3.9	3.5	3.2	2.9
h 4 – 5	> 7.5	6.3	5.7	5.1	4.6	4.2	3.8	3.4	3.1
h 6, H	> 7.5	6.6	6.2	5.7	5.1	4.6	4.1	3.6	3.3
BS (%)	100	90	80	65	50	35	20	10	5
Stufe	sehr basenreich – gesättigt			basen-reich		mittel-basisch		basen-arm	sehr basenarm
Symbol	BS5			BS4		BS3		BS2	BS1

3.5.4.5 Der S-Wert (in $cmol_c/kg$)

bzw. die Summe der austauschbar gebundenen basischen Kationen einer Bodenlage ergibt sich nach der Gleichung

$$\text{S-Wert} = \frac{KAK_{pot} \times BS}{100}$$

Die S-Werte skeletthaltiger Lagen sind mit dem Faktor

$$\frac{100 - \% \ (x, g, gr)}{100}$$

zu multiplizieren.

3.5.4.6 Der Redoxzustand

eines Bodens wird durch das Redoxpotential (Eh in mV) bzw. den pe-Wert (als negativer Logarithmus der Elektronenaktivität dimensionslos) charakterisiert. Zwischen Eh und pe besteht die Beziehung

$$pe = \frac{Eh}{59}$$

Die elektrometrische Bestimmung des Eh-Wertes erfolgt analog zur pH-Bestimmung durch Messung von Potentialdifferenzen, die sich zwischen der Pt-Elektrode als Meßelektrode und einer Normalwasserstoffelektrode als Bezugselektrode ergeben (wegen leichterer Handhabbarkeit wird als Bezugselektrode eine Silberchloridelektrode benutzt, deren Potential um 250 mV niedriger liegt).

Zur Messung wird (in 1–2 m Abstand von der Profilgrube) mit einem 20–120 cm langen, 4–6 mm dicken *Edelstahlstab* von oben ein Loch bis zur gewünschten Meßtiefe in den Boden gedrückt. Die Pt-Spitze einer *Pt-Elektrode* gleichen Durchmessers wird mit *feinkörnigem Sandpapier* aufgerauht, sofort in das vorgebohrte Loch eingeführt und fest angedrückt. In 10–20 cm Abstand wird (nach Vorbohrung) eine *Salzbrücke* in den Boden gedrückt (konzentrierte, mit Agar fixierte KCl-Lösung in perforiertem Plastikrohr mit ca. 15 mm Innendurchmesser). In dieser wird die *Bezugselektrode* verankert. Mit einem *Redox-Meßgerät* (Potentiometer) wird dann die Potentialdifferenz zwischen Pt- und Bezugselektrode frühestens nach 30 min gemessen. Die Messung wird in 10 min-Abständen bis zur Gleichgewichtseinstellung wiederholt (bei Kartierungen hat sich bewährt, 1, 5 und 12 dm lange Pt-*Elektroden* (Selbstbau s. PFISTERER und SRIBBOHM 1989) zu setzen und am nächsten Tag abzulesen. Durch Addition von 250 mV wird der Bezug auf eine Normalwasserstoffelektrode hergestellt.

Da pe und pH voneinander abhängen, vermag der **rH-Wert** als negativer Logarithmus des Wasserstoff-Partialdrucks den Redoxzustand besser als der Eh-Wert zu charakterisieren. Zwischen rH, Eh und pH besteht (nach der Nernst'schen Gleichung) die Beziehung:

$$rH = \frac{2Eh}{59} + 2\ pH \quad (Eh \text{ in mV bei } 25\ °C).$$

Der rH-Wert ist nach dieser Gleichung aus **gleichzeitig** gemessenem pH-Wert und Eh-Wert abzuleiten.

Der rH-Wert läßt sich in vielen Fällen auch aus redoximorphen Bodenmerkmalen (Fe/Mn-Konkretionen, Rostflecken, Sulfidfärbung) sowie der Nachweisbarkeit von Fe^{2+}-Ionen, Schwefelwasserstoff (Geruch) oder Methan (brennbar) nach Tabelle 3.5.10 ableiten und bewerten.

Tab. 3.5.10: Bewertung redoximorpher Merkmale und Beziehungen zum rH-Wert (DVWK 1994)

redoximorphe Merkmale / Bedeutung	rH-Wert	rH-Stufe
schwarze Bodenfärbung; Methanbildung und -freisetzung	< 10	1
schwarze Bodenfärbung durch Metallsulfide. Sulfidbildung, Nachweis: Beim Besprühen mit *10 %iger HCl* H_2S-Freisetzung am Geruch wahrnehmbar	10–13	2
blaugrüne und graue Bodenfärbung. Bildung von Fe(II)/Fe(III)-Mischoxiden. Ständig vorhanden Fe(II)-Ionen, Nachweis: nach Besprühen mit – *1 % K_3 [Fe(CN)$_6$]-Lösung* Dunkelblaufärbung, – *0,2 % 2,2'-Bipyridin-Lösung* (in 10 % Essigsäure) Rotfärbung	13–20	3
Rostflecken und/oder braune Eisenoxid-Konkretionen; bei Vernässung Fe(II)-Bildung, Nachweis siehe rH 3	vorübergehend < 20	3–4
schwarze Manganoxid-Konkretionen; bei rH < 29 kein O_2 vorhanden	20–29	4
temporär Nitrat-Reduktion	29–33	5
keine redoximorphen Merkmale bei ständig hohen Potentialen; andauernd stark belüftet	> 33	6

3.5.5 Kennzeichnung des Mineralkörpers

Der Mineralkörper eines Bodens ist charakterisiert durch Mineralbestand und -größe in den einzelnen Bodenlagen.

3.5.5.1 Mineralbestand

Minerale sind natürliche, feste, anorganische Kristalle. Bodenkundlich wichtig sind folgende Gruppen:

Merkmal	**Mineralgruppe**		**Mineralkörper**
a) plastisch	Tonminerale	(TO)	tonig
b) mit HCl stark brausend	Carbonate	(CA)	kalkig und mergelig
c) weder a) noch b),			
farbig oder weiß	pyrogene Silicate	(SI)	silicatisch
farblos (milchiggrau)	Quarz	(QU)	kieselig

Die diagnostischen Eigenschaften wichtiger pyrogener Silicatminerale sind Tabelle 5.5.2 zu entnehmen.

Diagnostisch wichtige Nebenbestandteile, die häufig als Kittsubstanzen oder Besonderheiten des Bodengefüges auftreten (vgl. Tabelle 3.5.2), lassen sich mit Hilfe einfacher Tests identifizieren:

Salze	schmecken »salzig«, lösen sich in wenig Wasser
Gips	ist weiß, löst sich in viel *Wasser*; nach *$BaCl_2$ + HCl-Zusatz* weiße Fällung
Carbonate	sind weiß, lösen sich unter Brausen in *HCl*
Si-Oxide	sind nur in *Flußsäure* löslich
Fe/Mn-Oxide	s. 3.5.5.4
Tonminerale	ergeben in *Wasser* starke Trübung (u. U. erst nach Schütteln in *0,1 % $Na_4P_2O_7$*)
Huminstoffe	sind schwarz gefärbt; Färbung verschwindet beim Erhitzen (> 600 °C) in einem *Muffelofen*

3.5.5.2 Carbonate

Der Carbonatgehalt kann grob nach Stärke und Dauer des Aufbrausens nach Behandlung mit *10 %iger HCl* geschätzt werden (Tabelle 3.5.11). Dabei ist zu berücksichtigen, daß die Reaktion bei sandigen Proben stärker und bei tonigen Proben schwächer als angegeben abläuft. Grobkörniger Dolomit ($CaMg[CO_3]_2$) reagiert erst mit *30 %iger HCl* oder nach Erwärmen.

Tab.3.5.11: Schätzen des Carbonatgehalts nach der Reaktion mit 10 %iger HCl

Aufbrausen	Carbonate (%)	Bezeichnung	Stufe
Keine Reaktion	0	**carbonatfrei**	c0
nur hörbar[1)]	< 0.5	**sehr carbonatarm**	c1
langsam und schwach, z. T. nur stellenweise kleine Blasen	0,5–2	**carbonatarm**	c2
deutlich, nicht anhaltend	2–10	(mäßig) **carbonathaltig**	c3
stark anhaltend	10–25	**carbonatreich**	c4
sehr stark, sehr lang anhaltend	25–50	**sehr carbonatreich**	c5
	50–75	**extrem carbonatreich**	c6
	> 75	**Kalk**	c7

1) Anhaltend hörbar, sonst nur durch Verdrängung von Luft; ggfs. Gegenprobe mit *Wasser*

Im Feld ist meist eine Differenzierung oberhalb 10 % Carbonat nicht mehr möglich. Fein verteilter Kalk reagiert intensiver als grobkörniger.

3.5.5.3 Tonminerale

Der Tonmineralgehalt läßt sich aus der Bodenart ableiten, da die Tonfraktion überwiegend aus Tonmineralen besteht (vgl. Tab. 3.5.8). Bei verkittetem Gefüge wird der Tongehalt leicht unterschätzt, bei Anwesenheit von Humus überschätzt.

3.5.5.4 Pedogene Fe- und Mn-Minerale

sind diagnostisch wichtige Nebenbestandteile, die aufgrund ihrer Farbe nach Tabelle 3.5.12 angesprochen werden können.

Tab. 3.5.12: Ansprache pedogener Fe- und Mn-Verbindungen

Farbe-tradit.	*Munsell*-Farbe	Formel	Mineral
rostbraun	5-7.5YR3-6/4-6	$Fe(OH)_3 \cdot H_2O$	Ferrihydrit
(gelb)braun	10YR-2.5Y3-6/4-6	α-FeOOH	Goehit
orangerotbraun	2.5-5YR4-6/6-8	γ-FeOOH	Lepidokrokit
rot	5-10R4-6/6-8	α-Fe_2O_3	Hämatit
braunschwarz	5-7.5YR2-3/2-4	$Mn(OH)_3$, -MnOOH	Manganhydroxid, Manganit
grau-grün, hellblau	5GY-5B2-3/1-3	Fe^{II-}/Fe^{III-}	Eisenmischverbindungen
weiß, nach Oxidation braun	N7 → (10YR 4/5)	$FeCO_3$	Siderit
weiß, nach Oxidation blau	N7 → 5B	$Fe_3(PO_4) \cdot 8H_2O$	Vivianit
blauschwarz (mit *HCl* H_2S-Geruch)	5-10B1-2/1-3	FeS (Fe_3S_4)	Eisensulfide
goldgelb, metallisch		FeS_2	Pyrit

3.5.5.5 Leichtlösliche Salze

Die wasserlöslichen Salze (vor allem NaCl sowie weitere Chloride, Nitrate, Alkalicarbonate und -sulfate, teilweise Gips) sind meist nur im trockenen Boden existent, während sie im frischen bis feuchten Boden teilweise und im nassen Boden vollständig gelöst sein können. Der Salzgehalt wird über die elektrische Leitfähigkeit (EC in mS/cm bei 25 °C) ermittelt, da der elektrische Strom durch Wasser um so besser geleitet wird, je höher die Ionenkonzentration im Wasser ist.

Zur groben Messung im Feld wird ein *graduiertes Gefäß* (analog pH-Messung nach 3.5.4.2) unter Schütteln mit feldfrischem Feinboden und 25 ml *H_2O* versetzt und zwecks Homogenisierung geschwenkt. Nach mindestens 30 min wird der $EC_{2.5}$-Wert des überstehenden, klaren Extraktes mit einem *temperaturkompensierenden Leitfähigkeits-Meßgerät* unter Beachtung der Gebrauchsanleitung gemessen. Der $EC_{2.5}$-Wert wird dann auf den aktuellen Wassergehalt (WG aus 353.6) nach der Gleichung

$$EC_{WG} = \frac{250 \times EC_{2.5}}{WG}$$

oder auf den Wassergehalt eines gesättigten Bodens bzw. der Gleichgewichtsbodenlösung (GBLw) nach der Gleichung

$$EC_{GBL} = \frac{250 \times EC_{2.5}}{GBLw}$$

bezogen. Dabei bedeuten

ECGBL	< 0.75	0.75–2	2–4	4–8	8–15	> 15
	sehr gering	gering	mäßig	mittel	hoch	sehr hoch
Symbol	EC0	EC1	EC2	EC3	EC4	EC5

3.5.5.6 *Mineralgröße*

Die Körnung der einzelnen Mineralgruppen läßt sich nur im Labor ermitteln (s. 5.5.2). Die Kornverteilung des Mineralkörpers in seiner Gesamtheit ist mit Einschränkung aus der Dispersität (vgl. 3.5.4.1) abzuleiten. Bei Böden mit hoher Aggregatsstabilität kann es notwendig werden, die Proben statt mit Wasser mit einem stärkeren Dispergierungsmittel (z. B. 0,1 %igem $Na_4P_2O_7$) zu befeuchten und zu kneten. Besonders bei Sanden ist der Humusgehalt dadurch zu berücksichtigen, daß man je Humusklasse (vgl. 3.5.6.3) eine Körnungsklasse zurückstuft.

3.5.5.7 *Der Mineralkörper*

ergibt sich dann aus Mineralbestand und Körnung (s. Tabelle 3.5.13)

Tab. 3.5.13: Charakterisierung des Mineralkörpers (vieler mitteleuropäischer Böden)

Boden-arten-gruppe	dominierende Minerale				Mineralkörper	Symbol
	Tonminerale[1]	Silicate[1]	Quarz[1]	Carbonate[2]		
X	1	0	0	7	Kalkschutt	Xk
	1	1	0	6–3	Mergelschutt	Xm
	0–1	4	0	0(–2)	Silicatschutt	Xs
	0	1-2	4	0(–2)	Kieselschutt	Xq
Gr	1	0	0	7	Kalkgrus (-schotter)	Gk
(G)	1	1	0	6–3	Mergelgrus (-schotter)	Gm
	0–2	4	0–1	0(–2)	Silicatgrus (-schotter)	Gs
	0	1-2	4	0(–2)	Kieselgrus (-schotter)	Gq
S	0	1-2	4	0(–2)	Kieselsand	Sq
	0–2	4	0–1	0(–2)	Silicatsand	Ss
	0–1	0–2	0–2	3–4	Mergelsand	Sm
	0–1	0–2	0–1	5-6	Sandmergel	Ms
L	2–3	2–3	2–3	0(–2)	Lehm	L
	2–3	2(–3)	2(–3)	3–4	Mergellehm	Lm
	1–2	1–2	1–2	5–6	Lehmmergel	Ml
	1–2	0–1	0–1	7	Mergelkalk	Km
U	1–2	2–3	2–3	0(–2)	Schluff (Lößlehm)	U
	1–2	2(–3)	2(–3)	3–4	Mergelschluff (oft Löß)	Um
	1–2	1–2	1–2	5–6	Schluffmergel	Mu
T	3–4	0–1	0	5–6	Tonmergel	Mt
	4(–3)	1(–2)	0–1	3–4	Mergelton	Tm
	4	1–2	0–1	0(–2)	Ton	T

[1] oft bei 0 < 2 %, 1 < 5 %, 2 5–25 %, 3 25–65 %, 4 > 65 %
[2] vgl. Tab. 3.5.11

3.5.6 Kennzeichnung des Humuskörpers

Der Humuskörper ist charakterisiert durch Menge und Art der ihn in den verschiedenen Bodenlagen aufbauenden toten organischen Substanzen. Es gilt also, Humusmenge und Humuszustand zu bestimmen. Aus der Verteilung beider im Profil ergibt sich dann die Humusform.

3.5.6.1 Die Streu

ist der Bestandesabfall der Vegetation (einschl. abgestorbener Wurzeln) und stellt das organische Ausgangsmaterial der Bodenbildung dar. Da der Abbau bereits vor dem Laubfall einsetzt, kann sie bereits durch Fraß perforiert und mit Kotpillen durchsetzt sein. Bei schneller Streumischung und -umwandlung ist an ihrer Stelle die nach Leit- und Begleitpflanzen charakterisierte, bodenbildend wirksame Vegetation (ggf. der Fruchtfolgetyp) anzugeben, z. B. krautreicher Buchenwald oder Feldgras-Acker (s. 3.3.1).

3.5.6.2 Die Durchwurzelung

läßt die gegenwärtige Durchdringung des Bodens durch die Vegetation erkennen. Ihre Beobachtung erleichtert auch das Erkennen von Verdichtungen (vgl. 3.5.9.3). Die Durchwurzelung ist in jeder Bodenlage von oben auf einer 3 mal 3 dm großen Fläche anzusprechen und zu signieren: 1 Feinwurzel (∅ < 2 mm) = kaum (W1), 2–5 = schwach (W2), 6–20 = mäßig (W3), 20–100 = mittel (W4), 100–500 = stark (W5) und über 500 = sehr stark durchwurzelt bzw. Wurzelfilz (W6). Ungleichmäßige Durchwurzelung und die Zahl der Grobwurzeln sind gesondert anzugeben.

3.5.6.3 Humusgehalt und Humusmenge

Die Humusmenge einer Bodenlage ergibt sich aus deren Lagerungsdichte (3.5.3.3), Mächtigkeit und **Humusgehalt**. Dieser läßt sich in Minerallagen unter Berücksichtigung der Bodenart aus der Farbe im trockenen oder feuchten Zustand nach Tabelle 3.5.14 unter der Voraussetzung herleiten, daß die Farbe eines Horizontes eine Mischfarbe aus schwarzen Huminstoffen und anders gefärbten Mineralpartikeln darstellt. RENGER et al (1987) entwickelten eine ähnliche Methode, bei der über den pH-Wert zusätzlich berücksichtigt wird, daß saure Huminstoffe heller als alkalische sind.

Tab. 3.5.14: Schätzen des Humusgehaltes (in %) nach der Bodenfarbe (bei Chroma 3.5–6 Value um 0.5 höher stufen, bei > 6 um 1; Eichung erfolgte an Böden norddeutscher Sedimente, BLUME und HELSPER 1987)

Farbe	Value n. MUNSELL	feucht S, G	feucht Sl-Ls	feucht L, U, T	trocken S, G	trocken Sl-Ls	trocken L, U, T
hellgrau	7				< 0.3	< 0.5	<0.6
hellgrau	6.5				0.3–0.6	0.5–0.8	0.6–1.2
grau	6				0.6–1	0.8–1.2	1.2–2
grau	5.5			< 0.3	1–1.5	1.2–2	2–3
grau	5	< 0.3	< 0.4	0.3–0.6	1.5–2	2–4	3–4
dunkel-	4.5	0.3–0.6	0.4–0.6	0.6–0.9	2–3	4–6	4–6
grau	4	0.6–0.9	0.6–1	0.9–1.5	3–5	6–9	6–9
schwarz-	3.5	0.9–1.5	1–2	1.5–3	5–8	9–15	9–15
grau	3	1.5–3	2–4	3–5	8–12	> 15	> 15
schwarz	2.5	3–6	> 4	> 5	> 12		
schwarz	2	> 6					

Für die Bewertung der Humusgehalte gelten dann folgende Stufen:

% Humus	<1	1	2	4	8	15		30>
Bezeichnung	stellenweise humos	sehr schwach humos	schwach humos	mittel humos	stark humos	sehr stark humos	extrem humos	organische Lagen
Symbol	h0	h1	h2	h3	h4	h5	h6	H

Die Humusmenge einer Lage in kg/m^2 ergibt sich dann durch Multiplikation des Humusgehaltes (in %) mit der Lagerungsdichte (in g/cm^3) und der Mächtigkeit der Lage (in dm).

3.5.6.4 Morphe des Humus

Die **Humosmorphologie** kennzeichnet Grad und Art von Streuzersetzung und -humifizierung. Makroskopisch ist (mittels *Lupe*) zwischen Grobhumus (GH, Teilchen mit > 0,15 mm ∅ und erkennbarer Gewebestruktur) und Feinhumus (FH vorwiegend Huminstoffe neben stark zerkleinerter Streu und Mikroorganismen) zu unterscheiden. Für organische Lagen bedeuten:

FH-Anteil (Vol. %)	0–10	10–40	40–70	70–90	90–100
Wertung	gering	mäßig	mittel	hoch	sehr hoch
Symbol	FH1	FH2	FH3	FH4	FH5

Bei tiefer gelegenen oder entwässerten Torfen ist die streubildende Vegetation aus Eigenschaften des Grobhumus abzuleiten, da sie nicht der gegenwärtigen entsprechen muß (Anleitung gibt GÖTTLICH 1990).

Bei eingehendem Studium sind auch Fleckigkeit und Punktierung, Bräunung, Wellung und Bleichung, Löchrigkeit und Auskerbung, Rissigkeit und Skelettierung der Waldstreu oder der Ernterückstände des Ackers zu beschreiben, außerdem Lagerungsart (schütter, locker, schichtig, bröckelig, kompakt), Vernetzungsgrad (durch Wurzeln, Pilzhyphen) und Brechbarkeit von Auflagehorizonten und die Übergangsschärfe zwischen ihnen (Näheres s. AK Standortkartierung 1980, von ZEZSCHWITZ1976; mikromorphologische Beschreibung mittels *Mikroskop* s. 5.3.2).

3.5.6.5 Humifizierungsgrad

Von ständig feuchtem bis nassem Torf und Auflagehumus läßt sich der Grad der Humifizierung im Felde (nach v. POST; s. HARTMANN 1952) bestimmen. Hierzu wird eine Probe mit der Faust gequetscht. Dann kann der Humifizierungsgrad (H) nach Tabelle 3.5.15 durch Beobachten des zwischen den Fingern austretenden Preßsaftes und des Rückstandes angesprochen werden.

Tab. 3.5.15: Schätzen des Humifizierungsgrades

H	Beobachtung des Preßsaftes	Beobachtung des Rückstandes	Eigenschaft des Torfes
1	farbloses klares Wasser	nicht breiartig	nicht humifiziert
2	gelbes klares Wasser	nicht breiartig	
3	braunes klares Wasser	nicht breiartig	schwach humifiziert
4	trübes Wasser ohne Torfsubstanz	schwach breiartig	
5	trübes Wasser, wenig Torfsubstanz	stark breiartig	mittel humifiziert
6	1/3 der Probe als Brei	stark breiartig, aber	
7	1/2 der Probe als Brei	viel Pflanzenreste	
8	2/3 der Probe als Brei	vornehml. Pflanzenreste	stark humifiziert
9	nahezu gesamte Probe als Brei	wenig Pflanzenreste	
10	gesamte Probe als Brei	kein Rückstand	völlig humifiziert

Tab. 3.5.16: Bestimmung humusgeprägter Horizonte (> 1 % org. S.)

Eigenschaft	Name	Symbol
1. Bildungsraum		
a) Wasser (ohne Röhrichtzone und Salzwiese)	→ 2.	
b) Sumpf (durchgehend > 30 Tage naß oder entwässert)	→ 5.	
c) Land	→ 8.	
2. Basensättigungsgrad (Ansprache s. 3.5.4.4)		
a) BS < 50 %	**Dyhorizont** (z. T. Torfmudde)	Ff
b) BS > 50 %	→ 3.	
3. Redoxzustand (Ansprache s. 3.5.4.6)		
a) rH > 19 (olive bis rotbraun, b. Kalk hellgrau)	→ 4.	
b) rH < 19 (meist schwarz und H_2S-Geruch)	**Sapropelhorizont** (Faulschlamm)	Fr
4. Kalkgehalt		
a) kalkfrei bis -arm (meist olive bis rotbraun)	**Gyttjahorizont** (Lebermudde)	Fh
b) kalkreich (meist weißgrau)	**Kalkgyttjahorizont** (Kalkmudde)	Fc
5. Humusgehalt		
a) 15–30 %	**Anmoorhorizont**	Aa
b) > 30 %	Torfhorizont → 6.	H
6. Streurückstände von		
a) Bleichmoosen, Wollgras, Calluna v., Moostorf	→ 7.	hH
b) Moorbirke, Schlammsegge, Sumpfbeise	**Carrtorf**	uH
c) Seggen, Schilf, Laubmoos, Schwarzerle	**Fentorf**	nH
7. Humifizierungsgrad (Ansprache s. 356.5)		
a) H 1 - H 4	**Rohmoostorf**	hHf
b) H 5 - H 10	**Humusmoostorf**	hHh
8. Mineralgehalt		
a) unter 1/2 (bzw. < 70 Gew. %)	Auflagehorizont → 9.	
b) über 1/2 (bzw. > 70 Gew. %)	Mineralbodenhorizont → 10.	
9. Feinhumusanteil		
a) gering (< 1/10)	**Streuhorizont**	L
b) mäßig (1/10 - 7/10)	**Grobhumushorizont**	Of
c) hoch (> 7/10)	**Feinhumushorizont**	Oh
10. Lage im Profil		
a) nach oben durch Streu oder Auflagehorizont begrenzt	→ 11.	Ah
b) nach oben durch humusärmere Lagen begrenzt	→ 13.	
11. Gefüge, Humusgehalt, Munsell-value/chroma		
a) pol, pri oder h1–2, Munsell >3 / >3	**Kryptohumushorizont** (ähnl. ochric)[1]	Ah
b) übrige; h > 2; Munsell < 3.5 / < 3.5	→ 12.	
12. Basensättigung (Ansprache s. 3.5.4.4) und Gefüge		
a) BS > 50 % und/oder kru, schw, sub	**Wurmhumushorizont** (mollic)[1]	Axh
b) BS < 50 % und ein, gri	**Moderhorizont** (umbric)[1]	Ah
13. Vegetationsreste		
a) vorhanden	**fossiler Humus-horizont**	fAh
b) nicht vorhanden, Humus an Wandbeläge oder Fe-Oxide gebunden	**verlagerter Humus**	Bh, Ghr, Bht

[1] n. FAO-Unesco (1990)

3.5.6.6 Humifizierungsart

Die Art der Huminstoffe läßt sich nur im Labor bestimmen (s. 5.6.5.4). Im Felde kann man allenfalls zwischen mildem und saurem Humus unterscheiden, und zwar nach Basensättigungsgrad (3.5.4.4): BS > 50 % = mild, BS < 50 % = sauer.

3.5.6.7 Die Humuskörper

Humusgeprägter Bodenhorizonte unterscheiden sich in Humusgehalt, Streuart, Humifizierungsgrad und Trophie (Tab. 3.5.16). Differenzmerkmale sind auch den Definitionen diagnostischer Humushorizonte (s. 3.6.1.1) und den Humusformen (s. 3.6.1.3) zu entnehmen.

3.6 Auswertung der Bodendaten

An dieser Stelle sollen die Prinzipien einer Auswertung nur kurz gestreift und die Technik einer Deutung nur insoweit dargestellt werden, wie sie allein mit Hilfe der Feldaufnahme möglich sind. Eine umfassendere Darstellung wird in Kapitel 7 gegeben.

Auf die Analyse folgt die Synthese. Wesentlich für eine gute Synthese ist, daß alle verfügbaren Einzeldaten zu einem sinnvollen Ganzen zusammengefaßt werden. Die Synthese ist zunächst eine einfache Zusammenfassung der ermittelten Daten zu einer Feststellung (z. B. nutzbare Wasserkapazität) und sodann eine Deutung des Befundes (z. B. Bedeutung für Vegetation des Standortes). Schließlich läßt sich die Deutung unter Heranziehung weiterer Feststellungen (z. B. Durchwurzelbarkeit und Witterung) zu einer umfassenden Aussage erweitern (z. B. über den Wasserhaushalt des Standortes). Die Aussage kann dabei in manchen Fällen bereits endgültig sein; oft muß die Profilaufnahme aber durch Laboruntersuchungen ergänzt werden, damit Aussagen präzisiert und gesichert werden können. Dann bekommt die Felduntersuchung die Aufgabe, Arbeitshypothesen zu erarbeiten, Zeitpunkt und Ort der Probenahme festzulegen sowie den Einsatz genauerer Analysen zu steuern. Auch hilft die Profilbetrachtung bereits, den Grad der Heterogenität eines Pedons abzuschätzen.

3.6.1 Bodengenetische Deutung der Bodenaufnahme

Ziel einer genetischen Untersuchung ist es, das Wie und Warum der Eigenschaften eines Bodens zu verstehen und damit dessen Geschichte nachzuzeichnen sowie dessen weitere Entwicklung vorherzusagen. Eine bodengenetische Aussage macht man auf Grund einer vergleichenden Horizontbetrachtung (vgl. 1). Hierfür muß aber sicher sein, daß der Boden auch wirklich aus vergleichbarem Material entstanden ist, daß also nicht ein Wechsel im Gestein vorliegt. Schichtgrenzen können dabei an einem schroffen Wechsel in den Eigenschaften der einzelnen Lagen, insbesondere in durch bodenbildende Prozesse kaum beeinflußbaren Eigenschaften wie dem Sand- oder Kiesgehalt erkannt werden. Es muß weiterhin ermittelt werden, ob Bodenlagen erodiert wurden (kenntlich an einer Kornvergröberung nahe der Oberfläche, bei überdeckten Schichten auch am Auftreten von Steinsohlen und bei Winderosion am Auftreten von Windkantern; talwärts Auftreten von Kolluvien) oder die natürliche Entwicklung unterbrochen wurde (z. B. durch Pflügen bzw. andere Kulturmaßnahmen, kenntlich an gleichförmiger Beschaffenheit, aber scharfer Begrenzung der obersten Mineralkörperlage). Ferner ist zu prüfen, ob im Profil reliktische Bodenmerkmale auftreten, also solche, die sich unter den gegenwärtigen Umweltbedingungen nicht gebildet haben können (z. B. Brodeltaschen und Eiskeile aus dem Periglazialklima). Schließlich soll in naher Vergangenheit kein Nutzungs- oder Vegetationswechsel stattgefunden haben, da sich sonst die beobachteten Eigenschaften nicht im Gleichgewicht mit Vegetation und Nutzung befinden.

Aus dem Vergleich der Lagen lassen sich die Prozesse rekonstruieren, durch welche sie und damit der Boden als Ganzes geprägt wurden. Das Ergebnis der Untersuchung wird in der Benennung der Lagen durch Horizontsymbole festgelegt. Aus bestimmten Horizontkombinationen ergeben sich dann Bodentyp und Humusform.

3.6.1.1 Horizontbezeichnung

Horizonte sind durch bodenbildende Prozesse entstandene Lagen im Profil. Sie sind zu unterscheiden von **Schichten**, den durch gesteinsbildende Prozesse entstandenen Lagen. Die Horizonte werden durch Großbuchstaben symbolisiert (Hauptsymbole). Zur näheren Kennzeichnung diagnostisch wichtiger Horizontmerkmale dienen Kleinbuchstaben (Hilfssymbole = Suffixe). Vor die Hauptsymbole gestellt, charakterisieren sie lithogene oder phytogene Merkmale, nachgestellt pedogene Merkmale. Übergangshorizonte oder Horizonte mit mehreren diagnostisch wichtigen Merkmalen werden durch Kombination von Hauptsymbolen oder/und Hilfssymbolen gekennzeichnet, wobei die Bedeutung der gekennzeichneten Merkmale von links nach rechts ansteigt (Tab. 3.6.1).

Tab. 3.6.1: Bestimmungsschlüssel wichtiger Horizonte (AK Bodensystematik 1985, ergänzt)

Wichtige mineralische Horizonte (< 30 % Humus)

A Oberbodenhorizonte mit Verarmung und/oder Humusanreicherung

B Unterbodenhorizonte mit < 75 % Festgesteinsresten, Änderung von Farbe und Stoffbestand gegenüber Ausgangsgestein durch Stoffeinlagerung aus A und/oder Verwitterung (Transformation)

C Gestein unterhalb des Solums, entspricht oft dem Ausgangsgestein
- lC Lockergestein, grabbar (l = locker)
- mC Festgestein, nicht grabbar (m = massiv)
- Cn nicht verwittert (n = neu)
- Cv schwach verwittert (v = vergrust, phys. Zerfall)

Humusanreicherung im Oberboden

Ah 1–30 % Humus (außer Aa) (h = humos)

Aa Anmoor (= a) (Feuchtboden) mit 15–30 % Humus

Ai Initialstadium (= i) mit lückiger Anreicherung von > 1 % Humus oder > 2 cm mächtiger Anreicherung von < 1 %

Verwitterung

Bv verwittert (= v) entkalkt, verbraunt, verlehmt, > 25 % der Gesteinsstruktur verändert

Bu sehr stark verwittert: < 5 Vol. % Festgesteinsreste, > 17 % Ton mit KAK < 16 $cmol_c$/kg, < 3 % verwitterb. Minerale (ferralic horizon der FAO UNESCO 1990, oxic horizon der SOIL SURVEY STAFF 1992)

Tonverlagerung

Al gegenüber Ah aufgehellt, gegenüber Bt tonverarmt (l = lessiviert)

Bt Tongehalte gegenüber A um mindestens eine Bodenartenstufe erhöht und/oder Tonhäutchen auf den meisten Aggregatoberflächen bzw. Tonbänder (t = tonangereichert)

Podsolierung

Ae gebleicht (MUNSELL- value feucht ≥ 4, value: Chroma ≥ 2.5) (e = eluvial, ausgewaschen)

Bs Fe/Mn-angereichert (MUNSELL- hue 1 Stufe röter als Nachbarhorizonte) (s = sesquioxidangereichert)

Bh humusangereichert (MUNSELL- value mindestens 1 Stufe niedriger als Ae bzw. Ap)

Unterböden aus Ton- und Carbonatgestein

P Unterbodenhorizonte aus Tongestein, > 45 % Ton, kaum redoximorph, stark quell/schrumpfend (Trockenrisse in 5 dm Tiefe zeitweilig breiter 1 cm), mit Polyedern/Prismen (oft glänzende Aggregatoberflächen = slicken sides) (P = Pelitisch, tonig)

T Unterbodenhorizonte aus Lösungsrückstand von Carbonatgestein, > 45 % Ton, Polyeder, leuchtend gelbbraun bis braunrot gefärbt, nicht redoximorph (T = von Terra)

Stauwassereinfluß

S Stauwassergeprägter Horizont; zeitweilig naß und dann rH ≤ 19 (oder gedränt) und > 80 (Flächen) % Konkretionen, Rost- und/oder Bleichflecken (Konkretionen und Rostflecken in Aggregaten)

- **Sw** stauwasserführend, Bleichzonen (MUNSELL - value feucht > 3.5, -chroma < 3) neben Konkretionen/Rostflecken, kf höher als Sd
- **Srw** naßgebleicht, Konkretionen/Rostflecken fehlend oder < 1 %, sonst wie Sw
- **Sd** Wasserstauend (kf niedriger und/oder grobporenärmer als Sw) und marmoriert
- **Sg** Rost-/Bleichflecken diffus verteilt, LK < 3 %, viel U und ffS (Haftnässe)

Grundwassereinfluß

G Grundwassergeprägte Horizonte

- **Go** im Grundwasserschwankungsbereich, mit > 10 Flächen % Rost- oder/und Carbonatflecken, besonders an Aggregatoberflächen (o = oxidiert)
- **Gr** im Grundwasserbereich, (fast) ständig naß und dann rH ≤ 19 bzw. Fe^{2+} nachweisbar (oder entwässert), und mit Reduktormorphie (Munsell - hue von N1 (schwarz) bis N8 (weiß), oder von 5Y (grau), 5G (grün), 5B (blau) bei chroma < 1.5 (5G < 2,5), allenfalls 5 % Rostflecken an Wurzelbahnen (r = reduziert)
- **Gor** Rostflecken auch außerhalb Wurzelbahnen, sonst wie Gr
- **Gro** 5 - 10 Flächen % Rostflecken, sonst wie Gr

Organische Horizonte (> 30 % Humus)

Hauptprägung durch Zersetzung und Humifizierung

L Streu (org. Ausgangsmaterial), kaum Feinhumus (FH1)

H Torf; mit Resten torfbildender Pflanzen (durchgehend > 30 d naß oder gedränt)

- **nH** Fentorf (Seggen-, Schilf-, Laubmoos-, Schwarzerlenreste)
- **uH** Carrtorf (Moorbirken-, Schlammseggen-, Sumpfbinsenreste)
- **hH** Moostorf (Bleichmoos-, Wollgras-, Calluna v. -reste)
- **Hf** Rohtorf (H1–H4)
- **Hh** Humustorf (H5–H10)

O Organische Auflage über Mineralboden oder Torf (FH 2–5)

- **Of** Grobhumushorizont (FH2–3)
- **Oh** Feinhumushorizont (FH4–5)

Horizonte mit Sauerstoffverdrängung durch Gase

Y Reduktgas (CO_2, CH_4, H_2S) geprägter Horizont

- **Yr** Durch Metallsulfide schwarz gefärbt (r = reduziert)
- **Yo** Durch Ferrihydrit rotbraun gefärbt (o = oxidiert)

Unterwasserhorizonte (ohne Torfe)

Hauptprägung durch Humusanreicherung bei Wassersättigung

F Horizont am Gewässergrund m. > 1 % Humus

- **Fi** Initialhorizont, < 1 % Humus
- **Ff** dunkelbraun, BS < 50 %
- **Fh** oliv-rotbraun, BS > 50 %, rH > 19
- **Fch** hellgrau, kalkreich, rH > 19
- **Fr** schwarz, H_2S-Geruch, BS > 50 %, rH ≤ 19

Vom Menschen (mit) geprägte Horizonte

Ap	bearbeitet, sonst wie Ah (p = gepflügt)
Hp	bearbeitet, sonst wie Hh
M	Humoser (entsprechend Ah), mit durch Erosion umgelagertem Ah-Material angereicherter Horizont (M = migrare)
E	Humoser (entsprechend Ah) Horizont aus aufgetragenen Plaggen, m. Kulturresten und/oder erhöhtem P-Gehalt (E = Esch)
R	Mischhorizont, durch Rigolen bzw. Tiefumbruch entstanden (R = rigolt)
Anthropogener Auftrag (s. Tabelle 3.4.2)	
jC	Künstlicher Auftrag natürlicher Substrate (z. B. Löß, Bodenaushub)
yC	Künstlicher Auftrag technogener Substrate (z. B. Bauschutt, Müll, Schlacke, Klärschlamm, Industriestaub)
Stoffanreicherungen als zusätzliche Hilfssymbole	
...c	Carbonatanreicherung (Ach, Ccv, Gc, Hc)
...z	Salzanreicherung (EC_{GBL} > 0.75 mS)
...k	> 5 Flächen % Konkretionen: Ckc, Gkc als Kalk; Gko, Skw und Bku als Fe/Mn-Oxide
...m	mit Kittgefüge: Bmh, Bms als Ortstein; Gmo als Raseneisenstein; ...mc als Calcrete
...b	gebändert: von Ton Bbt, von Fe/Mn-Oxiden Bbs

Schichtwechsel im Solum wird durch Voranstellen römischer Ziffern signiert (z. B. IIBv). Ein fossilisierter (von Sediment überdeckter) Horizont wird durch Voranstellen eines f hervorgehoben (z. B. fAh); ein reliktrischer Horizont (dessen Morphe nicht mehr mit der heutigen Dynamik im Einklang steht) durch Voranstellen eines r (z. B. rGr bei entwässertem Gley).

3.6.1.2 Bestimmung des Bodentyps

Bodentypen sind die charakteristischen Umwandlungsformen von Gesteinen. Sie sind durch bestimmte lithogene (dem Ausgangsgestein entstammende), phytogene (der Streu entstammende), atmogene (auf Niederschläge oder andere Atmosphärilien zurückzuführende) und pedogene (durch bodenbildende Prozesse entstandene) Merkmale gekennzeichnet. Für jeden Bodentyp ist daher eine bestimmte Horizontkombination - verknüpft mit bestimmten litho-, phyto- und atmogenen Merkmalen - charakteristisch (Tabelle 3.6.2).

Aufgrund weiterer diagnostischer Merkmale (z. B. Humusform bei Rendzinen, Basizität bei Braunerden) bzw. Merkmalen mehrerer Haupteinheiten (z. B. Ah-Bv-Go-Gr- = Braunerde-Gley, wenn Ah - Bv < 4 dm; sonst Gley-Braunerde) ergeben sich Subtypen.

Ist ein Boden unter weniger als 3 dm Auftrag begraben, wird nur jener klassifiziert und »mit Auftrag« dem Namen angefügt. Bei über 3 dm mächtigem Auftrag werden die Böden beider Substrate klassifiziert (z. B. Regosol über Podsol aus Flugsand/Geschiebesand).

Böden aus künstlichen, d. h. vom Menschen verursachten, Aufträgen werden wie diejenigen aus natürlichen Gesteinen klassifiziert (z. B. Ah-C-Boden aus Bauschutt = Pararendzina). Vollständige Darstellung deutscher Bodeneinheiten s. AK Bodensystematik (1985). Bodentyp und Gestein (das stets mit anzugeben ist) bilden zusammen die **Bodenform**.

Tab. 3.6.2: Bestimmungsschlüssel wichtiger Bodentypen (AK Bodensystematik 1985, ergänzt)

Horizontkombination (nur diagnostisch wichtige)	weitere diagnostische Merkmale	Typ	Symbol
Abteilung der Landböden (-g. -gestein)			
Ai - mC	mC flacher 2 cm	**Syrosem**	O
Ai - lC		**Lockersyrosem**	OL
O - mC		**Skeletthumusb.**	F
Ah - mC	Kiesel-, Silicatg. (< 2 % Kalk), mC flacher 3 dm	**Ranker**	N
Ah - lC	Kiesel-, Silicatg. (< 2 % Kalk)	**Regosol**	Q
Ah - C	Carbonatg. (> 75 % Carb.)	**Rendzina**	R
Ah - C	Mergelg. (2–75 % Carb.)	**Pararendzina**	Z
Ah - C	Mergelg., Ah > 4 dm u. Muns.-value < 3.5/chroma < 3.5	**Tschernosem**	T
Ah - P - C	Ton(mergel)gestein	**Pelosol**	D
Ah - Bv - C		**Braunerde**	B
Ah - Al - Bt -	Oberkante Bt < 8 dm	**Parabraunerde**	L
Ah - Ae - Bh, Bs -		**Podsol**	P
Ah - T - mC		**Terra fusca**	C
Ah - Bu -		**Latosol**	W
Ah - Sw - Sd -		**Pseudogley**	S
Ah - Srw - Sd -		**Stagnogley**	SS
Ah - Sg -		**Haftnässepseudogley**	SH
Ah - M	Ah + M > 4 dm	**Kolluvisol**	K
Abteilung der Grundwasserböden			
Ai - C - (G)	Aue, Ai + C > 8 dm	**Rambla**	AO
Ah - C - (G)	Aue, Ah + C > 8 dm	**Paternia**	AQ
Ah - C - (G)	wie AQ, aber Ah wie T	**Tschernitza**	AT
Ah - Bv - C - (G)	Aue, - C > 8 dm	**Vega**	AB
Ah - Go - Gr	Go flacher 4 dm	**Gley**	G
	in Aue (zeitweilig überflutet bzw. überstaut)	**Auengley**	AG
Aoh - Gr		**Naßgley**	GN
A(o)a - Gr		**Anmoorgley**	GA
H - Gr	H < 3 dm	**Moorgley**	GH
bei > 9 % Hangneigung Hanggleye NG, Naßh.....NN, Anmoorh..NA, Moorh.....NH			
zAoh - zGr	Gezeiteneinfluß (Gz)	**Salzmarsch**	MZ
Ah - Go - (z)Gr	Gz oder Deich, < 4 dm kalkfrei	**Kalkmarsch**	MC
Ah - Go - (z)Gr	Gz oder Deich, > 4 dm kalkfrei	**Kleimarsch**	MN
Ah - GoSw - GSd - Gr	Gz oder Deich, > 7 dm kalkfrei	**Knickmarsch**	MK
Abteilung der Moore			
nH -	nH > 3 dm	**Niedermoor**	HN
hH -	hH > 3 dm	**Hochmoor**	HH
Abteilung der (semi) subhydrischen Böden			
zFr -	EC_{GBL} > 15 mS	**Seewatt**	JM
zFr -	EC_{GBL} 15 - 0,75 mS	**Brackwatt**	JB
Fi - Gr		**Protopedon**	JP
Fh - Gr		**Gyttja**	JG
Ff - Gr		**Dy**	JD
Fr - (FH) - Gr		**Sapropel**	JS

Tab. 3.6.2: Fortsetzung

Kultosole (vom Menschen wesentlich geprägt)			
RAp – R –	RAp + R > 4 dm (wiederholt rigolt)	**Rigosol**	Y
RAp –	RAp > 4 dm, durch Kompostauftrag + Bioturbation + Bearbeitung	**Hortisol**	YO
RAp – R –	RAp – R – > 4 dm { einmaliger Tiefumbruch }	**Treposol**	U
RHp –	RHp – R – > 4 dm { einmaliger Tiefumbruch }	**Moortreposol**	UH
EAp – E – f...	EAp + E > 4 dm, durch Plaggenauftrag	**Plaggenesch**	E
(Ah – Yo) – Yr	z.B. auf/neben Müll-, Klärschlammdeponien	**Reduktosol**	X

3.6.1.3 *Bestimmung der Humusform*

Da wegen der leicht veränderlichen Eigenschaften des Humuskörpers der Schwerpunkt bei der Ansprache des Bodentypes auf den Eigenschaften des Mineralkörpers liegt, müssen die des Humuskörpers gesondert gekennzeichnet werden. **Humusformen** sind die natürlichen Kombinationstypen der verschiedenen Humusstoffe. Einteilungsprinzipien sind neben einer bestimmten Horizontkombination der Bildungsraum (bes. Wasserverhältnisse) sowie Mächtigkeit und Eigenschaften der Horizonte und der Subhorizonte (s. Tabelle 3.6.3). Die Torfe lassen sich nach den erkennbaren Pflanzenresten weiter untergliedern (AG Bodenkunde 1982).

Tab. 3.6.3: Bestimmungsschlüssel wichtiger Humusformen

Horizontkombination	weitere diagnostische Merkmale	Humusform
Waldhumusformen	(Grz Horizontgrenzen)	
L – Ah	Ah meist kru-sub und > 8 cm L und O nicht ganzjährig vorhanden	typischer **Mull** (L-Mull)[1]
L – Of – Ah	Of < 2 cm, Ah meist < 10 cm	Modermull (F-Mull)
L – Of – Oh – A(e)h	Of + Oh < Ah	**Moder**[1]
	Oh < 0.5 cm	Mullmoder
	Oh 0,5–2 cm und meist bröckelig	Grobmoder
	Oh 2–3 cm Grz diffus	Feinmoder
	Oh 3–6 cm, kompakt, Grz scharf	Rohhumusmoder
L – Of – Oh – (Aeh)	Of + Oh > Ah, Grz scharf	**Rohhumus**[1]
	Oh < 4 cm, kompakt	Grobrohhumus
	Oh > 4 cm, kompakt	Feinrohhumus
Ackerhumusformen (BS = Basensättigung)		
Ap	pol, pri oder sub + < 2 % Humus	Kryptomull
Ap	kru oder sub + > 2 % Humus	Wurmmull
Ap	ein oder gri, BS > 50 %	Sandmull
A(e)p	ein oder gri, BS < 50 %	Ackermoder
Sumpfhumusformen (incl. Röhricht)		
L – Aa – Ah	Aa > 1 dm, BS meist > 50 %	**Anmoor**
L – H –		**Torf**
nH		Niedermoortorf
	BS < 50 %	saurer Niedermoortorf
	BS > 50 %	milder Niedermoortorf
hH		Hochmoortorf
Seehumusformen (Humusform = Bodentyp)[2]		Dy, Gyttja, Sapropel

[1] Bei Stauwassereinfluß erhöhte Humusgehalte bis anmoorig, dann Zusatz »Feucht«.

[2] Fossile Unterwasserböden werden als Sedimente aufgefaßt und dann als Mudden klassifiziert.

3.6.2 Ökologische Beurteilung der Bodenaufnahme

Die ökologische Auswertung dient dem Zwecke, den Boden als Pflanzenstandort zu kennzeichnen und daraus Voraussagen für den zukünftigen Pflanzenwuchs zu machen. Es kommt also darauf an, aus den ermittelten Bodeneigenschaften auf Gründigkeit und Durchwurzelbarkeit, auf Wasser-, Luft- und Wärmehaushalt sowie auf den Nährstoffhaushalt zu schließen. Zu beachten ist aber, daß die Bewertung der Eigenschaften eines Horizontes stets von dem der darüberliegenden Horizonte mit abhängen muß (gute Durchwurzelbarkeit eines Horizontes bleibt wirkungslos, wenn der darüberliegende schwer durchwurzelbar ist). Eine große Schwierigkeit besteht außerdem darin, daß eine Kennzeichnung streng genommen nur für eine Pflanzenart (bzw. Pflanzengesellschaft) gelten kann. Daher sollte man bei Kulturstandorten zumindest die spezifischen Ansprüche einer Wald-, Wiesen- oder Ackervegetation berücksichtigen, aber andererseits nicht gerade nach den Erfordernissen bestimmter Spezialisten bewerten.

Um dieser Schwierigkeit aus dem Wege zu gehen, empfiehlt es sich, zunächst unabhängig von der angestrebten oder bestehenden Nutzung die Standorteigenschaften zu klassifizieren. Soll eine Nutzungseignung ausgewiesen werden, so müssen die Standortansprüche der Nutzung in der gleichen Maßeinheit angegeben werden. Aus dem Vergleich beider läßt sich dann die Eignung ableiten (vgl. Abb. 3.1).

3.6.2.1 Gründigkeit und Durchwurzelbarkeit

Die Begrenzung des **Wurzelraumes** sollte die Grundlage jeder Bodenbewertung sein: Die Durchwurzelungstiefe bestimmt den standortkundlich zu berücksichtigenden Anteil des Bodens (den möglichen Wurzelraum) und die Durchwurzelungsintensität (bes. die seitliche) die zu veranschlagende Ausnutzung der in ihm ermittelten Wasser- und Nährstoffmengen. Sie bestimmen oft auch die Standfestigkeit (bei Bäumen die Windwurfgefahr).

Die **Gründigkeit** ist die Mächtigkeit (in dm) des potentiellen Wurzelraumes. Geringe Gründigkeit im ökologischen Sinne kann mechanisch (festes Gestein, verfestigte Bodenlagen) oder physiologisch (Gr-Horizont der Grundwasserböden) wirkende Ursachen haben. Möglicher Wurzeltiefgang unter 1.5 dm ist als sehr flachgründig (Wp1), 1.5–3.0 dm als flach- (Wp2), 3–7 dm als mittel (Wp3), 7–12 dm als tief- (Wp4) und > 12 dm als sehr tiefgründig (Wp5) zu bezeichnen. Gleichzeitig sollte die Ursache mangelnder Gründigkeit angegeben werden. Problematisch ist die Angabe der Gründigkeit bei Bodenfüllung von Gesteinsklüften und des Wurzelraumes bei gemischten Pflanzengesellschaften (z. B. Kraut-, Strauch- und Baumschicht).

Der Hauptwurzelraum vieler Wild- und Kulturpflanzen ist auf den Oberboden, d. h. die oberen 3–4 dm (incl. O-Lagen) beschränkt. Die Kapillarität des Unterbodens entscheidet dann darüber, inwieweit in Trockenperioden Wasser und gelöste Nährstoffe in den Hauptwurzelraum aufsteigen können. Das wird beim **effektiven Wurzelraum** (We) berücksichtigt, der sich für viele Böden Mitteleuropas aus Bodenart und Lagerungsdichte des Unterbodens nach Tabelle 3.6.4 ableiten läßt.

Nährstoffarmut und zur Tiefe abnehmende pH-Werte können die We ebenfalls mindern. Eine Begrenzung kann auch durch Schichtwechsel, Verdichtungen oder Verfestigungen (z. B. Ortstein), Nässe, Luftmangel oder durch eine geringere Entwicklungstiefe der Böden gegeben sein. Bei Grundwasserböden endet die We spätestens im Sauerstoffmangelbereich, d. h. am Gr-Horizont. Überschritten werden die angegebenen We-Werte vor allem bei tief humosen Böden, wie z. B. bei Plaggeneschen und Kolluvien.

Tab. 3.6.4: Effektive Durchwurzelungstiefe (We) homogener Böden in Abhängigkeit von Bodenart bzw. Torfart und Lagerungsdichte (ρb) für Ackerkulturen und Nadelgehölze[1)] (DVWK 1994, verändert)

Bodenarten-hauptgruppe	Bodenart DV-Zeichen	We in dm ρb1 bis 2	ρb3	ρb4 bis 5
Sande	gS	5	5	6
	mS, fS	7	6	6
	Su, Sl2	9 bis 8	7	6
	Sl3, St2	11 bis 9	8	7
	Slu, Sl4, St3	13 bis 11	9	8
Schluffe	Uu, Us	14 bis 12	10	8
	Uls, Ul, Ut	15 bis 13	11	9
Lehme	Ls, Lt, Lts	14 bis 12	10	9
Tone	Tu3	15 bis 13	11	9
	Tl, Tt, Tu2	14 bis 12	10	8
Torfe	Hh		2	
	Hn		4	

1) Für Grünland von We-Acker (außer Hh) 2 dm substrahieren; für Laubgehölze We-Acker mit 1.5 multiplizieren

Unter **Durchwurzelbarkeit** ist die mögliche Erschließung des Wurzelraumes durch Pflanzen zu verstehen. Die Durchwurzelbarkeit hängt einmal (wie auch die Gründigkeit) von Art und Größe der Hohlräume zwischen den Bodenaggregaten und Steinen, und außerdem von den Eigenschaften der Aggregate selbst ab. Die Durchwurzelbarkeit läßt sich demnach aus Porosität, Lagerungsdichte, Stabilität der Bodenaggregate und Steingehalt erschließen. Allgemein sind Absonderungsaggregate wie Polyeder oder Prismen arm an Grobporen und damit schlechter durchwurzelbar als etwa die porösen Krümel. Außerdem kann die Durchwurzelbarkeit sehr von Wandbelägen (wie Tonhäutchen) eingeengt werden. Der Eindringwiderstand (Tab. 3.5.4) vermag als Maß für die Durchwurzelbarkeit zu dienen.

3.6.2.2 Wasserhaushalt

Wasser- und Lufthaushalt eines Standortes hängen von Klima, Lage im Gelände und Bodengefüge ab. Das Klima ist besonders wichtig, da es nicht nur die Wassereinnahme des Bodens, sondern auch den Wasserbedarf der Pflanzen bestimmt. Feuchtes Klima, Unterhang- bzw. Senkenlage und Feinporigkeit begünstigen den Wasser-, umgekehrte Bedingungen den Lufthaushalt. Wasser- und Luftversorgung der Organismen konkurrieren also miteinander. Die Faktoren wirken stets gemeinsam: je stärker einer den Wasserfaktor fördert (z. B. feuchtes Klima), desto bedeutungsloser werden die anderen für den Wasser- und desto wichtiger für den Luftfaktor (Geländelage und Gefüge). In ähnlicher Weise gilt natürlich die Umkehrung (z. B. im Trockenklima Lage im Gelände und Gefüge für Wasserhaushalt entscheidend).

Jährliche Niederschlagsmenge und (bes. wichtig!) -verteilung sind zu messen (Kap. 6.2.1 oder bei der nächsten *Wetterstation* zu erfragen bzw. Karten zu entnehmen). Welche Regenmenge den Boden wirklich erreicht, wird aber vom Pflanzenbestand (Verdunstung von der Vegetationsoberfläche Laub- > Nadelwald, > Wiese), und was in ihn eindringt, von Oberbodengefüge und Geländelage bestimmt.

In Mulden und Senken kann Grundwasser kapillar aufsteigen. Ob die Zufuhr ökologisch bedeutsam ist, hängt außer vom mittleren Stande von der Schwankung (vertikal) und Zügigkeit (lateral) des Grundwassers und von der Höhe und Geschwindigkeit des Kapillarhubes ab. Zügigkeit und Kapillarhub sind gefügeabhängige Größen, die näherungsweise aus der Dispersität erschlossen werden können. Zunächst ist die **nutzbare Feldkapazität** (nFK) des Wurzelraumes ein gutes Maß für das mögliche Nutzwasserangebot. Die nFK wird von der Porung des Bodens bestimmt. Sie läßt sich für die einzelnen Lagen näherungsweise nach DVWK (1994) aus Bodenart (n. 3.5.4.1), Lagerungsdichte (ρb n. 3.5.3.3) und Humusgehalt (h1–6 n. 3.5.6.3) ableiten. Für ρb 3 gelten bei

Bodenart	X,G	gS	mS	fS	St	Sl	Su	Uu	Ut	Us	Lu	Ls	Lt	Lts	Tl	Tt
nFK (Vol. %)	3	6	9	12	14	18	20	25	23	21	16	15	13	12	12	11

Bei abweichender ρb sind außer bei X, G, gS und mS Ab- bzw. Zuschläge vorzunehmen:

ρb	1	2	3	4	5	
	+4	+2	0	–1	–3	Vol. %

Die Werte erhöhen sich durch	h2	h3	h4	h5
bei den Bodenarten X, G, L, S, U um	2	4	7	13
bei T um	0	1	4	7

Für Humusstufe h6 gilt eine nFK von ca. 37, für organische Lagen von 60 Vol. %. Die Werte sind mit der Mächtigkeit der Horizonte in dm zu multiplizieren und dann für den Wurzelraum (We, ggfs. Gründigkeit n. 3.6.2.1) zu summieren und ergeben dann die nFKWe in l/m^2 bzw. mm:

nFKWe	< 50	50–90	90–140	140–200	200–270	>270
Stufe	sehr gering	gering	mittel	hoch	sehr hoch	extrem hoch
DV	nFKWe1	nFKWe2	nFKWe3	nFKWe4	nFKWe5	nFKWe6

Die **Kapazität für nicht verfügbares Wasser** (TW) läßt sich in ähnlicher Weise ableiten. Es gelten

bei	X, G	gS	mS	fS	Su	Sl	St	Uu	Us	Ut	Ls	Lu	Lt	Lts	Tl	Tt
Vol. %	1	3	4	5	6	8	8	9	10	12	17	18	25	25	31	31

Durch Humusstufe	h4	h5	h6	erhöht sich TW
bei X, G, S um	1	4	8	Vol. %,
bei L, U, T um	1	2	4	Vol. %

Organische Lagen zeigen ein TW von ca. 15 Vol. %. Die Summe von nFK und TW ergibt die Feldkapazität (FK). Die nFKWe ist eine Bodeneigenschaft. Ihre Relevanz als ökologische Feuchtestufe wird außerdem von Klima, Relief und Grundwasser bestimmt.

Enthält ein Horizont > 5 Vol. % Steine (X), sind nFK und TW mit dem Faktor aus (100–%X): 100 zu multiplizieren.

Der **aktuelle Grundwasserstand** (Gwa) eines Bodens läßt sich über den Wasserspiegel in einem Bohrloch messen (bei geringer Wasserleitfähigkeit ist längere Zeit der Gleichgewichtseinstellung erforderlich; gestautes Wasser kann Grundwasser vortäuschen), der mittlere Gw exakt nur durch mehrjährige Pegelmessungen (Kap. 6.2.3.7). Der mittlere Grundwasserhochstand (Gwh) entspricht bei Gleyen und Marschböden etwa der Obergrenze des Go-Horizontes und der mittlere Tiefstand (Gwn) der Obergrenze des Gr (nicht Gor). Gwm liegt damit etwa beim Mittel von Gwh und Gwn, bei entwässerten Böden etwas tiefer.

Aus dem **Grundwasser** kann ein Kapillaranstieg in Abhängigkeit von der Porung (und damit von der Bodenart) des Bodens und der jeweiligen Wasserspannung erfolgen. Dieser Aufstieg ist ökologisch von Bedeutung, wenn er in Trockenperioden in den Wurzelraum

Tab. 3.6.5: Mittlere kapillare Aufstiegsrate (in mm/d) aus dem Grundwasser bis zur Untergrenze des effektiven Wurzelraumes (KRWe) bei mittlerer Lagerungsdichte in Abhängigkeit von der Bodenart (n. AG Bodenkunde 1982)

	2	3	4	5	6	8	10	12	14	17	20 dm
G	5.0										
gS	> 5	5.0	1.5	0.5	0.2						
mS	> 5	> 5	> 5	3.0	1.2	0.2					
fS	> 5	> 5	> 5	> 5	3.0	0.7	0.2	0.1			
Sl	> 5	> 5	> 5	> 5	4.5	1.8	0.6	0.2	0.1		
Su	> 5	> 5	> 5	> 5	> 5	5.0	2.0	1.0	0.5	0.2	
St	> 5	> 5	> 5	> 5	3.0	1.0	0.4	0.2	0.1		
Uu, Us	> 5	> 5	> 5	> 5	> 5	> 5	3.5	2.0	1.0	0.5	0.2
Ul	> 5	> 5	> 5	> 5	> 5	4.5	2.5	1.5	0.7	0.3	0.1
Ls	> 5	> 5	5.0	3.5	2.0	0.8	0.3	0.2	0.1		
Lu	> 5	> 5	> 5	> 5	4.5	2.5	1.5	0.8	0.4	0.2	0.1
Lt	> 5	5.0	2.5	1.2	0.7	0.3	0.2	0.1			
Tl, Tt	4.0	2.0	1.1	0.7	0.5	0.4	0.2	0.1	0.1		

hineinreicht. Die mittlere mögliche Aufstiegsrate in mm/d aus dem Grundwasser in den Wurzelraum läßt sich aus dem Abstand zum Grundwasserspiegel und dessen Bodenart grob nach Tabelle 3.6.5 ableiten. Unter deutschen Klimaverhältnissen verdunsten täglich maximal 5 mm, und Trockenperioden dauern selten länger als 20 Tage.

Daher können für ökologische Wertung bei grundwasserbeeinflußten Böden 0.1 x 20 bis 5 x 20 mm zur nFKWe (vor deren Stufung) addiert werden.

Die Bedeutung des **Regionalklimas** läßt sich über die klimatische Wasserbilanz (Differenz zwischen mittlerem Niederschlag und mittlerer Verdunstung) der Vegetationsperiode (KWBv) berücksichtigen:

bei KWBv von	> +500	bis +300	bis +200	bis +100	bis +50	bis 0	bis	−50 <
bzw. KWBv-Stufe	6	5	4.5	4	3	2	1.5	1
ist die nFKWe-Stufe um zu verändern.	+2	+1.5	+1	+0.5	±0	−0.5	−1	−1.5

Diese Zu- bzw. Abschläge sind schließlich nach Tabelle 3.6.6 zu ergänzen, um auch den Einfluß von **Standortklima** und **Relief** zu berücksichtigen.

Tab 3.6.6: Reliefbedingte Modifikation der Feuchtestufen (in Anlehnung an SCHWANECKE 1964)

Relief	Typ	Standortklima	Feuchtestufe
Schluchten, Kessel, schattseitige steile Unterhänge	1	stark wind- und einstrahlungsgeschützt	+3
flache Dellen, sonnseitige Hangmulden, schattseitige Unterhänge	2	schwach wind- und einstrahlungsgeschützt	+1
Plateaus, sonnseitige Unterhänge, schattseitige Mittel- und Oberhänge	3	wie Regionalklima	0
flache Kuppen und Rücken, flache sonnseitige Mittelhänge	4	schwach wind- und strahlungsbeeinflußt	−1
ausgeprägte Kuppen, steile sonnseitige Ober- und Mittelhänge	5	stark wind- und strahlungsbeeinflußt	−3

Nach allen Zu-/Abschlägen vermag nFKWe als **Sommerfeuchtestufe** (SF-Stufe) die Wasserverhältnisse ökologisch zu charakterisieren.

3.6.2.3 *Lufthaushalt*

Die Luftverhältnisse eines Bodens lassen sich aus dem Bodentyp ableiten, da Böden vorrangig nach Merkmalen definiert sind, die in unterschiedlichen Sauerstoffverhältnissen ihre Ursache haben (Tabelle 3.6.7). Die Ansprache läßt sich unter Berücksichtigung der realen Horizontierung und insbesondere der Redoxzustände (3.5.4.6) noch verfeinern. Ist der Oberboden nur wenig luftdurchlässig (kl-Stufe 1–2 n. 3.5.3.8), muß mit zeitweiligem Luftmangel auch dann gerechnet werden, wenn die Belüftungsstufen LV1 – LV3 vorliegen.

Tab. 3.6.7: Klassierung der Sauerstoffverhältnisse typischer Böden (z.: zeitweilig, besonders im Frühjahr; n. Blume und Friedrich 1979)

Stufe[2)]	Sauerstoffangebot in cm Tiefe[1)]			Bodentyp (Auswahl)
	Bodentiefe in cm unter GOF			
LV	0 - 30	30 - 80	> 80	
1	hoch	hoch	nicht vorhanden	Ranker, Rendzina
1 a	hoch	hoch	hoch	Regosol, Pararendzina, Schwarzerde, Braunerde, Parabraunerde, Podsol, Plaggenesch, Hortisol, Kolluvisol
2	hoch	z. mittel	z. mittel	Pseudogley-Braunerde, -Parabraunerde, -Schwarzerde; Auenböden
2 a	hoch	z. mittel	gering	Gley-Braunerde, -Parabraunerde, -Schwarzerde, -Podsol, -Kolluvisol
3	hoch	z. gering	z. gering	Braunerde-, Parabr.-, Podsol-Pseudogley
3 a	hoch	z. gering	gering	Braunerde-, Parabr.-, Podsol-, Schwarzerde-Gley
4	z. mittel	z. mittel	z. mittel	Pelosol
5	z. mittel	z. gering	z. gering	Pseudogley; Haftnässe-, Pelosol-Pseudogley
5 a	z. mittel	z. gering	sehr gering	Gley; Pelosol, Pseudogley-Gley, Marsch
6	z. gering	gering	gering	Stagnogley
6 a	z. gering	gering	sehr gering	Naßgley, Knickmarsch
7	gering	sehr gering	sehr gering	Anmoorgley, Reduktosol
7 a	sehr gering	sehr gering	sehr gering	Moorgley, Moor

1) Die Tiefenangaben gelten nur ungefähr; genauere Angaben sind aus den Mächtigkeiten redoximorpher Horizonte abzuleiten.
2) Eine praxisübliche Entwässerung kann mit einer Verschiebung der Belüftungsstufen verbunden sein: 7, 7a → 5a; 6 u. 5 → 4; 3 → 2 u. 1; 2 → 1

3.6.2.4 *Wärmehaushalt*

Der Wärmehaushalt eines Bodens hängt vom Klima, Lage im Gelände, Bewuchs, Bodenfarbe und Wasser- bzw. Lufthaushalt ab. In unserem Gebiet ist die Erwärmung bei gleichen Bodenverhältnissen um so stärker, je mehr eine Hangneigung von 45° bei S-Exposition (eine größere bei SO- bzw. SW-Exposition) und je mehr entsprechend bei Hangneigungen > 3° S-Exposition erreicht wird. Tiefliegende Mulden kühlen stärker aus. Bei gleichen Reliefverhältnissen sind Erwärmung und Abkühlung um so mehr verzögert, je dichter der Bewuchs und je höher Wassergehalt bzw. -kapazität. Bei Gleichheit der vorgenannten Verhältnisse erwärmen sich dunkle Böden schneller und stärker als helle. In Ermangelung geeigneter Faustzahlen muß die Charakterisierung qualitativ bleiben. Einzelmessungen der Bodentemperatur mit *Bodenthermometern* sind kaum sinnvoll; regelmäßig wiederholte Messungen im Jahreslauf vermögen den Wärmehaushalt hingegen zu kennzeichnen (Kap. 6.4). Aus Messungen in 40–50 cm Tiefe lassen sich witterungsunabhängige Werte ableiten (3–4 Messungen im Jahr reichen aus).

3.6.2.5 Nährstoffhaushalt

Mit den Niederschlägen sowie gegebenenfalls dem Hang- und Kapillarwasser werden einem Boden auch Nährstoffe zugeführt. Die atmosphärische Zufuhr ist von Belang bei B und Mg (bes. in Meeresnähe) sowie N und bedeutsam bei S (bes. Industrie- und Meeresnähe) sowie in Sonderfällen (z. B. Ca in Nähe von Straßen(abrieb) und Zementwerken) (s. auch Tabelle 7.3.5), die mit Zuschußwasser abhängig von den Böden der Umgebung. Ökologisch entscheidend aber sind die im Wurzelraum vorhandenen Mengen an verfügbaren und mobilisierbaren Nährstoffen. Die Höhe der Nährstoffreserven hängt von der Zusammensetzung des Mineral- und Humuskörpers ab. Kalkhaltige Horizonte enthalten viel (leicht mobilisierbares) Ca und (wenn dolomitische Kalke vorliegen) auch Mg. Viele Minerale der Feinschluff- und Tonfraktion sind reich an K, Mg, Fe, Mn, Cu und Co. Aus der Bodenart läßt sich der Versorgungsgrad mit diesen Elementen aber nur dann erschließen, wenn gleichzeitig die bisherigen Verluste durch Verwitterung und Auswaschung mit berücksichtigt werden. Die Vorräte haben bereits um so stärker abgenommen, je niedriger die Basensättigung (BS) ist. Über die Mobilisierbarkeit der Reserven vermag das pH Auskunft zu geben. So steigt die Verfügbarkeit von B, Fe, Mn, Cu, Co, Zn mit sinkendem, die des Mo hingegen mit steigendem pH.

Tab. 3.6.8: Qualitative Charakterisierung der Nährstoffreserven von Böden nach Gesteinsart und Entwicklungsgrad (Verwitterungsgrad) (Erläuterung der Boden-Symbole s. Tab. 3.6.2)

	Chemischer und physikalischer Verwitterungsgrad stark	mittel	mäßig schwach	kaum unentwickelt
Landböden	P	saure B, P – B, C, sekundärer S, SS	B, T, L, Q, Q – R, Z, D, primärer S	N, R, O
Grundwasserböden	G – P	GH, MK	AB, GA, AT, G, AQ, MC, MN	AO
Gesteinsart				
Sand, Sandstein, Quarzit	sehr gering (1)	gering (2)	gering (2)	sehr gering (1)
Sandmergel, Wattsand, Schluffstein, Granit, Q-porphyr	gering (2)	gering (2)	mittel (3)	gering (2)
Mergel, Löß, Auenlehm, Schlick, Kalkstein	gering (2)	mittel (3)	hoch (4)	mittel (3)
Ton, Tonmergel, Tonschiefer, Phyllit	mittel (3)	hoch (4)	sehr hoch (5)	hoch (4)
Gabro, Basalt		extrem hoch (6)	extrem hoch (6)	sehr hoch (5)

Hochmoore haben sehr geringe (1), basenarme Niedermoore mit BS < 50 geringe (2) und Niedermoore mit BS > 50 mittlere (3) Nährstoffreserven

Einen allgemeinen Anhalt über das Angebot an **verfügbaren Nährstoff-Kationen** (vor allem Ca sowie Mg und K) vermag der **S-Wert** zu liefern (s. 3.5.4.5). Hierzu ist zunächst durch Multiplikation der S-Werte (in $cmol_c/kg$) der einzelnen Lagen mit der Lagerungsdichte (3.5.3.3: ρb in g/cm^3) Volumenbezug herzustellen (und zwar ab 3 dm Tiefe nur mit 1/2 ρb, um der dort geringeren Durchwurzelung Rechnung zu tragen). Die Werte der Lagen sind dann mit deren Mächtigkeit in dm zu multiplizieren und bis zur Tiefe des Wurzelraumes (We bzw. Wp: 3.6.2.1) als mol/m^2 zu summieren. Dann bedeuten:

$mol_c/m^2 \cdot$ We	0 – 1	1 – 10	10 – 50	50 – 200	> 200
	sehr gering	gering	mittel	hoch	sehr hoch
h Symbol	SWe 1	SWe2	SWe3	SWe4	SWe5

Ein erster qualitativer Eindruck über die Vorräte an **mobilisierbaren Nährstoffreserven** (mit Ausnahme von N) vermögen Gesteinsart und Verwitterungsgrad des Bodens nach Tabelle 3.6.8 zu liefern. Im Bezug auf K wären allerdings Basalt und Gabbro der Stufe 2, Granit und Quarzporphyr der Stufe 4 zuzuordnen. N ist praktisch nur und P zum guten Teil im Humuskörper angereichert. Die **N- und mobilisierbaren P_m-Vorräte** lassen sich daher grob aus Humusmenge (O-Lagen und Humushorizonte des Mineralbodens im We) und -form ermitteln:

bei	Mull	Moder	Rohhumus
kg N/ha = t Humus/ha x	50	25	15
kg P_m/ha = t Humus/ha x	10	1.5	0.8

Die Vorräte sind folgendermaßen zu bewerten:

	sehr gering	gering	mittel	erhöht	hoch	sehr hoch
N kg/ha	1000	2500	5000	10000	20000	
P_m kg/ha	100	600	1200	1800	2400	

3.6.2.6 *Bodenbewertung*

Bei land- und forstwirtschaftlich, garten- und weinbaulich genutzten Böden läßt sich die zu erwartende Ertragsleistung aus den Standorteigenschaften ableiten. Man kann die Bodenfruchtbarkeit dann in Form einer Zensur ausdrücken, wie es bei der Bodenschätzung geschieht. Bei **Ackerstandorten** wird aus Bodenart, Entstehung (= Gestein) und Zustandsstufe (ergibt sich letztlich aus dem Bodentyp) nach dem Ackerschätzungsrahmen (s. Tab. 3.6.9) die **Bodenzahl** ermittelt und daraus unter Berücksichtigung von Klima und Geländegestalt die **Ackerzahl** (ROTHKEGEL 1952).

Beispiel: Lehmige Pseudogley-Parabraunerde aus Löß in mäßiger Hanglage mit 600 mm Jahresniederschlag bei ausgeprägter Wechselfeuchte = L 4 Lö 70/62 (Bodenzahl 70, Ackerzahl 62).

Bei **Grünland** wird nach Tab. 3.6.10 aus Bodenart, Bodenstufe, der Jahresmitteltemperatur sowie den Wasser- und Luftverhältnissen die **Grünlandgrundzahl** abgeleitet. Durch Zu- oder Abschläge für örtliche Besonderheiten wie Vegetationsdauer, Pflanzenbestand, mittlere Luftfeuchte und Relief ergibt sich dann die **Gründlandzahl** (ROTHKEGEL 1952).

3.6.2.7 *Ableitung von Melorations- und Nutzungsmaßnahmen*

Vertiefen des Wurzelraumes: Durch festes Gestein bedingte Flachgründigkeit muß meist hingenommen werden; ob dichte Lagen durch Tiefkultur zu lockern sind, hängt von ihrer Tiefe, Mächtig- und Festigkeit sowie vom Güteverhältnis Ober- : Unterboden ab (DVWK 1986).

Tab. 3.6.9: Ackerschätzungsrahmen mit Bodentypen als Zustandsstufen (n. ROTHKEGEL 1952, ergänzt)

Tschernosem Parabraunerde Fahlerde Pseudogley Stagnogley
Braunerde Regosol Ranker Podsol
Pararendzina Terra fusca Rendzina
Vega Mullgley Pelosol Modergley

entwässerte Böden

Tschernitza Borowina Paternia
Niedermoor Hochmoor
Mullgley Modergley
Kalkmarsch Kleimarsch Knickmarsch

Boden-art[1]	Entstehung (mit Beispiel)[2]	Zustandsstufe 1	2	3	4	5	6	7
S	D (Sandersand)		41–34	33–27	26–21	20–16	15–12	11– 7
	Al (Dünensand)		44–37	36–30	29–24	23–19	18–14	13– 9
	V (Quarzit)		41–34	33–27	26–21	20–16	15–12	11– 7
Sl	D (Geschiebesand)		51–43	42–35	34–28	27–22	21–17	16–11
	Al (Schotter)		53–46	45–38	37–31	30–24	23–19	18–13
	V (Fe-Sandstein)		49–43	42–36	35–29	28–23	22–18	17–12
lS	D (tert. Sandmergel)	68–60	59–51	50–44	43–37	36–30	29–23	22–16
	Lö (Flottsand)	71–63	62–54	53–46	45–39	38–32	31–25	24–18
	Al (fluv. Sand)	71–63	62–54	53–46	45–39	38–32	31–25	24–18
	V (Granit)		57–51	50–44	43–37	36–30	29–24	23–17
	Vg (Granit)			47–41	40–34	33–27	26–20	19–12
SL	D (Geschiebemergel)	75–68	67–60	59–52	51–45	44–38	37–31	30–23
	Lö (Löß)	81–73	72–64	63–55	54–47	46–40	39–33	32–25
	Al (Auenlehm)	80–72	71–63	62–55	54–47	46–40	39–33	32–25
	V (Tonsandstein)	75–68	67–60	59–52	51–44	43–37	36–30	29–22
	Vg (Dolomit)			55–48	47–40	39–32	31–24	23–16
sL	D (Geschiebemergel)	84–76	75–68	67–60	59–53	52–46	45–39	38–30
	Lö (Löß)	92–83	82–74	73–65	64–56	55–48	47–41	40–32
	Al (Auenlehm)	90–81	80–72	71–64	63–56	55–48	47–41	40–32
	V (Mergelgestein)	85–77	76–68	67–59	58–51	50–44	43–36	35–27
	Vg (Gneis)			64–55	54–45	44–36	35–27	26–18
L	D (Geschiebemergel)	90–82	81–74	73–66	65–58	57–50	49–43	42–34
	Lö (Staublehm)	100–92	91–83	82–74	73–65	64–56	55–46	45–36
	Al (Schlick)	100–90	89–80	79–71	70–62	61–54	53–45	44–35
	V (Gabbro)	91–83	82–74	73–65	64–56	55–47	46–39	38–30
	Vg (Basalt)			70–61	60–51	50–41	40–30	29–19
LT	D (Beckenton)	87–79	78–70	69–62	61–54	53–46	45–38	37–28
	Al (Schlick)	91–83	82–74	73–65	64–57	56–49	48–40	39–29
	V (Kalkstein)	87–79	78–70	69–61	60–52	51–43	42–34	33–24
	Vg (Kalkstein)			67–58	57–48	47–38	37–28	27–17
T	D (Beckenton)		71–64	63–56	55–48	47–40	39–30	29–18
	Al (Beckenton)		74–66	65–58	57–50	49–41	40–31	30–18
	V (Schieferton)		71–63	62–54	53–45	44–36	35–26	25–14
	Vg (Tonschiefer)			59–51	50–42	41–33	32–24	23–14
Moor			54–46	45–37	36–29	28–22	21–16	15–10

[1] Durchschnittswert des Wurzelraumes, d. h. maximal bis 1 m Tiefe nach Tabelle 3.5.8

[2] Al: holozäne Lockersedimente, Lö: Löß, D: sonstige Lockersedimente, V: verfestigte Gesteine, Vg: hoch anstehende, verfestigte Gesteine und/oder steinreich.

Tab. 3.6.10: Grünlandschätzungsrahmen (n. ROTHKEGEL 1952)

Boden- Art	Boden- Stufe	Klima[2]	Wasserverhältnisse[3] 1	2	3	4	5
	I	a	60–51	50–43	42–35	34–28	27–20
	(2)[1]	b	52–44	43–36	35–29	28–23	22–16
		c	45–38	37–30	29–24	23–19	18–13
S	II	a	50–43	42–36	35–29	28–23	22–16
Sand	(3 - 4)	b	43–37	36–30	29–24	23–19	18–13
		c	37–32	31–26	25–21	20–16	15–10
	III	a	41–34	33–28	27–23	22–18	17–12
	(5 - 7)	b	36–30	29–24	23–19	18–15	14–10
		c	31–26	25–21	20–16	15–12	11– 7
	I	a	73–64	63–54	53–45	44–37	36–28
	(1 - 2)	b	65–56	55–47	46–39	38–31	30–23
lS		c	57–49	48–41	40–34	33–27	26–19
lehmiger	II	a	62–54	53–45	44–37	36–30	29–22
Sand	(3 - 4)	b	55–47	46–39	38–32	31–26	25–19
		c	48–41	40–34	33–28	27–23	22–16
	III	a	52–45	44–37	36–30	29–24	23–17
	(5 - 7)	b	46–39	38–32	31–26	25–21	20–14
		c	40–34	33–28	27–23	22–18	17–11
	I	a	88–77	76–66	65–55	54–44	43–33
	(1 - 2)	b	80–70	69–59	58–49	48–40	39–30
		c	70–61	60–52	51–43	42–35	34–26
L	II	a	75–65	64–55	54–46	45–38	37–28
Lehm	(3 - 4)	b	68–59	58–50	49–41	40–33	32–24
		c	60–52	51–44	43–36	35–29	28–20
	III	a	64–55	54–46	45–38	37–30	29–22
	(5 - 7)	b	58–50	49–42	41–34	33–27	26–18
		c	51–44	43–37	36–30	29–23	22–14
	I	a	88–77	76–66	65–55	54–44	43–33
	(1 - 2)	b	80–70	69–59	58–48	47–39	38–28
		c	70–61	60–52	51–43	42–34	33–23
T	II	a	74–64	63–54	53–45	44–36	35–26
Ton	(3 - 4)	b	66–57	56–48	47–39	38–30	29–21
		c	57–49	48–41	40–33	32–25	24–17
	III	a	61–52	51–43	42–35	34–28	27–20
	(5 - 7)	b	54–46	45–48	37–31	30–24	23–16
		c	46–39	38–32	31–25	24–19	18–12
	I	a	60–51	50–42	41–34	33–27	26–19
	(3)	b	57–49	48–40	39–32	31–25	24–17
		c	54–46	45–38	37–30	29–23	22–15
Mo	II	a	53–45	44–37	36–30	29–23	22–16
Moor	(4 - 5)	b	50–43	42–35	34–28	27–21	20–14
		c	47–40	39–33	32–26	25–19	18–12
	III	a	45–38	37–31	30–25	24–19	18–13
	(6 - 7)	b	41–35	34–28	27–22	21–16	15–10
		c	37–31	30–25	24–19	18–13	12– 7

[1] Zustandsstufen des Ackerschätzungsrahmens (Tab. 3.6.9)

[2] a = > 8 °C, b = 7.9–7.0 °C, c= < 6.9 °C Jahresmitteltemperatur

[3] Wasserverhältnisse nach 5 Wertstufen (1 = sehr günstig; 4 und 5 = zu trocken oder zu naß)

Verbessern des Wasser- und Lufthaushaltes: Überschuß von Grund- und Stauwasser (bei Profilaufnahme in Trockenzeit Beurteilung nach Tiefe, Mächtigkeit und Ausprägung von Go bzw. S, sofern nicht reliktisch!) ist durch biologisches oder technisches Entwässern zu beheben. Für die Dränung (zu bevorzugen, sofern Gefälle > 0,15 % und mögliche Tiefe > 0,65 m) können die in Tabelle 3.6.11 aufgeführten Faustzahlen gelten:

Tab. 3.6.11: Faustzahlen zur Bestimmung des Dränabstandes

		G gS	Ss, Sl St	Su, Us Ls4	Uu, Ls3 Ut	Lt, Ts Lu	Tl	Tt		Hoch-moor	Nieder-moor
opt. Grundwasserst. cm		80	110	160	200	150	100	85			
Dränabstand 1, Norm m		25	20	15	12	9	7				
Boden	dicht	17	14	11	10	8	6		H 1	17	25
	locker	28	22	18	15	13	11		H 4	15	22
	humos	22	18	15	13	10	8		H 6	12	18
	Fe(II)reich	24	19	14	11	8	6		H 9	10	16

Den Wert für das ganze Profil errechnet man mittels Division der summierten Produkte aus obigen l-Werten für die einzelnen Lagen und deren Mächtigkeit h durch die summierten Mächtigkeiten ($L = [l_1 \cdot h_1 + l_2 \cdot h_2 \ldots] : [h_1 + h_2 \ldots]$). Die Werte gelten für 1,0 m Dräntiefe, Acker, 600 mm Niederschlag und > 2 % Gefälle. Sie sind bei höheren Niederschlägen und Muldenlage entsprechend dem Wasserzuzug zu verengen. Bezüglich weiterer Einzelheiten (z. B. Dräntiefe, Rohrweite usw.) sei auf kulturtechnische Werke verwiesen (z. B. DIN 1185, EGGELSMANN 1981).

Bessere Schätzverfahren berücksichtigen die nach Tabelle 3.5.7 geschätzten Wasserleitfähigkeiten oberhalb und unterhalb der Dräntiefe, um in Abhängigkeit von der Tiefenlage einer wenig durchlässigen Schicht und von der beabsichtigten Dräntiefe die erforderlichen Dränabstände abzuleiten (AG Bodenkunde 1982). Ist Grabenentwässerung erforderlich (abhängig bes. von Gefälle und Wasseranfall), so können als Faustzahlen für die nötigen Grabenabstände die 1,5fachen Dränabstände gelten (bei 1–1,3 m Tiefe). Kann man Maulwurfsdränung durchführen (bindige, bis 0,8 m von Steinen, Wurzelstöcken, Sandadern und extremen Verdichtungen freie Mineral- oder stark humifizierte Moorböden bei 0,3–9 % Gefälle), so sollten die Abstände auf 1/4 der angegebenen Werte verringert werden (bei 0,5–0,7 m Tiefe).

Kapazitätserhöhende oder verbrauchsmindernde Maßnahmen sind um so mehr zu ergreifen, je geringer die nutzbare Speicherleistung und je ungünstiger Niederschlagsmenge und -verteilung. Wann eine ggf. nötige Bewässerung einsetzen muß, kann mit Tensiometern (Kap. 6.2.3.5) gemessen werden. Eine Entwässerung zur Verbesserung des Lufthaushaltes und Vertiefung des Wurzelraums macht oft eine Bewässerung in Trockenperioden erforderlich. Deshalb muß heute zur Unterlassung oder schonenden Entwässerung geraten werden, zumal eine Erhöhung der Produktion auf Grenzstandorten in Mitteleuropa nicht mehr sinnvoll ist.

Verbessern des Nährstoffhaushaltes: Meliorationscharakter hat besonders die Kalkung. Aus KAK_{pot} (s. 3.5.4.3) und BS (s. 3.5.4.4) kann man den Kalkbedarf grob nach folgender Formel berechnen:

$$\text{dt CaO/ha} = (80 - \text{BS}) \cdot \frac{\text{KAK}}{100} \cdot 4 \cdot \text{dm}$$

Horizontmächtigkeit; Summierung dieser Werte für den aufzukalkenden Raum ergibt den Kalkbedarf des Bodens (bei A-Horizonten statt mit 4 mit 3,5 multiplizieren). In der Forstwirtschaft werden ca. 5–10 t dolomitischer Kalk je ha empfohlen. Genauere Angaben und insbesondere über den Düngebedarf für eine optimale Nährstoffversorgung der Pflanzen können jedoch nur mit Hilfe von Labormethoden gemacht werden.

Erosionsverhütende Maßnahmen: Das Ausmaß der Wassererosion hängt bei einem gegebenen Klima (bes. Niederschlagshöhe und -verteilung) von Relief, Pflanzenbestand und Erodierbarkeit des Bodens ab. Die Erodierbarkeit des Bodens kann aus Bodenart, Humusgehalt, Aggregatstabilität und Permeabilität nach Abb. 3.6.1 eingeschätzt werden. Die Erodierbarkeit wird nur für den obersten Mineralbodenhorizont ermittelt.

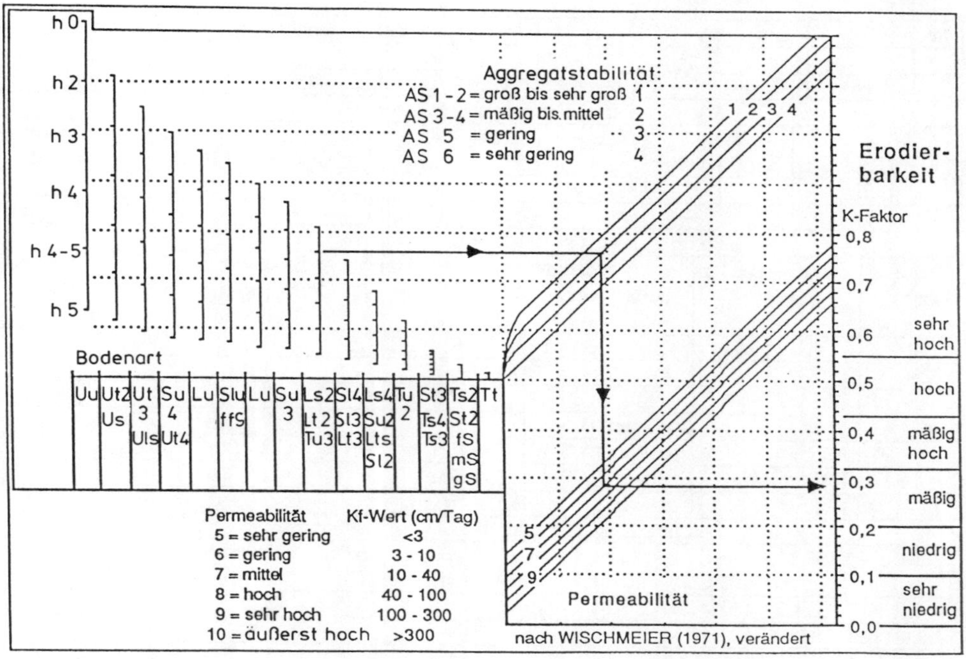

Abb. 3.6.1: Beurteilung der Erodierbarkeit des Bodens nach Bodenart (3.5.4.1), Humusgehalt (3.5.6.3), Aggregatstabilität (3.5.3.2) und Wasserleitfähigkeit (3.5.3.7) nach JAHN

3.7 Dokumentation des Bodens

Es ist zweckmäßig, die Profilbeschreibung (Abb. 3.7.1) durch eine Skizze, ein Foto oder besser noch durch einen Lackabzug bzw. einen Profilmonolithen zu ergänzen.

3.7.1 Die Bodenskizze

läßt sich entweder möglichst naturgetreu unter besonderer Berücksichtigung von Farbe und Gefügeform anfertigen oder aber als Strichzeichnung unter Verwendung verschiedener Zeichensymbole, für die mehrere Vorschläge bestehen (FIEDLER1964). Bei schematischer Darstellung ist darauf zu achten, daß die verwendeten Symbole die Vorstellung erleichtern (z. B. Staukörper eng waagerecht schraffiert, Geröll ovale Form etc.).

3.7.2 Das Farbfoto

wird von der sauber präparierten und gleichmäßig ausgeleuchteten (möglichst diffuses Sonnenlicht, *Filmleuchte* oder *Blitz*, die aber die Farbe verfälschen können) Profilwand erstellt, wobei ein Zentimetermaß zum Erkennen der Horizontmächtigkeiten angebracht wird. Zur Kontrolle sollte eine *Norm-Farbskala* mit aufgenommen werden.

T i t e l d a t e n

Nr.	Ort	Kartierer	Datum	mNN	Hoch – Rechtswert	S o n s t i g e s
				31	31	mittl. Klima
1	Siggen	Blume	15.09.1958	12.5	6017.530 4489.800	N 550 mm, 8.4°C

A u f n a h m e s i t u a t i o n

Relief		Hang-		Klima-	Witter-	Nut-	Boden-	Meliora-	Erosions-
Form	Position	neig.	richt.	raum	rung	zung	schätzung	tionen	erschein.
31	31	31	31	32	32	32	362.5	332	
KR	KV	NO	—	cfb	WT2	Forst	—	—	keine

Beschreibung der Horizonte

Tiefe (cm)	Grund – Zusatz-Farbe		Bodengefüge Form	Größe (cm)	Besonderheiten	Feuchte pF	Bodenart Steingeh. Torfart	Kalk-stufe	Mineral-körper
351	352	352	353.1	353.1	353.1	353.5	354.1	355.2	355.7
0.5– 0	10YR3/1		kru			3			
0– 14	10YR4/2		kru			3·	xg2 Sl	C 0	Sq – Ss
– 47	10YR4/3		pol-pri	0.5– 5		3	xg2 Ls3	C 0	L
– 91	10YR5/5		pol-pri	0.5–10	Ton-Häu	3	xg2 Lts	C 0	L
–117	10YR5/4		pri	20	Ton-Häu	3	xg2 Lts	C 3	Lm
–130	10YR5/4		pri-koh		Kalk-My	3	xg2 Ls3	C 4	Lm

Beschreibung der und Messung in Horizonten

Tiefe (cm)	ρ t (g/cm³)	pH ($CaCl_2$)	Eh (mV)	rH-stufe	$EC_{2.5}$ (mS/cm)	Salz (%)	Wurzel-stufe	Humus-stufe	Hori-zont
351	353.3	354.2	354.6	354.6	355.5	355.5	356.2	356.3	361.1
Blattstreu								H	L
0.5– 0		4.0					W5	H	Oh
0– 14	2	4.0		6			W5	h4	Ah
– 47	3	4.0		6			W3	h1	AlBtv
– 91	3–4	4.0		6			W2	—	Bvt
–117	4	7.0		6			W1	—	BtC
–130	4	7.5		6			—	—	Ccv

Abgeleitete Horizontgrößen

Tiefe (cm)	nFK (Vol.%)	FK (Vol.%)	nFK 1/m²	kf-stufe	kl-stufe	KAK ($cmol_c$/kg)	S-Wert ($cmol_c$/kg)	BS (%)	S-Wert (mol_c/m^2)
351	362.2	362.2	362.2	353.7	353.8	354.3	354.5	354.4	362.5
0.5– 0									
– 14	25	34	35	5	4	21	6	30	8
– 47	17	33	56	4–23	3– 2	12	5	40	16
– 91	15	40	66	2	2	17	7	40	33
–117	14	39	13	2	1	17	16	95	12
Σ –100			170						69

Profilkennzeichnung

Boden-typ	Gestein	Humus-form	W_e (dm)	nFK_{We} 1/m²	Luft	Grundw.-dm	KWBv-stufe	SF-stufe	S_{We}-stufe
361.2	34	361.3	362.1	362.2	362.3	353.5	362.2	362.2	362.5
L	Mg	Mull	10	170	la	20	1.5	3	4

Abb. 3.7.1: Profilbeschreibung des Bodens Siggen

3.7.3 Der Lackabzug

(sogenanntes Lackprofil) läßt sich mittels *Celluloid* nach VOIGT (1936) gewinnen. Hierzu wird an der glatten und trockenen (ggf. Nachtrocknen mit Lötlampe) Profilwand ein Ausschnitt (z. B. 2 × 10 dm) mit Band und an den Ecken eingeschlagenen Nägeln eingerahmt. Mit einem *Lackzerstäuber* wird dünnflüssiges *Celluloid-Aceton*[1] (wenig Celluloidspäne in Aceton lösen) unten beginnend so

[1] Zaponlack-Aceton- oder Polyester-Xylol-Gemische können in ähnlicher Weise verwendet werden.

dünn aufgetragen, daß sich noch kein geschlossener Film bildet (sonst Hemmung der Acetonverdunstung). Nach dem Trocknen wird mit einem *Pinsel* mehrfach zunehmend dickflüssigeres Celluloid-Aceton ebenfalls von unten nach oben (sonst Streifenbildung) aufgetragen und zuletzt sich überlappende *Gazestreifen* (z. B. Mullbinden) aufgeklebt. Der trockene Lackfilm wird unten angehoben, mit Hilfe eines (seitlich angesetzten) *Spatens* von der Profilwand gelöst (Wurzeln mit *Schere* abschneiden) und für den Transport aufgerollt. Im Labor wird der Film ausgebreitet, etwa 2 Wochen schwach gepreßt und in einem *Holzrahmen* befestigt. Das Profil kann dann nachpräpariert werden (Gefügeformen herausarbeiten, Fehlstellen ausbessern). Eignet sich am besten für steinfreie sandige und schluffige Substrate.

3.7.4 Der Profilmonolith

unterscheidet sich vom Lackabzug dadurch, daß statt eines 1–10 cm dicken Filmes eine 5–20 cm dicke Scheibe gewonnen wird (VOGEL und KOHL 1952). Die Entnahme eines Monolithen ist daher bei tonigen Böden mit grobprismatischem Gefüge oder bei steinreichen Böden vorzuziehen; weiterhin lassen sich auch feuchte Monolithe (z. B. von semiterrestrischen Böden) nehmen, von denen dann im Labor Lackprofile abgezogen werden können. Bei der Entnahme eines Monolithen wird aus der geglätteten Profilwand (bei lockerem Gefüge Wand ähnlich 3.7.3 mit *Celluloid-Aceton* festigen) eine senkrechte, etwa 20 cm breite Bodensäule herauspräpariert, indem die benachbarten Wandpartien mit *Spaten* oder *Meißel* (bei verfestigtem Gestein) 5–20 cm tief abgetragen werden. (Wurzeln abschneiden, weit herausstehende Steine vorsichtig entfernen und dabei entstehende Löcher mit Gesteins-Bruchstücken ausfüllen.) Dann wird ein passender *Kastenrahmen* (Holz, Blech oder besser Plexiglas) über die Säule gezogen, die Rückseite des Monolithen mit einem Spaten aus dem Boden herausgelöst und der Kasten mit einem Deckel verschlossen. Im Labor wird das Gefüge an der Oberseite des Monolithen sorgfältig herauspräpariert und gegebenenfalls durch Besprühen mit stark verdünntem (sonst Bildung glänzender Überzüge) *Zaponlack* (1 Teil Lack + 6 Teile Aceton) fixiert. Aus Profilmonolithen können im Labor nach schonender Trocknung auch 1–2 Lackabzüge gewonnen werden, wobei durch Präparation von der Vorderseite der Aggregatverband besser erhalten bleibt als beim im Felde gewonnenen Lackabzug.

4 Bodenkartierung

4.1 Böden in der Landschaft

Bodenkarten dienen dazu, das Vorkommen bestimmter Böden, ihre Verbreitung und deren Vergesellschaftung abzubilden. Häufig sollen daraus Aussagen für die Bodennutzung und den Bodenschutz abgeleitet werden.

Böden sind vierdimensionale Ausschnitte aus der Erdkruste, d. h., sie verändern sich in Raum und Zeit (STAHR 1985). Die Abbildung von Böden auf Karten bedeutet einen Verlust von zwei Dimensionen. Um trotzdem eine Abbildung der Natur zu erreichen, müssen für die Bodenkartierung Merkmale herangezogen werden, die weder stark variieren noch sich innerhalb einer angemessenen Periode (solange die Bodenkarte gelten soll) vollständig verändern. Außerdem müssen die Veränderungen mit der Tiefe typisiert (Bodentyp, Feuchtestufe) oder nur einzelne Eigenschaften (z. B. des Pflughorizonts) dargestellt werden. Die eingeschränkten Möglichkeiten der Darstellung von Böden auf Karten verlangen in der Regel, daß die Einheiten einer Karte getrennt in einer Legende oder einem Erläuterungsband genauer beschrieben werden. (Die Nachteile der zweidimensionalen Kartendarstellung können durch Speicherung auf Datenträger teilweise überwunden werden. Dabei geht aber die Anschaulichkeit verloren.) Auf Bodenkarten werden aus Gründen der Übersichtlichkeit und Eindeutigkeit Grenzen eingezeichnet. Die natürliche Bodendecke hat aber nur ausnahmsweise scharfe Grenzen aufzuweisen. Regelmäßig läßt sich feststellen, daß es zwischen angrenzenden Böden Übergänge gibt. Auch dann, wenn man sich entschließt, solche Übergänge getrennt in Karten darzustellen (z. B. zwischen Pseudogley und Parabraunerde: Pseudogley-Parabraunerde), so wird es zwischen den neuen Einheiten wieder Übergangsbereiche geben. Um eine gute Abbildung der natürlichen Verhältnisse geben zu können, müssen Grenzen immer dort eingezeichnet werden, wo die differenzierenden Eigenschaften zwischen zwei angrenzenden Bodeneinheiten sich am stärksten ändern. Dies bedeutet in der Regel, daß der Übergang zwischen reinen Bodeneinheiten durch die Grenze teilweise der einen und teilweise der anderen Bodeneinheit zugeschlagen werden kann, unter Umständen aber auch gänzlich einer Einheit zufällt. Letzteres tritt vor allem dann auf, wenn an Übergängen einzelne Merkmale durch Vorhandensein oder Nichtvorhandensein differenzieren, z. B. Konkretionen ja oder nein, Kalkgehalt ja oder nein.

Um Böden auf einer Karte darstellen zu können, muß das Ausmaß der abzubildenden Bodenkörper festliegen. Die kleinsten Einheiten der Böden, das Aggregat und der Bodenhorizont, werden schon deshalb in Bodenkarten nicht zu verzeichnen sein, weil man mit ihnen nicht die Gesamtheit der Eigenschaften der Bodendecke erfaßt. Die kleinste Einheit der Bodendecke, das »Pedon«, ist vertikal von der Geländeoberfläche bis zum unverwitterten Gestein begrenzt. Ein Pedon muß alle den Boden charakterisierenden Merkmale mindestens einmal enthalten; diese sollen sich aber nicht gerichtet horizontal ändern. Regelmäßige Merkmalsmuster gehören aber definitionsgemäß in das Pedon

(Konkretion und Matrix, Bleichzone und Rostfleck, Schrumpfriß und Aggregat). Ein solches Pedon hat eine Größe von min. 1 m^2. Dort wo sich die Voraussetzungen für die Bodenentwicklung wenig ändern, z. B. in weiten Ebenen oder an gleichmäßig geformten Hängen in Mittelgebirgen, können solche Peda auch Größen von mehreren Hektar erreichen. Da Peda in der Regel zu klein sind, um auf Bodenkarten allein dargestellt zu werden, bildet man komplexere Einheiten. Ändern sich die Bodeneigenschaften von einem Pedon zum nächsten nur unwesentlich, so lassen sich größere Einheiten mit ähnlichen oder gar übereinstimmenden diagnostischen Merkmalen als Polypedon zusammenfassen. Auf der Bodenkarte wird dann immer noch eine Einheit ein und derselben bodensystematischen Kategorie zuzuordnen sein (monotypische Karten). Häufig wechseln die Peda auf engem Raum, wobei verschiedene Peda vollständig unterschiedliche Eigenschaften aufweisen können (z. B. Pelosol, Pararendzina und humoses Kolluvium in einem Gipsdolinen-Gebiet). Solche engräumigen Verzahnungen, die sich auf Karten nicht mehr darstellen lassen, die häufig auch bei der Kartierung nicht im einzelnen erfaßt werden können (vgl. 4.2), werden als Pedo-Komplexe dargestellt. Hier und auch besonders, wenn kleinmaßstäbige Karten erstellt werden sollen, läßt sich erkennen, daß Böden einer kleinen Landschaft regelmäßig angeordnet sind und häufig stoffliche Beziehungen aufweisen, ohne daß es möglich oder sinnvoll wäre, sie einzeln abzubilden (z. B. Parabraunerde auf Hochfläche, Pararendzina am Hang, Kolluvium und Gley in der Senke einer Geschiebemergel-Grundmoränen-Landschaft; vgl. BLUME 1971, SOMMER 1992). Eine solche regelmäßige Anordnung von Böden wird gemeinsam als Bodengesellschaft (einheitliches Gestein, einheitliche Landschaftsform und einheitliches Wassereinzugsgebiet) dargestellt und durch eine typische Bodencatena (einfacher Landschaftsschnitt mit Gestein, Relief und Böden) charakterisiert (SCHLICHTING 1970 und BLUME 1984). Mit Hilfe von Bodengesellschaftskarten gelingt es auch bei kleinen Maßstäben, die Regelhaftigkeit der Bodendecke sehr differenziert darzustellen. Bei globaler Betrachtung ist eine weitere Aggregierung in Bodenregion, Bodenprovinz und Bodenzone möglich (SCHEFFER/SCHACHTSCHABEL 1992, Kap. XXXII). Auch hier ist eine Erfassung der inneren Struktur der Bodendecke nach dem Catena-Prinzip sinnvoll.

4.2 Fragestellung und Kartenmaßstab

4.2.1 Fragestellung von Bodenkartierungen

Jede bodenkundliche Untersuchung und jedes bodenkundliche Ergebnis muß für einen Ausschnitt aus der Pedosphäre gültig sein. Deshalb muß man in jedem Fall in Kenntnis zumindest des Ortes des untersuchten Phänomens arbeiten. Manche bodenkundlichen Fragen, insbesondere wenn es um Vorratsmengen oder Stoffflüsse geht, erfordern eine genaue Geländekenntnis. Für andere qualitative Beobachtungen genügt dagegen häufig die Kenntnis des Ortes. Da die Aufgaben der Bodenkartierung vielfältig sind, soll hier ein kurzer Überblick der möglichen Fragestellung gegeben werden. Bodenkartierung kann deskriptiv oder funktional sein:

a) Eine einfache Bodenkarte dient dazu, den Ort und die Verbreitung bestimmter Böden darzustellen. Sie läßt die Formen der Flächen und die Breite der Übergänge erkennen und gibt Auskunft über regionale Besonderheiten der Bodendecke und einzelner Bodentypen. Solche Bodenkarten sind wie die Darstellungen von Landschaften in topographischen oder geologischen Karten in erster Linie Selbstzweck und versuchen, die Kenntnis von den Böden als Naturobjekten zu vermehren.

b) Um Fragen der Bodenentwicklung beantworten zu können, bedarf es meist detaillierter Feldbeobachtungen und Kartierungen. Dabei spielt häufig die Beziehung zwischen dem Auftreten eines Bodentyps und den bei der Entwicklung wirksamen Faktoren Gestein, Relief, Kleinklima, Vegetation und Nutzung eine große Rolle, z. B. Abhängigkeit der Tonverlagerung von Grund- und Stauwassereinfluß und Ausgangsmaterial. Wie auch bei anderen Bodenkartierungen sind hier häufig die im Feld beobachteten Merkmale durch Laboruntersuchungen zu bestätigen, zu eichen oder zu quantifizieren (Auftreten von Tonbelägen in sandigen Substraten durch Dünnschliffe).
c) Bodenkundliche Kartierungen dienen oft standortkundlichen Zwecken, d. h. der agrarischen oder forstlichen Landnutzung. Hierbei gilt es, Standorteigenschaften (vgl. Kap. 3.6.2 und 7.3) zu erfassen. Die Standortkartierung erfaßt zwar, ähnlich wie die Bodenkartierung, nahezu alle wichtigen Merkmale von Böden, deutet sie aber in ihrer Beziehung zur Eignung des Standorts für einen bestimmten Nutzungstyp bzw. für eine bestimmte Pflanze. Sie bezieht auch das Klima ein. Die bei bodenkundlichen Standortkartierungen ausgewiesenen Flächen (Standorteinheiten) sind deshalb nicht ausschließlich aufgrund von Bodeneigenschaften, sondern auch durch Ansprüche der Nutzung beeinflußt (Nutzungseinheit, Schlaggröße).
d) Da bei Vorhaben zur Verbesserung der Bodenfruchtbarkeit die Erfassung des Ist-Zustandes als Grundlage zur Feststellung des Handlungsbedarfs dient, sind für Meliorationsvorhaben, z. B. Tiefpflügen, Tiefkalkung, Be- und Entwässerung, sehr detaillierte Kenntnisse über die räumliche Verteilung der zu verbessernden Bodeneigenschaften notwendig. Dies führt in der Regel dazu, daß wenige Bodenmerkmale mit großer räumlicher Auflösung erfaßt werden müssen.
e) Für Bauvorhaben im Landschaftsbau, wie Anlage von Feldwegen, von Wasserrückhaltebecken, von Friedhöfen etc., sind ebenfalls genaue Kenntnisse über bodenphysikalische und bodenchemische Eigenschaften notwendig sowie über deren Verbreitung.
f) Bei Eingriffen in den Landschaftshaushalt, z. B. großflächige Grundwasserabsenkungen oder -Aufhöhungen, Inbetriebnahme von Wasserwerken oder Einleitung von Abwässern oder Abwärme sowie bei großen Bauvorhaben, die den Landschaftshaushalt verändern können, sind bodenkundliche Kartierungen zur Beweissicherung (Darstellung des Bodenzustands) vor Beginn der Veränderung und auch zur Ableitung einer Prognose der Beeinflussung des Landschaftshaushaltes durch eine solche Maßnahme (Umweltverträglichkeitsprüfung – UVP) unbedingt erforderlich.
g) Für alle Zwecke von Planungen, die Eingriffe in die Landschaft oder Bewahrung von Landschaftsteilen zum Ziel haben, ist die Kenntnis der Ausbildung der Bodendecke erforderlich: Naturschutzplanung, Landschaftsplanung, Regionalplanung.

Für alle diese Zwecke wäre es sinnvoll, wenn bei der Bodenkartierung alle erfaßbaren Merkmale aufgenommen und dokumentiert würden, um dann in einem zweiten Schritt, dem Zweck der Kartierung entsprechend, Aussagen abzuleiten und entsprechende Karten unter Verwendung der jeweils notwendigen Merkmale anzulegen. Ein solches Vorgehen würde eine Bodenkartierung für verschiedene Zwecke verwendbar machen. Leider werden häufig nur dem augenblicklichen Zweck entsprechende Karten erstellt und die Basisdaten nicht dauerhaft dokumentiert, was zu späterem Mehraufwand bei anderen Fragestellungen auf der gleichen Fläche führen muß. Die Dokumentation der erhobenen Daten ist insbesondere deshalb wichtig, weil für die eigentliche Karte nur die diagnostischen bzw. differenzierenden Merkmale zur Darstellung verwendet werden. Andere wichtige charakteristische Merkmale bleiben dagegen regelmäßig unberücksichtigt.
Bei allen angewandten Kartierungen (c–g) ist es unbedingt erforderlich, die Ansprüche

der künftigen Nutzung zu kennen, um daraus die notwendige Genauigkeit und die zu erfassenden Bodenmerkmale abzuleiten.

4.2.2 Kartenmaßstab und Kartiergenauigkeit

Die Wahl des Kartenmaßstabs muß sich hauptsächlich nach der gewünschten Genauigkeit der Karte richten. Beschränkung auf die Angabe von Bodeneinheiten auf Typenniveau gestattet meist einen kleineren Maßstab als Angaben auf Subtypen- oder gar Varietätenniveau. Manchmal wird sie auch von der verfügbaren Kartenunterlage bestimmt. Weicht diese allerdings sehr vom für die Kartieraufgabe sinnvollen Maßstab ab, so kann es erforderlich sein, für die Bodenkarte eine gesonderte topographische Unterlage herzustellen. Die maximal erreichbare Genauigkeit einer Bodenkarte ist von der Zeichengenauigkeit abhängig. Punkte, die auf der Karte verschieden dargestellt werden sollen, müssen dort mindestens 1 mm voneinander entfernt sein. Flächen sollten nicht kleiner als 4 mm^2 ausfallen. Das bedeutet, daß bei einer Karte 1 : 10000 Bohrpunkte, die enger als 10 m gesetzt wurden, sich auf die Kartendarstellung nicht mehr auswirken werden. Flächen < 40 m^2 können ebenfalls in diesem Maßstab nicht mehr dargestellt werden. Andererseits wird sich die Kartiergenauigkeit an die Variabilität der Böden im Gelände angleichen müssen. Bei gewähltem Maßstab sollten die Beobachtungspunkte in der Natur nicht weiter als 1 cm auf der Karte entfernt liegen, da sonst eine Genauigkeit der Beobachtung auf der Karte vorgespiegelt wird, die nicht der Erhebung entspricht. Bei sehr großmaßstäblichen Karten wird in der Regel diese Grenze erreicht, da ein Beobachtungsabstand bei Bohrungen von weniger als 5 m die Kenntnis über die Böden nur noch dann verbessert, wenn man z. B. in einem Schlitzgraben fortlaufend beobachten kann. Jede auf der Karte eingezeichnete Fläche soll mindestens durch zwei Beobachtungspunkte belegt sein. Werden die Grenzen der Einheiten durch Feldkartierung ermittelt, so müssen in jeder eingezeichneten Fläche mindestens 3 Bohrpunkte liegen, da sonst keine Aussage über die Homogenität der Fläche und über den Grenzverlauf möglich wird. In vielen Fällen läßt sich bei Maßstäben um 1 : 10000 die Bodendecke noch so darstellen, daß einzelne Polypeda und Pedokomplexe eingezeichnet werden. Der Bezug zwischen Bodeneinheiten der Karte und Flächen in der Natur ist noch gut erkennbar, und trotzdem sind bereits relativ große Flächen übersichtlich darstellbar (400 ha auf einer DIN A 4-Seite). Deshalb

Tab. 4.2.1: Genauigkeit und Aufwand der Bodenkartierung für einen geübten Bodenkartierer (in Abhängigkeit vom Maßstab der zu erstellenden Karte für ein Gebiet von 1000 ha)

Maßstab	Bohrpunkt-abstand (m)	Bohrpunkte n pro 1000 ha	Weglänge m pro 1000 ha	Feldarbeit Manntage pro 1000 ha	Kartengröße cm^2 pro 1000 ha	Mögliches Kartierziel
> 1 : 500	5	400 000	2 000 000	7000	400 000	Drainage/ Tiefenlockerung
1 : 1000	10	100 000	1 000 000	2500	100 000	Landschaftsbau/ UVP
1 : 10 000	50	4000	200 000	170	1000	Bodengenese Standortkartierung
1 : 25 000	100	1000	100 000	65	160	Bodengenese Landesaufn.
1 : 100 000	400	65	26 000	9	10	Bodengesellschaften Regionalplanung
< 1 : 1 000 000	4000	0,6	2400	0,2	0,1	Länderkarten

eignet sich dieser Maßstab meist gut für bodenkundliche Kartierpraktika. Die übliche konventionelle Bodenkartierung zu Fuß mit Feldkarte und Bohrgerät ist nur bei Maßstäben bis etwa 1 : 50000 noch sinnvoll. Bei kleineren Maßstäben sollte mit einem Fahrzeug gearbeitet werden und auf jeden Fall ein Luft- oder Satellitenbild als zusätzliche Orientierungshilfe verwendet werden (Tab. 4.2.1).

4.3 Kartiervorbereitung

4.3.1 Stand der Kenntnis

Für jede Bodenkartierung ist es zweckmäßig, den Stand der Kenntnis über die Böden des Arbeitsgebietes vor Beginn aufzuarbeiten. Dabei ist es sinnvoll, Informationen aus kleiner- und größermaßstäbigen Karten, auch wenn sie nur von Teilgebieten oder von angrenzenden Flächen vorliegen, zu sichten, sowie Daten über Einzelprofile, soweit sie auf dem Kartenblatt liegen oder in vergleichbaren Geoeinheiten der Umgebung beschrieben sind. Hieraus lassen sich die zu erwartenden Böden eingrenzen, und es läßt sich erkennen, worauf bei der Kartierung besonders zu achten ist (z. B. wenn zwischen verschiedenen Quellen Unterschiede bestehen). Dazu gehört auch die Erfassung der bodenbildenden Faktoren bzw. deren Veränderungen unbeschadet der Tatsache, ob sie kartenmäßig oder anders dargestellt sind. Es sollten geologische und petrographische Karten und Untersuchungen, geomorphologische Bearbeitungen, das Wissen zur Landschaftsgeschichte und insbesondere zur Geschichte der Landnutzung (z. B. aus historischen Karten und Plänen) sowie Eingriffe in die Landschaft durch Abbau und Aufschüttung, Aufstau und Entwässerung ergründet werden. Daten zum Regionalklima werden dazu herangezogen, das Ausmaß der Durchfeuchtung zu schätzen. Sie können außerdem dazu verwendet werden, eine möglichst günstige Kartierperiode (feuchte Böden und wenig Niederschlag) herauszusuchen bzw. sich auf die zu erwartende Witterung einzustellen. Die Kenntnis der bodenbildenden Faktoren erlaubt zwar, Vorhersagen über zu erwartende Böden zu treffen. Sie kann aber unter Umständen auch dazu führen, daß nur das Erwartete gefunden wird und nicht alle möglichen Informationen gewonnen werden. Deshalb sind die Vorinformationen stets kritisch zu prüfen.

4.3.2 Geländeerkundung (vgl. auch 2.3)

Vor Beginn der eigentlichen Kartierung ist es wichtig, daß man das Gelände kennenlernt. Dabei kommt es darauf an, sich das Straßen- und Wegenetz, den Verlauf der Gewässer einzuprägen, die wichtigsten geomorphen Einheiten abzugrenzen, Kartiererschwernisse, wie besonders dichte Vegetation, unzugängliches und unübersichtliches Gelände einzuprägen und für die Kartierung eine Strategie zu entwickeln. Die topographische Karte muß mit der Geländerealität verglichen werden, damit man später bei der eigentlichen Kartierung keine Orientierungsprobleme bekommt. Die Geländeerkundung dient dazu, sich einen ersten Überblick über die vorhandenen Böden zu verschaffen und insbesondere die Orte für die wichtigsten Leitprofile festzulegen. Hierzu verwendet man zunächst vorhandene Aufschlüsse, die einen Einblick in die Bodendecke ermöglichen, wie z. B. Weg- und Straßenböschungen, Eisenbahneinschnitte, Baugruben, Torfstiche, Kiesgruben, Steinbrüche und von Flüssen oder Bächen unterschnittene Uferböschungen. Hat man diese Punkte beobachtet und grob beschrieben, so stellt man häufig fest, daß für

bestimmte geomorphe oder lithologische Einheiten keine solchen Aufschlüsse vorliegen. Vor Beginn der weiteren Kartierung sollten auch in diesen Einheiten bohrend oder grabend erste Eindrücke über die vorkommenden Böden gewonnen werden. Aus der Geländeerkundung läßt sich der Plan für die Anlage der Leitprofile (4.5) und für das Vorgehen bei der Kartierung (4.7) erstellen.
Es ist zweckmäßig, alle Vorinformationen und die Erfahrungen bei der Geländeerkundung in einer Konzeptkarte zu vereinen (Arbeitskreis Stadtböden 1989).

4.4 Kartierhilfsmittel

Jede Kartierung wird wesentlich erleichtert, wenn man vor Beginn der eigentlichen Feldarbeit alle Kartierhilfsmittel zusammengetragen hat und sich von ihrem einwandfreien Zustand überzeugt hat.

4.4.1 Grundlagen, Karte und Zeichenmaterial

Für die eigentliche Feldarbeit benötigt man Ausschnitte der topographischen Karte in einer Größe von etwa DIN A 4. Diese Kartenkopien sollen gegenüber der Originalkarte maßhaltig sein, damit Eintragungen nachher fehlerfrei übertragen werden können. Für die Kartierung ist ein zweites Blatt, welches das gesamte Kartiergebiet auf einer einheitlichen Karte darstellt, mitzuführen, damit darauf die Feldreinkarte erstellt werden kann. Zusätzlich benötigt man zum Einzeichnen in die Karte weiche Bleistifte, Radiergummi, Bleistiftspitzer, Lineal mit Millimetereinteilung, ein rechtwinkliges Zeichendreieck und einen Winkelmesser und/oder ein Geodreieck. Als Unterlage bei der Feldkartierung sollte ein Kartierbrett zur Verfügung stehen, in das die DIN A 4-große Feldkarte und die Kartierkladde eingespannt werden können. Ersatzweise kann man ein ca. 25 × 32 cm-Sperrholzbrett mit Kartenklemme verwenden.

4.4.2 Geodätische Kartierhilfsmittel

Liegen gute topographische Karten vor und soll die Bodenkarte in mittlerem Maßstab 1:10000 bis 1 : 50000 erstellt werden, so genügen in der Regel ein Kompaß (am besten ein Geologenkompaß, der gleichzeitig als Neigungsmesser dienen kann), ein Maßband von mindestens 25 m Länge zur Eichung des Schrittmaßes, sowie mindestens 3 Fluchtstäbe, um Kartierlinien einrichten zu können.

Bei Detailkartierungen, z. B. für Anlage von Drainagen, für Terrassierungen, bei Anlage von Deponien etc., ist es sinnvoll, zusätzlich ein Nivelliergerät und eine Tachimeterlatte mitzuführen (zu deren Gebrauch vgl. geodätische Literatur, z. B. RAMSAYER 1955). Auch bei relativ genau aufgenommenen topographischen Karten ist es sinnvoll, bei Detailkartierungen die Abstände, Höhenunterschiede und Neigungen zwischen verschiedenen Profilen genau zu erfassen. Die später durchzuführenden Maßnahmen können nicht genauer sein als die zuvor durchgeführte Erfassung des Geländes.

Andererseits ist es für kleinmaßstäbliche Übersichtsaufnahmen (Reconnaissance Survey) sinnvoll, einen barometrischen Höhenmesser und einen Neigungsmesser mitzuführen. Dadurch lassen sich die Lage und die geomorphe Position der beobachteten Profilpunkte besser in die Karte eintragen. Solche Meßgeräte sind insbesondere sinnvoll, wenn die Orientierungen nicht an einer konventionellen topographischen Karte, sondern an einem Luftbild oder Satellitenbild erfolgen muß.

4.4.3 Grab- und Bohrgeräte

Die Grab- und Bohrgeräte sind so vorzubereiten, daß jeder Kartiertrupp eine vollständige Ausrüstung besitzt. Zur Anlage der Leitprofile sind auf jeden Fall *Spaten* und *Schaufel* notwendig. Bei der späteren Kartierarbeit bewährt sich zur Ansprache des Humusprofils oder der Gefügeform im Oberboden ein *Klappspaten*. Bei kiesigen, steinigen oder grusigen Profilen bewährt sich eine *Hacke* oder *Kreuzhaue* (insbesondere im Mittel- und Hochgebirge). Die Beobachtung der meisten Punkte geschieht durch einen Spatenausstich zur Bestimmung der Humusform und des Gefüges im Oberboden sowie durch Erbohren des Bodenprofils bis zur Entwicklungstiefe bzw. Gründigkeit. Als *Bohrgeräte* eignen sich bei lehmigen und sandigen sowie stark aggregierten tonigen Bodenarten *Peilstangen* (1–2 m langer Stahlstab mit Schlagkopf von 15 mm, der auf 1 m Länge eine 10 mm tiefe Nut zur Aufnahme von Bohrgut hat) und *Bohrer* nach dem Prinzip PÜRCKHAUER (1 m langes Stahlrohr, halbiert mit Schlagkopf und 25 mm Innendurchmesser und angeschliffener Spitze, kann über Gewinde mit Stahlstäben auf bis zu 6 m verlängert werden). Bei stark humosen, torfigen und wenig aggregierten lehmig/tonigen Böden sind auch *Schneckenbohrer* oder *Kammerbohrer* (Bohrkörper 40 mm, 250–500 mm lang, über dünne Stahlstange und Handgriff oder Schlagkopf verlängert) bzw. der *Marschenlöffel* gut geeignet. Bei völlig unbekanntem Gelände ist es sinnvoll, möglichst zwei verschiedene Bohrgeräte, die eine Erkundung bis mindestens 2 m Bodentiefe erlauben, für die Kartierung mitzuführen (z. B. Pürckhauer-Bohrer und Schneckenbohrer). Zum Eintreiben von *Schlagbohrern* dienen *Spezialhämmer* aus *Kunststoff* (Vorsicht bei Frost, dann spröd) oder *Holz* (Buche, Kopf durch Eisenringe verstärkt) mit einem ca. 80 cm langen Holzstiel. Für kleinmaßstäbige Kartierungen und Übersichtsaufnahmen eignen sich auch zerlegbare *hydraulische Bohrgeräte*, die z. B. an Lkw, Kleinlastwagen oder Bagger angeschlossen werden können. Solche Bohrgeräte eignen sich insbesondere für Aufschlußbohrungen in größeren Tiefen oder bei sehr hohem Bohrwiderstand. Sie erfordern in der Regel mehr Bedienungspersonal. Hiermit sind in Lockermaterialien Bohrungen von 4–20 m möglich.

4.4.4 Hilfsmittel zur Merkmalerfassung

Zur Merkmalerfassung der Böden sind in der Regel folgende Hilfsmittel erforderlich:

1. *Zollstock, Messer, Spachtel* und *Schere*.
2. MUNSELL-*Farbtafel* - zur Farbansprache (s. 3.5.2).
3. *Tafeln zur Flächenschätzung* von Steingehalten, Rostflecken und anderen Gefügebesonderheiten (s. Abb. 3.5.1).
4. *Spritzflasche* mit H_2O zwecks Befeuchten beim Schätzen der Bodenart (3.2.5) und des Humusgehalts (3.5.6.3).
5. *Lupe* zur Erleichterung der Ansprache von Gefügebesonderheiten (3.5.3.1), Mineralarten (3.5.5.1) und Humusmorphologie (3.5.6.4).
6. *Spritzflasche* mit *10 % HCl* zwecks Ansprache und Schätzung des Carbonatgehalts (3.5.5.2).
7. *Potentiometer mit Elektrode*, 5 *graduierte (Boden: Lösung 1 : 2,5) Plastikgefäße* und *0.01 M* $CaCl_2$*-Lösung* zur pH-Messung (s. 3.5.4.2).
8. *Flasche* mit *dest. Wasser* und weitere *Plastikgefäße* sowie *Leitfähigkeitsmeßgerät* (vgl. 3.5.5.5). Auch hierzu wird bei trockenen und frischen Böden ein Boden zu Lösungsverhältnis von 1 : 2,5 hergestellt. In der überstehenden Suspension wird dann die elektrische Leitfähigkeit in mS x cm^{-1} gemessen. Zur Ermittlung der Salzkonzentra-

tion ist es sinnvoll, eine Verdünnungsreihe von mindestens 3 Punkten herzustellen (vgl. RUCK 1989).

9. Außerdem können Kornfraktionen zum Schätzen des Fein-, Mittel- und Grobsandanteils von Sanden (s. 3.5.1.1), unterschiedlich lange *Pt-Elektroden* für Redoxmessungen (s. 3.5.4.6) zweckmäßig sein, desgleichen $K_3Fe^{III}(CN)_6$ bzw. *2/2-Dipyridyl* zum Fe^{2+}-Nachweis (s. 3.5.4.5) und H_2O_2 zum Mn-Nachweis. Allgemein ist zu prüfen, welche der unter Kap. 3 beschriebenen Feldmethoden für die Kartierung verwendet werden sollen.

4.4.5 Luftbild und Satellitenbild

Zur besseren Ausgliederung von Bodeneinheiten ist es sinnvoll, möglichst viele bereits vorhandene Materialien zur physischen Beschaffenheit der Bodenoberfläche zu beschaffen. Dazu dienen *Luftbilder*, insbesondere dann, wenn ihr Maßstab gleich oder wenig größer ist als der des angestrebten Kartenmaßstabs. Auch *farbige Satellitenbilder* gestatten, Informationen über die Geländebeschaffenheit zu ermitteln. Da Hilfsmaterialien aus der Fernerkundung in der Regel nur Informationen über die Bodenoberfläche, aber nicht über das Bodenprofil liefern können, ist es häufig möglich, mit solchen Informationen recht genaue Grenzziehungen durchzuführen, während der Inhalt der einzelnen Einheiten der Kartierung und/oder Beschreibung von Leitprofilen überlassen bleiben muß.

4.5 Leitprofile

Aufgrund der Geländeerkundung werden vor Beginn der Kartierung eine begrenzte Anzahl von Leitprofilen gegraben und ausführlich beschrieben. Die Anzahl der Leitprofile soll so gewählt werden, daß alle Grundeinheiten der Karte durch ein Leitprofil belegt sind (Übergangseinheiten können dabei entfallen). Die Leitprofile sollen so angelegt sein, daß alle wichtigen geomorphen Einheiten, Gesteine und Nutzungsformen damit dokumentiert sind. Die Leitprofile sind so groß anzulegen, daß eine einwandfreie Beschreibung der Horizonte und des Gefüges bis zum Ausgangsgestein bzw. zum C-Horizont erfolgen kann. Die Beschreibung der Leitprofile dient auch dem Kennenlernen der Besonderheiten der zu kartierenden Böden. Deshalb ist es wichtig, daß an den Leitprofilen möglichst alle beschreibbaren Merkmale erfaßt werden, auch solche, die später bei der Routinekartierung, da nicht differenzierend, nicht mehr beachtet werden müssen. Die besondere Sorgfalt bei der Beschreibung der Leitprofile ist deshalb notwendig, da aufgrund ihrer Beschreibung eine Reihe von Eigenschaften für die Kartiereinheiten festgelegt werden müssen, die z. B. bei der Bohrstockaufnahme nicht mehr erfaßt werden können. Die zu Beginn der Kartierung beschriebenen Leitprofile dienen zur Erarbeitung des Kartierschlüssels; deshalb muß ihre Zahl so groß sein, daß alle Untergliederungen aus ihnen abgeleitet werden können. Über die endgültige Zahl der Leitprofile, die in die Kartenerläuterung aufgenommen werden sollen, wird aber erst bei Ende der Kartierung entschieden, d. h., die zu Beginn angelegten Leitprofile werden während der Kartierung in Frage gestellt, wenn dabei Flächen mit deutlicherer morphologischer Ausprägung der verschiedenen Böden gefunden werden. Die Zahl der Leitprofile ist dann zu vermehren, wenn später zusätzliche Böden beobachtet werden. Bereits bei Beschreibung der Leitprofile soll die Relevanz der Unterschiede zwischen den Böden für den gesamten Kartierauftrag diskutiert werden. Dadurch lassen sich die für die Routinekartierung auszuwählenden Merkmale besser eingrenzen (Beispiele einer Bohrstock-Beschreibung s. Tab. 4.5.1).

Tab. 4.5.1: Beispiel eines Formulars für die Bohrstock-Aufnahmen (Leitprofile der Karte von Abb. 4.9.1)

Termin	Nr.	R.. H..	m NN	Relief	Nutzung
30.10.86	*1*	*4439800 6017630*	*12,5*	*KR*	*Buche Eiche*

Horizont	*O*	*Ah*	*Alv*	*Bvt*	*BtC*	*Ccr*
Tiefe cm	*2,5-0*	*0-14*	*-47*	*-91*	*-117*	*-135*
Farbe	*ddg*	*dgb*	*b*	*geb*	*geb*	*geb*
Zus.far.						
Bodenart		*xSl4*	*Ls3*	*Lts*	*Lts*	*Ls3*
ρ_t	*1*	*2*	*4*	*4*	*4*	*4*
Feuchte	*4*	*3*	*3*	*2*	*2*	*2*
Humus	*H*	*h3*	*h1*	*-*	*-*	*-*
pH	*3,7*	*3,7*	*3,8*	*4,3*	*7,3*	*7,4*
Kalk	*c0*	*c0*	*c0*	*c0*	*c3*	*c4*
nFK		*22*	*16*	*15*	*14*	*16*
KAK	*50*	*13*	*12*	*17*	*17*	*12*
S-Wert	*7*	*4*	*4*	*9*	*17*	*12*
BS %	*15*	*30*	*30*	*55*	*98*	*98*

Boden-typ	Gestein	Humus-form	Grundw. dm
dL	*Mg*	*Modermull*	*50*
We dm	SF-Stufe	Luft	S We-Stufe
13	*3*	*1a*	*hoch*

Nr.	R.. H..	m NN	Relief	Nutzung
2	*4439830 6017520*	*11,5*	*HOR*	*Acker*

Ap	*Bvt1*	*Bvt2*	*BtC*	*Ccr*	*IIC*
0-24	*-46*	*-70*	*-86*	*-140*	*-200*
ddg	*dgeb*	*dgeb*	*dgeb*	*dgeb*	*hgeb*
xLs3	*Lts*	*Lts*	*Lts*	*Lts*	*gmS*
4	*4*	*4*	*4-5*	*4-5*	*4*
3	*3*	*2*	*2*	*2*	*2*
h2	*h1*	*h0*	*-*	*-*	*-*
7,0	*6,4*	*6,2*	*7,6*	*7,6*	*7,6*
c1	*c0*	*c0*	*c3*	*c4*	*c4*
17	*14*	*14*	*13*	*13*	*8*
15	*17*	*17*	*17*	*17*	*2*
15	*16*	*15*	*17*	*17*	*2*
98	*95*	*90*	*100*	*100*	*100*

Boden-typ	Gestein	Humus-form	Grundw. dm
ele	*Mg*	*Wurmmull*	*40*
We dm	SF-Stufe	Luft	S We-Stufe
9	*3*	*1a*	*hoch*

Termin	Nr.	R.. H..	m NN	Relief	Nutzung
30.10.86	*3*	*4439148 6017520*	*805*	*HMM*	*Esche Eiche*

Horizont	*Ah*	*SwAh*	*AlSw*	*BtSd*	*Btskd*	*CcSd*
Tiefe cm	*0-4*	*-12*	*-20*	*-48*	*-66*	*-100*
Farbe	*ddb*	*ddgb*	*olg*	*hbg*		*hgeb*
Zus.far.			*rge*	*rge*	*rge*	*rge*
Bodenart	*xSlu*	*Slu*	*Slu*	*Lts*	*Lts*	*Lts*
ρ_t	*1*	*2*	*3*	*4*	*5*	*4*
Feuchte	*3*	*3*	*3*	*2*	*2*	*1*
Humus	*h4*	*h3*	*h2*	*h1*	*-*	*-*
pH	*3,8*	*3,6*	*3,5*	*3,5*	*6,3*	*7,3*
Kalk	*c0*	*c0*	*c0*	*c0*	*c1*	*c4*
nFK	*27*	*22*	*18*	*14*	*12*	*14*
KAK	*21*	*13*	*9*	*17*	*17*	*17*
S-Wert	*4*	*3*	*2*	*3*	*16*	*17*
BS %	*20*	*25*	*20*	*20*	*92*	*100*

Boden-typ	Gestein	Humus-form	Grundw. dm
nS	*Mg*	*Feuchtmull*	*20*
We dm	SF-Stufe	Luft	S We-Stufe
10	*5*	*5*	*hoch*

Nr.	R.. H..	m NN	Relief	Nutzung
4	*4439100 6017700*	*9,5*	*HMM*	*Acker gedränt*

MAp	*MSkw*	*Sw*	*Sd*	*CSd1*	*CSd2*
0-28	*-45*	*-62*	*-86*	*-107*	*-200*
ddgb	*ddgb*	*ol*	*olg*	*ol*	*olg*
		geb	*geb*	*geb*	*geb*
Sl2	*Lt2*	*Lt3*	*Lt3*	*Lt3*	*Lt2*
2	*3*	*3*	*3-4*	*4*	*4*
3	*2*	*2*	*2*	*2*	*1*
h3	*h2*	*h1*	*h0*	*-*	*-*
6,8	*6,9*	*7,1*	*7,0*	*7,0*	*7,7*
c1	*c0*	*c0*	*c0*	*c2*	*c4*
22	*16*	*15*	*14*	*19*	*19*
13	*27*	*24*	*24*	*24*	*24*
12	*26*	*24*	*23*	*23*	*24*
95	*95*	*98*	*96*	*96*	*100*

Boden-typ	Gestein	Humus-form	Grundw. dm
eKS	*Mg*	*Wurmmull*	*30*
We dm	SF-Stufe	Luft	S We-Stufe
7	*5*	*4*	*hoch*

4.6 Kartierschlüssel

Vor Beginn der eigentlichen Kartierung wird der Kartierschlüssel erstellt. Hierbei handelt es sich um eine Tabelle, die die Benennung aller zu kartierenden Bodeneinheiten sowie deren Horizontabfolgen und in den diagnostischen Horizonten auch **diagnostische** und **differenzierende**, zum Teil auch **charakteristische** Merkmale enthalten. Der vor Beginn der Kartierung erarbeitete **Kartierschlüssel**, der auf den Erfahrungen der Geländeerkundung und der Leitprofilbeschreibung fußen soll, wird während der Kartierung ebenfalls wie die Leitprofilauswahl laufend in Frage gestellt. Die Form des Kartierschlüssels, welche sich zu Ende der Kartierung entwickelt hat, bildet das Gerüst für die Kartenlegende (vgl. 4.9.1). Charakteristische Merkmale sind Merkmale, die zur Beschreibung der Eigenschaften einer Bodeneinheit wesentlich sind, die aber nicht hinreichend zur Erkennung dieser Bodeneinheit und besonders nicht zur Abgrenzung geeignet sind. So ist für Parabraunerden aus Geschiebemergel in der Regel die Humusform Mull und ein humoser, krümelig bis subpolyedrischer Oberboden charakteristisch. Diese Eigenschaften lassen aber keinerlei Abgrenzung von anderen Bodeneinheiten zu. Diagnostische Merkmale sind solche, die unbedingt auftreten müssen, damit man einen bestimmten Boden erkennen kann. Hierzu gehören z. B. bei der Parabraunerde die Tonbeläge auf fast allen subpolyedrischen bis polyedrischen Aggregaten des Unterbodens. Treten diese Merkmale nicht auf, so ist der auf Tonverlagerung gegründete Bodentyp der Parabraunerde nicht vorhanden (Ausnahme: Bänderparabraunerde). Differenzierend sind dagegen Merkmale, die eine eindeutige Abgrenzung verschiedener Bodentypen bzw. Bodeneinheiten ermöglichen. So läßt sich eine Parabraunerde von einer Pararendzina durch das Fehlen des Kalkgehalts im Unterboden und von einem Pseudogley durch das Fehlen der Marmorierung, von einer Braunerde durch das Tongehaltsmaximum im Unterboden abtrennen. Während charakteristische und diagnostische Merkmale solche sind, die bei den entsprechenden Bodeneinheiten wirklich vorhanden sein müssen, kann zur Differenzierung auch das Fehlen eines Merkmales herangezogen werden.

4.7 Kartierverfahren

Bei Beginn einer Bodenkartierung ist es sinnvoll, das Vorgehen bei der Wahl der Beobachtungs- bzw. Bohrpunkte festzulegen. In der Tradition der Bodenkartierung haben sich dabei verschiedene Verfahrensweisen herausgestellt, die jeweils unterschiedliche Vor- und Nachteile haben.

In Abb. 4.7.1 wurde versucht darzustellen, wie Beobachtungspunkte bei verschiedenen Verfahren gelegt werden unter der Voraussetzung, daß das Kartierergebnis eine annähernd gleiche Zuverlässigkeit erreicht.

4.7.1 Rasterkartierung

Die Vorgehensweise nach einem Punktraster ist das einfachste Verfahren. Der Abstand der Rasterpunkte ergibt sich aus dem Kartenmaßstab und der angestrebten Auflösungsgenauigkeit der Karte nach 4.2.

Von einem Eckpunkt der Karte ausgehend wird der erste Rasterpunkt festgelegt und von dort in regelmäßigen Abständen die Fläche des *Kartenblattes* abgebohrt. Dieses Verfahren kann vor allem von wenig geübten Kartierern und dann, wenn noch wenig

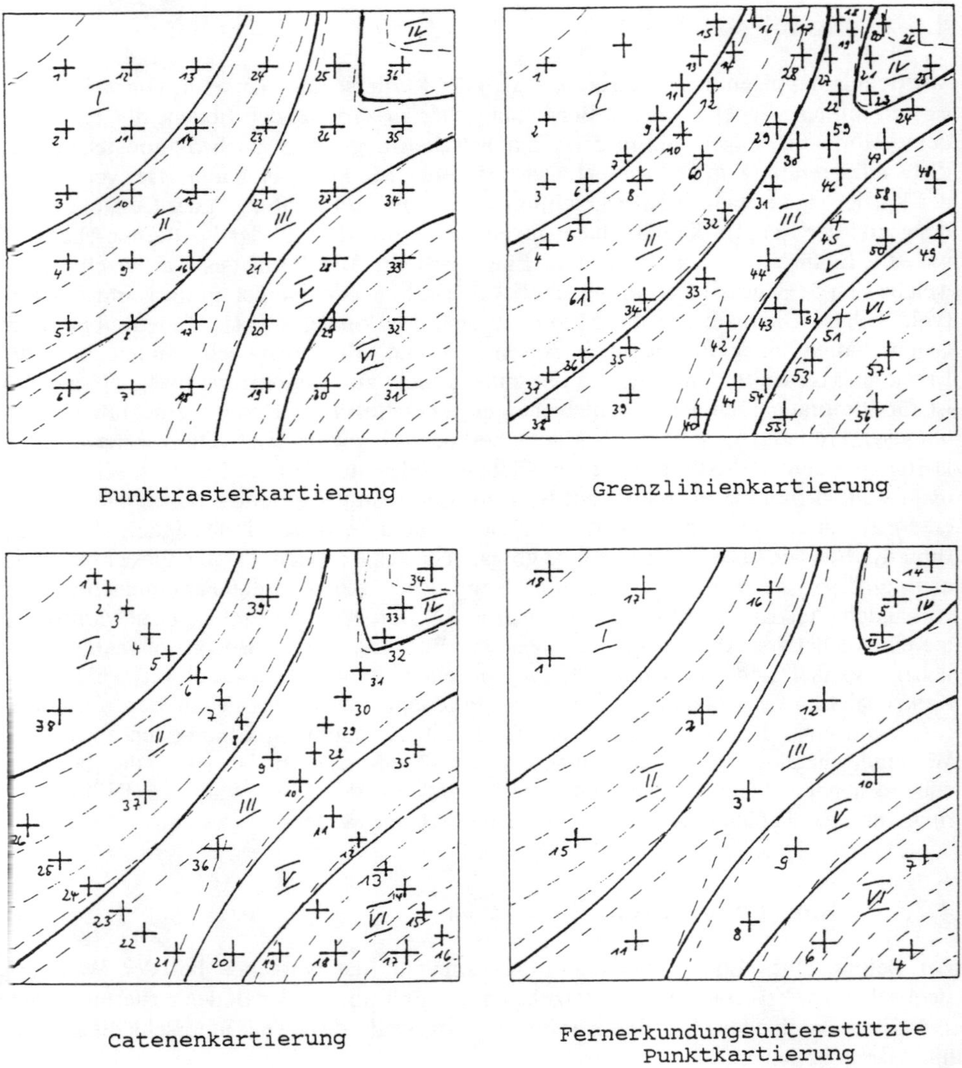

Abb. 4.7.1: Lage der Beobachtungspunkte und Grenzziehung bei einer Bodenkartierung nach verschiedenen Kartierverfahren

Vorkenntnisse über die Verteilung unterschiedlicher Böden vorliegen, angewandt werden. Es eignet sich auch am besten zur Übertragung der Bohrergebnisse in eine Datei, da die Festlegung der Bohrpunkte schematisch erfolgt. Das Festhalten an einem Punktraster kann in der Kulturlandschaft dazu führen, daß ein relativ großer Anteil der Punkte an untypischen Stellen gesetzt wird, z. B. in bebauten oder Verkehrs-Flächen, am Rande von Gräben oder in kleine Aufschüttungen. Kleine, stark abweichende Flächen, z. B. Quellnischen, werden unter Umständen gar nicht erkannt. Größere, recht einheitliche Flächen sind dagegen bei diesem Verfahren in der Regel gut dokumentiert. Schwierigkeiten ergeben sich dagegen bei der Interpolation der Grenzen, da Rasterpunkte unterschiedlich weit von solchen Grenzen entfernt liegen.

4.7.2 Grenzlinienkartierung

Bei der Grenzlinienkartierung (OSTENDORFF 1945) wird zunächst nur der erste Bohrpunkt und die davon ausgehende Richtung des Kartierfortschrittes festgelegt. Trifft man auf eine Grenze, so wird der Verlauf dieser Grenze durch abwechselnd auf beiden Seiten zu legende Bohrungen verfolgt. Hierdurch wird der Grenzverlauf bereits bei der Feldkartierung gut festgelegt, und eine spätere Interpolation ist nicht mehr notwendig. Nicht nur wegen der Nähe der Bohrpunkte zur Grenze, sondern auch weil diese Grenzen vom Kartierer verfolgt und deshalb wahrgenommen werden, erhält man bei dieser Art der Kartierung gute Angaben über die Ursachen der Veränderung von Bodeneinheiten. Nachteile dieses Verfahrens sind die aufwendigere Orientierung im Gelände, die Beschreibung hauptsächlich von Böden, die an der Grenze zwischen verschiedenen Einheiten liegen, weshalb zum Abschluß der Kartierung noch einige Bohrungen in das Zentrum der Flächen gelegt werden müssen, um auch den Durchschnitt zu dokumentieren. Der notwendige Aufwand an Beobachtungspunkten ist bei gleicher Kartenauflösung in der Regel deutlich größer, da man sich ja entlang einer Grenzlinie vortasten muß. Der Aufwand zur Profilbeschreibung dagegen ist meist geringer, da über weite Strecken sehr ähnliche Böden beschrieben werden. Einschlüsse von Kartiereinheiten, die an keine anderen Grenzen stoßen, werden dabei leicht übersehen (Dolinen).

4.7.3 Catenenkartierung

Bei der Kartierung von Bodencatenen wird aufgrund der Geländeerkundung zunächst ein Schnitt durch das Kartenblatt gelegt, auf dem möglichst alle geomorphen Einheiten, Gesteine und Nutzungsformen vorkommen. Entlang diesem Schnitt wird dann die Abfolge der Böden möglichst genau aufgenommen. Hat man die Gesetzmäßigkeit der Bodenverteilung so erkannt, läßt sich eine erste *Skizze* der Bodenkarte anfertigen. Aufgrund dieser Skizze werden dann weitere Hilfstransekte durch die Fläche gelegt. Solche Hilfstransekte können dann mit gröberem Punktabstand bearbeitet werden, solange sich die erkannte Gesetzmäßigkeit bestätigt. Das Verfahren hat den Vorteil, daß die Orientierung ähnlich problemlos wie bei der Punktrasterkartierung ist, die einzelnen Beobachtungspunkte aber nicht zufällig, sondern gezielt ausgewählt werden können. Um der Bodengesellschaft gerecht zu werden, kann im Rahmen der Genauigkeit auch der Punktabstand in der Linie des Transekts variabel gehalten werden. Ein solches Vorgehen ist nur dann sinnvoll, wenn das Gelände dem Kartierer schon gut bekannt ist und er damit auch bereits Abhängigkeiten vermutet, die es zu überprüfen gilt. Die Zahl der Beobachtungspunkte ist geringer als bei der Grenzlinienkartierung und gleich oder geringer als bei der Punktrasterkartierung. Die Gefahr, daß kleine eingeschlossene Bodeneinheiten nicht erkannt werden, ist ähnlich groß wie bei der Grenzlinienkartierung.

4.7.4 Luftbildunterstützte Punktkartierung

Auch bei dem Verfahren der Raster-, Grenzlinien oder Catenenkartierung kann mit Hilfe eines *Luftbildes* und bei kleinmaßstäbigen Karten auch mit Hilfe eines *Satellitenbildes* die Genauigkeit der Karte deutlich verbessert werden (BURINGH 1960). Bei der bildunterstützten Punktkartierung beginnt man jedoch mit der Luftbildauswertung und legt dabei bereits mehr oder weniger einheitliche Flächen fest, ohne deren Inhalt zu kennen.

Nachdem diese Flächen in einer ersten *Skizze* begrenzt wurden, beginnt man, einzelne Beobachtungspunkte in diese Flächen zu legen. Dabei ist darauf zu achten, daß diese Punkte tatsächlich charakteristisch für die Fläche sind und nicht durch punktuelle Veränderungen gestört. Bei diesem Kartierverfahren muß jeder Bohrpunkt getrennt eingemessen werden, d. h., der Zeitaufwand für Orientierung und Beobachtung pro Bohrung ist in der Regel deutlich größer als bei den anderen Verfahren. Mit den ersten Beobachtungen kann den Flächen ein bodenkundlicher Inhalt zugewiesen werden. Gleichzeitig müssen mit diesem ersten Wissen aus der Felderkundung die Grenzen anhand der Luftbilder noch einmal überprüft werden; u. U. werden Flächen unterteilt oder zusammengelegt. Danach erfolgt eine zweite Geländephase, bei der darauf geachtet werden muß, daß in allen ausgewiesenen Flächen Beobachtungspunkte liegen, so daß die Eigenschaften der Flächen ausreichend genau beschrieben werden können. Außerdem werden jetzt im Gelände die eingezeichneten Grenzen aufgesucht und durch Sondierungsbohrungen überprüft. Durch den Einsatz der Fernerkundung läßt sich der Geländeaufwand wesentlich reduzieren, und die Grenzlinien lassen sich ähnlich gut wie bei der Grenzlinienkartierung festlegen. Kleine Flächen mit stark abweichendem Bodeninventar werden bei sorgfältiger Bearbeitung des Luftbildes erkannt (BURINGH 1960).

4.8 Feldarbeit

Vor der Feldarbeit sind die Kartierhilfsmittel (Kap. 4.4) bereitzulegen. Sie müssen während der Kartierung immer in Reichweite des Bearbeiters sein, damit nicht unnötig Zeit mit ihrer Beschaffung verbraucht wird. Die Güte der Bodenkarte hängt von der Genauigkeit der Beobachtung ab und davon, ob der Kartierer in der Lage ist, sich von der Verbreitung der Böden und insbesondere ihren Gesetzmäßigkeiten ein Bild zu machen. Um das Ergebnis nachvollziehbar zu machen, müssen deshalb alle Merkmale (auch qualitative) gewissenhaft und so genau wie möglich erfaßt und gewissenhaft dokumentiert werden. Später nach Erinnerung angefertigte Aufzeichnungen sind immer ungenau oder fehlerhaft. Je besser die Feldarbeit dokumentiert ist, um so leichter und vor allem um so besser kann die Auswertung durchgeführt werden.

4.8.1 Feldkarte

Jeder Beobachtungspunkt ist sofort mit Bleistift in die Feldkarte einzutragen und die Eintragung mit der Nummer des Bohrprotokolls zu versehen. Beobachtungspunkte, deren Lage zum Zeitpunkt der Beobachtung nicht bekannt ist und die deshalb auch nicht in die Karte eingezeichnet werden können, sind in der Regel sinnlos. In die *Feldkarte* sollen auch Beobachtungen eingezeichnet werden, die nicht direkt mit Bohrpunkten zusammenhängen, aber zum Erstellen der Karte dienen (z. B. bereits im Gelände interpolierter Grenzverlauf, Vorkommen von Felsaufragungen, terrassiertes Gelände).

4.8.2 Bohrprotokoll

Von jedem kartierten Punkt ist ein Bohrprotokoll anzufertigen. Dieses Protokoll muß zur Kennung die Nummer des Bohrpunktes und eine kurze Ortsbeschreibung bzw. Rechts- und Hochwert enthalten. Dazu sind alle erfaßten Merkmale aufzuschreiben (auch die selbstverständlichen!). Bei der Beschreibung ist es zweckmäßig (für spätere Eingaben in

Datenbanken erforderlich), die in Kap. 3 angegebenen Kürzel bzw. Symbole zu verwenden. Wer mit den vielen Abkürzungen Probleme hat, sollte besser ohne Abkürzungen arbeiten. Das Bohrprotokoll muß keine abgeleiteten Größen enthalten und auch nicht Interpretationen, die später aufgrund des Protokolls eindeutig durchgeführt werden können. Interpretationen, die besser oder nur im Gelände durchgeführt werden können, sollten allerdings bereits vermerkt werden (z. B. Zuordnung zu einer Kartiereinheit, Aufschüttung, Abtrag, Verdichtung und so weiter). Statt auf einem *Formblatt* (z. B. Tabelle 4.5.1) kann das Bohrprotokoll auch in einen tragbaren *PC* (Datalogger oder Labtop) eingetippt werden. Beim handgeschriebenen Protokoll, wie bei bereits auf Datenträger eingetragenen Beobachtungen, ist es notwendig, daß vor Abschluß eines Punktes noch einmal das Protokoll auf Richtigkeit überprüft wird; spätere Korrekturen von nicht plausiblen Eintragungen erfordern meist erhöhten Aufwand bzw. bergen die Gefahr von Fehlschlüssen in sich. Bohrprotokolle können in der Regel so aufgenommen werden, daß auf 1 DIN A 4-Seite 6 oder 8 Protokolle passen. Dies erleichtert die spätere Bearbeitung. Auch dann, wenn man den Eindruck hat, daß folgende Bohrpunkte nahezu gleich sind, ist es wichtig, die Merkmale direkt zu erfassen und zu notieren. Die genaue Beschreibung kann später die Homogenität dokumentieren. Eine Bemerkung im Protokoll »wie oben« bedeutet meist, daß das entsprechende Bohrprofil nicht gewissenhaft beobachtet wurde. Treten mehrere sehr ähnliche Bohrpunkte nacheinander auf, so kann man den Bohrabstand etwas vergrößern, ohne an Kartiergenauigkeit zu verlieren.

4.8.3 Feldreinkarte

Neben der *Feldkarte* und dem *Bohrprotokoll* sollte eine Feldreinkarte geführt werden. Diese *Feldreinkarte* bleibt im Quartier oder Stützpunkt, an den man nach jedem Feldtag zurückkehrt. Man wird dann die erzielten Ergebnisse Punkt für Punkt übertragen, wobei jetzt bereits den Kartiereinheiten entsprechende Farben für die Punkte gegeben werden können. Der Teil der Grenzen, die bereits festliegen, wird in die Karte eingezeichnet, und bereits abschließend bearbeitete Flächen können koloriert werden. Die Feldreinkarte soll noch alle Bohrpunkte dokumentieren, insbesondere auch solche, die abweichende Eigenschaften innerhalb einer Fläche aufweisen, andererseits soll hier das spätere Kartenbild entstehen. Durch das Umzeichnen der Feldergebnisse in die Feldreinkarte erkennt man problematische Bereiche, die man dann am folgenden Arbeitstag leicht wieder erreichen und besser bearbeiten kann. Das Führen der Feldreinkarte und damit einhergehend die tägliche Überprüfung der Kartierlegende und der Liste der Leitprofile garantiert, daß am Ende der Feldarbeit ein abschließendes Ergebnis sichergestellt wird. Spätere Nacharbeiten lassen sich dadurch vermeiden.

Für die Erstellung der Feldreinkarte sollten *Farbstifte* zur Kolorierung zur Verfügung stehen. Die meisten Karten haben 20 bis 25 verschiedene Kartiereinheiten, so daß mindestens 24 verschiedene Farben, die sich deutlich voneinander unterscheiden, mitgeführt werden sollten.

Die Grenzen der Bodeneinheiten müssen zwischen den Beobachtungspunkten interpoliert werden. Dabei ist die bei der Geländearbeit erworbene Kenntnis zur Verbreitung der Böden zu nutzen. Generelle Richtlinien zur Interpolation kann es nicht geben, da die Ursachen für die Grenzziehung sehr verschieden sind. Bei der Grenzziehung sind hauptsächlich Geländebeobachtungen – Reliefformen, Gesteins-, Vegetations- und Nutzungsgrenzen – mit zu verwenden. Wenn bereits im Gelände vorläufige Grenzen gezogen wurden, ist dies hilfreich, da hier Informationen verarbeitet werden können, die die

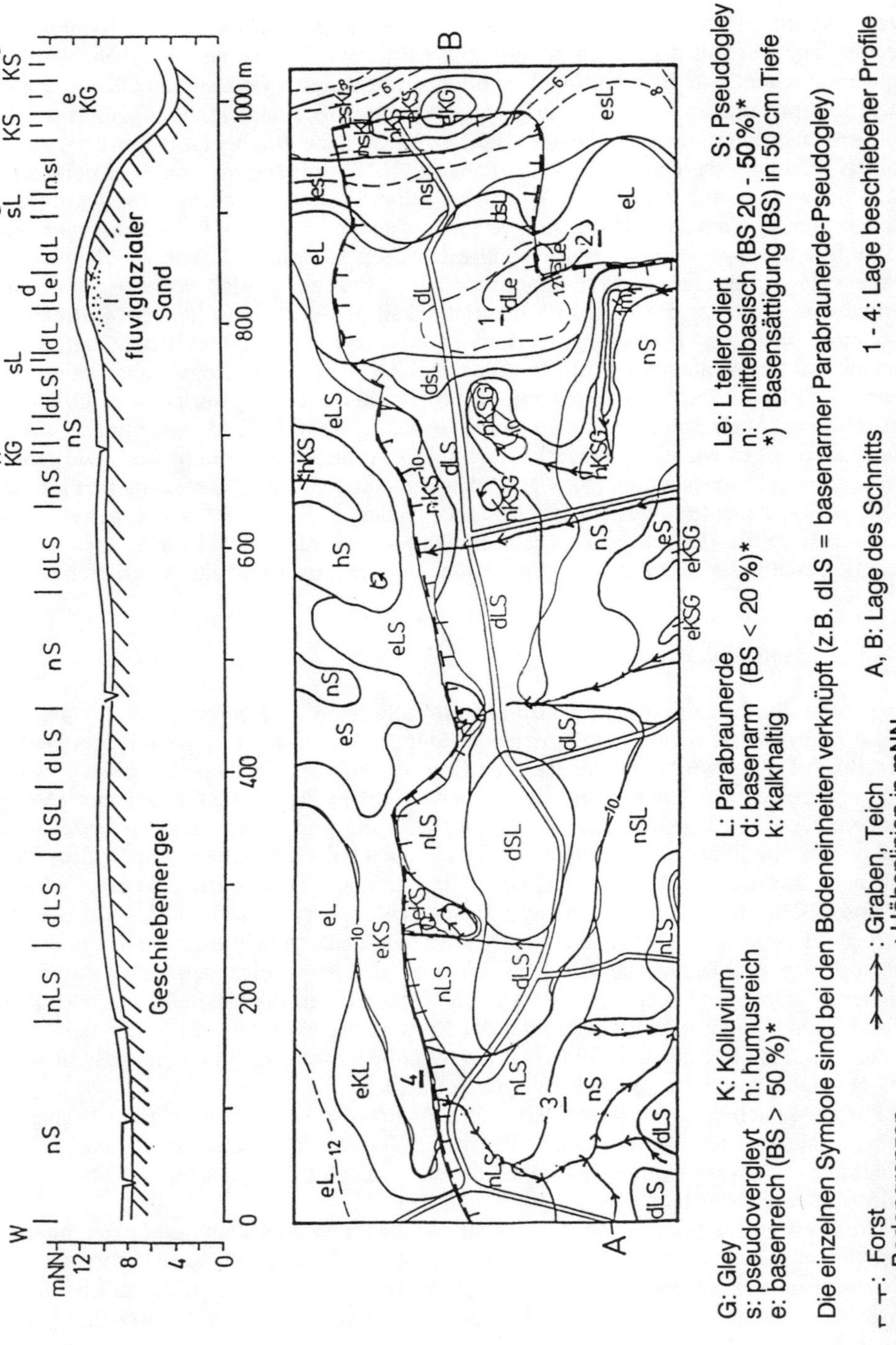

Abb. 4.9.1: Schnitt und Bodenkarte einer Jungmoränenlandschaft; Siggen, Ostholstein (Zum Erreichen einer besseren Übersichtlichkeit sollte der Leser die Karte kolorieren.)

topographische Karte nicht enthält. Die Grenzziehung muß so durchgeführt werden, daß die Darstellung anschaulich bleibt. Flickenteppiche müssen vermieden werden, die durch übertriebene Aufnahme von Abweichungen und Einschlüssen sowie unregelmäßige Grenzziehung entstehen.

Soll/muß die Karte als Bodengesellschaftskarte dargestellt werden, so sind die Einheiten komplexer (regelmäßige Verbreitungsmuster der Bodendecke). Dies muß bei allen Schritten der Bearbeitung bedacht werden. Natürliche Grenzen von Bodenmustern ergeben sich häufig aus Wassereinzugsgebieten und Gesteins- bzw. Reliefeinheiten. Deshalb sind solche Grenzen auch als Grenzen einer Bodengesellschaftskarte zu verwenden, selbst wenn dann z. B. an der Wasserscheide eine monotypische Bodeneinheit zerschnitten wird (z. B. Parabraunerde aus Löß gehört auf der einen Seite zur Parabraunerde-Pararendzina-Kolluvisol-Lößriedel-Gesellschaft und auf der anderen Seite zur Parabraunerde-Pseudogley-Gley-Löß/Gipskeuperflächen-Gesellschaft).

4.9 Bodenkarte

Ziel jeder Bodenkartierung ist, das Beobachtete auf einer Karte (wahlweise zusätzlich auch Datenträger) darzustellen, die ein möglichst naturgetreues Bild der vorhandenen Bodendecke zeichnet (s. z. B. Abb. 4.9.1). Gleichzeitig muß bei der Darstellung auch der Zweck der Kartierung (vgl. 4.2.1) berücksichtigt werden. Eine Bodenkartierung muß mindestens in einer Karte und einer dazugehörigen Legende dokumentiert werden. In vielen Fällen ist es sinnvoll, daß zusätzlich ein Heft zur Kartenerläuterung angefertigt wird.

4.9.1 Legende

Die Legende wird aus dem Kartierschlüssel (4.6) heraus entwickelt. Für jede auf der Karte verwendete Farbe oder Signatur ist in der Legende eine Erläuterung zu geben. In der ersten Spalte der Legende werden alle Farben und alle Signaturen, die auf der Karte verwendet werden, nacheinander in der Originalgröße bzw. Originaltönung in einem Beispielkästchen aufgeführt. Dahinter folgt der gewählte Name der Bodeneinheit. Häufig empfiehlt es sich, in einer zusätzlichen Spalte Informationen zu den bodenbildenden Faktoren, z. B. Relief, Gestein, Vegetation und Nutzung, evtl. Temperatur, Niederschlag und Grundwasserstände, zu geben. Soll die Bodenkarte bereits alle Informationen erhalten, die von der Kartierung erwartet wurden, so muß die Legende durch weitere Spalten erweitert werden, die dem Kartierziel entsprechende Informationen enthalten, z. B. Gründigkeit, Wasserhaushaltsstufen, Erodierbarkeit, Eignung für bestimmte Nutzungsformen (vgl. 4.10). Auch eine erweiterte Legende sollte übersichtlich bleiben und die verwendeten Begriffe, Abkürzungen, müssen für den Benutzer gut verständlich und definiert sein.

4.9.2 Reinkarte

Die Reinkarte wird aus der *Feldreinkarte* abgeleitet. Bevor diese Karte übertragen wird, ist zu prüfen, ob alle Grenzverläufe sinnvoll sind. Zum Zwecke der Übersichtlichkeit empfiehlt es sich häufig, bei der Übertragung die Grenzen zu überprüfen. Die Schnittpunkte von Grenzen müssen daraufhin überprüft werden, ob die Vergesellschaftung der entsprechenden Böden eine solche Lage der Grenzen überhaupt ermöglicht oder ob der Übergang anders dargestellt werden muß. An sämtlichen Grenzen ist noch einmal zu fragen, ob die entsprechenden Böden tatsächlich aneinander grenzen können (z. B. an einem Hang, an dem man Rendzinen aus Kalksteinschutt findet, sind kaum Inseln von Pseudogleyen zu erwarten). Es ist außerdem zu entscheiden, ob auskartierte Flächen ohne wesentlichen Informationsverlust generalisierend zusammengelegt werden können, oder ob Einheiten, die sehr intensiv ineinandergreifen und deren Grenzen somit unsicher sind, in einer Komplexeinheit zusammengefaßt werden müssen. Ist die Feldreinkarte auf diese Weise nochmals überprüft, so werden die Grenzen auf die *Reinkarte* übertragen. Grenzen zwischen Bodeneinheiten sollen auf der Bodenkarte deutlich sichtbar sein; auch wenn in der Natur Übergänge vorkommen, so sind Bodenkarten, in denen keine Grenzen auftreten und die Schraffuren aneinander grenzen oder ineinander übergehen, schwer zu lesen und auszuwerten. Karten, in denen gar zwischen den verschiedenen Einheiten eine Art Niemandsland freigelassen wird, lassen erkennen, daß die Karte gezeichnet wurde, bevor der Kenntnisstand dafür ausreichend war. Eine Bodenkarte sollte 20–25 Einheiten umfassen. Treten weniger als 10 Einheiten auf, so ist in der Regel der Kartenmaßstab zu groß gewählt. Treten wesentlich mehr Einheiten auf, so leidet die Lesbarkeit der Karte stark.

Die Signaturen bzw. die Farben sollen so ausgewählt werden, daß sich die Einheiten deutlich voneinander unterscheiden. Die Abstufung der Farben muß es auch möglich machen, isolierte Flächen der gleichen Bodeneinheit auf den ersten Blick als zusammengehörig zu erkennen. Zur Vereinfachung der Erkennung kann zur Signatur oder zur Farbe in jede Fläche noch das Symbol der Bodeneinheit eingetragen werden. Dies erleichtert insbesondere dann die Arbeit, wenn von einer *Mutterpause* Kopien gemacht werden, die einzeln koloriert werden müssen. Für die Farbgebung hat sich in Deutschland eine Konvention entwickelt, an die man sich nach Möglichkeit halten sollte, von der man aber auch bei Bedarf abweichen kann (z. B. wenn 5 verschiedene Übergänge eines Typs auftreten und dann die gesamte Bodenkarte nur in einem einzigen Farbton erscheinen würde, wäre das Erkennen der verschiedenen Bodeneinheiten stark erschwert). Üblich sind für kalkhaltige AC-Böden (Rendzina, Pararendzina, Tschernosem) *violett*; für kalkfreie AC-Böden (Ranker, Regosol, Syrosem) *rosa*; für Braunerden *braun* bis *gelbbraun*; für Parabraunerden *rotbraun* bzw. *orange*; Podsole *gelb*; Pelosole und Terrae fuscae *rot*; Pseudogleye und Stagnogley *grau*; Auenböden *hellblau*; Gleye *blau*; Moore *grün*. In der Reinkarte werden grundsätzlich die Bohrpunkte nicht mehr eingetragen. Es ist aber sinnvoll, die Lage der Leitprofile einzutragen, insbesondere dann, wenn die Profilbeschreibungen in der Kartenerläuterung zu finden sind. Auch dann, wenn nicht überall Leitprofile ausgewiesen wurden, ist es sinnvoll, wenn Punkte eingetragen werden, an denen die Bodeneinheit typisch ausgebildet ist. Dadurch wird die Überprüfbarkeit der Karte für den Nutzer wesentlich verbessert.

4.9.3 Erläuterung

Die Kartenerläuterung soll in der Regel zunächst die bei der Kartierung bearbeiteten Fragen behandeln (aus 4.2). Dann soll sie den Naturraum und das sich daraus ergebende Bodeninventar darstellen (aus 4.3). Der wichtigste und essentielle Teil einer Erläuterung ist aber die ausführliche Beschreibung aller gewählten Bodeneinheiten. An diese kann sich noch eine Darstellung der Karteninterpretation bzw. ein Abschnitt, der die bei den bearbeiteten Fragestellungen erzielten Ergebnisse zusammenfaßt, anschließen (vgl. 4.10).

Die Kartenerläuterung soll für jede Bodeneinheit eine ausführliche Beschreibung, in diesem Falle einschließlich der Interpretation der Bodenentwicklung und Standorteigenschaften enthalten. Soweit Analysedaten zu den Profilen vorliegen, sind diese tabellarisch darzustellen und zu werten. Zusätzlich zur Beschreibung eines Leitprofils sollen die durchschnittlichen Eigenschaften der Kartiereinheit als Mittelwert oder als häufigste Werte sowie die auftretende Schwankungsbreite erläutert werden. Häufig ist es sinnvoll, außerdem Aussagen zur Flächenform, Ausbildung der Übergänge und zu Nachbarschaftsbeziehungen zu machen. Ergänzt werden kann diese Erläuterung noch durch statistische Angaben über die Zahl, Größe und den Flächenanteil der Einheit.

4.10 Interpretation

4.10.1 Diskussion der Frage

Ist die Kartierung abgeschlossen, so wird erwartet, daß mit dem gesammelten Material die Fragestellung beantwortet werden kann. Hierzu ist es notwendig, die in *Karte*, *Legende* und *Erläuterung* niedergelegten Informationen auf ihren Aussagewert im Blick auf die Fragestellung hin zu überprüfen. Häufig ist es notwendig, aus den gewonnenen Primärdaten abgeleitete Größen zu entwickeln. So kann man z. B. aus Bodenart, Humusgehalt, Lagerungsdichte und Profiltiefe Aussagen über die Filtereigenschaften eines Bodens ableiten (Kap. 3 und 7). Aus der Feldkapazität und einer fortgeschriebenen Wasserbilanz lassen sich Aussagen über mögliche Grundwasserneubildungen, wie aus Bodenart, Humusgehalt, Aggregatstabilität, pH-Wert und Kalkgehalt Aussagen über die Erodierbarkeit einer Oberfläche gewinnen. Sind die Daten leicht bearbeitbar gespeichert, so empfiehlt sich, die Auswertung für die Interpretation aller erfaßten Geländepunkte durchzuführen. Dies fördert die Aussagegenauigkeit auch dann, wenn nur wenige Klassen gebildet wurden. Die Abgrenzung der Klassengrenzen für die Aussage muß nicht im Raum identisch mit der Abgrenzung der Einheiten der Bodenkarte sein. Da aus Bodenkarten gewonnene Aussagen immer einen Flächenbezug haben müssen, ist es wichtig, bei Interpretationen einen engen Bezug zwischen gewonnener Aussage und zugehöriger Fläche zu setzen. Sind die Daten für eine detaillierte Auswertung nicht geeignet oder waren die Grenzen der Bodenkarte bereits im Hinblick auf die Fragestellung gewählt worden, so können auch für die Eigenschaften der in einer Fläche liegenden Profile Mittelwert und Streuung berechnet und aus diesen die Aussage abgeleitet werden. Bei sehr starker Generalisierung werden die Anwendungen über die Interpretation der Leitprofile gewonnen. Bei einer solchen Vorgehensweise geht allerdings der Flächenbezug weitgehend verloren, da ja jetzt ein zunächst zufällig gewählter Punkt für eine bei seiner Auswahl nicht bekannte Fläche repräsentativ werden muß.

Die Interpretation dient auch dazu, Fragestellungen für folgende Labor- oder Geländemessungen klarer zu formulieren und Kriterien zu entwickeln, an welchen Punkten Proben für die Laboruntersuchung entnommen werden sollen (vgl. Kap. 5 und 6). Sollen später aus der Laboruntersuchung Aussagen für größere Flächen gemacht werden, so empfiehlt es sich, mit Hilfe der Karte repräsentative Probenahmestandorte festzulegen und mit geostatischen Methoden die Anzahl für eine bestimmte Aussagenauigkeit zu entnehmender Proben festzulegen.

4.10.2 Abgeleitete Karten

Zunächst sollte bei jeder Bodenkartierung eine *Bodenkarte* oder *Bodengesellschaftskarte* erstellt werden, die den erreichten Kenntnisstand wiedergibt. Dient die Kartierung einer Anwendung, so müssen oft entsprechend dem Ziel *abgeleitete Karten* erstellt werden (z. B. für wasserwirtschaftliche Zwecke - Karten der mittleren Grundwasserneubildungsrate oder für landwirtschaftliche Produktion - Karten der Eignung zum Spargel- oder Weinanbau bzw. für Bodenschutzzwecke - Karten der Auswaschungsgefährdung von Nitrat oder der Erosionsgefährdung durch Wasser oder Wind). Solche Karten sollen nach Möglichkeit auch für Anwender lesbar sein, die keinen bodenkundlichen Sachverstand haben. Deshalb ist es sinnvoll, stark vereinfachte Darstellungen zu wählen, die lediglich die gewünschte Aussage (z. B. »sehr gut«, »gut«, »mäßig« und »nicht« zum Anbau von XY geeignet) enthalten. Diese *Ableitungskarten* können dann direkt für die Planung verwendet werden; der Anwender kann aber u. U. den Grund für die unterschiedliche Einstufung nicht erkennen und handelt deshalb möglicherweise falsch. Solche Anwenderkarten verlieren bei Kenntnisfortschritt der Wissenschaft und Praxis ihren Wert, wogegen die ermittelten primären Daten der Bodenkartierung meist langfristig gültig sind und für verschiedenste Auswertungen herangezogen werden können. Deshalb sollte nie nur eine Ableitungskarte erstellt werden, sondern zumindest beim Bearbeiter eine Bodenkarte bzw. eine Datei der im Gelände ermittelten Daten erstellt und aufbewahrt werden.

Für die Ableitung eignet sich eine Erweiterung der Kartenlegende besonders dann, wenn Bodeneinheiten direkt in Einheiten für die fragliche Anwendung umgesetzt werden können, was selten zutrifft.

Bei der Erstellung der *Anwendungskarten* können die mittleren Eigenschaften der Bodeneinheiten für die Bewertung herangezogen werden (dann sind die Grenzen in der abgeleiteten Karte identisch mit der Bodenkarte; je nach Klassifizierung können aber Grenzen entfallen). Besser genutzt wird das Datenmaterial, wenn die Ableitung ebenfalls für jeden Bohrpunkt erfolgt. Dann ergeben sich neue Grenzen, da neu interpoliert werden muß und relevante Grenzen durch Bodeneinheiten hindurchgehen können (z. B. wenn mittelgründige und tiefgründige Braunerden als Bodeneinheit zusammengefaßt wurden).

5 Laboruntersuchungen

Viele Bodenmerkmale können am Bodenprofil im Gelände nicht mit ausreichender Genauigkeit analysiert werden. In solchen Fällen werden ergänzende Laboruntersuchungen notwendig. Andererseits gibt es Eigenschaften, die sich nur (oder aber einfacher) im Felde selbst untersuchen lassen (z. B. Bodentemperatur, Redoxpotential oder Wasserleitfähigkeit im Grundwasserbereich; vgl. Kap. 6). Ausgangspunkt einer Laboruntersuchung ist aber immer der Geländebefund.

5.1 Probenahme im Gelände

Die durch Laboruntersuchungen ermittelten Daten müssen stets wieder auf das Bodenprofil bezogen werden. Grundsätzlich sind die Proben daher so zu nehmen, daß die Laboruntersuchungen die Verhältnisse im Bodenprofil zu rekonstruieren erlauben. Das bedeutet einmal, daß für die Bestimmung von gefügeabhängigen Merkmalen (z. B. Porenverteilung) Proben in natürlicher Lagerung (sogenannte Volumenproben) genommen werden müssen. Für andere Untersuchungen genügt häufig die Entnahme von Mischproben (sogenannte Gewichtsproben). Ferner heißt das, daß der Probenahmeraum in der Vertikalen stets den ganzen Horizont (bzw. die ganze Schicht) und nicht nur eine »charakteristische« Zone aus ihm erfassen sollte. Zwar ließen sich bei der Untersuchung solcher Zonen unter Umständen Initialstadien einer Entwicklung besser erkennen. Dem könnte man aber dadurch Rechnung tragen, daß man an zusätzlich ausgeschiedenen Übergangshorizonten getrennte Proben entnimmt. Da Böden auch in der Horizontalen inhomogene Gebilde sind (Pedosphäre selbst ist ein Kontinuum), muß der Probenahmeraum in dieser Richtung um so ausgedehnter sein, je größer die Variabilität der zu untersuchenden Merkmale ist. Dabei ist es richtiger, die Zahl der Einzelproben zu erhöhen als ihr Volumen, da man dann auch Aussagen über den Grad der Variabilität machen kann (Begrenzung dieser Forderung durch erhöhten Arbeitsaufwand).

Ist ein Bodenhorizont heterogen (z. B. Sd-Horizont in Bleich- und Rostzonen gegliedert), kann es sinnvoll sein, Sektionsproben zu entnehmen. Auch hier sollten nicht Proben aus charakteristischen Zonen entnommen werden. Vielmehr sollte ein den ganzen Horizont erfassender Monolith entsprechend zerlegt werden. Da eine saubere Trennung häufig präparativ nicht möglich ist, sollte der Monolith in Proben von mindestens drei Zonen zerlegt werden, und zwar zwei scharf voneinander abgesetzte und eine Übergangszone.

Für viele Untersuchungen ist, sofern es sich nicht überhaupt um Terminuntersuchungen handelt, der Zeitpunkt der Probenahme belangreich. Für Gefügeuntersuchungen (insbesondere bei tonreichen = quellenden Böden sowie zur Kennzeichnung von Wasserbindung und -leitfähigkeit) sind die Proben im Zustand der Feldkapazität (meist im Frühjahr zu erwarten) zu entnehmen. Den Humuskörper in Wäldern untersucht man am besten kurz nach dem Streufall. Die Probenahme für Nährelementuntersuchungen an Ackerböden hat im Herbst nach der Ernte zu erfolgen, diejenige für verfügbaren Stickstoff allerdings vor der Düngung im Frühjahr. Auch die mikrobielle Biomasse wird am besten im Frühjahr erfaßt. Die Verteilung wasserlöslicher Salze im Profil ist wie die der Feuchte selbst besonders witterungsabhängig. Proben für die Bestimmung der wasserlöslichen Salze sollten daher in Trockenperioden, für die des Salzgehaltes der Bodenlösung hingegen in Feuchtperioden gewonnen werden.

Große Vorsicht bei der Probenahme ist geboten, wenn Verdacht auf starke Belastung mit gesundheitsschädlichen Stoffen besteht. Das ist insbesondere bei Böden städtisch-industrieller Verdichtungsräume der Fall, vor allem beim Vorliegen von Altlasten. Transport und Lagerung haben so zu erfolgen, daß dabei Änderungen der zu untersuchenden Eigenschaften nicht auftreten. Eine detaillierte Darstellung der Probenahme ist ISO 10381, Teile 1 bis 4, zu entnehmen.

5.1.1 Entnahme von Volumenproben

Die Art der Probenahme richtet sich nach den zu ermittelnden Eigenschaften. So sind für die Bestimmung von Porenvolumen und Porengrößenverteilung Stechzylinderproben, für stereomikroskopische Gefügeuntersuchungen Blockproben und für mikromorphologische Untersuchungen Kapselproben zweckmäßig. Bei steinigen Böden wird das Volumen des durch Probenahme entstehenden Hohlraumes durch Verfüllen mit Sand (nach DIN ISO 11272) oder durch Vermessen ermittelt.

5.1.1.1 Stechzylinderproben

werden mit Hilfe möglichst dünnwandiger, aber stabiler, mit von außen geschärfter Unterkante versehener, numerierter *Edelstahlzylinder* bekannten Inhalts entnommen. Möglicher Gefügeänderungen durch Wandreibungseffekte wegen sollten die Zylinder möglichst flach (höchstens 4 cm) und breit (mindestens 6 cm ∅) sein und innen ein *Gleitmittel* (z. B. Pflanzenöl) aufgetragen werden. Man treibt, an der Bodenoberfläche beginnend, die Stechzylinder unter Benutzung eines *Aufsatzeisens* mit kurzen, nicht zu kräftigen *Hammer*schlägen (Holz- oder Gummihammer) von oben senkrecht (gegen Verkantungen Führungsring nach HARTGE zweckmäßig!) so tief in den Boden ein, daß sich die Zylinderoberkante etwas unter der jeweiligen Bodenoberfläche befindet. Sodann werden die Stechzylinder mit einem *Messer* mit Wellenschliff vorsichtig freigelegt, der überstehende Boden an beiden Seiten möglichst glatt (aber ohne Verschmieren!) abgeschnitten, Wurzeln mit einer *Schere* abgetrennt, herausragende Steine sorgfältig herausgenommen (sofern die Probenahme nicht wiederholt werden kann), der Hohlraum dann mit kleineren Steinen und Feinboden gleicher Lagerung verfüllt, gut verschließende *Deckel* aufgesetzt und die Zylinder in einen luftdichten *Transportkasten* gebracht (Nummern in der Profilbeschreibung notieren). Dieses Verfahren ist bis zum C-Horizont (bzw. bis zur Grenze des effektiven Wurzelraums: 3.6.2.1) fortzusetzen, wobei die Zylinder aufeinanderfolgender Tiefenlagen etwas gegeneinander zu versetzen sind (sonst Pressung!). Von Horizonten mit vertikal verlaufenden Leitbahnen (Wurmröhren, Spalten) sind für Wasserleitfähigkeitsmessungen auch Proben horizontal zu entnehmen. Es sind mindestens zwei Zylinder in gleicher Tiefenlage und mindestens 10 Zylinder je Horizont zu entnehmen. Zur Entnahme von Proben aus sehr geringmächtigen Horizonten sind Zylinder von 1, 2 oder 3 cm Höhe zu verwenden; im allgemeinen sind solche von 4 cm Höhe und 100 cm^3 Inhalt geeignet (DIN ISO 11272; in grobkörnigen, grobporigen oder wurzelreichen Horizonten sind größere vorzuziehen).

5.1.1.2 *Blockproben*

lassen sich als 1-l-Proben mit dem *Stechapparat* nach SCHAFFER (1958) entnehmen (Stechplatte mit rechteckig – 12 × 8,5 cm – angeordneten, 10 cm langen Stahlstiften und Abstreifplatte mit rechteckig angeordneten Löchern für die Stahlstifte). Hierzu werden die Stahlstifte bei vorgeschobener Abstreifplatte seitlich in die Profilwand eingedrückt, wobei die Abstreifplatte in dem Maße zurückgenommen wird, wie die Stifte in den Boden eindringen (damit kein Verbiegen). Dann wird der Apparat mit Probe freigegraben, der Boden oben und seitlich entlang der Stifte abgeschnitten, ein *Plastikbeutel* übergestülpt und die Blockprobe durch Vorschieben der Abstreifplatte in einen *Pappkarton* (13 × 9 × 11 cm) befördert. Kleinere Blockproben lassen sich auch mit 8 × 6 × 4-cm-*Blechrahmen* (sogenannten KUBIENA-Rahmen, 1953), die ebenfalls in die vertikale Profilwand gestochen werden, entnehmen.

5.1.1.3 *Kapselproben*

Für Dünnschliffe werden etwa 2,5 × 2,5 × 4 cm große Bodenmonolithe mit einem *Messer* aus der Profilwand herauspräpariert und in eine *Leichtmetallkapsel* (z. B. 40-cm^3-Flaschenkapsel aus Stanniol) gesetzt. Diese stellt man dann in einen *Transportbehälter* mit passenden Fächern.

5.1.1.4 *Hüllenproben*

Zwecks Bestimmung der Lagerungsdichte größerer Aggregate werden diese freigelegt und durch Eintauchen in ein *Schweröl* (z. B. Caramba) ummantelt, wodurch sie luftdicht verschlossen sind und (vorsichtig!) transportiert werden können. Größere Aggregatverbände können auch im Gelände mit *Präparationslack* fixiert und dann in einem mit *Schaumstoff gedämpften Behälter* transportiert werden.

5.1.1.5 *Entnahme mit Volumenbestimmung (DIN ISO 11272)*

Bei steinigen Böden wird die Horizontoberfläche sorgfältig eingeebnet (mit aufgelegtem *Blech* prüfen), im Zentrum dann Bodenmaterial entnommen, so daß eine Grube (mindestens 8 dm^3, bei 30 % Steinen z. B. 20 dm^3) mit möglichst glatten Wänden und Sohle entsteht. Der Bodenaushub wird (z. B. zwecks Bestimmung von Dichte und Wassergehalt) luftdicht verpackt. Die Grube wird mit *dünner, elastischer Folie* ausgelegt und mit *trockenem Sand* (500–700 µm ∅) aus einem *Meßzylinder* (nach Notieren des Sandvolumens) bei 5 cm Fallhöhe verfüllt. Die Oberfläche wird sorgfältig (nicht verdichten!) mit dem Blech geebnet (überschüssigen Sand in den Zylinder zurückführen). Das Volumen des eingefüllten Sandes entspricht dann dem Volumen der entnommenen Bodenprobe (BV in cm^3). Dasselbe läßt sich auch mit *Wasser* durchführen. Man benötigt eine flexible, wasserdichte und ausreichend große *Plastiktüte* (bei großen Proben ist über Temperaturmessung die Dichte des Wassers zu berücksichtigen).

5.1.2 Entnahme von Gewichtsproben

Den Mineralhorizonten eines Profils werden Gewichtsproben mittels Spaten und Messer entnommen, den Humushorizonten durch Auslesen von Hand. Wiederholte Entnahme kleiner Probemengen bzw. die flächenrepräsentative Probenahme auf einer Kulturfläche für Nährelementuntersuchungen kann auch mit einem Bohrstock erfolgen.

5.1.2.1 *Gewichtsproben von Mineralhorizonten*

Jeweils an der Unterkante eines Horizontes wird ein kleiner *Spaten* parallel zur Oberfläche eingetrieben, eine Bodensäule von etwa 1 kg mit einem *Messer* aus der Profilwand herausgeschnitten (auf gleichmäßige Beteiligung aller Tiefenstufen an der Gesamtprobe achten!) und sauber in einen wasserdichten *Beutel* gefüllt (Nummer in der Profilbeschreibung notieren!). Dieses Verfahren wird bis zum C-Horizont (bzw. bis zur Grenze des effektiven Wurzelraums) wiederholt. Bei mächtigeren Horizonten (> 3 dm) empfiehlt es sich, diese selbst dann zu unterteilen, wenn sie morphologisch einheitlich erscheinen. Gleiches gilt auch für andere Horizonte, wenn noch nicht sichtbare, aber analytisch bereits faßbare Initialstadien einer neuen Entwicklung aufgrund der Kenntnis benachbarter, weiter entwickelter Böden erwartet werden. Bei Sedimentgesteinen sind dem C-Horizont aus mehreren Tiefen Proben zu entnehmen. Die je Horizont entnommene Menge muß erhöht werden, wenn der Boden sehr steinig oder sonst offenkundig inhomogen ist. In solchen Fällen ist es zweckmäßig, den Steingehalt mittels *Feldwaage* zu bestimmen und dann dem gemischten Bodenrest ein Aliquot für die Laboruntersuchung zu entnehmen. Für genauere Untersuchungen werden weitere Probensäulen-Profile in etwa 0,5 m Abstand in entsprechender Weise entnommen (Parallelproben zur Ermittlung der Variabilität bzw. des Probenahmefehlers).

Bei sehr geringmächtigen Horizonten (in alpinen und polaren Gebieten oft < 1 cm!) ist entsprechend der Beprobung von Humushorizonten zu verfahren (wobei der Boden sorgfältig mit einem *Spachtel* abgetragen wird).

5.1.2.2 Gewichtsproben von Humushorizonten

Die Probenahmefläche wird zwecks verlustfreier Entnahme mit einer *Plastikfolie* (etwa 1 m^2) bedeckt, aus deren Mitte ein 0,1–0,3 m^2 großes Rechteck herausgeschnitten wurde. Entlang der Rechteckskante werden dann die O-(bzw. H-)Horizonte mit einem scharfen *Messer* zerschnitten und die sich in ihrem Humuszustand unterscheidenden Lagen (siehe 3.5.6.4) nacheinander mit den Händen abgehoben und in luftdichte *Beutel* gefüllt.

5.1.2.3 Bohrstockproben

Der *Pürckhauerbohrer* wird mit einem *Schlägel* (Holz- oder Plastikhammer) zunächst bis zur Unterkante des obersten Horizontes senkrecht in den Boden getrieben, unter Drehen herausgezogen und die Probe in einen luftdichten *Beutel* (oder *Dose*) gestreift. In gleicher Weise werden mit dem jeweils gereinigten Bohrer in den folgenden Horizonten nacheinander Proben entnommen. Es ist dabei sorgfältig darauf zu achten, daß die Proben nicht durch mitgerissenes Material oberer Horizonte verunreinigt sind. Sollen spezielle Eigenschaften einer Kleinlandschaft (z. B. Nährelementgehalte einer Kulturfläche) gekennzeichnet werden, müssen die Bohrstockeinschläge gleichmäßig verteilt werden (20–30 je ha), wobei untypische Besonderheiten wie Feldraine oder Mietenplätze zu meiden sind. Die Proben gleicher Tiefenlage werden dann jeweils zu einer Mischprobe vereinigt. Dabei sollten aber (selbst in kleinen Schlägen) nur Proben gleicher Bodenform vereinigt werden (auch niemals von Ober-, Mittel- und Unterhangböden).

5.1.3 Probentransport

Volumenproben sind möglichst erschütterungsfrei zu transportieren, um Gefügeveränderungen zu vermeiden (ggf. die Stabilität lockerer, trockener Sandböden durch Anfeuchten erhöhen, sofern die Wassergehalte nicht ermittelt werden sollen).

Bodenbiologische Umsetzungen dauern während Transport und Lagerung feldfrischer Proben an, und zwar verstärkt, wenn die Lebensbedingungen der Mikroorganismen verbessert wurden (z. B. höhere Temperatur, mehr Sauerstoff). Das kann zu Veränderungen labiler Bodeneigenschaften in nicht vertretbarem Ausmaß führen. Hierzu gehören z. B. die Gehalte an gelösten und austauschbaren NH_4^-, NO_3^-, Fe^{2+}- und Mn^{2+}-Ionen oder die mikrobielle Biomasse, bei Gr-, Y- und F- sowie

nassen Sd- und H-Horizonten auch die pH-Werte und Gehalte an weiteren austauschbaren Schwermetallen. In solchen Fällen wird der *Probenbeutel* so verschlossen, daß ein möglichst kleiner Luftraum verbleibt (ggfs. die Luft durch *Stickstoff* einer *Gasflasche* verdrängen) und die Probe dann in einer *Kühlbox* bei 2 °C transportiert und entsprechend in einem Kühlschrank bis zur (möglichst raschen) Analyse gelagert.
Bei Horizonten mit aktuellen rH-Werten unter 19 (z. B. Gr-Horizonte von Gleyen) reicht das u. U. nicht aus, sondern weitere Umsetzungen sind unmittelbar nach Probenahme zu unterbinden, was durch Schockgefrieren der Probe durch Eintauchen in *flüssigen Stickstoff* geschehen kann (dabei einschlägige Vorsichtsmaßnahmen beachten). Der Redoxzustand eines Bodens reagiert derart empfindlich auf jede Milieuveränderung, daß er nicht im Labor, sondern nur direkt im Boden gemessen werden sollte (6.3.5).

5.2 Vorbereitung der Laboruntersuchung und allgemeine Gesichtspunkte ihrer Durchführung

Zunächst müssen die ins Labor transportierten Bodenproben für die Analyse vorbereitet werden. Weiterhin sind alle für eine Untersuchung nötigen Geräte, Chemikalien, Vergleichspräparate usw. zusammenzutragen, Lösungen anzusetzen und Eichkurven aufzustellen. Die dann ermittelten Daten müssen für die jeweils untersuchte Probe repräsentativ sein; es sind daher wenigstens 2 Parallelproben zu analysieren, um Ausreißer zu ermitteln, oder 3–4 Parallelen, um ein Maß für die Analysenfehler zu erhalten. Schließlich sind die Ergebnisse, soweit das nicht bereits durch den Analysengang selbst gewährleistet ist, auf das zu beziehen, was sie näher kennzeichnen sollen (z. B. sind die den Mineralkörper betreffenden Mengenangaben auf die absolut trockenen, humusfreien Proben zu beziehen). Allgemeine Angaben zum bodenkundlichen Arbeiten im Labor können auch PAGE et al. (1982) sowie RUMP u. KRIST (1992) entnommen werden.

5.2.1 Vorbereitung der Proben für die Analysen

Die ins Labor transportierten Gewichts- und Volumenproben besitzen denselben Wassergehalt wie die entsprechende Bodenlage zur Zeit der Probenahme. Untersuchungen, die diesen Wassergehalt oder eine von ihm abhängige Größe kennzeichnen sollen, müssen natürlich an solchen feldfrischen Proben vorgenommen werden (z. B. Porenfüllung). Entsprechende Analysen werden umgehend durchgeführt, oder die Proben werden kühl (2–4 °C) gelagert. Die anderen Daten kann (und wird) man wegen der einfacheren Lagerung an Proben vornehmen, deren Wassergehalt sich auf die Luftfeuchte des Lagerraumes eingestellt hat (selten bekannte und nie konstante Größe!). Um einerseits die in den Proben nach Entnahme noch ablaufenden Reaktionen möglichst schnell zu stoppen, aber andererseits durch starke Temperaturerhöhung nicht neue Prozesse auszulösen, die im Profil nicht ablaufen würden, müssen die Proben schnell, aber schonend getrocknet werden. Trocknen in einem *Umlauftrockenschrank* beschleunigt, sollte aber bei höchstens 40 °C durchgeführt werden (DIN ISO 11464). Das geschieht durch Ausbreiten, häufiges Umrühren und Zerdrücken von großen Aggregaten. Organismenreste, wie Wurzeln oder Bodentiere, sind auszulesen; deren Anteil ist jedoch zu ermitteln. Da die sehr groben Mineralpartikel zu manchen Meßwerten praktisch nichts beitragen (z. B. pH) und die Mengen einer als repräsentativ anzusehenden Teilprobe oft über Gebühr erhöhen würden, kann man sie für manche Analysen entfernen. Andere Analysen müssen dagegen für Gesamtproben bestimmt werden (z. B. Kalkbestimmung für Bilanzen). Die Proben werden daher mit einem *2-mm-Sieb* (möglichst aus Edelstahl!) in Feinerde und

Skelett getrennt (tonreiche Proben siebt man besser, bevor sie gänzlich lufttrocken geworden sind, da ihre Aggregate zunehmend verhärten). Für manche chemischen Analysen ist es zweckmäßig (teilweise sogar nötig), die Proben staubfein zu mahlen (z. B. in *Kugel-* oder *Scheibenschwingmühle*; wegen Abriebgefahr darf die Mühle nicht aus Stoffen bestehen, die analysiert werden sollen). Dadurch läßt sich einmal die Einwaage (auf unter 1 g) vermindern (bereits kleine Teilprobe repräsentativ) und der Angriff durch *Extraktionsmittel* verbessern (und damit beschleunigen). Das ist aber nur statthaft, wenn die Gesamtgehalte an einem Element bzw. einer Stoffgruppe ermittelt werden sollen (also z. B. bei der Humus-, Kalk- oder Gesamt-Fe-Bestimmung, hingegen nicht bei der Austausch-K-Bestimmung). Alle Proben sind in *geschlossenen Gefäßen* sauber aufzubewahren. Welche Probe benutzt werden soll, ist bei den entsprechenden Analysenverfahren jeweils angegeben.

5.2.2 Vorbereitung nötiger Reagenzien

Die jeweils nötigen Geräte und Reagenzien sind bei den einzelnen Analysenverfahren selbst vermerkt (und zwar kursiv gedruckt). Alle Lösungen sind, sofern nicht anders vermerkt, mit destilliertem (dest.) oder demineralisiertem (demin.) Wasser (H_2O) anzusetzen und aufzufüllen. Bei Spurenelementanalysen ist mit mehrfach gereinigtem H_2O zu arbeiten (elektr. Leitfähigkeit < 0,1 µS/cm). Demineralisiertes H_2O kann Keime und Spuren von Si enthalten; für Untersuchungen der mikrobiellen Biomasse und für Si-Bestimmungen ist daher nur destilliertes H_2O zu verwenden. Bei Untersuchungen der Bodenlösung ist zudem H_2O mit neutraler (n) Reaktion (pH 7) zu verwenden (zur Entfernung von Kohlensäure kurz aufkochen und dann CO_2-frei halten). *Eichlösungen* und *pH-Indikatoren* (s. Tab. 5.2.1) sind über den Chemikalienhandel als p.A.-Chemikalien zu beschaffen. (Informiert man sich vorher über den notwendigen Reinheitsgrad, läßt sich Geld sparen). Von den Eichlösungen werden Verdünnungsreihen erstellt, diesen

Tab. 5.2.1: Säure-Base-Indikatoren (nach KÜSTER-THIEL 1985)

Zusammensetzung (in dunkl. Flaschen aufbewahren)			pT	Saure Farbe	Alkalische Farbe
1 Teil 1 Teil	Dimethylgelb 0.1 % in Alkohol Methylenblau 0.1 % in Alkohol		3.25	blau- violett	grün
1 Teil 1 Teil	Methylorange 0.1 % in Wasser Indigocarmin 0.25 % in Wasser		4.1	violett	grün
3 Teile 1 Teil	Bromkresolblau 0.1 % in Alkohol Methylrot 0.2 % in Alkohol		5.1	weinrot	grün
1 Teil 1 Teil	Bromkresolgrün-Na Alizarinsultosaur.-Na	0.1 % Wasser	5.6	violett	gelbgrün
1 Teil 1 Teil	Neutralrot 0.1 % in Alkohol Methylenblau 0.1 % in Alkohol		7.0	violett- blau	grün
1 Teil 3 Teile	Kresolrot-Na. 0.1 % in Wasser Thymolblau-Na. 0.1 % in Wasser		8.3	gelb	violett
1 Teil 3 Teile	Thymolblau 0.1 % Phenolphythalerin 0.1 %	in 50 % Alkohol	9.0	gelb	violett
1 Teil 2 Teile	Methylrot Bromkresolgrün	0.1 % in Alkohol	4.6	rosé	grün

Reagenzien in gleicher Konzentration zugesetzt, wie sie auch für die Untersuchung der Bodenproben benötigt werden, und dann die Meßwerte als Eichkurve auf *Millimeterpapier* dargestellt oder in den *Computer* des *Meßgerätes* eingegeben. Für titrimetrische oder gravimetrische Bestimmungen sind naturgemäß keine Eichlösungen erforderlich.

Es ist zweckmäßig, stets auch Proben mit zu untersuchen, deren entsprechende Eigenschaft bekannt ist. Für die Elementanalyse von Bodenlösungen sowie für Mineralanalysen können entsprechende internationale Standards über den Chemikalienhandel bezogen werden. Ansonsten kann mit einer eigenen, vielseitig untersuchten Probe als internem Standard gearbeitet werden, von der eine größere homogenisierte Menge (10–20 kg) vorgehalten werden sollte.

5.2.3 Allgemeine Gesichtspunkte für die Analysen

Die nötige Zahl der Parallelen ist abhängig von den Fehlerquellen bei Probenahme und Analyse, was wiederum aus der Streuung der Meßwerte abgeschätzt werden kann. Die erforderlichen Bodeneinwaagen sind bei den entsprechenden Methoden im einzelnen angegeben, und zwar teilweise als Einwaageintervalle. In solchen Fällen richtet sich die Einwaage im allgemeinen bei Mineralkörper-Analysen nach der Bodenart (s. 3.5.4.1), bei Humuskörperanalysen nach dem geschätzten Humusgehalt (s. 3.5.6.3) sowie bei Austausch-Bestimmungen nach beiden. Es ist dabei um so weniger einzuwägen, je ton- oder/und humusreicher die Proben sind. Die Resultate sind – soweit es sich um Gehaltsbestimmungen handelt – auf die Trockenmasse (atro) der zur Analyse benutzten Probe zu beziehen, d. h. mit dem **Wasserfaktor** Wgf = 100 : (100–H_2O [Gew. %]) zu multiplizieren (z. B. bei 0.05 g H_2O je g lufttrockene Feinerde mit 1.053). Es muß also der Wassergehalt der feldfrischen oder lufttrockenen Proben durch Trocknung bei 105 °C gleichzeitig ermittelt werden (5 g Feuchtprobe in einem *Wägegläschen* im *Trockenschrank* bis zur Gewichtskonstanz trocknen, im *Exsikkator* über einem *Trockenmittel* abkühlen lassen und wägen). Es ist zweckmäßig, die Ergebnisse in einer Dimension anzugeben, die möglichst wenige Nullen erfordert (innerhalb eines Profils für eine Analysenart aber gleiche Dimension); außer dem gebräuchlichen % sind g/kg und mg/kg gut geeignet. In der Regel ist es unnötig und täuscht nur eine nicht erreichte Genauigkeit vor, die Ergebnisse auf mehr als 3 Stellen anzugeben; dabei sollten die Angaben innerhalb eines Profils wiederum in gleicher Weise erfolgen (z. B. 0,03, 0,32, 3,21, 32,1 und 321 mg/kg). Der Wert eines Analysenergebnisses wird durch seine Richtigkeit und seine Reproduzierbarkeit bestimmt.

Unter **Richtigkeit** versteht man die Abweichung vom wahren Wert. Ein Ergebnis kann u. a. falsch sein, weil eine Methode a) nicht richtig gehandhabt wurde (z. B. Undichtigkeit einer Destillationsapparatur), b) nicht ausreichend spezifisch ist (d. h., andere Stoffe reagieren ähnlich) oder c) nicht ausreichend universell ist (z. B. bei Texturanalyse Dispergierung bei Gegenwart von Gips nicht möglich). a) läßt sich durch Wiederholung prüfen, b) generell durch Anwendung einer weiteren Methode mit möglichst abweichendem Meßprinzip, bei Elementanalysen auch durch Zusatz einer bekannten Elementmenge im Parallelansatz (= Additionsverfahren, ermöglicht oft erst richtige Ergebnisse), bei Gesamtanalysen durch Prüfung mit Standards bekannter Zusammensetzung (Boden-, Gesteins-, Pflanzen- und Wasserproben beim National Bureau for Standards, Washington DC 20234, USA erhältlich), c) oft nur durch Änderung der Methode (z. B. Eliminierung bzw. Maskierung des Störstoffs) überwinden. In jedem Fall ist es zweckmäßig, Material einer bereits umfassend untersuchten (in größeren Mengen vorrätig gehaltenen) Probe als eigenen Standard mit zu analysieren.

Die **Reproduzierbarkeit** spiegelt den Zufallsfehler wider, der durch heterogene Bodeneigenschaften wie die Porung (= Objektstreuung) oder wechselnde Meßbedingungen wie der Flammendurchmesser bei der Flammenphotometrie (= Methodenstreuung) bedingt ist und der durch

Erhöhung der Zahl der Parallelen vermindert werden kann. Als Endergebnis sind jeweils die Durchschnittswerte der Parallelen und eine Maßzahl für den Fehler der Bestimmungen anzugeben.

Die Differenz zwischen Höchst- und Tiefstwert (die sogen. Variationsbreite) der Messung als Maß für den Fehler anzugeben, wäre ein sehr unvollkommener Weg, da dieser Wert sehr zufällig ist und z. B. durch einen einzelnen »Ausreißer« bei sonst enger Streuung stark beeinflußt werden kann. Die größte Aussagekraft unter den möglichen Maßzahlen hat ein von GAUSS eingeführtes Streuungsmaß, und zwar die Standardabweichung s oder die Varianz s^2.

Die Varianz ergibt sich nach der Formel $s^2 = \frac{\Sigma (x-\bar{x})^2}{n-1}$

(bzw. davon abgeleitet und einfacher zu berechnen $s^2 = \frac{n}{n-1} \left[\Sigma x^2 - \frac{(\Sigma x)^2}{n}\right]$),

wobei x die Einzelwerte, $\bar{x}$ der Mittelwert und n die Zahl der Einzelwerte bedeuten (Begründung und Ableitung obiger Formeln sind einschlägigen Werken der mathematischen Statistik zu entnehmen, z. B. LOZAN 1992 oder WEBER 1972.). Die Varianz läßt uns genau erkennen, wie sich die Daten der Einzelmessung um den Mittelwert anordnen, d. h., sie ist eine Maßzahl für die Streuung der Messungen. Bei quantitativen Stoffbestimmungen nimmt die Methodenstreuung mit abnehmendem Stoffgehalt zu. Die Nachweisgrenze einer Methode beschreibt den Wert, der mit einer Sicherheit von 99,7 % noch einen Nachweis in der Probe ermöglicht. Sie wird als die Summe von Mittelwert und 3facher Standardabweichung der 20 mal wiederholten Messung von Blindproben errechnet und sollte höchstens 1/3 des tiefsten zu erwartenden Elementgehaltes einer Probe betragen.

5.3 Gefüge des Bodens

Das Bodengefüge ist charakterisiert durch die räumliche Anordnung der Bodenpartikel und der wasser- oder lufterfüllten Hohlräume in den einzelnen Horizonten.

Diese Anordnung bestimmt einmal den Anteil, den die genannten Komponenten am gesamten Bodenvolumen als Substanzvolumen (und hierin getrennt nach einzelnen Aggregatgruppen) sowie als Porenvolumen (getrennt nach Wasser- und Luftvolumen) einnehmen. Zum anderen ergeben sich daraus Form, Größe und innerer Bau der Aggregate sowie Größe und Form der Hohlräume. Von letzteren hängen wiederum Wasser- und Luftleitfähigkeit ab. Es ist also das Bodengefüge nach seinen Kriterien zu kennzeichnen. Das gilt zunächst für das aktuelle Gefüge, d. h. den Zustand zur Zeit der Probenahme. Da das Gefüge aber – verglichen mit den stofflichen Eigenschaften des Mineral- und Humuskörpers – allgemein ein recht labiles Bodenmerkmal ist, kann dieser Zustand sehr kurzlebig sein. So ändert sich die Porenfüllung bereits mit jedem Regen. Die Porengrößenverteilung und damit die Anordnung der Bodenpartikel im Raume folgt in quellfähigen Böden bald nach. Als relativ stabil können allenfalls Substanz- und Porenvolumen insgesamt und damit die Lagerungsdichte angesehen werden (beachte aber Raumgewichtsänderungen durch Schrumpfen und Quellen nahe der Oberfläche oder durch Bodenbearbeitung). Außer dem aktuellen Gefüge sollte also der Schwankungsbereich der festgestellten Charakteristika bei standortstypischem Wechsel der Bedingungen, d. h. die Gefügeamplitude (bzw. -spanne), ermittelt werden.

5.3.1 Kennzeichnung von Substanzvolumen, Porenraum und Porenfüllung

Bei der summarischen Bestimmung des Festkörper- und des von Wasser oder Luft erfüllten Hohlraumes ist von Belang, wieweit man Organismenreste (z. B. Wurzeln), in Mineralen, Streu- oder Humusstoffen eingeschlossenes Wasser sowie an ihnen fest sorbierte

Flüssigkeiten und Gase zum Substanz- oder Porenvolumen, und wieweit man im Wasser gelöste Partikel (z. B. Salze) zum Wasser- und mithin zum Porenvolumen, sowie im Wasser gelöste Gase zum Wasservolumen rechnen will. Üblicherweise werden das bei Erhitzen bis 105 °C flüchtige Wasser und alle Gase zum Porenvolumen, Reste von Organismen, die bei Probenahme abgestorben waren, sowie gelöste Partikel zum Substanzvolumen und die gelösten Gase zum Wasservolumen gerechnet, während größere Organismen(reste) ausgelesen bzw. ihre Anteile vom Meßergebnis abgezogen werden müssen.

5.3.1.1 *Meßtechnische Grundlagen*

Die Porosität und alle damit zusammenhängenden Bodeneigenschaften können nur an Volumenproben untersucht werden. Porenvolumen, Substanzvolumen, Wasservolumen und Luftvolumen werden als PV, SV, WV und LV üblicherweise in % des Gesamtvolumens (BV) ausgedrückt. Messung und Berechnung vereinfachen sich daher sehr, wenn Bodenmonolithe mit einem konstanten Volumen von 100 cm^3 (also Stechzylinder) untersucht werden. PV ergibt sich entweder aus der Differenz von BV und SV oder als Summe von WV und LV.

Im ersten Falle errechnet sich SV aus dem Quotienten des Gewichtes der festen Partikel und der durchschnittlichen Dichte (ρp). Das Gewicht der festen Partikel pro Volumen entspricht dabei der Lagerungsdichte ρb in g/cm^3 der Probe. Bei der zweiten Methode sind LV und WV zu bestimmen, womit gleichzeitig die Porenfüllung ermittelt wird. WV ergibt sich üblicherweise aus dem Gewichtsverlust bei Trocknung auf 105 °C (g H_2O = ml H_2O, wenn $\rho_p = 1$). LV bestimmt man mit einem Druckluftpyknometer (z. B. n. v. NITZSCH 1936 oder LOEBELL 1953), bei dem ein Luftreservoir mit definiertem Überdruck mit der Probe verbunden wird. Der eintretende Druckabfall ist dann, da nur Gase komprimierbar sind, vom LV der Probe abhängig. Natürlich könnte man theoretisch PV auch aus WV bei Wassersättigung (z. B. mittels Bürette auf LV = 0) oder aus LV bei Luftsättigung (Trocknen auf WV = 0) bestimmen, aber beide Verfahren sind ungenauer als die Summierung der Komponenten.

Bei steinigen Horizonten und bei Bodenaggregaten ist nur der Weg über Substanzgewicht und Dichte gangbar. Bei ersteren wurde BV im Gelände ermittelt, bei letzteren wird BV durch Wägung der ummantelten Probe (5.1.1.4) mit einer hydrostatischen Waage in Luft und Wasser ermittelt, das Bodengewicht nach Trocknung, die Dichte der Feinerde mit einem Pyknometer und die der Steine mit einer hydrostatischen Waage.

5.3.1.2 *Bestimmung von Porenvolumen und Porenfüllung steinarmer Horizonte*

Bestimmung von WV gravimetrisch durch Trocknung bei 105 °C, von ρp mit Pyknometer.

Bestimmung des Wasservolumens: Der Stechzylinder wird mit einem Deckel gewogen (Frischgewicht in g = FG), bei 105 °C bis zur Gewichtskonstanz im *Trockenschrank* getrocknet und nach dem Erkalten mit demselben Deckel wieder gewogen (Trockengewicht in g = TG). Die Differenz beider Wägungen ergibt WV in Vol.-% und TG nach Abzug vom Stechzylinder- und Deckel-Leergewicht (TARA) das Substanzgewicht (SG). (Soll neben dem Porenvolumen auch die Porengrößenverteilung bestimmt werden, sind entsprechende Messungen vor dem Trocknen des Zylinders durchzuführen: 5.3.3.)

Dichtebestimmung: 25 g lutro Feinerde werden in einem vorher gewogenen *Pyknometer* (bzw. geeichtem 50-ml-Meßkolben bei 105 °C getrocknet) nach Abkühlen im *Exsikkator* gewogen und die Trockeneinwaage errechnet. Aus einer (bei gleicher

Temperatur geeichten) *Bürette* wird das Pyknometer zunächst zu 3/4 mit *Xylol* versetzt, unter Schwenken der Boden von anhaftender Luft befreit, mindestens 1 × im Exsikkator evakuiert und dann bis zur Marke aufgefüllt.

Dann ist ρ_p (in g/cm³) $= \frac{\text{Trockeneinwaage}}{\text{50–ml Xylolzusatz}}$

Da die Dichte des Mineralkörpers vieler Böden etwa der des Quarzes (2.65) entspricht und die des Humuskörpers etwa 1.3, reicht (bei Kenntnis des Humusgehaltes) als Näherung die Kalkulation von ρ_p über die genannten Dichten und die Mengenanteile beider Komponenten aus.

Auswertung der Ergebnisse: ρb = SG : 100 in g/cm³; SV = SG : ρp in Vol.-%; PV = 100–SV.

Methodische Fehlerquellen: In wurzelreichen Horizonten kann die Erfassung der Wurzeltrockenmasse als SV zu Fehlschlüssen führen. Beim Evakuieren des Pyknometerinhalts gelingt es häufig nicht vollständig, die eingeschlossene Luft zu verdrängen. Dann werden ρ_p systematisch zu niedrig und PV zu klein bestimmt.

5.3.1.3 Bestimmung des Porenvolumens und der Porenfüllung steinreicher Horizonte

Bestimmung des Bodenvolumens durch Austausch mit Sand, des Substanzgewichts durch Trocknung, der Dichte des Groben (ρ_x) mit einer hydrostatischen Waage und des Feinen (ρ_f) mit einem Pyknometer (HARTGE und HORN 1989).

Bestimmung des Bodenvolumens (BV): s. 5.1.1.5

Bestimmung des Substanzgewichts (SG): Das Feuchtgewicht wurde bereits bei Probenahme im Gelände ermittelt (5.1.1.5), und zwar getrennt vom Groben (FG_x > 2 cm ∅ und Feinen (FG_f). Von beiden Fraktionen (bzw. deren Aliquoten) werden die Wasseranteile durch Trocknen bis zur Gewichtskonstanz bei 105 °C und Wägen ermittelt. (WG_x und WG_f in g bzw. cm³). Die Summe beider Trockengewichte ergibt dann SG in g. Es empfiehlt sich, nach dem Trocknen das Feine in Feinskelett (2–20 mm ∅) und Feinerde (< 2 mm ∅) zu sieben.

Bestimmung der Dichte des Groben (ρ_{xp}): Trockene Steine und Grobkies werden mit einer *hydrostatischen Waage*[1] normal (= TG_x in g) und unter Wasser (= TG_{H2O} in g) gewogen. Dann sind $TG_x - TG_{H2O}$ das Volumen des Groben (= SV_x in cm³) und $TG_x : SV_x$ dessen Dichte (= ρ_{xp} in g/cm³).

Bestimmung der Dichte von Feinskelett und Feinerde (ρ_{fp}): s. 5.3.1.2

Auswertung der Ergebnisse: $\rho_b = (TG_x + TG_f) : BV$ in g/cm³;

$$\rho_p = \frac{SG_x \cdot \rho_{xp} + SG_f \cdot \rho_{fp}}{SG} \text{ in g/cm}^3;\; WV = \frac{(WG_x + WG_f) \cdot 100}{BV} \text{ in Vol.-\%};$$

$$SV = \frac{\rho_b \cdot 100}{\rho_p} \text{ in Vol.-\%; } PV = 100–SV;\; LV = PV–WV$$

5.3.1.4 Bestimmung der Porosität von Bodenaggregaten

über die Bestimmung des Aggregatvolumens mittels hydrostatischer Waage und der Dichte mit einem Pyknometer in Xylol (HARTGE und HORN 1989).

Bestimmung des Aggregatvolumens (AV): Ein bei Probenahme mit Schweröl ummanteltes Bodenaggregat (5.1.1.4) wird mit einer *hydrostatischen Waage* in Luft (= FG in g) und Wasser gewogen (5.3.1.3). Die Differenz der Gewichte in g ergibt AV in cm³.

Bestimmung von Dichte und Wassergehalt: Das Aggregat (oder ein Aliquot) wird zerkleinert in ein Pyknometer gefüllt und nach 5.3.1.2 durch Trocknung, Wägung, Xylolzusatz und erneute Wägung, Trockengewicht TG in g, Wassergehalt WG in g und Dichte ρ_{ap} in g/cm³ bestimmt.

---

1) Als hydrostatische Waage kann eine normale *Balkenwaage* dienen, wobei eine der beiden Waagschalen in ein Gefäß mit gleichbleibendem Wasserinhalt getaucht und austariert wird.

Auswertung der Ergebnisse: Aus ρ_{ap} und AV ergibt sich das Porenvolumen (PV) in Vol.-% über die Lagerungsdichte

ρ_{ab} = (FG–WG) : AV und das Substanzvolumen % SV = $\frac{\rho_{ab} \cdot 100}{\rho_{ap}}$

nach der Gleichung PV = 100–SV. Stellen die untersuchten Aggregate ein repräsentatives Aliquot einer Stechzylinderprobe dar, so läßt sich aus Gesamt-PV und Aggregat-PV (= Anteil intraaggregärer Hohlräume) auch der Anteil an interaggregären Hohlräumen eines Bodens bestimmen.

5.3.2 Kennzeichnung von Aggregatform und -aufbau

Die einen Boden aufbauenden Partikel liegen entweder als Einzelkörner oder als Aggregate vor. Die Aggregate sind charakterisiert durch äußere Form und Größe sowie inneren Aufbau. Im Innern der Aggregate sind einzelne Stoffgruppen meist nicht gleichförmig oder regellos angeordnet, sondern bestimmte in jeweils charakteristischer Weise konzentriert (z. B. Fe-Oxide in Rostzonen oder Konkretionen). Daher müssen zwei Wege der Untersuchung beschritten werden, denen bereits bei der Feldaufnahme entsprochen wurde: Ansprache der Aggregatform an präparierter, des Aggregataufbaus an glatter Profilwand (Näheres siehe 3.5.3; Stoffgruppen, die – wie beispielsweise Tonbeläge – an Aggregatoberflächen konzentriert sind, werden naturgemäß besser an »rauher« Wand studiert). Die Makroaggregate stellen häufig Komplexe dar, die sich aus vielen kleinen Aggregaten zusammensetzen; ebenso entspricht ihrem inneren Aufbau ein Feinbau in kleineren Dimensionen. Daher ist die Geländeaufnahme durch Untersuchungen bei stärkerer Vergrößerung zu ergänzen, und zwar für die Aggregatform durch räumliche Betrachtung präparativ zerlegter Volumenproben sowie für den inneren Aufbau durch das Studium von Aggregatschnitten.

5.3.2.1 *Meßtechnische Grundlagen*

Die Feldansprache der Gefügeform läßt sich durch das Studium zerlegter Volumenproben unter dem Stereomikroskop im Auflicht ergänzen. Dabei kann auch die Größe durch Ausmessen oder einfacher durch Sieben bestimmt werden. Allerdings zerfallen die Aggregate dann leicht in Bruchstücke; außerdem kann wegen der Gefahr des Verschmierens der Siebe nur mit trockenen Proben gearbeitet werden. Schonender ist es, in einer nicht dispergierend und quellend wirkenden Flüssigkeit (z. B. nach KOEPF 1961 in Alkohol) zu sieben. Mikroaggregate lassen sich dann ebenfalls in Alkohol im Sedimentierverfahren analog der Dispersitätsanalyse (s. 5.4.1.2) bestimmen.

Verfestigungen in Form harter Bänke (Ortstein, Raseneisenstein, Calcrete, Silcrete, Gypscrete) oder Konkretionen widerstehen einer intensiven Dispergierung mit Wasser, sondern zerfallen erst bei Lösung des(r) Bindemittel(s) mit sehr viel Wasser (Gips), Säure (Kalk), Reduktionsmittel (Fe- und Mn-Oxide) bzw. Lauge (Al-Oxide und/oder $SiO_2 \cdot x H_2O$).

Präparationstechnik und Auflösungsvermögen des Stereomikroskops setzen der Größe noch beschreibbarer Mikroaggregate eine untere Grenze. Die Form kleinerer Aggregate läßt sich dann aus dem zweidimensionalen Bild eines Dünnschliffes (s. u.) erschließen, sofern Schnitte in verschiedenen Richtungen des Raumes gefertigt werden.

Der innere Bau der Aggregate läßt sich bei 5–20facher Vergrößerung an Anschliffen gehärteter (s. u.) Handstücke im Auflicht unter dem Stereomikroskop studieren. Stärkere Vergrößerungen und Durchlichtuntersuchungen erfordern hingegen Dünnschnitte (für H- und O-Horizonte) bzw. Dünnschliffe (für Mineralhorizonte). Hierzu werden organische Volumenproben mit Cremolan bzw.

mineralische mit einem Harz gehärtet, von denen dann 10 µm dicke Scheiben mit einem Mikrotom bzw. 20–40 µm dicke mit Diamantsäge und Schleifpapieren gewonnen werden können. Proben des Mineralkörpers lassen sich nur trocken tränken, da es bisher keine mit Wasser mischbaren Harze ausreichender Scherfestigkeit gibt und Cremolan das Gefüge für einen Schliff nicht genügend festigen würde. Die Schnitte bzw. Schliffe werden dann am besten mit einem Polarisationsmikroskop untersucht. Bestandteile des Gefügeskelettes (hierzu gehören alle bei 100–200facher Vergrößerung noch einzeln erkennbaren Mineralkörner und Streureste) lassen sich dabei mit optischen Methoden der Mineralanalyse (Näheres siehe 5.5.6) bzw. der Gewebeanalyse (Näheres siehe in Praktikumsanleitung der Botanik, z. B. von WEBER 1961) bestimmen. Auch das Gefügeplasma, bestehend aus nicht einzeln sichtbaren Mineralen und Humusstoffen, läßt sich bei polarisiertem Licht kennzeichnen. So zeigen eine Vielzahl eingeregelter (in einer Richtung lagernder) Tonminerale unter gekreuzten Polarisatoren Doppelbrechung ähnlich einem einzigen, größeren anisotropen Mineral, während ungeregelt lagernde Minerale isotrop erscheinen (FITZPATRICK 1984, 1993).

5.3.2.2 Bestimmung der Gefügeform

Präzisierung des Geländebefundes an Volumenproben mit einem Stereomikroskop.

Ausführung: Eine Blockprobe (feldfrische 1-dm^3-Volumenprobe) wird mit einem *Präparierbesteck* in seine Aggregate zerlegt; diese werden nach den in 353.1 aufgeführten Kriterien unter einem *Stereomikroskop* bei 5–20facher Vergrößerung angesprochen. Dabei ist insbesondere auch auf Gefügebesonderheiten wie Krusten, Cutane[1)] oder Pseudomycelien zu achten; diese sind nach 3.5.5 stofflich zu identifizieren. Die Größe der Aggregate ist auszumessen.

5.3.2.3 Bestimmung der Aggregatgrößenverteilung

Trockensiebung einer Volumenprobe.

Ausführung: Eine Stechzylinder-Volumenprobe oder Blockprobe wird bei Raumtemperatur und 80 % Luftfeuchte getrocknet, auf *Glanzpapier* ausgebreitet, mit einer *Walze*, die 8 mm Bodenabstand hat, vorsichtig zerdrückt und unter leichtem Schütteln über einen Siebsatz mit 5, 3, 2 und 1 mm Maschenweite gegeben. Die einzelnen Siebfraktionen (einschließlich < 1 mm ∅) werden in *Porzellanschalen* übergeführt, bei 105 °C im Trockenschrank getrocknet und gewogen. Hierzu ist die Lagerungsdichte der verschiedenen Aggregatgrößenklassen zu bestimmen (s. 5.3.1.4), sofern Unterschiede zu erwarten sind.

Darstellung der Ergebnisse: Die Ergebnisse werden in Masse-% der Gesamtprobe angegeben und als Summenkurve analog einer Kornverteilungssummenkurve graphisch dargestellt (s. Abb. 5.4.1 in 5.4.1.4) Für manche Zwecke ist es sinnvoll, die Ergebnisse in Vol.-% anzugeben.

Methodische Fehlerquellen: Auch ein schonendes Zerdrücken der Volumenprobe kann bereits zu Aggregatbruchstücken führen, in jedem Fall dann, wenn die Aggregatgröße mehr als 8 mm beträgt, was insbesondere für ein Prismen- oder Säulengefüge gilt. Liegt ein Polyeder-, Prismen- oder Säulengefüge vor, wird man infolge Schrumpfung um so weniger die aktuelle Aggregatverteilung bestimmen, je feuchter die Probe war. Die aktuelle Verteilung läßt sich dann besser durch Sortieren feldfrischer Proben von Hand und Wägen der Größen > 8, 8–5, 5–2 und < 2 mm ∅ ermitteln.

[1)] Cutane sind Beläge aus Mineralen und/oder Humusstoffen mit glatten Oberflächen, die durch Einregelung bei der Ablagerung oder bei Quellung/Schrumpfung entstehen.

5.3.2.4 *Bestimmung der Konkretionen*

Isolierung nach intensiver Dispergierung in Wasser, Lösung der Kittsubstanzen mit Dithionit/Citrat (Sesquioxide, Kalk) und Lauge (Al- und Si-Oxide); wenn Si-Bestimmung, nur dest. H_2O (nicht demineral.) verwenden.

Dispergierung: 10 g lutro Feinerde (bzw. 25 g Kies) werden in einer *Schüttelflasche* mit 250 ml *H_2O* eingeweicht und 2 h *geschüttelt*.

Siebung: Die Sand- (bzw. Kies-) Fraktion wird durch Siebung mit einem *63 µm-* (bzw. 2 mm-) *Sieb* und Nachspülen mit H_2O (ggfs. noch vorhandene Tonaggregate zerdrücken) gewonnen, in ein *Wägegläschen* überführt, bei *105 °C* getrocknet und gewogen.

Lösung der Kittsubstanzen: Die Sandfraktion (bei über 4 g und Dominanz braunroter bis schwarzer Partikel nur ein Aliquot) bzw. 10 g des gründlich homogenisierten Kieses werden in einer hitzebeständigen *250-ml-Plastikflasche* mit 120 ml *Dithionit/Citrat* (170 g Na-Citrat · $2H_2O$ in 0,8 *l* H_2O + 16,6 g $Na_2S_2O_4$ + H_2O zu 1 *l*; 1 Tag beständig) versetzt und 16 h *geschüttelt*. Vom Überstand werden 50 ml (zur Element-Bestimmung) in einen *Zentrifugenbecher* pipettiert, mit 3 Tropfen *Superfloc* (0,2 g Cyanamid Superfloc N-100 in 100 ml H_2O) gemischt, 5 min mit 3000 U/min. *zentrifugiert* und die klare Lösung in eine *Plastikflasche* dekantiert (= Extrakt 1). Der Rückstand der Schüttelflasche wird nach Dekantieren des Überstandes 2 mal mit H_2O gewaschen, bei 105 °C getrocknet mit 120 ml *0,5 M NaOH* 4 h im siedenden *Wasserbad* erhitzt (*Uhrglas* auflegen). 50 ml des Überstandes werden nach dem Abkühlen (zur Element-Bestimmung) in einem *Zentrifugenbecher* pipettiert, mit 3 Tropfen Superfloc gemischt, 5 min mit 3000 U/min. zentrifugiert und 25 ml des klaren Überstandes in eine *Plastikflasche* pipettiert (= Extrakt 2). Der Rückstand der Schüttelflasche wird über ein 63 µm- (bzw. 2 mm-) Sieb gegeben, mit H_2O gespült, in ein Wägeglas überführt, 12 h bei 105 °C getrocknet und gewogen.

Elementbestimmung: Zunächst werden je 25 ml der Extrakte 1 und 2 vereinigt (= Extrakt 3). Die Bestimmungen erfolgen mit der *AAS* entsprechend 5.4.3.4, und zwar Fe und Mn in Extrakt 1 nach 5facher Verdünnung mit H_2O bei 248,3 bzw. 279,5 nm in der *Luft/Acetylen-Flamme*, Ca in Extrakt 3 nach 10facher, Al und Si in Extrakt 3 nach 5facher Verdünnung mit H_2O bei 309,3 bzw. 251,6 nm in der *Lachgas/Acetylen-Flamme*. Multiplikation der Meßwerte in µg/ml mit 0,15 (Fe, Mn), 0,3 (Al, Si) bzw. 0,6 (Ca) ergibt mg/g Feinerde, Multiplikation mit 0,06 (Fe, Mn), 0,12 (Al, Si) bzw. 0,24 (Ca) ergibt mg/g Kies.

Auswertung: Die Differenzen der Siebrückstände vor und nach Lösung der Kittsubstanz ergeben nach Multiplikation mit 10 (Kies mit 4) den Konkretionsanteil in % der lutro Feinerde (bzw. des Kieses). Es ist sinnvoll, die Gehalte an Fe und Mn in % von Fe_d und Mn_d (Bestimmung s. 5.5.5.3), die Gehalte an Al und Si in % von Al_l und Si_l (Bestimmung s. 5.5.5.4) und Ca (sofern Proben kalkhaltig) nach Multiplikation mit 2,5 in % des Kalkes (Bestimmung s. 5.5.4), d. h. als deren konkretionäre Anteile, anzugeben.

Methodische Fehlerquellen: Es werden höchstens 200 mg Fe bzw. 3 g $CaCO_3$ extrahiert; bei deren Überschreiten ist das Verhältnis von Einwaage : Dithionit/Citrat-Menge bei der Extraktion zu erweitern. Neben den sekundären Carbonaten geht auch ein Teil grobkörniger Calcit- und Dolomitkristalle in Lösung. Die Laugeextraktion löst auch einen Teil der in Konkretionen eingeschlossenen Tonminerale, während Silcrete nicht in jedem Fall vollständig gelöst wird. Nicht erfaßt werden Konkretionen der Fraktionen < 63 µm. Vollständigkeit wäre nur durch Dispersitätsanalysen vor (Parallelproben, ggfs. flockend wirkende Salze und »aktive« Carbonate mit H_2O auswaschen) und nach Lösung der Kittsubstanzen (nach 5.3.2.3) zu erreichen: Die Differenz zwischen der Fläche unter der Kornverteilungssummenkurve nach und derjenigen vor der Lösung der Kittsubstanzen wäre dann ein Maß für den Anteil an Konkretionen (bzw. an verklebten Partikeln).

5.3.2.5 *Mikrogefügeuntersuchungen an Dünnschliffen*

Tränkung kleiner Bodenmonolithe (Kapselproben, 5.1.1.3) mit Vestopal unter Verwendung von Styrol als Verdünnungsmittel, Cyclohexanonperoxid als Katalysator und Co-Octoat als Beschleuniger zur Polymerisation (= Härtung) des Harzes nach ALTEMÜLLER(1956), Zerlegen in dünne Scheiben mit einer Diamantsäge und Erstellen 30 µm dicker Schliffe mittels verschiedener Schleifpapiere; Auswertung der Schliffe nach BREWER (1964) und FITZPATRICK (1993).

Herstellung eines Dünnschliffes: Tränken: Eine lutro 2×2×3-cm-Volumenprobe wird in einer *Stanniolkapsel* in einem *Exsikkator* zum Verdrängen der Luft 15 min bei 20 mm Hg-Säule evakuiert, nach Abschalten der *Wasserstrahlpumpe* aus einem dem Exsikkatordeckel aufgesetzten *Scheidetrichter* mit schwenkbarem Auslauf mit 25–30 ml *Harzgemisch I* (300 ml Vestopal H + 250 ml Monostyrol + 0,8 ml in Styrol gelöstes Co-Octoat + 1,5 ml 50 % Cyclohexanonperoxid in Toluol; letzteres unmittelbar vor der Tränkung zugeben) versetzt und solange evakuiert, bis keine Luftblasen mehr aus der gefüllten Kapsel entweichen. Man läßt dann das Styrol wieder verdunsten (3–4 d), füllt *Harzgemisch II* (wie I, nur ohne Styrol) nach und beschleunigt die Härtung bei 30–40 °C im *Trockenschrank*.

Trennen: Die gehärtete Volumenprobe wird nach Entfernen der Stanniolkapsel mit einer *Diamant*(100 µm–Körnung)-*Schneidemaschine* unter Kühlung des Sägeblattes mit *Leichtöl* (z. B. Shell-Öl S 4919) in zwei Hälften zersägt.

Anschleifen: Eine der Hälften wird auf *Siliziumkarbid-Schleifpapieren* zunehmend feinerer Körnung (z. B. 100, 30, 10, 15 µm) unter Verwendung von *Leichtöl* plangeschliffen, wobei die Schliffläche bei jedem Wechsel der Körnung zum Vermeiden neuer Schrammen mit *Testbenzin* gereinigt werden muß (Beschleunigung der Arbeit durch Einsatz einer *Tellerschleifmaschine*).

Polieren: Der Anschliff wird auf einer *Plexiglasplatte* mit übergespanntem *Perlontuch* unter Verwendung von *3µm-Diamantpaste* und *Testbenzin* bis zum matten Glänzen poliert und dann nochmals gründlich mit Testbenzin gewaschen.

Aufkitten: Der polierte Anschliff wird mittels *Harzlösung III* (10 ml Vestopal + 0,1 ml Katalysator + 0,05 ml Beschleuniger) auf einen sorgfältig (!) gereinigten *Objektträger* (1,5 mm dick, an den Längsseiten angeschrägt) geklebt und zur Härtung bei möglichst konstanter Temperatur auf einem ebenen *Holzbrett* aufbewahrt.

Dünnschleifen: Vom aufgekitteten Anschliff wird eine möglichst dünne (1 mm) Scheibe mit der *Diamant-Schneidemaschine* abgeschnitten, der Objektträger in eine *Handhalterung* gespannt und die Scheibe (wie für den Anschliff geschildert) zunächst auf grobkörnigen, später auf feinkörnigen Papieren auf eine Dicke von 30 µm (Quarz und Feldspäte zeigen unter gekreuzten Polarisatoren weder bunte noch gelbe Interferenzfarben, sondern nur noch Weiß- und Grautöne) gebracht. Der Schliff wird dann wie oben poliert und sorgfältig gereinigt.

Eindecken: Der Dünnschliff wird mit einem *Deckgläschen* unter Verwendung von *Harzgemisch III* (blasenfrei!) überklebt. Harzverunreinigungen am Objektträger können mit *Rasierklinge* und *Aceton* entfernt werden.

Auswertung: Das Mikrogefüge wird zunächst unter dem *Polarisationsmikroskop* bei 50–100facher Vergrößerung beschrieben. Dazu werden im einzelnen bestimmt: Mineral- und Streuarten des Gefügeskelettes, Farbe des Gefügeplasmas, Farbe und Form von Gefügebesonderheiten (z. B. Konkretionen, Krusten), Form und Größe der Hohlräume. Darauf charakterisiert man bei 200–500facher Vergrößerung das Plasma näher, und zwar auch dasjenige der Gefügebesonderheiten (z. B. der Cutane). Nach der Orientierung einer Doppelbrechung (Aufleuchten bei gekreuzten Polarisatoren, Näheres siehe 5.5.6.1) lassen sich mehrere Klassen des Gefügeplasmas unterscheiden (siehe hierzu Tabelle 5.3.1). Sepisches Plasma läßt sich darüber hinaus nach der Orientierung auftretender Doppelbrechung im Raume als vosepisch (= hohlraumparallel gerichtet), skelsepisch (= skelettparallel gerichtet), masepisch (= langgestreckte Zone ohne Hohlraum- bzw. Skelettbezug) und mosepisch (= mosaikartige Anordnung kleiner Komplexe mit unterschiedlich gerichteter Einregelung) näher charakterisieren. Verbreitete Formen des Mikrogefüges sind der Tabelle 5.3.2 zu entnehmen. Sie können eine oder mehrere der genannten Plasmaformen aufweisen, wie wiederum das Aggregat eines bestimmten Makro (z. B. Polyeder-)gefüges aus mehreren verschiedenen Mikrogefügeformen und Gefügebesonderheiten aufgebaut sein kann. In humosen Horizonten ist Orientierungsdoppelbrechung zwischen gekreuzten Polarisatoren durch Cellulose bedingt.

Methodische Fehlerquellen: Insbesondere beim Schleifen feinkörniger Proben ist darauf zu achten, daß keine Sandpartikel herausbrechen, da diese Fehlstellen dann leicht als Hohlräume angesehen werden. Ein Schliff gibt jeweils nur einen winzigen Ausschnitt eines Bodenhorizontes wieder. Daher ist sorgfältig auf eine repräsentative Probenahme zu achten; ggf. sind mehrere Schliffe anzufertigen. Bei der Ansprache des Gefügeplasmas zwischen gekreuzten Polarisatoren erscheinen nicht nur isotrope oder opake Stoffe als isotrop, sondern in gleicher Weise nicht eingeregelte

Tab. 5.3.1: Gefügeklassen des Plasmas

Gefügeklasse	Doppelbrechung		Polarisationsbild
isotisch	isotrop	—	
asepisch	isotrop + anisotrop	ungerichtet	
sepisch	anisotrop	gerichtet	

Tab. 5.3.2: Formen des Mikrogefüges

Gefügeform	Skelett	Verknüpfung	Plasma	Hohlräume	Schliffbild
porphyrisch	±	+	+	—	
agglomeratisch	±	—	+	+	
intertextisch[1]	+	+	+	+	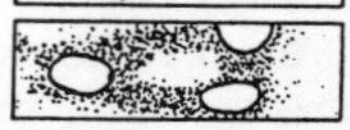
granular	+	(+)	∓	+	

\+ = vorhanden — = fehlt () = nicht immer.

[1] Kubiena spricht nur bei Vorliegen isotischen Plasmas von intertextisch, bei Vorliegen sepischen Plasmas hingegen von plektoamiktisch.

anisotrope Minerale oder gar eingeregelte, deren Doppelbrechung infolge Beimengung amorpher Stoffe (z. B. Humus) nicht sichtbar wird. Aus der Form auf den Inhalt (d. h. Mineral- oder Streuart) zu schließen, ist beim Gefügeskelett einfach, beim Plasma und vor allem auch bei Gefügebesonderheiten oft schwierig. Hier vermögen mikrochemische Reaktionen am nicht eingedeckten Schliff oder vielleicht auch gezielte Feinstrukturuntersuchungen mittels einer Röntgenapparatur weiterzuhelfen. Da sich insbesondere bei tonigen Proben das Gefüge mit dem Trocknen geändert haben kann, wird mit dem Dünnschliff häufig nicht das aktuelle Gefüge erfaßt.

5.3.3 Kennzeichnung der Porengrößenverteilung und Wasserbindung

Ein Hohlraumsystem ist charakterisiert durch Menge und Größe der Poren (also die Porengrößenverteilung oder Porenfrequenz) sowie deren Form. Die Gestaltung des Porenraumes wird zwar wesentlich von Größe, Form und innerem Bau der Bodenaggregate bestimmt; sie ist aber auch von Größe und Form der Primärpartikel abhängig, so daß die Daten nicht auseinander erschließbar, mithin gesondert zu ermitteln sind. Größe und Form der Poren lassen sich nur durch Ausmessen (unter dem Mikroskop) nebeneinander bestimmen (s. hierzu 532.5). Da das sehr aufwendig ist, werden sie bei den üblichen Meßmethoden zum Äquivalentdurchmesser zusammengezogen. Man unterscheidet als Porenklassen Feinporen = < 0,2 µm, Mittelporen = 0,2–10 µm, Grobporen = 10–1000 µm und Gröbstporen = > 1000 µm ∅ (10–50 µm Poren werden als feine Grobporen bzw. langsam dränende Poren, > 50 µm als schnell dränende Poren bezeichnet). Eng mit der

Porenfrequenz hängt die Wasserbindung zusammen, da Wasser besonders durch Kapillarkräfte (in Hohlräumen), daneben allerdings auch durch Hydratations- (an Partikeloberflächen) und osmotische Kräfte (durch Salze der Bodenlösung) gebunden wird. Die Bindungsintensität ist gekennzeichnet durch die Saugspannung, die z. B. bei Entwässerung überwunden werden muß. Diese wird in hPa bzw. mbar oder in cm Wassersäule bzw. deren Logarithmus (= pF-Wert) angegeben. Die in einem Boden auftretenden Saugspannungen reichen dabei von $0–10^7$ cm Wassersäule (bzw. von pF $-\infty$ bis $+7$).

5.3.3.1 Meßtechnische Grundlagen

Da die Größe der Poren der Intensität ihrer Wasserbindung proportional ist ($\log \varnothing$ in $\mu m = 0{,}5 - \log$ bar oder, da $3 + \log \text{bar} = \text{pF}$, $\log \mu m = 3{,}5 - \text{pF}$ bzw. vereinfacht

$$\mu m = \frac{3}{\text{bar}}$$

und Wasser die Dichte 1 hat, kann man aus der Wassermenge, die eine Probe unter definierten Saugspannungen enthält, auf das Volumen der Poren schließen, deren Grenzdurchmesser durch die angelegten Saugspannungen definiert sind. Dabei wird Kreisform der Poren unterstellt (Äquivalentdurchmesser, vgl. Dispersitätsanalyse), und ebenso wie bei der Korngrößenverteilung kann nicht das genaue Volumen der verschiedenen Poren, sondern nur ein Raum angegeben werden, der durch einen oberen und unteren Grenzdurchmesser ausgezeichnet ist.

Das Problem besteht im wesentlichen darin, definierte Saugspannungen so an eine Bodenprobe anzulegen, daß sie im ganzen Raume wirken; die jeweils gebundene Wassermenge ist dagegen einfach zu bestimmen. Geringere Saugspannungen (pF = 0–3) kann man leicht durch Auspressen mit Überdruck oder Absaugen mit Unterdruck (z. B. auf porösen Platten), höhere (pF 3–6) nur durch Überdruck (z. B. auf feinporigen Membranen) oder durch Lösungen bestimmter osmotischer Drucke (da $\text{pF} = 6{,}5 \log [2 - \log H]$, wobei H = relative Dampfspannung in % des Dampfdruckes reinen Wassers) herstellen. Methoden, die mit variierten Drucken arbeiten, brauchen nur Kapillar- und Hydratationskräfte zu überwinden (Fortfuhr der Elektrolyte bei Entwässerung), Lösungen bestimmter Dampfspannung darüber hinaus auch osmotische Kräfte (Entwässerung in Dampfform). Unterschiedliche Meßergebnisse treten allerdings praktisch nur in Salzböden ein. Zu beachten ist, daß bei derselben Saugspannung der Wassergehalt einer Probe davon abhängig ist, ob sie befeuchtet oder ausgetrocknet wurde (Hysteresis: geringere Werte bei Befeuchtung wegen irreversibler Schrumpfung und eingeschlossener Luft); allgemein wird der Wassergehalt bei Entwässern bestimmt (Desorptionskurve).

Die Bestimmung erfolgt unterhalb pF 3 meist an 100 ccm Stechzylinderproben, damit auch die Grobporen repräsentativ erfaßt werden, oberhalb pF 3 zwecks rascherer Gleichgewichtseinstellung hingegen an dünnen (< 0,5 cm) Scheiben der Zylinderproben. Oberhalb pF 4 kann bei tonärmeren Proben auf Volumenproben verzichtet werden. Eigentlich hängt das Ergebnis auch von der Höhe der Stechzylinder ab, da auch eine in der Probe selbst befindliche Wassersäule entwässernd wirkt und demnach mit einer Zylinderhöhe 0 gearbeitet werden müßte. Praktisch von Belang ist dieser Einfluß aber nur bei pF < 1,5.

5.3.3.2 Bestimmung der Poren unter 50 und unter 0,2 µm ∅

Ermittlung der Wasserkapazität durch Entwässerung mit Unterdruck nach RICHARDS (1954) und der Hygroskopizität mittels Dampfspannungsausgleich nach MITSCHERLICH (1950) mit Na_2SO_4-Lösung.

Wassersättigung: 6–8 (starke Streuung) Volumenproben in Stechzylindern (s. 531.2) werden unten mit gehärteten *Papierfiltern* bedeckt und so in ein *Wasserbad* gestellt (auf ein *Drahtnetz*), daß der Wasserspiegel sich zunächst einige mm unterhalb, später etwas oberhalb der Zylinderoberkante befindet. Die Wassersättigung ist je nach ursprünglichem Sättigungsgrad und Wasserleitfähigkeit nach 1 h bis mehreren Tagen erfolgt.

Wasserkapazität (WK): Die gesättigten Proben werden oben mit *Deckeln* bedeckt (Verdunstungsschutz), mit den Papierfiltern auf eine *Unterdruckapparatur* gesetzt und ein Unterdruck von 60 mbar angelegt (Wasserstrahl- oder elektr. Vakuumpumpe, mittels Magnetventil und Manometer gesteuert). Tritt kein Wasser mehr aus (mindestens 2 d), werden die Stechzylinder (ohne Filter) gewogen (WKG), im Trockenschrank bis zur Gewichtskonstanz getrocknet, während des Abkühlens auch oben mit Deckeln versehen (sonst Wasserdampfaufnahme) und (sofort) gewogen (TG); WKG – TG = WK in Vol.-%. Die Zylinder werden dann entleert und gewogen (TARA); (TG – TARA : 100 = ρ_b in g/cm^3). Die Ergebnisse der Parallelproben werden gemittelt.

Hygroskopizität (Hy): 20 g lutro Feinerde werden in einer *Petrischale* mit H_2O schwach befeuchtet (Besprühen mit *Zerstäuber*, bei ton- oder humusreichen Horizonten wegen irreversibler Schrumpfungen besser feldfrische Proben verwenden) und in einem *Exsikkator* über gesättigter Na_2SO_4*-Lösung* (> 65 g $Na_2SO_4 \cdot 10\ H_2O$/100 ml) bei 250 °C im Vakuum bis zur Gewichtskonstanz belassen (Kontrollwägung nach 14 d, dann täglich) und gewogen (= Hy G in g). Die Probe wird dann bei 105 °C bis zur Gewichtskonstanz getrocknet und erneut gewogen (= TG). (HyG – TG) · 100 : TG = Hygroskopizität in Masse-% der trockenen Feinerde; Multiplikation mit $\frac{100 - \%\ \text{Kies}}{100}$ ergibt Masse-% des Gesamtbodens, weitere Multiplikation mit der Lagerungsdichte Vol.-% des Gesamtbodens (damit ist Hy dimensionsgleich mit WK). Multiplikation mit 1,5 ergibt annähernd den Porenraum bei pF 4,2.

Auswertung und Darstellung der Ergebnisse: 1,5 Hy bzw. pF 4,2 entspricht einem Grenzdurchmesser von 0,2 µm, die Differenz WK (bzw. pF 1.8) – 1,5 Hy umfaßt die Poren 0,2–50 µm, mithin die nutzbare Wasserkapazität (nWK), und die Differenz PV – WK die Poren > 50 µm, d. h. die Luftkapazität (LK). Eine kontinuierliche Darstellung aller pF-Werte eines Horizontes und damit aller Porengrößen ist nur möglich, wenn die Wassergehalte bei vielen verschiedenen Saugspannungen bestimmt wurden (vgl. hierzu 5.3.3.3).

Methodische Fehlerquellen: Bei den Methoden wird unterstellt, daß nur die Porenfüllung, nicht aber die Porenverteilung durch Wasserzufuhr und -entzug verändert wurde. Das trifft bei quellenden und schrumpfenden, also kolloidreicheren Proben nicht zu. Hier mißt man die Porenverteilung im Zustand der Wassersättigung (streng genommen gilt auch das nur für den unteren pF-Bereich, weil durch Schrumpfung während des Entwässerns die Porenverteilung verändert werden kann). Da zudem die Wasserkapazität einer quellenden Stechzylinderprobe das gemessene Porenvolumen überschreiten kann, sollte man die Proben nur im Zustand der Feldkapazität nehmen. Aber selbst dann ist bisweilen ein Quellen nicht auszuschließen, sofern das nämlich am Standort die Auflast darüberliegender Horizonte verhinderte. Dem könnte durch Aufsetzen eines Gewichtes bei der Wassersättigung nur unvollkommen entgegengewirkt werden, da hiermit die Porenverteilung verschoben würde. Dann kann nur noch mit benetzenden, aber nicht quellenden Flüssigkeiten gemessen werden (siehe hierzu Bestimmung der Porenverteilung im ungesättigten Zustand in 5.3.5.1). Weiter wird unterstellt, daß nur Kapillarkräfte Wasser banden. Da es Bodenproben ohne Hydratationsspannung faktisch nicht gibt, wird der Anteil der Feinporen immer etwas überbestimmt. Stärker wirkt sich eine Fehlbestimmung erst in salzhaltigen Proben aus (osmotischer Druck geht in die Hy-Bestimmung ein).

5.3.3.3 Bestimmung der Porengrößenverteilung

Untersuchung im unteren pF-Bereich mit einer Unterdruckapparatur nach CZERATZKI (1958) und DIN ISO 11274, im mittleren pF-Bereich mit einer Hochdruckapparatur nach RICHARDS (1949) und im hohen pF-Bereich durch Dampfspannungsausgleich mit verschiedenen Salzlösungen; mit allen Geräten 10–20 Proben gleichzeitig untersuchbar. Pro Horizont werden in der Regel 6, bei sehr homogenen, wenig strukturierten Horizonten 4, sonst bis zu 12 Parallelen untersucht.

Eine *Unterdruckapparatur* besteht aus einer unten abgedichteten keramischen Platte in Gewebebettung mit Absaugstutzen, einem Manometer und einer Unterdruckpumpe. Die *Hochdruckapparatur* besteht aus einem Druckgefäß mit 3 nach unten abgedichteten keramischen Platten mit Wasser-Auslaufstutzen, einem Manometer und einer Druckpumpe (ähnlicher Aufbau wie Hochdrucktopf).

Wassersättigung: s. 5.3.3.2

Messung im pF-Bereich unter 1: Die gesättigten Stechzylinderproben werden mit dem *Papierfilter* auf ein *Sandbett* (bei 4 cm mS, bei 10 cm fS) gestellt und mit *Folie* abgedeckt (Verdunstungsschutz). Das Sandbett ist so weit wassergefüllt zu halten, daß der Abstand zwischen Wasserspiegel und Stechzylindermitte in cm der angestrebten Wasserspannung in cm Wassersäule entspricht. Nach Gleichgewichtseinstellung (mindestens 1 d) erfolgt eine Wägung (ohne Filter).

Messung im pF-Bereich 1–2.8: Die keramische Platte der *Unterdruckapparatur* wird ca. 1 mm mit Wasser überstaut, die wassergesättigten Stechzylinderproben (V), bzw. die bei pF 0,6 oder pF 1 gewogenen, mit den Papierfiltern aufgesetzt, der *Verdunstungsschutz* übergestellt, der gewünschte Unterdruck angelegt (z. B. für pF 1.8 60 mbar, für pF 2.5 330 mbar), bis zur

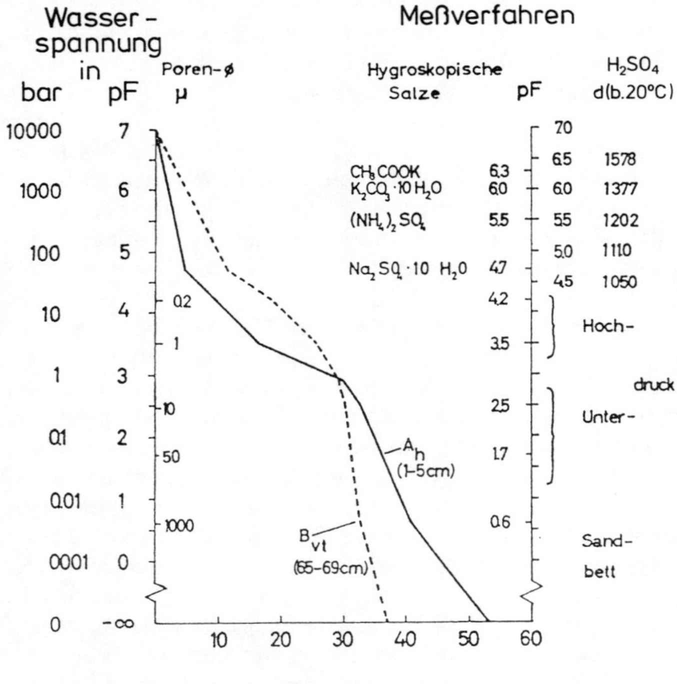

Abb. 5.3.3: pF-WG- und Porengrößenverteilungs-Kurven (Pabraunerde Siggen); ρ (=d)-Werte der H_2SO_4 in g/l

Gleichgewichtseinstellung (mindestens 3 d) entwässert und gewogen. Anschließend wird der Vorgang beim nächst tieferen Unterdruck wiederholt.

Die Gewichtsdifferenzen zwischen den Wägungen und dem Trockengewicht (s. u.) ergeben die Wassergehalte in g.

Bestimmung im pF-Bereich 3–4,2: Die im Drucktopf entwässerten Stechzylinderproben werden auf *Flachzylinder* gleichen Durchmessers von 4–6 mm Höhe gesetzt, mit einem *Stempel* vorsichtig nach unten gedrückt, dann jeweils eine 4–6 mm dicke Scheibe abgeschnitten. (Verschmieren der Schnittfläche vermeiden!) Von Volumenproben mit heterogener Porenverteilung mehrere Scheiben gewinnen. Die Flachzylinderproben werden im *Hochdruckapparat* auf die angefeuchteten *keramischen Platten* gesetzt, leicht angedrückt und mit *H_2O übersättigt* (damit Kontakt zwischen Probe und Platte gesichert). Die Apparatur wird verschlossen und nach etwa 1 h ein bestimmter Überdruck (z. B. 2,7 bzw. 15 bar für pF 3,3, 3,8 bzw. 4,2) solange angelegt, bis kein Wasser mehr den Auslauf verläßt (7–14 d). Ton- und humusreiche Proben verlieren während der Entwässerung durch Schrumpfung leicht den Plattenkontakt und sollten daher etwas angepreßt werden (z. B. mit aufgelegter *Schaumgummischeibe*). Die Flachzylinderproben werden mit einem *Messer* von der Platte abgehoben, unter Verdunstungsschutz zur *Waage* transportiert und gewogen. Anschließend lassen sich die Scheiben bei nächst höherem Druck entwässern (Probenverluste beim Umsetzen vermeiden).

Bestimmung im pF-Bereich 4,2–7: Die entwässerten Flachzylinderproben werden zerkleinert, auf *Petrischalen* ausgebreitet und sofort (sonst Wiederbefeuchtung nötig) in einem *Exsikkator* mit übersättigten Salzlösungen bestimmter Dampfspannung (z. B.[1] $Na_2SO_4 \cdot 10\,H_2O$ für pF 4,7, $(NH_4)_2SO_4$ für pF 5,5, $K_2CO_3 \cdot 2\,H_2O$ für pF 6,0, CH_3COOK für pF 6,3) analog der Hygroskopizitätsmessung (s. 5.3.3.2) ins Gleichgewicht gebracht. Bei stufenweisem Entwässern stellt sich ein Gleichgewicht bereits nach 7 Tagen ein. Nach Abschluß aller Messungen und Wägungen werden die Flachzylinderproben getrocknet, gewogen und davon das Gewicht der Petrischalen abgezogen (= TG_a). In gleicher Weise wird mit den Resten der Stechzylinderproben verfahren (= TG_b) und dann die Ergebnisse summiert ($TG = TG_a + TG_b$).

Auswertung und Darstellung der Ergebnisse: Von den Feuchtwägungen wird jeweils die Tara (Gewicht der Petrischalen, Flach- bzw. Stechzylinder) abgezogen. Im pF-Bereich unter 3 ergeben dann die Wägungen in g nach Abzug von TG direkt das jeweils noch gebundene Wasser in Vol.-% ($WG_{1-3} = FG_{1-3} - TG$). Oberhalb pF 3 muß hingegen zunächst das Volumen der Flachzylinderproben (GV_a) aus TG_a und TG errechnet werden:

($GV_a = \frac{TG \cdot 100}{TG_a}$); aus diesem, den Feuchtwägungen und TG_a läßt sich dann das Wasservolumen errechnen ($WG_{3-7} = \frac{[FG_{3-7} - TG_a] \cdot 100}{GV_a}$).

Die ermittelten Werte werden in Form einer pF-WG-Kurve zusammengestellt, die gleichzeitig eine Porenfrequenz-Summenkurve darstellt (siehe Abb. 5.3.3).

Dieses Messen der Porenverteilung nimmt 6–8 Wochen in Anspruch; durch gleichzeitige Untersuchung im unteren, mittleren und hohen pF-Bereich an Parallelproben ließe sich zwar die Zeit verkürzen, was aber mit ungleich höherer Zahl an Parallelen zur Charakterisierung eines Bodenhorizontes erkauft werden müßte.

Methodische Fehlerquellen: siehe 5.3.3.2. Ferner hängt die Kapillarspannung nicht nur vom Abstand, sondern auch von der stofflichen Natur der Porenwände ab. Proben mit Sekundärgefüge und/oder Tier- bzw. Wurzelgängen erfordern unter pF 3 wegen starker Streuung 6–10 Parallelen, sonst 4; oberhalb pF 3 sind 2–3 Parallelen ausreichend. Bei Proben von Salzböden prüfen, ob das aus der Hochdruckapparatur gepreßte Wasser noch salzhaltig ist (elektr. Leitfähigkeit > 1 mS, s. 3.5.5.5); sonst Wasser bis zur Salzfreiheit durchsaugen. Gesamtpotentiale (incl. osmot. Potential) von Salzböden lassen sich an Gewichtsproben bestimmen, die nicht vorentwässert wurden, allerdings nur mittels hygroskopischer Salze bzw. H_2SO_4 und damit hinreichend genau nur ab pF 4.5–4.7.

[1] Statt hygroskopischer Salze läßt sich auch H_2SO_4 unterschiedlicher Konzentration (s. Abb. 5.3.3) verwenden; die H_2SO_4-Vorlage muß aber während einer Entwässerung mehrfach gewechselt werden, weil sich bei Wasseraufnahme die Dampfspannung ändert.

5.3.4 Kennzeichnung der Wasser- und Luftleitfähigkeit

Wasser- und Luftleitfähigkeit (bzw. -durchlässigkeit) können nicht einfach aus Porenraum, Porengrößenverteilung und Porenfüllung erschlossen werden, da sie auch von Form und Kontinuität der Poren abhängen. Sie sind daher gesondert zu ermitteln.

5.3.4.1 Meßtechnische Grundlagen

Ein Maß für die Wasserleitfähigkeit stellt der Permeabilitätskoeffizient (k) dar. Er ergibt sich für langsame (laminare) und stationäre (konstantes Gefälle) Strömung nach DARCY aus

$$k = \frac{V \cdot 1}{F \cdot t \cdot h} \quad [cm \cdot d^{-1}].$$

Dabei ist V das Wasservolumen (cm^3), das in der Zeit t (d) die Länge des Bodenkörpers l (cm) mit dem Fließquerschnitt F (cm^2) bei einem hydraulischen Gradienten h (cm) perkoliert (Abb. 5.3.4). Soll ein gegebenes Wasservolumen aus einer Kapillare mit der Querschnittsfläche F_k bei sinkendem Gefälle (h_o am Anfang, hl am Ende) perkolieren, mithin als instationärer Fluß, gilt

$$k = \frac{Fk \cdot 1}{F \cdot t} \cdot \ln \frac{h_0}{h_1} \; .$$

Leitfähigkeitsänderungen (k_u-Werte) bei steigenden Wasserspannungen, mithin sinkenden Wassergehalten bzw. Fließquerschnitten lassen sich messen, indem in einer zunächst nassen Volumenprobe ein hydraulischer Gradient durch einseitigen Wasserentzug erzeugt wird, die dabei auftretenden Wasserspannungen und hydraulischen Gradienten mit im oberen und unteren Probenbereich installierten Mikrotensiometern (Meßprinzip s. 6.2.3.5) gemessen werden und Wassergehaltsänderungen (als Maß für die je Zeiteinheit geflossene Wassermenge) einer (zuvor für den gleichen Bodenhorizont nach 5.3.3.3 ermittelten) pF-WG-Kurve (Abb. 5.3.3) entnommen werden.

Im Freiland läßt sich kf im Grund- oder Stauwasserbereich nach HOOGHOUDT-ERNST (1937) in einem Bohrloch durch Messung des Wasser-Anstiegs nach Abpumpen ermitteln, während oberhalb des Grund- bzw. Stauwasserspiegels durch Wasserzufuhr mittels Doppelrohr zunächst Sättigung erreicht werden muß. Bei k_u-Messungen werden das Druckgefälle mit Tensiometern (6.2.3.5) und Wassergehaltsänderungen mit Neutronensonde oder TDR-Gerät (6.2.3.3, 6.2.3.4) gemessen. Ableiten von kf-Werten aus Bodenart und Lagerungsdichte sowie Bewertung s. 3.5.3.7. Die Luftleitfähigkeit wird allgemein nur am Standort selbst bestimmt und läßt sich ebenfalls grob aus Bodenart und Lagerungsdichte ableiten (Schätzung und Bewertung s. 3.5.3.8).

5.3.4.2 Bestimmung der gesättigten Wasserleitfähigkeit (kf)

Messung bei sinkenden hydraulischen Gradienten mit Haubenpermeameter nach DE BOODT (1967). Das Meßgerät besteht aus einer Metallhaube mit Dichtungsring und einer Kapillare mit Meßskala sowie angeschlossenem Wasservorratsbehälter.

A u s f ü h r u n g : Die feldfrische Stechzylinderprobe (Höhe l = 4 cm, Querschnittsfläche F = 25 cm^2) wird oben und unten mit einem feinmaschigen *Drahtsieb* bedeckt und in das *Perkolationsgefäß* (p, Abb. 5.3.4) gesetzt. Zum Entlüften der Probe wird p langsam (5–10 mm je h) mit abgestandenem Leitungswasser gefüllt, der *Aufsatz* (a) dann über eine *Gummimanschette* mit dem Zylinder verbunden und über ein *Niveaugefäß* aus einem *Vorratsbehälter* ständig mit Wasser versorgt. Die perkolierte Wassermenge wird in einem *Meßzylinder* (m) aufgefangen. Die Durchflußmenge wird in bestimmten Zeitintervallen (t) wiederholt gemessen, bis eine konstante Sickergeschwindigkeit erreicht ist (meist nach einigen Stunden). Aus der zuletzt ermittelten Durchflußmenge (V) ergibt sich dann der k_f-Wert nach der DARCY-Gleichung (s. 5.3.4.1) in $cm \cdot s^{-1}$, Multiplikation mit 86400 ergibt k_f in cm/d. Je Horizont sind 8-12 Parellelen nötig, die gemittelt werden.

M e t h o d i s c h e F e h l e r q u e l l e n : Bereits leicht verschmierte Schnittflächen der Zylinderprobe vermindern die Durchlässigkeit stark: verschmierte Poren lassen sich u. U. mit einem Nadelkorken öffnen. Auch bei sorgfältiger Probenahme können entlang der Zylinderwandung Hohlräume verbleiben; deren Wirkung läßt sich durch Eindrücken von *Verdichtungsringen* mit 2 mm Wandstärke weitgehend vermeiden (dabei Verringerung der Querschnittsfläche F!). Bei quellfähigen Bodenhorizonten ist kf oft höher als im Freiland, weil dort die Auflast darüberliegender Horizonte eine Quellung mindert; dem kann durch Auflegen einer *perforierten Bleiplatte* entgegengewirkt werden. Stark erhöhte kf-Werte ergeben sich durch große Vertikalporen, die im Boden selbst weiter unten z. T. bereits im gleichen Horizont blind enden. Deren Einfluß auf das Gesamtergebnis läßt sich mildern, wenn bei der Auswertung Ausreißer eliminiert oder geometrische Mittel gebildet werden. Außerdem wäre in solchen Fällen eine ergänzende horizontale Probenahme zu empfehlen. Bei mehr als 8 Parallelen empfiehlt sich, eine Häufigkeitsverteilung zu erstellen (HARTGE und HORN 1989).

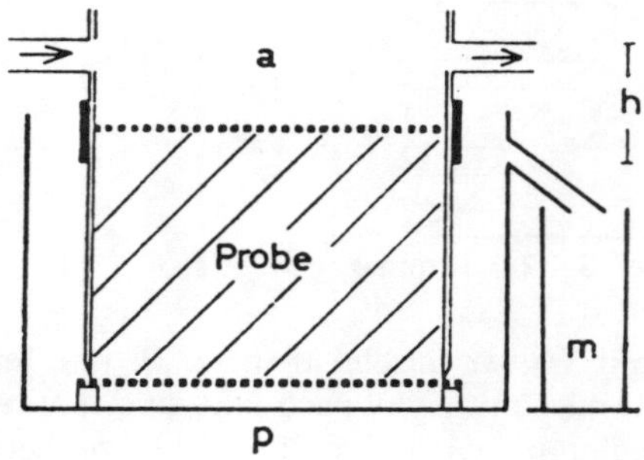

Abb. 5.3.4: Apparatur zur Messung der Wasserleitfähigkeit

5.3.5 Kennzeichnung der Gefügeamplitude

Unter Gefügeamplitude sind ganz allgemein alle im Boden infolge Umwelteinflusses möglichen reversiblen Änderungen der Anordnung fester, flüssiger und gasförmiger Bodenbestandteile zu verstehen. Das betrifft sowohl Porenraum und Porenfüllung, Aggregataufbau, -form und -größe, Porengrößenverteilung und Wasserbindung als auch Wasser- und Luftleitfähigkeit.

5.3.5.1 *Meßtechnische Grundlagen*

Der Schwankungsbereich der genannten Charakteristika muß entweder durch wiederholte Feldmessungen oder wiederholte Probenahme mit nachfolgender Laboruntersuchung im Jahreslauf ermittelt werden. Ihn aus der Charakterisierung einmalig entnommener Proben unter variierten Laborbedingungen zu erschließen, ist nur dann statthaft, wenn die am Standort mögliche Schwankungsbreite zumindest abgeschätzt werden kann. In der Regel ist nämlich die im Labor meßbare Schwankungsbreite größer als die im Felde tatsächlich vorkommende (z. B. Messung der Porenfüllung im Labor bei Wasserbindungen von pF $-\infty$ bis $+7$ möglich, im Felde hingegen häufig nur von pF 2 bis 4 realisiert; völlige Aggregatzerteilung bis zur Einzelkörnung oft unter Feldbedingung nicht erreichbar).

Die Änderung der Porenfüllung läßt sich durch wiederholte Probenahme mit dem Bohrstock und gravimetrische Wassergehaltsbestimmung ermitteln. Bei Kenntnis der Porung (pF-WG-Beziehung) lassen sich daraus dann auch die Schwankungen der Luftvolumina und der Wasserspannungen ableiten. Einfacher und weniger störend ist hingegen die direkte Messung der Wassergehalte und/oder Wasserspannungen mit fest installierten Sonden und/oder Tensiometern (s. hierzu 6.2.3.4–5).

Porenvolumen und Porengrößenverteilung ändern sich bei quellenden Böden mit der Feuchte. Unter 5.3.3.3 wurde nur die Bestimmung der Porenfrequenz bei maximaler Wassersättigung geschildert. Die Porung einer trockenen Volumenprobe läßt sich nur unter Verwendung einer Flüssigkeit bestimmen, die weder polar ist, also nicht quellend

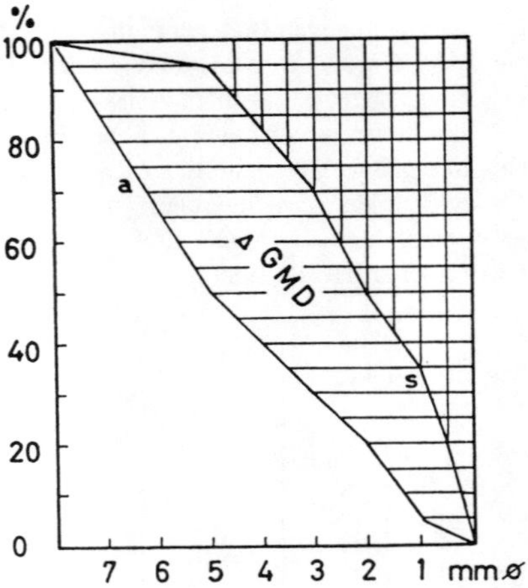

Abb. 5.3.5: Darstellung der aktuellen (a) und stabilen (s) Makro-Aggregatgrößen

wirkt, noch sich mit Wasser mischt, d. h. z. B. mit Tetrachloräthan nach QUIRK und PANABOKKE (1962) oder mit Xylol nach NAGARAJARAO (1965).

Statt die Aggregierung wiederholt im Felde zu beobachten, kann man auch die Aggregatstabilität gegen Wasser bestimmen, da Wasser eine wesentliche Rolle bei Gefügeänderungen spielt. Üblicherweise wird die Resistenz gegen fließendes Wasser bei einer Geschwindigkeit von etwa 2 cm/s gemessen (Kombination aus mechanischem Angriff und Quellung). Dabei kann man (entsprechend den Schlämmverfahren bei der Dispersitätsanalyse) entweder die Probe gegen das Wasser bewegen (Tauchverfahren) oder das Wasser wirklich durchfließen lassen (Spülverfahren).

5.3.5.2 Bestimmung der stabilen Aggregatgrößenverteilung

Tauchen feldfrischer Volumenproben in Wasser, nach TJULIN (s. hierzu DE LEENHEER u. DE BOODT 1954); Bestimmung der stabilen Makroaggregate durch Sieben, der Mikroaggregate über ein Sedimentationsverfahren. Sollen nur stabile Feinaggregate bestimmt werden, ist entsprechend 5.4.1.3 unter Verzicht auf ein Dispergierungsmittel zu verfahren.

Tauchen: Der Inhalt einer feldfrischen (100 ml) Stechzylinderprobe mit bekanntem Frischgewicht und Wassergehalt (an Parallelprobe ermitteln, z. B. bei 5.3.1.2) wird durch vorsichtiges Zerkleinern (möglichst keine Aggregatbruchstücke schaffen!) auf dem obersten Sieb eines *Siebsatzes* (5, 3, 2, 1, 0,5 und 0,2 mm Maschenweite) ausgebreitet. Der Siebsatz wird 5 min bei 35 Hüben/min und einer Hubhöhe von 38 mm in einem *Behälter* (z. B. in der Tauchsiebapparatur nach CZERATZKI) auf- und abbewegt, der so weit mit *Leitungswasser* gefüllt ist, daß der Rand des obersten Siebes beim Eintauchen noch gerade herausragt.

Bestimmung der Makroaggregate: Die wasserstabilen Aggregate werden von den einzelnen Sieben getrennt, jeweils in eine gewogene *Porzellanschale* gespült, im *Trockenschrank* bei 105 °C getrocknet und gewogen. Die Ergebnisse (G_{5}–$G_{0,2}$) werden in (Gewichts-)% der trockenen Volumenprobe angegeben: $\% \, G_{5-0,2} = G_{5-0,2} : \rho_b$.

Bestimmung der Mikroaggregate: Der Durchlauf mit den Mikroaggregaten (< 0,2 mm) wird in eine *10-l-Enghalsflasche* überführt, ggf. aufgefüllt und nach Verschließen durch Umkippen (10 ×) homogenisiert. Analog der Dispersitätsanalyse werden dann mit einer *Pipette* 50-ml-Aliquote nach bestimmten Zeiten aus bestimmten Tiefen (Näheres siehe 5.4.1.3) entnommen, getrocknet, gewogen und daraus durch Multiplikation mit 200 die Aggregatfraktionen < 63, 20, 6, 3 und 2 µm berechnet (von den ermittelten Trockengewichten das einer eingedampften 50-ml-Leitungswasser-Probe abziehen!). Die Ergebnisse werden wie bei den Makroaggregaten in % der trockenen Gesamtprobe angegeben.

Darstellung der Ergebnisse: Die ermittelten Daten können wie bei der Korngrößenanalyse in Form einer Aggregatverteilungskurve (s. Abb. 5.4.2 in 5.4.1.4) dargestellt werden. Üblich ist es auch, die stabilen sowie die aktuellen Makroaggregatfraktionen in Form von Summenkurven in einem 8 × 10-cm-Achsenkreuz auf normalem Millimeterpapier zu zeichnen (siehe Abb. 5.3.5). Dann ergibt die Fläche zwischen den beiden Kurven (in cm^2, Auszählen oder Ausplanimetrieren) nach Division durch 10 die Differenz der gewogenen mittleren Durchmesser (= Δ GMD in mm) ein Maß für die Aggregatstabilität (nach VAN BAVEL 1950). Je größer Δ GMD (theoretischer Bereich 0–8), desto geringer ist die Aggregatstabilität. Der Partikelfeinheitsgrad der Probe ließe sich wie in 5.4.1.4 nach folgender Formel errechnen:

$$\frac{(6 \cdot [\% > 5]) + (5 \cdot [5-3]) + (4 \cdot [3-2]) + (3 \cdot [2-1]) + (2 \cdot [1-0{,}5]) + (1 \cdot [0{,}5-0{,}2\,mm]) + 100}{7}$$

Methodische Fehlerquellen: Da die Stabilität der Aggregate immer durch Art und Stärke der einwirkenden Kraft definiert und keine absolut zu nennende Größe ist, gibt es kaum methodische Fehler (eine ganz andere Frage ist es, ob die Messung unter diesen Bedingungen immer sinnvoll ist). Letztlich wird der Anteil stabiler »Partikel« (also der Aggregate + Primärpartikel) gemessen. Sollen hingegen ausschließlich die Aggregate erfaßt werden, so müssen die getrockneten Siebfraktionen zur Bestimmung der Primärpartikel getrennt in verdünnter $Na_4P_2O_7$-Lösung dispergiert und erneut über ihr Sieb gegeben werden. Eine Korrektur der Mikroaggregatbestimmung wäre hingegen schwierig. Bei sehr trockenen Volumenproben kann es beim Tauchen durch die »Sprengwirkung« eingeschlossener Luft zu einem Aggregatzerfall kommen, der in dieser Art unter natürlichen Bedingungen allenfalls im A-Horizont bei plötzlichem Starkregen abliefe. Daher sollten relativ trockene Proben vor dem Tauchen auf einem Sandbad wie beschrieben schonend befeuchtet werden.

5.4 Dispersität und Stoffaustausch des Bodens

Die Dispersität ist das Größenspektrum aller Primärpartikel, also sowohl der Mineral- als auch der Humusstoffe. Sie kann als Gefügezustand bei völliger Zerteilung angesehen werden und vereinigt in sich die Körnung (auch Textur genannt) der einzelnen Mineral- und Humusgruppen. Als Maß für die Dispersität kann man auch die Summe der Partikeloberflächen (z. B. m^2/g) benutzen, da die relative Oberfläche mit Abnahme der Korngröße steigt. Die Bodenteilchen sind überdies mehr oder weniger stark elektrisch geladen. Daher vermögen sie an ihren Oberflächen Elektrolyte (und polarisierbare Nichtelektrolyte) zu binden. Insbesondere die Bodenteilchen kolloider Größe bilden also mit der Bodenlösung ein Ionenaustauschsystem.

Austauscher besitzen die Fähigkeit, Stoffe der Bodenlösung zu adsorbieren bzw. diese zu puffern und damit deren (weitere) Bewegung zu unterbinden. Ein Austausch- oder Puffersystem ist daher charakterisiert durch die Verteilung der verschiedenen Stoffe auf Lösung und Austauscher. Neben Ionen werden auch nicht dissoziierte und nicht dissoziierbare, anorganische und organische Moleküle locker angelagert und damit austauschbar gebunden. Es gilt, die Fähigkeit des Bodens zu ermitteln, Stoffe zu adsorbieren. Außerdem sollen Menge und Art der adsorbierten Stoffe erfaßt werden. Bei den Mengen interessiert sowohl die in Äquivalenten pro Gewichts- oder Volumeneinheit angegebene Konzentration c (z. B. c_{Ca} = [mol_c Ca/kg] bzw.[mol_c Ca/l] als auch die Aktivität a (die wirksame Konzentration a = f · c), die in ihrem negativen dekadischen Logarithmus p (z. B. pCa = –log [mol_c Ca/l] oder pH = –log [mol_c H/l] angegeben wird. c und a sind nur bei starken Elektrolyten und geringen Ionenstärken einer Lösung identisch.

Die Konzentration der Bodenlösung ist besonders wegen des Wechsels von Wasserzufuhr und -entzug eine sehr variable Größe; sie kann bei Gegenwart löslicher Substanzen aus deren Menge und Art nur bei Kenntnis der Löslichkeitseigenschaften überschlägig für jeden Wassergehalt berechnet werden. Die Konzentrationen an den Austauschern sind demgegenüber bereits konstanter. Sie werden mit chemischen Methoden gemessen. Die Aktivitäten müssen dagegen mit physikochemischen Methoden bestimmt werden. Das ist in der Bodenlösung möglich – man begnügt sich allerdings bisher mit H-Aktivitätsmessungen –, bei den Austauschern hingegen problematisch. Hier ist nämlich die Grenze zwischen dissoziierten und gebundenen Ionen nicht eindeutig zu ziehen.

Zur anderen Seite gibt es ebenfalls gleitende Übergänge: zwischen Austausch-Bindung nämlich und einer Festlegung bzw. Fixierung in nicht mehr austauschbarer Form.

Das Austauschsystem des Bodens stellt auch ein Redoxsystem dar. Austauscher und Bodenlösung enthalten reduzierende (= Elektronen abgebende) bzw. oxidierbare und oxidierende (= Elektronen aufnehmende) bzw. reduzierbare Stoffe.

Schließlich beeinflußt auch die Zusammensetzung der Bodenluft das Austauschsystem, z. B. der Sauerstoffgehalt den Redoxzustand. Redoxzustand und Zusammensetzung der Bodenluft verändern sich im Tages- und Jahreslauf im allgemeinen noch stärker als die Zusammensetzung der Bodenlösung und stellen noch höhere Ansprüche an veränderungsfreies Transportieren und Lagern, so daß sie am Standort selbst untersucht werden sollten (s. hierzu Kap. 6).

5.4.1 Kennzeichnung der Dispersität

Die Bodenpartikel liegen häufig nicht in Einzelkörnung, sondern als Aggregate mit recht unterschiedlicher Stabilität vor. Die Grenze zwischen Einzelkorn und Aggregat ist dabei nicht immer eindeutig zu ziehen. Minerale können nämlich durch die gleichen Bindemittel zu Gesteinsbruchstücken vereint sein, die auch Bodenaggregate festigen. So wird das Bruchstück eines Fe-Sandsteines als lithogenes Einzelkorn, eine Fe-Konkretion mit eingeschlossenen Quarzkörnern hingegen als pedogenes Aggregat aufgefaßt, ohne daß diesem Unterschied bei der Bestimmung der Dispersität (der Granulometrie) in jedem Fall Rechnung getragen werden könnte.

5.4.1.1 Meßtechnische Grundlagen

Das Korngrößenspektrum eines Bodens kann vom 0,005 µm(= 5 Nanometer)-Tonteilchen bis zum 10-m-Geschiebe reichen. Bereits aus diesem Grunde ist eine vollständige Analyse nur durch eine Kombination mehrerer Methoden möglich. Die Körner können recht unterschiedlich geformt sein und demnach mehrere Durchmesser besitzen. Diese können nur durch eine direkte Messung (ggf. unter Zuhilfenahme eines *Licht-* oder *Elektronenmikroskopes*) bestimmt werden (s. hierzu MÜLLER 1964). Da dieser Weg sehr umständlich wäre, begnügt man sich meist mit indirekten Methoden (Absieben oder Abschlämmen), bei denen nur Korngrößenintervalle ermittelt werden. Das erfordert zunächst, daß Kittsubstanzen gelöst und die Bodenaggregate dispergiert, d. h. in Primärpartikel zerlegt werden (auch bei direktem Messen kann hierauf allenfalls dann verzichtet werden, wenn nicht Streupräparate, sondern Dünnschliffe mikroskopisch untersucht werden).

Lösen der Bindemittel (z. B. Kochsalz, Gips, Kalk, Kieselsäure, Sesquioxide, org. Stoffe) bedeutet streng genommen bereits Verzicht auf die Bestimmung der Gesamtdispersität. Tonhaltige Proben müssen überdies mit wenig haftenden Kationen (z. B. Li, Na) belegt werden, um Flockungskräfte zu überwinden. Eine schonende Dispergierung mit gleichzeitig teilweiser Lösung vieler Kittsubstanzen läßt sich z. B. durch Schütteln mit $(NaPO_3)_6$ oder $Na_4P_2O_7$ erreichen. Bei Verzicht auf ein Dispergierungsmittel werden auch stabile Feinaggregate als Partikel erfaßt (s. 5.3.5.2). Wenn man die Körnung durch Absieben oder Abschlämmen bestimmt, geht außer der Größe die Form der Partikel, bei den Schlämmverfahren überdies ihre Dichte, in das Meßergebnis ein (man unterstellt Kugelform und rechnet mit einem Äquivalentdurchmesser).

Partikel > 63 µm werden durch Siebe verschiedener Maschenweite fraktioniert und ausgewogen. Durch Schlämmen kann getrennt werden, weil nach STOKES der Fall kleiner Teilchen in einer Flüssigkeit gleichförmig (Reibung hebt nach kurzer Zeit die Beschleunigung auf, für Wasser gilt 0,06 mm Korndurchmesser als obere Grenze) und ihre Geschwindigkeit eine Funktion der Masse, bei gegebener Dichte also der Größe ist:

$$v = \frac{2}{9} \cdot \frac{(\rho_p - \rho_w)\, g \cdot r^2}{\eta} = \text{Konstante} \cdot r^2$$

Es bedeuten: v = Fallgeschwindigkeit [cm/s], r = Teilchenradius [cm], ρ_P = Teilchendichte [g/cm^3], ρ_W = Wasserdichte [g/cm^3], g = Erdbeschleunigung [cm/s^2], η = Wasserviskosität [g/cm · s]; Dichte und Viskosität sind dabei temperaturabhängige Größen.

Für Wasser als Suspendierungsmittel, 20 °C und ρ_p = 2,65 gilt: $v = 36000\ r^2$. Partikel mit einem Äquivalentdurchmesser von 0,002 mm (= 2 µm bzw. 2 Mikrometer) brauchen also für eine Fallstrecke von

$$10 \text{ cm } x = \frac{10}{36000 \cdot 0{,}0001^2} \text{ s},$$

d. h. etwa 27800 s bzw. 7 h 43 min. Umgekehrt läßt sich errechnen, daß z. B. Partikel, die nach 3 h 05 min eine geringere Strecke als 4 cm zurückgelegt haben, einen Radius kleiner als

$$y = \sqrt{\frac{4}{11100 \cdot 36000}} \text{ cm},$$

also etwa 0,0001 cm und damit einen Durchmesser < 2 µm haben.

Man kann die Partikel sich in ruhendem Wasser absetzen lassen (Sedimentierverfahren) oder umgekehrt die Sedimentation bestimmter Korngrößen durch aufsteigende Wasserströme bestimmter Geschwindigkeiten gerade verhindern, sie also mit dem Wasserstrom entfernen (Spülverfahren). Definierte Wassergeschwindigkeiten werden dabei in untereinander verbundenen Glaszylindern bei konstantem Wasserdruck durch Variation des Zylinderquerschnittes erzielt (Spülmethode nach KOPECKY 1914). Bei den Sedimentierverfahren läßt sich durch mehrfaches Abhebern der stets wieder aufgeschlämmten (= homogenisierten) Suspension nach bestimmten Zeiten bis zu bestimmten Tiefen (dadurch Grenzdurchmesser fixiert) in mehrere Kornfraktionen zerlegen, die einzeln getrocknet und ausgewogen werden (Schlämmethode nach ATTERBERG 1912). Will man die einzelnen Kornfraktionen nicht für weitere Untersuchungen gewinnen, braucht man nur einmalig nach bestimmten Zeiten aus bestimmten Tiefen für jede Fraktion ein Aliquot zu entnehmen und dessen Konzentration durch Wägen des Trocknungsrückstandes zu ermitteln (Pipettmethode nach ANDREASEN 1930). Die Konzentration läßt sich dabei auch aus der gespindelten Dichte der Suspension errechnen (Aräometermethode nach CASAGRANDE 1934). Diese Methode läßt sich vereinfachen, wenn das *Kettenaräometer* nach DE LEENHEER (1955) verwendet wird. Hierbei wird eine konstante Eintauchtiefe dadurch eingehalten, daß die Spindel je nach Dichte der Bodensuspension unterschiedlich stark mit Gewichten belastet wird. Unter konstanten Versuchsbedingungen (insbesondere Temperatur und Einwaage) stellt die Aräometerbelastung (Grobbelastung mit Einzelgewichten, Feinbelastung mit einer in ihrer wirksamen Länge verstellbaren Kette) ein direktes Maß für den Anteil einer Fraktion an der Gesamtkörnung dar.

Bei den Sedimentationsverfahren lassen sich lange Sedimentationszeiten durch den Einsatz einer Zentrifuge wirksam verringern (vgl. hierzu TANNER und JACKSON 1947).

Dadurch wird die Granulometrie im Kolloidbereich möglich, weil sich unterhalb 2 µm die Brownsche Bewegung zunehmend bemerkbar macht und bei Teilchen < 0,1 µm eine Trennung behindert. Weitere Einzelheiten s. KÖSTER (1960) u. MÜLLER (1964).

5.4.1.2 Bestimmung des Kies- und Steingehaltes

Der Siebrückstand bei der Aufbereitung der Feinerde (vgl. 5.2.1) wird von Wurzeln befreit, gewogen und das Ergebnis in % der Gesamtprobe ausgedrückt.

Bei einer genauen Bestimmung wird der Siebrückstand mit *0.1 % $(NaPO_3)_6$* geschüttelt (um anhaftende Feinerdepartikel zu dispergieren), erneut über ein *2-mm-Sieb* gegeben, mit *H_2O* gewaschen, getrocknet und gewogen.

5.4.1.3 Bestimmung der Dispersität mit einem kombinierten Sieb- und Sedimentationsverfahren

Naßsiebung der Fraktionen 0,063–2 mm, Pipettanalyse der Fraktionen < 0,063 mm nach ANDREASEN (modifiziert nach KÖHN 1928 bzw. ISO/CD 11277).

Dispergierung: 10 (Tone) – 50 (Sande) g lutro Feinerde werden mit *25 ml Dispergiermittel* (33 g $(NaPO_3)_6$ + 7 g $NaCO_3$ in 1 *l* H_2O) über Nacht in einer *1/2-l-Flasche* eingeweicht und dann nach Zusatz von etwa *200 ml H_2O* 2 h *maschinell* geschüttelt.

Siebanalyse: Die Suspension wird über ein *63 µm-Sieb* gegeben, das mittels eines großen *Trichters* auf einen *1000-ml-Zylinder* gesetzt wurde. Mit *H_2O* (insgesamt höchstens 750 ml!) wird der Siebrückstand nachgewaschen, bis alle feineren Teilchen das Sieb passiert haben. Der Siebinhalt wird mit Wasser in eine *Porzellanschale* überspült, das Wasser dekantiert und der Sand bei 105 °C in einem *Trockenschrank* getrocknet. Der trockene Sand wird dann auf einen *Siebsatz* (Maschenweiten 0,63, 0,2, 0,125 und 0,063 mm) gegeben und dieser mit Deckel und Boden 3 min gerüttelt (*Rüttelmaschine* zweckmäßig). Die Fraktionen (auch < 63 µm!) werden gewogen.

Pipettanalyse: Die in den 1000-ml-Zylinder übergeführte Suspension wird bis zur Marke aufgefüllt und nach Verschließen durch zunächst kräftiges, später ruhigeres Umkippen homogenisiert; der Zylinder wird dann abgesetzt und der Beginn der Sedimentationszeit notiert. Zur Bestimmung der Fraktion < 63 µm wird dann früher als 28 s aus mindestens 10 cm Tiefe ein 10-ml-Aliquot mit dem *Pipettapparat* entnommen und in ein *Wägegläschen* überführt (hierzu Pipettenspitze sofort nach Sedimentationsbeginn innerhalb von 20 s 10–20 cm tiefer kurbeln und die Probe in 3–5 s ansaugen; vorher trainieren!); in gleicher Weise werden für die Fraktion < 20 µm genau nach 9 min 19 s nach Sedimentationsbeginn aus exakt 20 cm Tiefe, < 6,3 µm 51 min 38 s aus 10 cm und für die Fraktion < 2 µm nach 3 h 6 min aus 4 cm Tiefe ein Aliquot entnommen (die Zeiten gelten für 20 °C; bei niedrigeren Temperaturen der Bodensuspension ist die Entnahmezeit um etwa 5 % je 2 °C zu verlängern, bei höheren um den gleichen Prozentsatz zu verkürzen). Die Proben werden bei 105 °C im *Trockenschrank* getrocknet, im *Exsikkator* über einem *Trockenmittel* abgekühlt und (auf 0,001 g genau) gewogen. Die ausgewogene Menge in g (vermindert um 0,010 g für das Dispergierungsmittel) wird durch Multiplikation mit 100 auf die Gesamtprobe bezogen.

Auswertung: Die in mg ermittelten Mengen der Sandfraktionen und das 100fache (10 ml von 1 l) des Aliquots der Fraktion < 63 µm werden addiert (= Auswaage). Die Differenz zwischen Auswaage und (Einwaage · Wf) ist der Gesamtfehler der Analyse. Er wird in % der Einwaage angegeben: $\text{Fehler } \% = \frac{\text{Auswaage} - (\text{Einwaage} \cdot \text{Wf}) \cdot 100}{\text{Einwaage} \cdot \text{Wf}}$

angegeben. Der Fehler soll kleiner als 3 % sein. Ist es größer, ist die Fraktion < 63 µm zu überprüfen; sonst ist die Analyse zu wiederholen. Weiterhin ist zu prüfen, ob die Schlämmfraktionen abnehmende Auswaagen zeigen: wenn nein, ist die Schlämmanalyse zu wiederholen.

Die Sandfraktionen werden dann direkt in % der Auswaage angegeben. Die Schlämmfraktionen werden nach der Formel

$$\% \text{ Fraktion} < 63\ \mu\text{m} = \frac{(\text{TG} < 63\ \mu\text{m} - 0{,}01) \cdot 100 \cdot 100}{\text{Auswaage}}$$ usw. bestimmt.

Die Tonfraktion ergibt sich aus

$$\% \text{ Ton} = \frac{(\text{TG} < 2\mu\text{m} - 0{,}01) \cdot 100 \cdot 100}{\text{Auswaage}}$$

Methodische Fehlerquellen: Die angegebenen Sedimentationszeiten bzw. -tiefen gelten für Kugelform und $\rho p = 2{,}65$ g/cm^3 bei den Teilchen aller Fraktionen. Plättchen (z. B. Glimmer) werden bei der Siebanalyse in eine größere Kornfraktion gelangen als ihrem durchschnittlichen Durchmesser entspricht; bei der Sedimentation werden sie hingegen in feineren Fraktionen erscheinen, weil sie sich breitseitig bewegen und dann die Reibung unverhältnismäßig groß ist. Weichen alle Teilchen in ihrer Dichte von 2,65 um denselben Betrag ab, so kann die nötige Korrektur der Sedimentationszeit (Zu- oder Abschlag von 3 % je 0,05 g/cm^3 Unter- oder Überschreiten) aus der Dichtebestimmung (vgl. 5.3.1.3) hergeleitet werden. Sind dagegen die Dichten der verschiedenen Kornfraktionen verschieden (z. B. Carbonate und Schwerminerale in der Sand-, Tonminerale und Humusstoffe in der Tonfraktion), so hilft ein solcher durchschnittlicher Korrekturwert nicht weiter. Temperaturschwankungen stören durch das Auftreten von Konvektionsströmen die gleichförmige Sedimentation. Daher sollte möglichst ein *Wasserbad* verwendet oder in einem *thermokonstanten Raum* gearbeitet werden.

Carbonat-, gips- oder salzhaltige Proben lassen sich nicht optimal dispersieren, da eine erhöhte Elektrolytkonzentration eine Flockung der Tonteilchen bewirkt. In diesem Falle sind die flockend wirkenden Substanzen zu entfernen (s. 5.5.2.3).

5.4.1.4 Darstellung der Ergebnisse

Die bei der Sieb- und Pipettmethode ermittelten Werte werden auf *semilogarithmischem Papier* aufgetragen, und zwar auf der Ordinate numerisch der %-Anteil der Teilchen, die jeweils kleiner sind als auf der Abszisse logarithmisch aufgetragen. Verbindung dieser Punkte ergibt die Kornverteilungssummenkurve (KSK) der Feinerde (vgl. Abb. 5.4.1).

Aus KSK läßt sich der Anteil jeder beliebigen Fraktion ermitteln (wenn z. B. 75 % < 0,063 und 27 % < 0,02 mm, dann 48 % 0,063–0,02 mm). Üblich ist folgende Einteilung der Korngrößenklassen: > 200 mm Blöcke, 200–63 mm Steine, 63–2 mm Kies (bzw. Grus), 2–0,063 mm Sand (2–0,63 Grob-, 0,63–0,2 Mittel-, 0,2–0,063 Fein-), 63–2 µm Schluff (bzw. Silt; 63–20 Grob-, 20–6,3 Mittel, 6,3–2 Fein-) und < 2 µm Ton (2–0,63 Grob-, 0,63–0,2 Mittel-, < 0,2 Fein-). Die KSK vermittelt eine bessere Vorstellung vom gesamten Dispersitätsgrad der Probe, da die angegebenen Fraktionen immerhin Korngrößenintervalle von je einer halben Zehnerpotenz umfassen. Ein quantitativer Vergleich verschiedener Proben ist aber nur möglich, wenn man die von den Kurven eingeschlossenen Flächen ermittelt (um so größer, je feiner die Körnung). Die Kornverteilungssummenkurve kann auch in einzelne Kornfraktionen zerlegt und in Form von Blockdiagrammen gezeichnet werden. Eine Vielzahl solcher Blöcke läßt sich zu einer Kornverteilungskurve verbinden (s. Abb. 5.4.2).

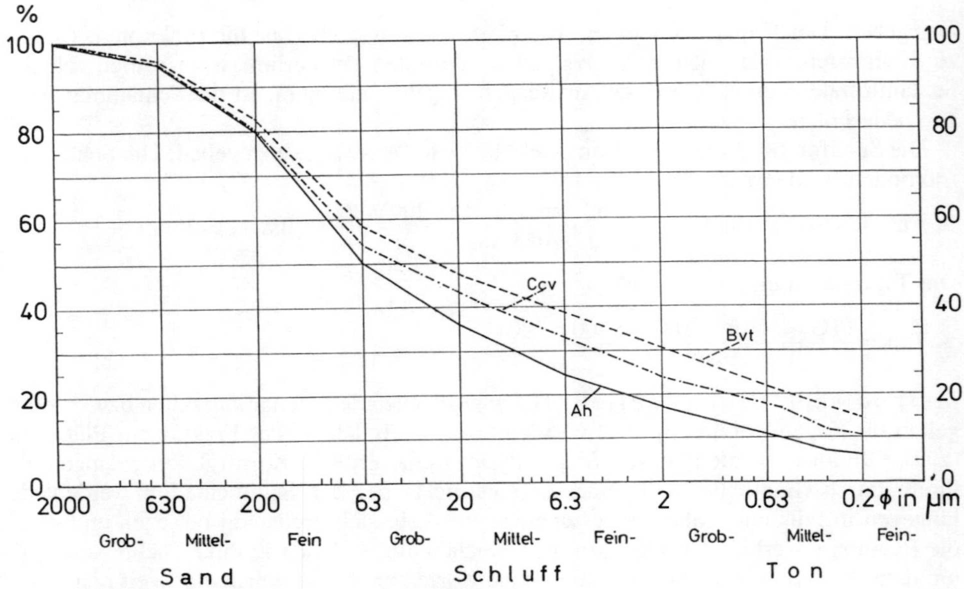

Abb. 5.4.1: Kornverteilungssummenkurve (Parabraunerde Siggen)

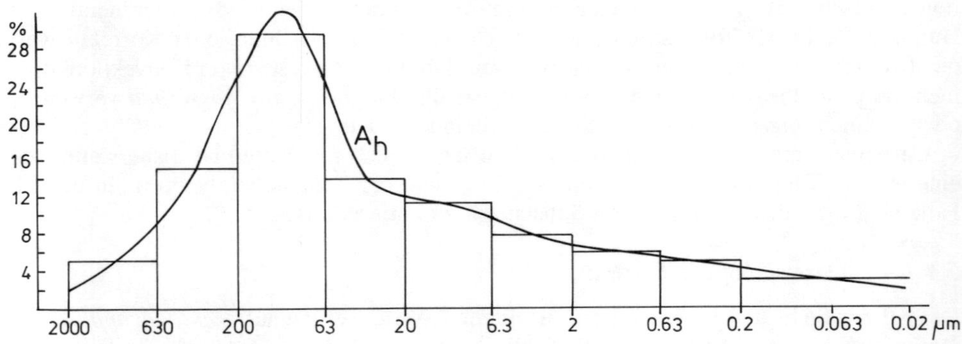

Abb. 5.4.2: Korngrößen-Blockdiagramm und Kornverteilungskurve (Parabraunerde Siggen)

Bei einer Aufteilung des Körnungsspektrums in Fraktionen kann man zwar die Gehalte verschiedener Proben an den einzelnen Fraktionen gut miteinander vergleichen, aber nicht den allgemeinen Feinheitsgrad. Dieser wird näherungsweise in der Bodenart erfaßt (s. S. 40, Abb. 3.5.3).

5.4.2 Kennzeichnung der Austauscher

Austauscher sind charakterisiert durch ihre Oberfläche je Masseneinheit, Ionenaustauscher zudem durch die Ladungsdichte auf dieser Oberfläche. Das Produkt aus beiden bestimmt die Ladung je Masseneinheit und damit ihre Fähigkeit, Kat- und/oder Anionen austauschbar zu binden, also ihre Austauschkapazität für Kationen (KAK, früher T-Wert) und für Anionen (AAK) in $cmol_c/kg$ (früher mval/100 g).

KAK und AAK sind z. T. pH-abhängig. Die bei pH 7–8 (bzw. Anwesenheit von Kalk) wirksame KAK wird als potentielle Austauschkapazität (KAK_{pot}), die beim jeweiligen pH des Bodens als effektive Austauschkapazität (KAK_{eff}) bezeichnet.

Infolge sehr unterschiedlicher Eintauschstärken verschiedener Stoffe besitzt ein Boden mehrere stoffspezifische Austauschkapazitäten. Anionen unterscheiden sich in ihrer Eintauschstärke und deren pH-Abhängigkeit so stark, daß von einer allgemeinen AAK nicht gesprochen werden kann. Ähnliches gilt für Schwermetallionen, die zudem in unterschiedlicher Spezifizierung (z. B. Hydroxokomplexe) auftreten, und für organische Verbindungen, die auch kovalent (besonders an Huminstoffe) stark adsorbiert werden können.

Zunächst austauschbar gebundene Ionen können auf verschiedene Weise fixiert werden, nämlich in Fällungsprodukten (z. B. Reaktion zwischen PO_4- und Fe-Ionen), als Hydroxo- oder metallorganischer Komplex (vor allem Schwermetalle), durch kovalente Bindung (organische Verbindungen an Huminstoffe) und im Innern von Mineralen (z. B. K-Ionen in Zwischenschichten aufweitbarer Tonminerale). Das Fixierungsvermögen eines Bodens für die verschiedenen Kat- oder Anionen ist allerdings keine feste Größe; es wechselt in Abhängigkeit von den Standortbedingungen und ist im trockenen Boden allgemein höher als im feuchten.

5.4.2.1 Meßtechnische Grundlagen

Die sorbierbare Ionenmenge läßt sich erstens dadurch bestimmen, daß man die Probe mit einem in ihr praktisch fehlenden Ion im Überschuß versetzt und dann die Summe aller dabei ausgetauschten Ionen bestimmt (vgl. Bestimmung austauschbarer Kationen in 5.4.3). Man kann zweitens die durch Adsorption bedingte Verminderung der Konzentration der Beladungslösung messen oder drittens das eingetauschte Ion mit einem anderen wieder verdrängen und dann bestimmen. Für 2. werden meist Gleichgewichtsverfahren (= einmaliges Schütteln mit der Belegungslösung), für 3. Perkolationsmethoden (= erschöpfendes Perkolieren mit der Belegungslösung) eingesetzt. Letztere können auch durch mehrfaches Schütteln und Abtrennen der Belegungslösung ersetzt werden. Bei Gleichgewichtsverfahren ist der Umtausch unvollständig, so daß im allgemeinen nur 70–90 % des Perkolationsverfahrens erreicht werden. Die Verdrängung hängt von den Eigenschaften des eintauschenden Ions ab, insbesondere von dessen Eintauschenergie. Sie ist auch vom pH und der Konzentration der Beladungslösung abhängig.

Ein Austausch beim Boden-pH erfolgt mit ungepufferten Lösungen (z. B. $BaCl_2$, NH_4Cl, NH_4NO_3), ein Austausch bei einem vorgegebenen pH mit gepufferten Lösungen. Für Europa wurde ein Austausch mit $BaCl_2$-Triäthanolamin bei pH 8.1 genormt (DIN ISO 13536), während internationale Bodenklassifikationen (FAO-UNESCO, US-Soil-Taxonomy) NH_4-Acetat bei pH 7.0 vorschreiben.

Die Beladungsbedingungen können das Ergebnis weiterhin deswegen stark beeinflussen, weil zwischen einer einfachen Anlagerung von Molekülen durch Dipolkräfte und einer echten Austausch-Ionenbindung einerseits sowie zwischen dieser und einer festeren Bindung (Fixierung) andererseits im Grunde fließende Übergänge bestehen. Aus diesem Grunde läßt sich die Adsorptionsfähigkeit gegenüber Anionen, Schwermetallionen sowie organischen Verbindungen am besten durch stoffspezifische Austauschisothermen charakterisieren. Sie kennzeichnen das Verhältnis von Adsorbiertem zu Gelöstem, das man bei Schüttelversuchen mit steigenden Stoffkonzentrationen erhält. Abb. 5.4.3 zeigt Adsorptionsisothermen für Pb, denen die Gleichung $x/m = kc^{1/n}$ nach Freundlich zugrunde liegen und x/m die je Gewichtseinheit Boden adsorbierte Stoffmenge bei der Gleichgewichtskonzentration c in der Schüttellösung zeigen, während k und n Konstanten sind; k stellt dabei diejenige Stoffmenge in mg/kg dar, die bei einer Stoffkonzentration von 1 mg je l Schüttellösung adsorbiert ist (k_F = k nach FREUNDLICH).

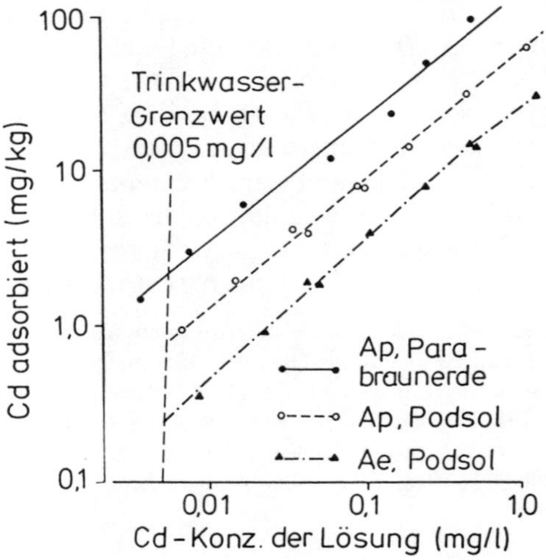

Abb. 5.4.3: Cadmium-Adsorptionsthermen für den Ap-Horizont einer Parabraunerde (Ls) sowie den Ap- und Ae-Horizont eines Podsols (S) (durch doppeltlogarithmische Darstellung linearisierte Freundlichsche Adsorptionsisothermen) n. BRÜMMER aus SCHEFFER/SCHACHTSCHABEL (1992)

Auch das Fixierungsvermögen ist außerordentlich ionenspezifisch, d. h. abhängig sowohl vom ein- als auch vom austauschenden Ion. Allgemein wird auch nicht das Gesamt-Fixierungsvermögen ermittelt, sondern aus praktischen Gründen die Festlegung einer normalen Düngergabe (bzw. die Rückhaltung der Ionen bei standardisierten Bedingungen).

5.4.2.2 *Schnellbestimmung von* KAK_{eff} *und* KAK_{pot}

Eintausch mit AgTU im Gleichgewichtsverfahren beim pH des Bodens und bei pH 7, und Bestimmung des überschüssigen Ag mit AAS nach CHABRA et al. (1975) aus REEUWIJK (1993). Das Monosilberthioharnstoffkomplexkation (AgTU) wird wegen seiner sehr hohen Eintauschstärke, und weil Ag im Boden nicht enthalten ist, benutzt. Für KAK_{pot} wird NH_4-Acetat als pH-Puffer eingesetzt, wobei das gleiche Ergebnis wie mit NH_4-Acetat im Perkolationsverfahren erzielt wird.

Beladung für KAK_{eff}: 1 (Tone, Torfe) – 5 (Sande) g lutro Feinerde werden in einem *100-ml-Zentrifugenbecher* mit 80 ml *AgTU* (1,5 *l* 0,15 M Thioharnstoff unter Rühren mit 0,5 *l* 0.04 M *$AgNO_3$* mischen) versetzt, 2 h *maschinell* geschüttelt, 5 min bei 3000 Upm *zentrifugiert*, die überstehende, klare Lösung dann in eine *100-ml-Flasche* dekantiert. Mit einer Blindlösung entsprechend verfahren.

Beladung für KAK_{pot}: Entsprechend KAK_{eff}, aber mit 80 ml *AgTU-NH_4-Acetat* (1 *l* 0.2 M Thioharnstoff um 0.5 *l* 0.4 M NH_4-Acetat [mit NH_4OH oder Essigsäure auf pH 7.0 eingestellt] ergänzen und unter Rühren 0,5 *l* 0.04 M $AgNO_3$ zugeben) schütteln.

Bestimmung: *100-ml-Meßkolben* mit 5 ml *M HNO_3* und 2 ml des Zentrifugates versetzen, mit *H_2O* zu 100 ml ergänzen, homogenisieren und die Ag-Konzentration in mg/l der Proben- (a) und Blindlösungen (b) mit *Flammen-AAS* bei 328,1 nm messen (s. 5.4.3.4).

Auswertung: KAK_{eff} bzw. KAK_{pott} ergeben sich nach der Gleichung

$$\text{KAK in cmol}_c\text{/kg} = \frac{(b-a) \cdot 50 \cdot 100}{25 \cdot 107{,}87 \cdot \text{Einw.}} \; ;$$

dabei a und b die gemessenen Ag-Konzentrationen der Proben- und der Blindlösung in mg/l und Einw. die Bodeneinwaage in g. Das Ergebnis auf atro Feinerde (s. 5.2.3) beziehen.

Methodische Fehlerquellen: Bei der KAK_{pot}-Bestimmung sind NH_4-Ionen am Eintausch etwas beteiligt und mindern das Ergebnis um 2 %. Ersatz durch Na-Acetat würde den Fehler auf 0,2 % mindern, aber die Bestimmung von austauschbarem Na unmöglich machen. Ansonsten werden ähnliche Werte wie bei einem NH_4-Acetat-Austausch im Perkolationsverfahren (REEUWIJK 1993) erzielt.

5.4.2.3 Errechnung der KAK_{pot} als Summe von S- und H-Wert

Bestimmung von S- und H-Wert s. 5.4.3. Die zusätzliche Errechnung der KAK oder einer der beiden anderen Größen kann dazu dienen, deren richtige Bestimmung zu überprüfen. Durch die oben beschriebenen Fehlerquellen sind Abweichungen von 10–15 % tolerierbar.

5.4.2.4 Bestimmung von KAK_{pot}

Eintausch von Ba^{2+} im Perkolationsverfahren bei pH 8.1 (Pufferung mit Triethanolamin) nach MEHLICH (1942), modifiziert nach MEIWES et al. (1984); Rücktausch des Ba^{2+} mit H^+ und flammenphotometrische Bestimmung.

Austausch: 5 (Ton, Torf) – 10 g lutro Feinerde (Ton mit Quarzsand vermischt) werden in einem *Filterröhrchen* über ca. 750 mg *Filterwatte* und *Quarzsand* geschichtet, mit Quarzsand und *Rundfilter* bedeckt (Abb. 5.4.4) und mit 50 ml *Austauschlösung* (45 ml $C_6H_{15}NO_2$ + 500 ml CO_2-freies H_2O mit 1 M HCl auf pH 8.1 eingestellt und zu 1 *l* verdünnt + 1 *l* 5 %iges $BaCl_2 \cdot 2 H_2O$; vor CO_2-Einwirkung schützen!) in 5 Portionen ca. 2,5 h unter *Verdunstungsschutz* perkoliert; anschließend wird entsprechend mit 50 ml 0,1 M $BaCl_2$ perkoliert. Die Perkolate werden für die Bestimmung der Austauschkationen in einer *100-ml-Plastikflasche* gesammelt (s. 5.4.3.6; ergeben in ihrer Summe bei salzfreien Proben auch die KAK). Die Probe wird in 5-ml-Portionen mit *Methanol* bis zur Cl-Freiheit (1 Tropfen Durchlauf mit 1 Tropfen $AgNO_3$ ohne Niederschlag) nachgewaschen. Dann wird die Probe mit 200 ml *0,1 M HCl* in mehreren Portionen ca. 5 h durchgewaschen und das Perkolat unter Verdunstungsschutz in einer *200-ml-Plastikflasche* aufgefangen.

Der Austausch kann auch durch *Schütteln* (jeweils 20 min) mit 25-ml-Portionen und *Zentrifugieren* (5 min mit 3000 Upm) erfolgen.

Bestimmung: Das rückgetauschte Ba^{2+} wird *flammenphotometrisch* bei 873 nm mit Wasserstoff/Sauerstofflamme analog der K-Bestimmung (5.4.3.4) ermittelt. Blind- und Eichlösungen (0–10 $mmol_c$ Ba/l) sind mit *0,1 M HCl* anzusetzen. Das Ergebnis ist in $cmol_c$/kg atro Feinerde auszudrücken.

5.4.2.5 Bestimmung von KAK_{eff} (kalkfreier Proben)

Eintausch von Ba^{2+} im Perkolationsverfahren entsprechend 5.4.2.4, aber mit 100 ml (ungepufferter) 0,2 M $BaCl_2$. Rücktausch und Bestimmung entsprechend 5.4.2.4.

5.4.2.6 Bestimmung der PO_4-Sorptionskapazität

Bestimmung des Austausch-P durch Extraktion mit Ammoniumlactatessigsäure, Bestimmung der zusätzlichen P-Bindung durch Belegung mit KH_2PO_4 bei pH 4.6 im Gleichgewichtsverfahren und Bestimmung des nicht eingetauschten P kolorimetrisch mit Molybdat-Vanadat (n. BLACKMORE et al. 1987).

Bestimmung des Austausch-P: s. 5.4.4.2; Umrechnung auf $cmol_cH_2PO_4$/kg durch Multiplikation des P-Gehaltes in mg/kg mit 0,0323.

PO_4-Belegung: 5 g lutro Feinerde werden in einem *50-ml-Zentrifugenbecher* mit 25 ml gepufferter *P-Lösung* (4,4 g KH_2PO_4 + 16,4 g Na-Acetat in 1/2 *l* H_2O, mit 11,5 ml Eisessig + H_2O zu 1 *l* : ph 4.60) versetzt, 16 h bei 20 °C *geschüttelt* und dann 15 min mit 3000 U/min *zentrifugiert*.

P-Bestimmung: 19 ml *MoVa-Lösung* (1 l 7%ige HNO_3 + 0,8 g NH_4-Vanadat in 1 *l* 0,42 % HNO_3 + 1 l 1,6 % NH_4-Molybdat mit H_2O zu 5 l) werden in einem *30-ml-Meßröhrchen* mit 1 ml des (klaren) Zentrifugats versetzt und homogenisiert; nach mindestens 30 min wird die blau gefärbte Lösung *photometrisch* bei 466 nm in *1-cm-Küvette* gemessen. *Eichlösungen* mit 0–1000 µg P/ml

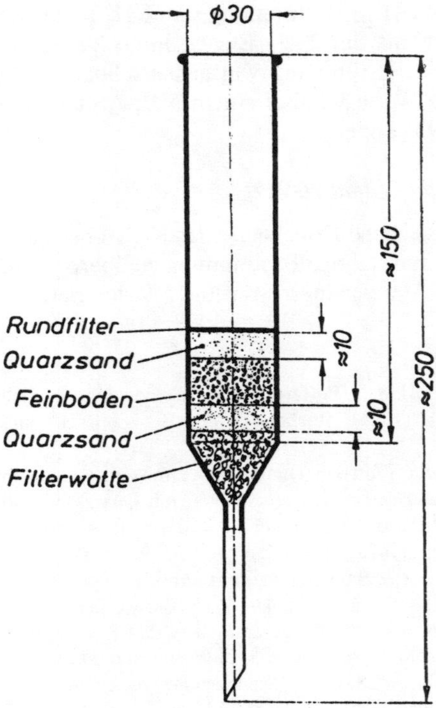

Abb. 5.4.4: Filterrohr zur Extraktion von Bodenproben, nach DIN 19684 (Maße in mm)

erstellen. Die Differenz zur P-Konzentration der P-Lösung (1000 g/ml) ergibt nach Multiplikation mit 100 das zusätzlich gebundene P in g/g Einwaage und nach Multiplikation mit 0,0323 in $cmol_c$/kg. Addition des Austauschbaren ergibt schließlich die potentielle Phosphatbindung (≈ AAK).

Darstellung der Ergebnisse: Die ermittelten Daten können in folgender Weise umgerechnet werden: (Austauschphosphat · 100) : AAK ergibt den »Phosphatsättigungsgrad« der Anionenaustauscher, KAK : AAK kennzeichnet den Charakter des Ionenaustauschsystems; je kleiner der Wert, desto größer ist die Bedeutung von amphoteren Gelen. Der %-Anteil des P der Belegungslösung, der gebunden wurde, wird als P-Retensionsvermögen des Bodens bezeichnet (nicht sehr glücklich, da das bereits Sorbierte unberücksichtigt bleibt).

Methodische Fehlerquellen: Bei der Bestimmung der Phosphatbindung wurde unterstellt, daß die Verminderung der P-Konzentration der Beladungslösung lediglich auf einen Anionenaustausch zurückzuführen sei. In den meisten Proben ist aber auch eine Fällung durch einfache Kationen möglich. Eine vorherige Wasserextraktion würde die Verhältnisse nur unwesentlich bessern, da bei pH 4.6 Al-Ionen dissoziieren können. Bei der Bestimmung des Austauschphosphates ist umgekehrt die Grenze zwischen Ionenaustausch und Lösung schwer zu ziehen.

5.4.2.7 *Ermittlung von Adsorptionskonstanten für Metallionen*

Schüttelversuche mit steigender Metallkonzentration, Bestimmung mit AAS, Auswertung durch Adsorptionsisothermen nach FREUNDLICH

Versuch: 4 g lutro Feinboden werden in *30-ml-Zentrifugengläsern* eingewogen und mit 20 ml *0,01 M Ca(*Cl_2*)-Lösung*, die 0, 0,01, 0,1, 1 bzw. 10 mg/l Metallion (Me als Chlorid) enthält, versetzt, 2 h *geschüttelt* und dann bei 3000 Upm *zentrifugiert*. Die Me-Konzentrationen der Zentrifugate werden mittels *AAS*-Gerät (s. Kap. 5.4.3.4) gemessen.

Auswertung: Ermittelt wurden die nach Adsorption in der Schüttellösung verbliebenen

Me-Konzentrationen in mg/l. Die Differenzen zur Ausgangskonzentration ergeben nach Multiplikation mit 5 die adsorbierten Mengen in mg/g Boden. Diese Werte werden entsprechend Abb. 5.4.3 zwischen logarithmischen Skalen aufgetragen und ergeben in ihrer Abfolge eine Adsorptionsisotherme nach FREUNDLICH. Die bei einer Lösungskonzentration von 1 mg Me/l adsorbierte Menge in mg Me/kg ist dann die Adsorptionskonstante nach FREUNDLICH(k_F). Zeigt die Isotherme keinen geradlinigen Verlauf, hat neben Adsorption auch Fällung (durch Reaktion mit Bestandteilen der Bodenlösung) stattgefunden.

Methodische Fehlerquellen: Das Ergebnis hängt etwas von der Temperatur und stark vom gewählten Boden : Flüssigkeits-Verhältnis (BFV) und der Menge an konkurrierenden Ionen ab. Standortgerecht (aber methodisch schwerer zu realisieren) wäre, den Versuch bei einem sehr viel engeren, den Wassergehalten des Bodens entsprechenden BFV durchzuführen: Nach KUKOWSKI (1989) entsprechen aber Ergebnisse bei einem BFV der Gleichgewichtsbodenlösung (5.4.5.2.3) und ohne Neutralsalzzusatz in etwa denen, die mit der geschilderten Methode erhalten werden.

5.4.2.8 Bestimmung des K-Fixierungsvermögens

Nasse und trockene Fixierung bei einem K-Angebot von etwa 1 ‰ und Rücktausch mit NH_4-Acetat nach VOLK, modifiziert nach GRAF v. REICHENBACH und SCHROEDER 1960.

K-Austausch: 10 g lutro Feinerde werden mit 50 ml *NH_4-Acetat* in einem *Erlenmeyerkolben* 1 h *maschinell* geschüttelt und *filtriert*. Im Filtrat wird K nach 5.4.3.4 bestimmt (= Austausch-K bzw. K_a in mg/l).

Nasse Fixierung: 10 g lutro Feinerde werden mit 50 ml *0,005 M KCl* wie vorher geschüttelt, zentrifugiert, mit 50 ml *M NH_4-Acetat* versetzt, weitere 1 h geschüttelt und filtriert. Im Filtrat wird K nach 5.4.3.4 bestimmt (= rückgetauschtes Naß-K in mg/l = nK_r).

Trockene Fixierung: 10 g lutro Feinerde werden mit 50 ml *0,005 M KCl* wie oben geschüttelt und anschließend bei 100 °C im *Trockenschrank* eingetrocknet; nach Trocknung und Zusatz von 50 ml *M NH_4-Acetat* wird 1 h maschinell geschüttelt, filtriert und im Filtrat K nach 5.4.3.4 bestimmt (= rückgetauschtes Trocken-K in mg/l = t K_r).

Auswertung und Darstellung der Ergebnisse: Das K-Fixierungsvermögen in mg/kg ergibt sich aus dem K-Angebot, dem Austausch-K und dem rückgetauschten K (= n K_r bzw. t K_r) nach folgender Gleichung:

$$K_{fix} = \frac{9800 + K_a - K_r}{10} \quad .$$

Nasse und trockene Fixierung werden auf diese Weise getrennt berechnet. Für manche Zwecke ist es sinnvoll, die Ergebnisse auf die Tonfraktion zu beziehen, d. h. in mg/g des Tons.

Methodische Fehlerquellen: Neben fixiertem K wird auch ein gewisser Anteil austauschbar gebunden in der Probe verbleiben, da der K-Rücktausch im Gleichgewichtsverfahren erfolgt. Unter den gewählten Versuchsbedingungen ist der dadurch entstehende Fehler im allgemeinen vernachlässigbar gering. Er ließe sich unter Berücksichtigung der Sorptionskapazität des Bodens, des K-Angebotes und der NH_4-Konzentration berechnen (Näheres s. GRAF v. REICHENBACH u. SCHROEDER 1960) oder durch Anwendung eines Perkolationsverfahrens beim K-Rücktausch vermeiden.

5.4.3 Kennzeichnung der Austauschkationen

Die Austauschkationen werden üblicherweise in saure (H) und basische (S = Metallkationen + NH_4) unterteilt. Zum H-Wert gehören neben den H-Ionen auch solche, die beim Austritt in die Bodenlösung eine Hydrolyse hervorrufen und damit H-Ionen freisetzen, wie vor allem Al. Am S-Wert sind in erster Linie Ca^{2+}, K^+, Mg^{2+} und Na^+, in Kulturböden (nach einer Düngung) auch NH_4^+ beteiligt (wobei Ca meist mit mehr als 80 % dominiert). Mn, Cu, Fe und Zn bzw. Pb und Cd spielen mengenmäßig nur eine untergeordnete Rolle, sind jedoch ökologisch als Nährstoffe bzw. Schadstoffe bedeutsam. Ihre Konzentration kann in $cmol_c \cdot kg^{-1}$ oder direkt in $mg \cdot kg^{-1}$ angegeben werden. Der %-Anteil des S-Wertes wird als BS-% (Basensättigungsgrad) bezeichnet.

5.4.3.1 Meßtechnische Grundlagen

Die Austauschkationen lassen sich einzeln oder in Gruppen in der Verdrängungslösung der KAK-Bestimmung ermitteln, wobei das Ergebnis ausschlaggebend von den gewählten Versuchsbedingungen abhängt (s. hierzu 5.4.2). Es ist zu beachten, daß dabei nicht nur die austauschbar gebundenen, sondern auch die Kationen der Bodenlösung mit erfaßt werden. Letztere spielen mengenmäßig allerdings nur in Salz- (als Na-, Ca- und Mg-Salze) und manchen humusreichen Böden (als niedermolekulare Säuren) eine Rolle. Sollen bestimmte Ionen quantitativ erfaßt werden, sind z. T. Verdrängungsionen mit selektivem Umtauschvermögen erforderlich. Die Bestimmung selbst kann flammenphotometrisch (Ca, K, Na), atomabsorptionsspektrometrisch (Al, Ca, K, Mg, Na, Cu, Fe, Mn, Zn, Pb, Cd), kolorimetrisch (Al, Fe), titrimetrisch (H, Al) oder potentiometrisch (H) erfolgen. Ionengruppen lassen sich auch aus dem Verbrauch des zur Verdrängung benutzten Kations erschließen, so die Summe der basischen Kationen (mittels H-Ionen, deren nicht sorbierter Anteil durch Titration mit einer Lauge ermittelt wird) oder die der sauren Kationen (über die Titration einer wäßrigen Bodenaufschlämmung mit einer Lauge, z. B. nach JENSEN 1924). Der Austausch wird bei Gleichgewichtsmethoden vollständiger, wenn Kationen sehr hoher Eintauschstärke (z. B. AgTU: s. 5.4.2.2) verwendet werden oder die Anionen der Verdrängungslösung mit den ausgetauschten Kationen stabile Bindungen eingehen (z. B. H-Ionen mit Acetat als wenig dissoziierte Essigsäure). Üblicherweise werden lufttrockene Proben untersucht; da sich die Austauschbarkeit bereits durch Trocknung ändern kann, wäre es besser, feldfrische Proben zu verwenden. Um mikrobielle Umsetzungen zu vermeiden, müßten diese zudem unter niedrigen Temperaturen transportiert und aufbewahrt werden (gilt besonders für NH_4).

Die Gehalte an austauschbarem (und gelöstem) Mn und vor allem Fe sind stark vom Redoxzustand des Bodens abhängig und daher nur an sauerstoffrei transportierten und gelagerten Proben bestimmbar: sie sind hoch bei mittleren Potentialen, während sie bei hohen als Hydroxide und bei sehr niedrigen als Sulfide gebunden sind. Da andere Schwermetalle an Fe- und Mn-Hydroxidoberflächen gebunden sind, ist auch deren Austauschbarkeit redoxabhängig. Schließlich ändert sich die Zusammensetzung der Austauschionen im Jahreslauf, so daß eigentlich mehrfach untersucht werden müßte.

5.4.3.2 Schnellbestimmung des H-Wertes

Austausch mit Ca-Acetat im Gleichgewichtsverfahren und Bestimmung über pH-Messung nach SCHACHTSCHABEL (1951).

Die ausgetauschten H-Ionen müßten eigentlich im Filtrat mit einer Lauge titriert werden. Die Titration läßt sich durch eine einfache pH-Bestimmung ersetzen, wenn die Abhängigkeit des pH einer Acetat-Essigsäure-Pufferlösung vom Essigsäuregehalt bekannt ist.

Austausch: 10 g lutro Feinerde werden in einem *Erlenmeyerkolben* mit 25 ml *Ca-Acetatlösung* (85 g/l, ggf. auf pH 7,2 einstellen + einige Tropfen Chloroform!) versetzt und nach 1, 2 und etwa 4 h gründlich umgeschüttelt.

Bestimmung: Das pH der Suspension wird *elektrometrisch* (auf 2 Dezimalen genau) mit einer *Glaselektrode* gemessen (vgl. hierzu 5.4.5.1.2) und der entsprechende H-Wert Kurve 1 in Abb. 5.4.5 entnommen. Bei Proben mit relativ starker pH-abhängiger Ladung wie Humusauflagen, Torfen und humosen Sanden ist Kurve 2 heranzuziehen. Ist das pH kleiner als 5,8, wird die Suspension mit weiteren 25 ml (bzw. 50 usw.) Ca-Acetatlösung

Abb. 5.4.5: Beziehung zwischen pH (Acetat) und H-Wert für Mineral- (1) und Humuskörper (2) (Darstellung ist vergrößert auf *Millimeterpapier* zu übertragen)

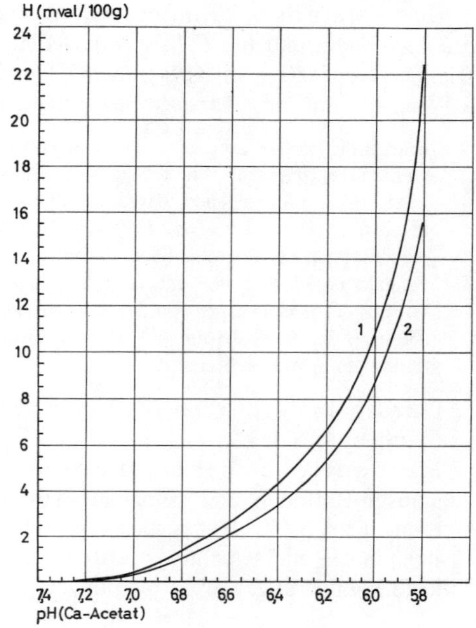

versetzt, mehrfach umgeschüttelt und nach 2–3 h erneut gemessen. Die Tabellenwerte sind dann mit 2 (bzw. 3 usw.) zu multiplizieren.

Darstellung der Ergebnisse: Es ist der H-Wert nach Umrechnung auf atro Feinerde (s. 5.2.3) in $cmol_c \cdot kg^{-1}$ oder in % der KAK anzugeben oder % BS aus KAK und KAK-H zu errechnen.

Methodische Fehlerquellen: Da die Acetatlösung auf pH 7,2 eingestellt wurde, werden nur die bis pH 7,2 austauschbaren H-Ionen erfaßt. Die weitere Minderung des H-Austausches durch den pH-Abfall bei der Reaktion wurde beim Aufstellen der Abbildung durch einen Vergleich mit Ergebnissen anderer Methoden berücksichtigt. Die eintretende Minderung ist zwar bei verschiedenen Bodenhorizonten unterschiedlich; größere Abweichungen ergaben sich aber nach Untersuchungen von HEMME (unveröffentlicht) nur bei humusreichen Proben (s. Abb. 5.4.5). Es werden auch die H-Ionen der Bodenlösung erfaßt; eine Korrektur über die Bestimmung des pH (H_2O) ist aber meist nicht nötig. Die hohe Ca-Konzentration der Verdrängungslösung blockiert leicht die Oberfläche der Glaselektrode; diese ist daher nach jeder Messung gründlich zu wässern und ggf. nachzueichen. Die Chinhydronelektrode führt hier zu besseren Ergebnissen.

5.4.3.3 Bestimmung des S-Wertes

Austausch mit HCl im Gleichgewichtsverfahren und titrimetrische Bestimmung des nicht verbrauchten H^+ nach KAPPEN (1929).

Austausch: 5–10 g lutro Feinerde werden mit 100 ml *0,1 M HCl* in einer *Flasche* 1 h mit einer *Schüttelmaschine* geschüttelt; die Suspension wird durch ein trockenes *Faltenfilter* in ein *Becherglas* filtiert (wobei der zuerst durchgelaufene 5–10-ml-Anteil verworfen wird).

Bestimmung: 20 ml des Filtrats werden mit 1–2 Tropfen *pH 9-Indikator* (Tab. 5.2.1) versetzt und mit *0,1 M NaOH* bis zur einige min bleibenden Rotfärbung titriert. Die Differenz 20 - ml 0,1 M NaOH ergibt nach Multiplikation mit 10 (bzw. 5) den S-Wert, der auf atro Feinerde bezogen wird.

Enthält die Probe Carbonate, so können entweder je % $CaCO_3$ vom ermittelten S-Wert 20 subtrahiert werden (rel. ungenau), oder obige Methode ist folgendermaßen abzuändern: 2,5 g Feinerde werden in ein *Becherglas* gegeben, darauf ein *Porzellantiegel* mit 50 ml *0,1 M HCl* gestellt und das Ganze in ein mit 50 ml *0,1 M Ba(OH)₂* gefülltes *Rillenweckglas* gehängt (vgl. 5.6.3.7); das Glas wird verschlossen, der Porzellantiegel durch leichtes Neigen des Glases zum Auslaufen gebracht und der Kontakt zwischen Probe und HCl durch mehrfaches rotierendes Schütteln hergestellt. Nach 12 h wird in der Bodensuspension der S-Wert wie oben bestimmt, außerdem das freigesetzte CO_2 durch Titration des $Ba(OH)_2$ mit 0,1 M HCl ermittelt (vgl. hierzu 5.6.3.7). (50 - ml HCl) × 4 werden dann vom S-Wert subtrahiert.

Darstellung der Ergebnisse: Der S-Wert kann analog dem H-Wert umgerechnet werden (s. 5.4.3.2).

Methodische Fehlerquellen: Bei der Methode wird unterstellt, daß alle Austausch-Kationen und keine aus Mineralgittern bzw. organischen Strukturen erfaßt werden. Das trifft aber insbesondere für Carbonate nicht zu (s. Alternativmethode, lösliche Salze nichtflüchtiger Säuren beeinflussen die Werte nicht); auch Sulfide und Silicate können angegriffen werden.

5.4.3.4 Bestimmung des austauschbaren K, Ca und Mg

Extraktion mit Ammoniumlactatessigsäure bei pH 3 im Gleichgewichtsverfahren nach EGNER-RIEHM (1960), Bestimmung flammenphotometrisch.

Die Methode wurde zur Bestimmung pflanzenverfügbarer Nährstoffe entwickelt und verwendet daher organische Säuren, die auch von Pflanzenwurzeln ausgeschieden werden. Bei flammenphotometrischen Bestimmungen wird die Meßlösung in eine Gasflamme gesprüht. Dabei werden chemische Elemente von Bindungen befreit (= dissoziiert) und in Atome überführt. In einem Spektralphotometer wird dann die Intensität des dabei abgegebenen Lichts (z. B. bei K von 770 nm) nach Filterung des Lichtes anderer Wellenlängen bzw. Elemente photoelektrisch gemessen. In einem Atom-Adsorptions-Spektralphotometer (AAS) läßt man hingegen durch die in der Flamme aktivierten Atome die Intensität des von einer (elementspezifischen) Hohlkathodenlampe abgestrahlten Lichtes (z. B. für Ca mit 422,7 nm, für Mg mit 285,2 nm) adsorbieren und mißt dann photoelektrisch die abgeschwächte Strahlung.

Extraktion: 5 g lutro Feinerde werden in einer *Schüttelflasche* mit 100 ml *AL-Lösung* (9,01 g hydrolysierte Milchsäure + 18,75 g Essigsäure + 7,70 g NH_4 - Acetat zu 1 *l* lösen) 4 h *maschinell* geschüttelt; dann wird sofort durch ein trockenes *Faltenfilter* in eine *Plastikflasche* filtriert, wobei die ersten ml verworfen werden.

Deutsche Landwirtschaftliche Untersuchungs- und Forschungsanstalten benutzen auch DL (0,02 M Ca-Lactat, 0,02 M HCl, Extr. 1:50, pH 3,7) oder CAL (je 0,05 M Ca-Lactat und Ca-Acetat, 0,3 M Essigsäure, pH 4,1, Extr. 1:20) zur Bestimmung des verfügbaren K (und P). Dabei werden 3/4 (DL) bzw. 2/3 (CAL) des mit AL Extrahierbaren erfaßt (SCHACHTSCHABEL und KÖSTER 1978). Mg wird auch mit 0,0125 M $CaCl_2$ bzw. 0,5 M NaCl, 1:10, ausgetauscht, wobei 90 (Sande) - 50 (Tone) % der NH_4-Acetat-Perkolation erfaßt werden (SCHEFFER/SCHACHTSCHABEL 1992). Bei kalkhaltigen Proben bewirkt das saure Extraktionsmittel eine starke Lösung von Ca, Mg-Carbonaten, so daß dann eine Extraktion nach 5.4.2.4 zu bevorzugen wäre.

K-Bestimmung: Das Galvanometer des *Spektralphotometers* wird unter Verwendung von Propan als Heizgas bei Ansaugen reiner AL-Lösung auf Null und anschließend bei

Ansaugen von Eichlösung (20 µg K/ml AL-Lösung) auf die Marke 100 der Meßskala eingestellt. Die dem bei Ansaugen der Meßlösung gemessenen Galvanometeranschlag entsprechende K-Konzentration in µg/ml wird einer Eichkurve entnommen (1–20 µg/ml). µg K/ml × 20 ergibt dann mg/kg K der Probe. Nach jeder Messung muß gut mit H_2O nachgespült werden.

Mg-Bestimmung: Der Detektor des AAS-Gerätes wird nach Wahl der Resonanzlinie 285,2 nm für Mg während des Ansaugens der Blindlösung (AL-Lösung) auf 100 % Durchlässigkeit eingestellt. Dann werden Eichlösungen (0,1–3 µg Mg je ml AL-Lösung) gemessen und die Beziehungen zwischen Extinktion und Gehalt als Eichkurve dargestellt. Der Gehalt der Meßlösung ist schließlich in mg je kg Feinerde umzurechnen (µg/ml × 10).

Ca-Bestimmung: Ca wird entsprechend Mg bestimmt und zwar bei der Resonanzlinie von 422,7 nm; vorher Zugabe von $La(NO_3)_2$ gemäß 5.4.3.5.

Darstellung der Ergebnisse: Die Ergebnisse sind auf atro Feinerde umzurechnen (s. 5.2.3). Sie werden z. T. noch in mg K_2O/100 g, mg Mg/100 g bzw. mg CaO/100 g angegeben. Die Meßdaten sind dann mit 0,12, 0,10 bzw. 0,14 zu multiplizieren. Für manche Fragestellungen ist es sinnvoll, die Daten in $cmol_c$/kg umzurechnen (1000 mg K/kg entsprechen 2,56 $cmol_c$ K/kg; 1000 mg Ca/kg 4,98 $cmol_c$ Ca/kg) und dann in % der KAK- oder auch des S-Wertes anzugeben.

Methodische Fehlerquellen: Das angewandte Extraktionsverfahren wurde für die Bestimmung pflanzenverfügbarer Nährstoffe entwickelt. Es erfaßt daher nicht immer selektiv Austauschionen. Bei geringen Tongehalten wird z. B. (infolge des niedrigen pH) etwas mehr, bei höheren Tongehalten weniger K als bei mehrfachem Austausch mit NH_4-Acetat erfaßt.

5.4.3.5 *Bestimmung der beim Boden-pH austauschbaren Kationen*

Austausch mit NH_4 im Perkolationsverfahren nach MEIWES et al. (1984), Bestimmungen potentiometrisch bzw. flammenphotometrisch.

Zu vergleichbaren Ergebnissen führt eine Bestimmung des austauschbaren K, Ca, Mg und Na in der AgTU-Austauscherlösung der KAK_{eff}-Schnellbestimmung (5.4.2.2) oder der Ba-Austauscherlösung nach 5.4.2.5.

La-Zusatz bei der Ca- und Mg-Bestimmung soll die Bildung von Eigenverbindungen in der Flamme verhindern; der Zusatz eines Al-Cs-Puffers bei der K- und Na-Bestimmung soll Ionisierungs- und Ca-Verdampfungs-Interferenzen kompensieren.

Austausch mit NH_4: 5 (Ton, Torf) – 10 g lutro Feinerde werden in einem *Filterröhrchen* analog 5.4.2.4 portionsweise in 5 h mit 100 ml *M NH_4Cl* perkoliert. Der Austausch kann auch durch 4maliges *Schütteln* mit jeweils 25 ml *NH_4Cl* im *Zentrifugenglas* (und 5 min *Abschleudern* bei 3000 Upm) erfolgen.

H(+Al)-Bestimmung: Die pH-Werte des Perkolates (pH_x) und des reinen M NH_4Cl (pH_0) werden *potentiometrisch* gemessen (s. 5.4.5.1.2); daraus werden die H^+-Konzentrationen in M/l nach pH = –log H^+ abgeleitet und voneinander substrahiert ($H_x^+ - H_0^+$ = H-Wert in M/l). Multiplikation mit 1000 (bei Ton, Torf mit 2000) ergibt den H_{eff}-Wert in $cmol_c$/kg.

Al-Bestimmung: Mit AAS entsprechend 5.4.3.4 bei 309,3 nm in einer Stickoxid/Acetylenflamme; die Differenz zwischen H_{eff}-Wert und Al ergibt die sorbierten H-Ionen; Blind- und Eichlösungen (1–50 µg/ml Al) mit Perkolationslösung ansetzen.

K- und Na-Bestimmung: 2 ml des Perkolats werden mit 2 ml *Al-Cs-Puffer* (25 g CsCl + 500 g $Al(NO_3)_3 \times 9\ H_2O$ in 1 *l* H_2O) in einem *Reagenzglas* gemischt; dann werden mit einem *Spektralphotometer* entsprechend 5.4.3.4 K bei 766,5 nm und Na bei 589,0 nm gemessen; Blind- und Eichlösungen (0–10 µg/ml) unter *Al-Cs-Puffer-Zusatz* ansetzen.

Ca- und Mg-Bestimmung: 1 ml des Perkolats werden mit 9 ml *La-Lösung* (35,2 g La_2O_3 in 160 ml 6 M HNO_3 lösen; auf 3 *l* verdünnen) in einem *Reagenzglas* gemischt; dann werden mit der *Flammen-AAS* entsprechend 5.4.3.4 Ca bei 422,7 nm und Mg bei 285,2 nm gemessen; Blind- und Eichlösungen (0–25 µg/ml) unter La-Lösungszusatz ansetzen.

Auswertung: Die in µg/ml ermittelten Metallkonzentrationen M werden unter Berücksichtigung des Perkolatvolumens P in ml, der Verdünnung durch Zusätze V (bei K, Na 2; bei Ca, Mg 10), der molaren Masse E (Al 8,99, Ca 20,04, K 39,10, Mg 12,16, Na 22,99) und der Einwaage W in g nach der Gleichung

$$\text{cmol}_c\ \text{M/kg} = \frac{M \times P \times V \times 100}{E \times W \times 1000}$$

umgerechnet. Anschließend erfolgt eine Umrechnung nach 5.2.3 von lutro auf atro. Die Summe von Ca, K, Mg, Na und H_{eff} ergibt (bei salzfreien Proben) KAK_{eff}. Für manche Fragestellungen ist es sinnvoll, die Daten in % der KAK_{eff} anzugeben oder die Gehalte der einzelnen Elemente in mg/kg anzugeben.

Methodische Fehlerquellen: Wird die Nachweisgrenze eines Elementes unterschritten (s. 5.2.3), was bei sauren sandigen Waldböden leicht der Fall ist, ist ggf. ein Teil der Lösung einzuengen, das Volumen der Zusätze zu vermindern.

Al ist nicht nur, wie oben unterstellt wurde, als Al^{3+} gebunden, sondern z. T. in Form verschiedener Hydroxokomplexe (z. B. $AlOH^{2+}$), deren Anteile aufgeklärt wurden und berechnet werden können (MEIWES et al. 1984). Außerdem wird Al gelöster organischer Komplexe erfaßt, vor allem in sauren Waldböden: Deren Bestimmung ist nach Abtrennung des ionaren Al mit Hilfe von Austauscherharzen möglich.

Die Summe sorbierter Kationen liegt höher als die KAK, da neben austauschbar gebundenen Ionen auch die der Bodenlösung (gelöste Salze) erfaßt werden. Deren Anteil ist nicht mehr zu vernachlässigen, wenn die elektrische Leitfähigkeit der Gleichgewichtsbodenlösung (GBL) über 0,05 mS/cm liegt (Ermittlung s. 3.5.5.5). Deren Anteil läßt sich exakt nur durch Analyse der Bodenlösung bestimmen (s. 5.4.5.2.2), näherungsweise durch Analyse der GBL (s. 5.4.5.2.3), oder man entfernt diese Ionen durch eine vorgeschaltete Perkolation mit 100 ml 80 %igem Ethanol (Reeuwijk 1993).

5.4.3.6 Bestimmung der bei pH 7 bzw. 8 austauschbaren Kationen

Austausch mit Ba im Perkolationsverfahren bei pH 8.1 nach MEHLICH(1942) oder mit AgTU nach CHABRA et al. (1975) bei pH 7.0. Bestimmungen titrimetrisch bzw. flammenphotometrisch.

Austausch: s. 5.4.2.4 bzw. 5.4.2.2

H-(+Al)-Bestimmung (für AgTU-Methode nicht erprobt): Jeweils 50 ml des Perkolates sowie der Blindlösung werden mit *0,04 M HCl* gegen pH 5.1-Indikator (s. Tab. 5.2.1) bis zum Farbumschlag nach rot titriert. Die Differenz zwischen dem HCl-Verbrauch bei Perkolat und Blindperkolat ergibt nach Multiplikation mit 2 (bei Ton, Torf direkt) den H-Wert in $cmol_c$/kg.

K-, Na-, Ca-, Mg-Bestimmung: s. 5.4.3.5

5.4.3.7 Bestimmung des austauschbaren NH_4

Extraktion mit $CaCl_2$ in Gleichgewichtsverfahren n. 5.4.4.4, Bestimmung potentiometrisch oder kolorimetrisch.

Austausch: entsprechend NO_3 n. 5.4.4.4

Bestimmung: entsprechend gelöstes NH_4 n. 5.4.5.2.5

5.4.3.8 *Bestimmung der austauschbaren Schwermetallionen*

Austausch mit NH_4NO_3 nach ZEIEN und BRÜMMER (1989); Bestimmung mit Flammen-AAS.

Mit (ungepufferten) NH_4NO_3 werden gelöste und beim pH des Bodens austauschbare Ionen erfaßt. Die Bestimmung erfolgt flammenphotometrisch. Die Schwermetalle Cd, Co, Cu, Ni, Pb, Zn u. a. lassen sich grundsätzlich auch in den NH_4Cl- (5.4.3.6) oder $BaCl_2$- (5.4.2.5) Austauscherlösungen bestimmen: insbesondere Cl hat sich dabei jedoch als störend erwiesen. Für Bestimmungen im AgTU-Auszug (5.4.2.2) liegen bisher keine Erfahrungen vor.

Austausch: 20 g lutro Feinerde werden in einem *100-ml-Zentrifugenbecher* mit 50 ml *M* NH_4NO_3 2 h *geschüttelt*, 5 min bei 3000 U/min *zentrifugiert*, der klare Überstand in eine *Plastikflasche* dekantiert und mit 0,5 ml *65 %* HNO_3 versetzt.

Bestimmung: Die Elemente werden flammenphotometrisch mit einem *AAS-Gerät* gemessen, und zwar Cd bei 228,8 nm, Co bei 240,7 nm, Cu bei 324,8 nm, Ni bei 232,0 nm, Pb bei 217,0 nm und Zn bei 213,9 nm. Reicht die Empfindlichkeit des Gerätes nicht aus, ist auf flammenlose AAS auszuweichen.

Auswertung: Die in µg/ml ermittelten Konzentrationen werden durch Multiplikation mit 2.5 und dem Wassergehaltsfaktor (s. 5.2.3) in mg/kg atro Feinerde umgerechnet.

Methodische Fehlerquellen: Die Methode wird zur Abschätzung der Gehalte an pflanzenverfügbaren, anorganischen Schadstoffen eingesetzt (PRÜESS 1992). Bei Bodenhorizonten mit einem rH-Wert zwischen 19 und 13 ergibt die Analyse luftgetrockneter Proben zu geringe Werte, so daß der am Standort angesprochene Redoxzustand (s. 3.5.4.6) in eine Besorgnisbewertung einzubeziehen ist oder aber entsprechend 5.4.3.9 zu verfahren ist.

5.4.3.9 *Bestimmung des austauschbaren Fe und Mn*

Austausch unter O_2-Ausschluß mit NH_4NO_3, Bestimmung mit Flammen-AAS. Nennenswerte Gehalte an austauschbarem Fe und Mn sind nur in sehr sauren Böden oder als Fe^{2+} bzw. Mn^{2+} unter anaeroben Bedingungen zu erwarten. Letzteres erfordert, daß sich bei Transport, Lagerung und Extraktion der Proben die Redoxverhältnisse nicht ändern und mikrobielle Umsetzungen vermieden werden.

Austausch: In einem verschließbaren *100-ml-Zentrifugenbecher* werden 50 ml *M* NH_4NO_3 auf einer *Waage* 30 s mit N_2 begast. Dann werden 20 g der feldfrischen, kühl und unter O_2-Abschluß transportierten und gelagerten Probe (s. 5.1.3) eingefüllt, die N_2-Einleitung 20 s fortgesetzt, der Becher verschlossen, 10 min maschinell geschüttelt, sofort 5 min bei 3000 U/min zentrifugiert, der klare Überstand in eine Plastikflasche dekantiert und mit 0,5 ml *65 %* HNO_3 versetzt.

Bestimmung: Die Elemente werden in einer Luft/Acetylen-Flamme mit AAS gemessen, und zwar Fe bei 248,3 nm und Mn bei 279,5 nm.

Auswertung: Die in µg/ml ermittelten Konzentrationen werden durch Multiplikation mit 2,5 und dem Wassergehaltsfaktor (s. 5.2.3) in mg/kg atro Boden umgerechnet.

5.4.3.10 *Bestimmung des mobilisierbaren Cd, Cu, Mn, Pb und Zn*

Extraktion mit EDTA im Gleichgewichtsverfahren nach Bestimmung mit AAS.

Ethylendinitroltetraacetat (EDTA) besitzt komplexbildende Eigenschaften, so daß neben austauschbaren Ionen auch ein Teil der vor allem durch Huminstoffe komplex sowie der in Carbonaten und Oxiden gebundenen Ionen erfaßt werden.

Extraktion: 5 g lutro Feinerde werden in einer *100-ml-Plastikflasche* mit 50 ml *0,1 M Na-EDTA* (ph 4,5) versetzt, 90 min geschüttelt und in eine *100-ml-Plastikflasche* filtriert (ersten Durchlauf verwerfen).

Bestimmung: Die Schwermetallkonzentrationen des Filtrats werden mit der *Flammen-AAS* bestimmt (s. 5.4.3.4), und zwar Cd bei 228,8 nm, Cu bei 324,8 nm, Mn bei 279,5 nm, Pb bei 217,0 nm und Zn bei 213,9 nm. Blindwert und Eichenreihen werden mit gleichen EDTA-Konzentrationen erstellt, für Cd von 0–1 µg/ml, für die übrigen Elemente 0–10 µg/ml.

Auswertung: Die in µg/ml ermittelten Konzentrationen ergeben nach Multiplikation mit 10 mg/kg lutro Feinerde.

5.4.4 Kennzeichnung der Austauschanionen

Man kann die Austauschanionen des Bodens in Hydroxylionen (OH) und Säurereste (R) unterteilen. Unter den Säureresten interessieren vor allem NO_3^-, $H_2PO_4^-$, SO_4^{2-}, BO_3^{3-} und MoO_4^{2-}, da sie Nährelemente darstellen: in Salzböden können Cl^-, in stark alkalischen Mineralböden SiO_3^{2-} und $Al(OH)_4^-$, in stark sauren SiO_3^{2-} eine Rolle spielen. Infolge der Problematik einer Kennzeichnung der Anionenaustauscher (vgl. 5.4.2) ist es nicht üblich, vom OH-Wert,R-Wert und V_R-Wert (unter möglicher Gliederung in V_{PO4}, V_{SO4} usw.) zu sprechen.

5.4.4.1 Meßtechnische Grundlagen

Die Haftfestigkeit sorbierter Anionen differiert sehr stark; daher ist ein Austausch in weit stärkerem Maße von den Eigenschaften des verdrängenden Ions abhängig als bei den Austauschkationen. Die Anionen liegen im Boden außerdem in starkem Maße in Form sorbierter Salze vor, wobei die Übergänge zur Austauschbindung ebenfalls viel diffuser sind. Es ist somit kaum möglich, mit einer Beladungslösung nahezu ausschließlich Austauschanionen zu erfassen. Daher begnügt man sich mit einer mobilen (d. h. meist einer für Pflanzen verfügbaren bzw. von diesen leicht mobiliserbaren) Fraktion.

Phosphat wird üblicherweise mit Fluorid (n. BRAY u. KURTZ, in PAGE et al. 1982), $NaHCO_3$ (n. OLSEN, in PAGE et al. 1982), Lactat (5.4.4.2) oder Zitronensäure (5.4.4.3) extrahiert, die (bis auf $NaHCO_3$) eine erneute Fällung durch Komplexbindung gelöster Kationen verhindern. Durch Fluorid und Zitronensäure werden zusätzlich besonders Al- und Fe-Phosphate, durch Lactat bei starkem Säurezusatz Ca-Phosphate gelöst. Leicht austauschbares und gelöstes Phosphat ist auch mit H_2O bei weitem Boden: H_2O-Verhältnis (1 : 50) extrahierbar (weitere Methoden-Alternativen s. 5.4.4.2).

5.4.4.2 Bestimmung des lactat-austauschbaren Phosphat

Extraktion mit Ammoniumlactatessigsäure (AL) im Gleichgewichtsverfahren nach EGNER-RIEHM (1960), Bestimmung kolorimetrisch als Molybdat-Phosphatkomplex unter partieller Mo-Reduktion mit Ascorbinsäure.

Eine kolorimetrische Bestimmung kann im einfachsten Fall durch einen visuellen Vergleich der angefärbten Versuchslösung mit einer Eichreihe erfolgen. Für genaue Bestimmungen ist ein Photometer erforderlich. Ein *Photometer* besteht aus einer Lichtquelle mit vorgeschaltetem Filter (durchlässig für Licht einer bestimmten Wellenlänge) bzw. Monochromator (je nach Stellung für verschiedene Wellenlängen durchlässig), einer Glasküvette (bzw. Kolorimeterröhrchen) für die angefärbte Versuchslösung, sowie einer lichtempfindlichen Photozelle, die mit einem Galvanometer verbunden ist. Gemessen wird die Lichtdurchlässigkeit einer Lösung, deren negativer Logarithmus (die Extinktion) vom Galvanometer angezeigt wird.

Weitere Methoden: Die AL-Methode wurde zur Bestimmung des pflanzenverfügbaren P entwickelt. Gebräuchlich sind auch DL- und CAL-Methode (s. 5.4.3.4) sowie Extraktion mit H_2O (1 g mit 50 ml). Dabei werden im Mittel 73 (DL), 61 (CAL) bzw. 16 % (H_2O) des Austausches mit AL erzielt (SCHEFFER/SCHACHTSCHABEL 1992).

Extraktion: s. K-Extraktion 5.4.3.4.

Bestimmung: 10 ml des Filtrats werden in *25-ml-Kolorimeterröhrchen* nacheinander mit 10 ml *H_2O*, 4 ml *2 M NH_2SO_4*, 0,5 ml *2,5 %igem NH_4-Molybdat* ($[NH_4]_6 Mo_7O_{24} \times 4 H_2O$, pH 3,7) und 0,5 ml *0,02 N Ascorbinsäure* versetzt, jeweils umgeschüttelt und 15 min in ein siedendes *Wasserbad* oder einen *Trockenschrank* bei 105 °C gestellt. Nach dem Abkühlen wird mit H_2O auf 25 ml ergänzt, homogenisiert und die Extinktion der blau gefärbten Lösung mit einem *Photometer* in *10-mm-Küvetten* bei 570-660 nm gegen die Blindlösung gemessen; die entsprechende P-Konzentration in µg/25 ml einer Eichkurve (s.5.2.3) entnommen und auf mg/kg P der Probe umgerechnet.

Darstellung der Ergebnisse: Die Ergebnisse werden zum Teil noch in mg P_2O_5/100 g angegeben. Sie sind dann mit 0,23 zu multiplizieren. Sie können außerdem in $cmol_c$ H_2PO_4/kg umgerechnet werden.

Methodische Fehlerquellen: Da mit einer sauren Lactatlösung extrahiert wird, wird nicht allein austauschbares, sondern auch ein Teil des säurelöslichen P erfaßt. Bei hohem Kalkgehalt der Probe (> 20 % $CaCO_3$) kann es zu einer wirksamen Neutralisation der Extraktionslösung kommen, so daß unvollständig ausgetauscht wird. Dieser Fehler macht sich noch stärker bemerkbar, wenn mit verdünnterem Ca-Lactat (pH 3,7) nach EGNER-RIEHM extrahiert wird.

5.4.4.3 Bestimmung des citrat-austauschbaren Phosphat

Extraktion mit Zitronensäure n. BLANCK (1931), modifiziert n. REEUWIJK (1993), Bestimmung kolorimetrisch als Molybdat/Phosphatkomplex.

Extraktion: 5 g lutro Feinerde werden in einer *Schüttelflasche* mit 50 ml *1 %iger Zitronensäure* (täglich ansetzen) versetzt (bei > 0,3 % Kalk der Probe je 0,1 % vorher 2,7 mg feste Zitronensäure zusetzen) und (nach Abklingen der Kalklösung!) 2 h *geschüttelt,* 20 h stehen gelassen, erneut 1 h geschüttelt und sofort durch ein *gehärtetes Filter* in eine *Plastikflasche* filtriert (erste ml verwerfen, wenn Filtrat trübe, erneut filtrieren).

Bestimmung: 1 ml des Filtrats werden in einen *100-ml-Meßkolben* mit 10 ml *Reagenz* (12g NH_4-Molybdat in 300 ml H_2O mit 450 ml 5 M H_2SO_4 versetzen, 100 ml 0,5 % KSb-Tartrat und H_2O zu 1 *l* ergänzen; 15 g *Ascorbinsäure* ergänzen) versetzt und mit *H_2O* aufgefüllt. Nach frühestens 2 h wird die Extinktion der blau gefärbten Lösung bei 720 oder 882 nm *photometrisch* (s. 5.4.4.2) gegen die Blindlösung gemessen (Eichlösungen mit 0–100 mgP/l).

5.4.4.4 Bestimmung des mobilen NO_3 (N_{min})

Extraktion mit $CaCl_2$ im Gleichgewichtsverfahren (n. SOPER und HUANG 1963, modifiziert nach HOFFMANN 1991); Bestimmung kolorimetrisch.

Extraktion: 50 g frische Feinerde (s. 5.1.3) werden in *250-ml-Plastikflasche* mit 200 ml *0,0125 M $CaCl_2 \times 2\ H_2O$* 1 h *maschinell* geschüttelt und sofort durch ein *Faltenfilter* in eine *Plastikflasche* filtriert, wobei die ersten ml verworfen werden.

NO_3-Bestimmung: s. 5.4.5.2.5; Eichlösung mit CaCl-Lösung ansetzen.

5.4.4.5 Bestimmung des austauschbaren SO_4

Extraktion mit NaCl im Gleichgewichtsverfahren nach SAALBACH et al. (1962); Fällung mit $BaCl_2$ als $BaSO_4$; Fällung des überschüssigen Ba mit K_2CrO_4 und jodometrische Bestimmung des überschüssigen CrO_4.

Extraktion: 50 g lutro Feinerde werden mit 250 ml *1 %igem NaCl* 1 h *maschinell* geschüttelt, mit ca. 3 g *Aktivkohle* versetzt, erneut 2 min geschüttelt und filtriert.

Bestimmung: 100 ml des Filtrats werden in einem *Erlenmeyerkolben* mit *0,1 M HCl* gegen 0,1 ml *pH 4,1-Indikator* (Tab. 5.2.1) auf pH 4,1 eingestellt. Nach Zusatz weiterer 1 ml 0,1 M HCl, 25 ml $BaCl_2$ (1,3 g/l) und *Siedeperlen* sowie Bedecken des Kolbens mit einem *Glassturz* wird bis zum Sieden erhitzt und rasch abgekühlt. Nach 30 min werden 25 ml *K_2CrO_4* (1,3 g/l), ein Tropfen *10 %iges $AlCl_3$* und 1,6 ml *0,1 M KOH* zugesetzt; 1 h später wird filtriert und 100 ml des Filtrats in einem *Jodzahlkolben* mit 10 ml frischem *10 %igem* KJ und 5 ml 25 %iger HCL versetzt. Nach 10 min wird mit *Natriumthiosulfat* /7,7520 g $Na_2S_2O_3$ $^+$ 1 ml 20 %iger NaOH je 1) bei Gegenwart von *Stärke* als Indikator titriert. 1 ml $Na_2S_2O_3$ entspricht 1 mg SO_4 in der Extraktionslösung bzw. 5 mg SO_4 je kg Bodenprobe.

5.4.4.6 *Bestimmung des mobilen B*

Extraktion mit heißem Wasser im Gleichgewichtsverfahren nach BERGER und TRUOG (1944); Bestimmung kolorimetrisch mit Karmin. Der B-Austausch erfolgt hierbei durch OH-Ionen des Wassers.

Extraktion: 25 g lutro Feinerde werden in einem *Erlenmeyerkolben* (B-armes Glas!) 5 min mit 50 ml H_2O am *Rückflußkühler* gekocht, nach dem Erkalten mit 5 Tropfen *10 %igem* $MgSO_4$ versetzt und durch ein trockenes *Filter* filtriert.

Bestimmung: 25 ml des Filtrats werden in einem *Porzellantiegel* mit 1 ml *10 %igem* $(NH_4)_2HPO_4$ versetzt und auf einem *Sandbad* zur Trockne gebracht; der Rückstand wird unter Erwärmen mit 2 ml *konz.* H_2SO_4 aufgenommen, mit etwa 0,5 g $(NH_4)_2S_2O_8$ versetzt, mehrfach umgeschwenkt, nach 10 min etwa 0,1 g *Hydrazinsulfat* versetzt und nach Umschwenken 15 min bei 100 °C belassen; nach dem Erkalten werden 20 ml *Karmin-Schwefelsäure* (0,25 g Karmin je 1 konz. H_2SO_4) zugesetzt, der Tiegelinhalt dann (ohne Nachspülen) in ein *Kolorimeterröhrchen* übergeführt, abgedeckt und nach 45 min in 20-mm-Küvetten bei 575–595 nm *photometriert*. Der B-Gehalt wird einer Eichkurve (s. 5.2.2) entnommen und auf mg/kg Boden umgerechnet.

Methodische Fehlerquellen: Es werden mit der beschriebenen Methode auch H_2O-lösliche und sorbierte Ca-, Mg- und Na-Borate erfaßt. Bei der Extraktion ist zu beachten, daß Gläser B-haltig sind, deren Einfluß in einem Blindversuch ermittelt werden muß.

5.4.4.7 *Bestimmung des mobilen Mo*

Extraktion mit Oxalat-Lösung im Gleichgewichtsverfahren nach GRIGG (1953); Bestimmung kolorimetrisch als gelber Rhodanidkomplex nach Isolierung von Fremdionen und Anreicherung in Ether.

Extraktion: 12 g lutro Feinerde werden mit 120 ml *0,275 M Oxalatlösung* (24,9 g NH_4-Oxalat + 12,6 g Oxals. je *l* H_2O; pH 3,3) 12 h *maschinell* geschüttelt und *filtriert*.

Bestimmung: 100 ml des Filtrats werden mit 10 ml 60 %iger $HClO_4$ in einer *Porzellanschale* bis zur Trockne auf einem *Sandbad* abgeraucht; der Rückstand wird mit 15 ml *5 M HCl* aufgenommen, mit H_2O in einen graduierten *100-ml-Scheidetrichter* übergeführt, auf 50 ml mit H_2O ergänzt, mit 6ml *5%igem KSCN,* 3 ml *20%igem* $SnCl_2$ und 1 ml *Photorex-Gemisch* (2 g Monomethyl-p-amidophenolsulfat, 10 g Na-Sulfit und 300 g Na-Pyrosulfit je 1, vor Gebrauch 1 : 4 verdünnt) versetzt und genau 1 min mit 25 ml (peroxid-freiem!) *Diethylether* geschüttelt; die Etherphase wird sofort in einen *25-ml-Meßkolben* abgelassen, mit ($SnCl_2$ behandeltem) Ether aufgefüllt, durch Umfüllen homogenisiert und bei 465-470 nm in (bedeckten) 50-mm-Küvetten *photometriert*. Das Ergebnis in mg/kg Mo wird einer Eichkurve entnommen (s. 5.2.2).

Methodische Fehlerquellen: Es wird neben Austausch-Mo (MoO_4^{2-}) vor allem Fe(III)-Molybdat extrahiert; die Ergebnisse sind daher ähnlich wie die der Oxalat-Fe-Bestimmung stark von den Extraktionsbedingungen (pH und Konzentration der Oxalatlösung, Boden-Flüssigkeit-Verhältnis und Schüttelzeit) abhängig und werden wohl je nach den Lichtverhältnissen schwanken, so daß der besseren Reproduzierbarkeit wegen stets bei Dunkelheit extrahiert werden sollte.

Anmerkung: Mobiles Mo läßt sich auch im Oxalatextrakt des aktiven Fe (vgl. 5.5.5.2) bestimmen. Die Ergebnisse betragen dann etwa 50–80 % der oben genannten Methode.

5.4.5 Kennzeichnung der Bodenlösung

Die Summe aller Ionen der Bodenlösung wird als deren Elektrolytgehalt bezeichnet. Man kann deren Konzentration einzeln bestimmen oder in ihrer Gesamtheit charakterisieren.

Die Bodenlösung enthält praktisch alle Ionen, die auch an den Austauschern sorbiert auftreten, da zwischen beiden Gruppen ein ständiger Umtausch abläuft. Von Interesse sind insbesondere die H- und OH-Aktivität der Bodenlösung. Da in wäßrigen Lösungen bei bestimmter Temperatur (H) · (OH) konstant ist, braucht nur eine Größe – in der

Regel (H) – gemessen zu werden. Die H-Aktiviät wird üblicherweise als pH-Wert ausgedrückt. Die Bodenreaktion wird bestimmt durch freie H-Ionen (eigentlich Hydroniumionen = H_3O^+) dissozierter anorganischer und hydrolysierte Al- und (untergeordnet) Fe-Salze (z. B. $Al^{3+} + 3\ Cl^- + 3\ H_2O \rightarrow AL\ [OH]_3 + 3\ H^+ + 3\ Cl^-$).

Die Zusammensetzung der Bodenlösung schwankt stark im Jahreslauf, da bereits jede Wassergehaltsänderung das Gleichgewicht mit den Austauschern verändert, so daß für viele Fragestellungen mehrfach zu untersuchen ist. Außerdem enthält die Bodenlösung gelöste Gase der Bodenluft wie O_2, N_2, CO_2 und NH_3, die zum Teil in wäßriger Lösung dissozieren (wie $CO_2 + H_2O \rightarrow H^+ + HCO_3^-$ und $NH_3 + H_2O \rightarrow NH_4^+ + OH^-$) und dann ebenfalls die Bodenreaktion beeinflussen (weswegen z. B. das pH eigentlich nur am Standort selbst gemessen werden dürfte). Deren Gehalte schwanken noch stärker als die der Ionen, da ihre Löslichkeit im besonderen Maße auch temperaturabhängig ist.

5.4.5.1 Kennzeichnung der Bodenreaktion

5.4.5.1.1 M e ß t e c h n i s c h e G r u n d l a g e n: Das pH einer Lösung läßt sich kolorimetrisch oder elektrometrisch bestimmen. Da es organische Stoffe gibt, die abhängig vom pH als Kation oder Anion reagieren und dabei ihre Farbe ändern (Indikatoren, s. Tab. 5.2.1), kann man das pH einer Lösung mit mehreren Indikatoren eingabeln (man mißt also einen Bereich!). Elektrometrisch mißt man Potentiale, die der H^+-Aktivität proportional sind und die sich zwischen den Ionen der Lösung und einer eintauchenden Elektrode ausbilden. Als Meßelektroden dienen Redoxelektroden (z. B. Pt-H_2 oder Pt-Chinhydron mit $[H^+]$-abhängigem Potential des Systems H/H^+) oder Glaselektroden (Ausbildung eines Grenzflächenpotentials). Man mißt die Potentiale als Differenz gegen eine Bezugselektrode mit bekanntem und konstantem Potential (meist Kalomelelektrode mit Potentialbildung durch $Hg = Hg^+ + e^-$), die mit einem Meßsystem über eine Salzbrücke (nichtmetallischer Leiter) verbunden wird.

Das pH der Bodenlösung wird allgemein in Suspensionen gemessen, da es sehr schwierig ist, die Bodenlösungen zu gewinnen (s. o.). Da sich das pH der Bodenlösung mit ihrer Verdünnung ändert, sollte man unter natürlichen Verhältnissen messen. Das scheitert meist bei der Messung mit Elektroden an deren mangelndem Kontakt mit der Lösung, und zwar selbst dann, wenn der Boden bis zur Feldkapazität mit Wasser gesättigt ist. Außerdem würde dann auch ein Teil der sorbierten H-Ionen mit der Elektrode in Kontakt treten und derart ein »Suspensionseffekt« das Ergebnis unüberschaubar beeinflussen. (Eine kolorimetrische Messung wäre – allerdings nur sehr grob – möglich mit Indikatorpapieren; hier können aber gelöste Huminstoffe die Färbung verfälschen.) Daher verdünnt man die Probe (konventionell 1 Gewichtsteil Boden : 2,5 Volumenteile Suspendierungsmittel). Wählt man dazu H_2O, so könnte die gemessene H-Aktivität, das pH (H_2O), auf die verschiedenen Wassergehalte umgerechnet werden, sofern man feldfrische Proben untersuchte (bei Trocknung irreversible Veränderungen) und sich der Einfluß der ebenfalls vom Wassergehalt abhängigen Aktivität der anderen Ionen auf die H-Aktivität einfach berechnen ließe. Da das nicht der Fall ist, versucht man, deren Einfluß durch Zusatz überschüssiger Mengen auszuschalten (und damit auch Schwankungen im Jahresverlauf zu unterdrücken) und mißt daher in Suspensionen mit Salzlösungen (konventionell 0,01 M $CaCl_2$ oder 1 M KCl). Auf diese Weise erzielt man selbst bei weitem Boden : Lösungs-Verhältnis meist eine höhere, dem pH der unverdünnten Bodenlösung eher entsprechende H-Aktivität, da die K-Ionen nach der Gleichung $H_x \cdot \text{Boden} + K^+ = H_{x-z} \cdot K_z \cdot \text{Boden} + zH^+ + y{-}zK^+$ einen Teil leichter austauschbarer H-(bzw. Al-)Ionen in die Lösung überführen. Durch KCl-Zusatz wird auch der Suspensionseffekt weitgehend ausgeschaltet. Natürlich ist die auf diese Weise gewonnene H-Aktivität eine konventionelle Größe, da sie für jeden Boden nur bei einem bestimmten Wassergehalt gilt.

Die Messung in verdünnter $CaCl_2$-Suspension ist einer Messung in KCl-Suspension vorzuziehen: Einmal wird durch K in illitreichen Proben Al besonders stark ausgetauscht, und zum anderen ist $(H^+) : (Ca^{2+})$ im Gegensatz zum pH in einem weiteren Konzentrationsbereich konstant und damit unabhängig vom Boden : Wasser-Verhältnis.

5.4.5.1.2 Bestimmung des pH ($CaCl_2$): Messung des pH einer 0,01 M $CaCl_2$-Suspension elektrometrisch mit Glaselektrode.
Ausführung: 10 g lutro Feinerde werden mit 25 ml 0,01 M $CaCl_2$ in einem *Becherglas* gut umgeschüttelt und unter Verdunstungsschutz *(Uhrglas!)* sowie gelegentlichem Schwenken mindestens 30 min stehengelassen. Nach Eichung des *pH-Meters* mit *Pufferlösungen* und Einstellen der Meßtemperatur wird das pH mit der kombinierten *Glas/Kalomel-Elektrode* gemessen. Nach jeder Messung ist die Meßelektrode mit 0,01 M $CaCl_2$ abzuspülen. Das gemessene pH ist auf eine Dezimale genau anzugeben.
Auswertung der Ergebnisse: Es kann von Interesse sein, die Menge aktiver H^+-Ionen in $cmol_c/kg$ zu errechnen; das geschieht nach der Formel $cmol_c/kg = 250 \cdot 10^{-pH}$.

Methodische Fehlerquellen: Die Meßwerte entsprechen nicht immer dem pH der Bodenlösung, da z. B. in kalkhaltigen Proben das pH stark von der Ca^{2+}-Aktivität und dem CO_2-Partialdruck pCO_2, also z. B. von der Qualität der Laborluft abhängt (reine $CaCO_3$-Lösung kann je nach CO_2-Gehalt ein pH von 5,8–8,2 haben).

5.4.5.2 *Kennzeichnung des Elektrolytgehaltes*

Der Elektrolytgehalt der Bodenlösung ist eine äußerst variable Größe, abhängig vor allem vom Wassergehalt des Bodens. Da eine Wasserzufuhr in der Regel nicht nur verdünnend, sondern auch lösend wirkt und somit zu einem Anstieg der Elektrolytmenge führt, da zudem Salze sich in ihrer Löslichkeit unterscheiden (woraus eine wechselnde Ionenzusammensetzung bei verschiedener Verdünnung resultiert), müßten Messungen bei unterschiedlichem Wassergehalt gemacht werden. Sie sollten sich zumindest nur auf Wassergehalte erstrecken, die auch am Standort selbst zeitweilig realisiert sind. Daher sollte bei Feldkapazität oder geringeren Wassergehalten gemessen werden. Andererseits wird natürlich die Isolierung der Bodenlösung um so problematischer, je geringer die Wassergehalte sind.

5.4.5.2.1 Meßtechnische Grundlagen: Die Bodenlösung kann entweder am Standort selbst gewonnen oder aber im Labor aus feldfrischen Proben isoliert werden. Im Felde lassen sich Grundwasserproben durch Ausschöpfen eines Bohrloches recht einfach gewinnen. In terrestrischen Böden bzw. Horizonten müssen dagegen Saugkerzen eingebaut werden, um die Bodenlösung durch Anlegen eines Unterdruckes abzusaugen (s. 6.5.3.4). Im Labor können 10–50 % der Bodenlösung durch Überschichtung mit einer Verdrängungslösung (z. B. Wasser oder Alkohol) durch Vakuum- bzw. Druckfiltration oder durch Zentrifugieren gewonnen werden.

Die Zusammensetzung der Bodenlösung hängt vom Gewinnungsverfahren ab, da das Wasser verschiedener Porengrößen meist unterschiedlich zusammengesetzt ist und ein unterschiedlicher Porenanteil entwässert wird. Im Felde wird, vor allem bei *Dauermeßstellen* (s. Abb. 6.1.1), mit einem Unterdruck abgesaugt, der nur wenig von der herrschenden Wasserspannung abweicht, um Milieuveränderungen zu vermeiden. Dabei wird fast nur Grobporenwasser gewonnen, das z. B. in aggregierten sauren Waldböden Al- und H-reicher, aber nährstoffärmer ist als das der feineren Poren im Inneren der Aggregate (HANTSCHEL et al. 1986).

Die Labormethoden entwässern in der Regel auch die Mittelporen (oder es wird bewußt unter Erhalten des Bodengefüges darauf verzichtet: HILDEBRAND 1986). Die Gewinnung der Gleichgewichtsbodenlösung (GBL), bei der die homogenisierte Probe zunächst bis zur Fließgrenze mit H_2O

gesättigt wird, versucht, diese Probleme zu umgehen (aber macht bei ökologischer Fragestellung u. U. gerade das Falsche, da Wurzeln und Organismen bevorzugt in Grobporen leben).

Die Bestandteile der isolierten Lösung lassen sich dann einzeln mit chemischen Methoden bestimmen (vgl. hierzu Bestimmung der Salze, 5.5.3). Da allen Elektrolyten gemeinsam ist, den elektrischen Strom zu leiten, kann außerdem der Elektrolytgehalt durch eine Leitfähigkeitsmessung charakterisiert werden. Die elektrische Leitfähigkeit ist nämlich dem Gehalt an dissoziierten Ionen (Halbleitern) proportional. Absolute Konzentrationswerte zu erhalten, ist auf diesem Wege nicht möglich, da sich die Ionen in ihrer Leitfähigkeit unterscheiden. Daher begnügt man sich mit der Angabe der Leitfähigkeit (EC) in Millisiemens (mS), oder aber man vergleicht diese mit den Meßwerten eines Standards, dessen Elektrolytkonzentration bekannt ist (0,02 M KCl besitzt bei 25 °C eine Leitfähigkeit von 2,77 mS/cm). Gemessen wird der Spannungsabfall, den ein angelegter elektrischer Strom zwischen zwei 10 mm voneinander entfernt in die Lösung eintauchenden, 1 cm^2 großen Gold- oder Platinelektroden erleidet.

5.4.5.2.2 Gewinnung der Bodenlösung durch Zentrifugieren: Benutzt werden *1/2-l-Plastik-Zentrifugenbecher* mit zwei Kammern, deren oberer Boden mit Glaswolle abgedeckt ist.

Etwa 1 kg feldfrischer Boden (ggf. vorher Steine und Grobkies entfernen, feinen *Quarzsand* zumischen) werden in Portionen von jeweils ca. 100 g (Gewichte der Becher genau austarieren!) in die Becher gefüllt und in einer *Kühlzentrifuge* bei möglichst niedriger Temperatur (um mikrobielle Umsetzungen zu vermeiden) und 6000–9000 Upm 1 h zentrifugiert. Die Zentrifugate werden gesammelt, nochmals kurz in einem normalen *Zentrifugenbecher* zentrifugiert und die dann klare Lösung bis zur Analyse bei –18 °C im *Gefrierschrank* aufbewahrt.

5.4.5.2.3 Gewinnung der Gleichgewichtsbodenlösung (GBL): Wassersättigung bis zur Fließgrenze nach RICHARDS (1954), modif. n. MEIWES et al. (1984), Gewinnung mit Filternutsche oder Zentrifugation.

Die Einwaage richtet sich nach der gewünschten Lösungsmenge. Für 1 ml GBL sind bei Sanden ca. 50, bei Lehmen 10, bei Tonen 4, bei Torfen 2 g erforderlich. 100–800 g feldfrischer und gewogener Boden (Grobkies und Steine entfernen und wägen, an Aliquot Wassergehalt n. 5.2.3 bestimmen) werden in einem *Plastikbecher* und ständigem Rühren mit einem *Spachtel* langsam bis zur Fließgrenze mit H_2O (< 1 µS/cm, pH 7, ggf. CO_2 durch *Aufkochen* entfernen) versetzt (Fließgrenze erreicht, wenn Oberfläche zu glänzen und eine Spachtelkerbe zu zerfließen beginnt), mit einem stabilen *Elektromixer* verrührt und zur Gleichgewichtseinstellung unter gelegentlichem Rühren 24 h in einem *Kühlschrank* bei 2–4 °C gehalten und erneut gewogen. Die Paste wird dann in einem *Büchnertrichter* mit H_2O-gespültem *Schwarzbandfilter* mit Unterdruck in eine *Saugflasche* filtriert. Das Filtrat wird bis zur Analyse im *Gefrierschrank* bei –18 °C bewahrt.

5.4.5.2.4 Bestimmung der elektrischen Leitfähigkeit

Messung: Die elektrische Leitfähigkeit (EC), ausgedrückt in mS × cm^{-1} bei 25 °C wird mit einem *temperaturkompensierenden Leitfähigkeits-Meßgerät* ermittelt, und zwar von einem Aliquot der Bodenlösung oder der Gleichgewichtsbodenlösung (zur Bestimmung am Standort s. 3.5.5.5, zur Ermittlung des Salzgehaltes s. 5.5.3.2).

Auswertung: Der Meßwert wird direkt in mS × cm^{-1} verwendet.

5.4.5.2.5 Untersuchung des Stoffbestandes: Potentiometrische Bestimmung der H-Ionen, flammenphotometrische Bestimmung der Kationen, kolorimetrische Bestimmung von NO_3 (DIN 38405-9) und NH_4 (DIN 38406-5), maßanalytische Bestimmung von Cl (DIN 38405-1) und SO_4. Im folgenden wird eine Einzelelementanalyse beschrieben, die zur Untersuchung der Bodenlösung, der Gleichgewichtsbodenlösung und auch des Regenwassers benutzt werden kann. Mit einem *Massenspektrometer* mit induktiv gekoppeltem Plasma (ICP – MS: s. SMITH 1991) lassen sich viele der genannten Elemente auch gleichzeitig bestimmen, wodurch Probenlösung gespart wird; die Meßempfindlichkeit einer einfachen ICP reicht dazu in der Regel nicht aus. Die Bestimmungen lassen sich bei Serienanalysen mit *Automaten* kolorimetrisch (Fließsegmentanalysator, Fließinjektionsanalysator) oder auch *gaschromatographisch* durchführen (s. hierzu SMITH 1991).

Bestimmung von H^+: 20 ml Bodenlösung werden in einem Meßgefäß mit 1 Tropfen konz. HCl versetzt, durch Schütteln homogenisiert und der pH-Wert mit einer Glaselektrode gemessen und über 10^{-pH} in mmol/l umgerechnet. Der Neutralsalzzusatz dient der Potentialstabilisierung.

Bestimmung von K und Na: s. 5.4.3.5; Blind- und Eichlösungen mit *H_2O* ansetzen.

Bestimmung von Ca und Mg: s. 543.5; Blind- und Eichlösungen mit *H_2O* ansetzen.

Bestimmung von Al: s. 5.4.3.5; Blind- und Eichlösungen mit *H_2O* ansetzen; die Al-Konzentrationen sind z. T. so gering, daß sie nur mit der *flammlosen AAS* (Graphitrohrküvette) erfaßt werden können.

Bestimmung von Fe und Mn: s. 5.4.3.8; Blind- und Eichlösungen mit *H_2O* ansetzen.

Bestimmung von Cd, Co, Cu, Ni, Pb und Zn: s. 543.8; Blind- und Eichlösungen mit *H_2O* ansetzen.

Bestimmung von CO_3 und HCO_3: 50 (EC < 1 mS) - 10 (> 10 mS) ml werden in einem *Becherglas* mit 0,1 ml *pH 8,3-Indikator* (Tab. 5.2.1) versetzt und bei Violettfärbung unter Rühren *(Magnetrührer)* tropfenweise mit *0,05 M H_2SO_4* bis zum Gelbumschlag titriert; H_2SO_4-Verbrauch in ml: 10 = $cmol_c$ CO_3 je 50 (bis 10) ml. Anschließend wird *pH 4,1-Indikator* zugesetzt und bis zum Farbumschlag von grün nach violett titriert. Zusätzlicher SO_4-Verbrauch in ml: 20 = $cmol_c$ HCO_3 je 50 (bis 10) ml.

Die Lösungsmenge läßt sich bei Benutzung eines *Titrierautomaten* (dann bis 8,4 und 4,4 titrieren) auf 10–2 ml reduzieren.

Bestimmung von NH_4 (nach DIN 38406-5): 5–20 ml der Lösung (pH 5–8, sonst mit NaOH bzw. HCl einstellen) werden in einem *50-ml-Meßkolben* mit 4 ml *Salicylat-Citrat* (je 130 g $C_7H_5O_3Na$ und $C_6H_2O_7Na_3$ x 2 H_2O in 800 ml H_2O lösen, mit 0,97 g $Na_2Fe(CN)_5NO$ x 2 H_2O schütteln und mit H_2O zu 1 *l* ergänzen) und dann unter Schütteln mit 4 ml *Reagenzlösung* (3,2 g NaOH + 0,2 g $C_3N_3Cl_2O_3Na$ in 100 ml H_2O) versetzt, zu 1 *l* mit *H_2O* ergänzt, homogenisiert und nach 1–3 h bei 655 nm *photometriert*.

Bestimmung von NO_3 (n. DIN 38405-9): 5 ml der Lösung werden in einem *50-ml-Erlenmeyerkolben* mit 40 ml *Säuregemisch* (96 %ige H_2SO_4 + 85 %ige H_3PO_4, 1:1) und 5 ml *Dimethylphenol* (1,2 g 2,6 - $C_8H_{10}O$ in 1 *l* Eisessig) homogenisiert und nach 10–60 min bei 324 nm *photometriert*.

Bestimmung von Cl (n. DIN 38405-1): 50 ml Lösung werden in einem *250-ml-Erlenmeyerkolben* mit *HNO_3* bzw. *NaOH* auf pH 6,5–7,0 eingestellt (*pH-Elektrode* mit KNO_3-Füllung!), mit *H_2O* zu ca. 100 ml ergänzt, mit 1 ml *10 %igem K_2CrO_4* versetzt und unter *Rühren* mit *0,02 M $AgNO_3$* bis zum Farbumschlag von grüngelb nach rotbraun titriert (V_{Ag} in ml). Entsprechend wird H_2O als Blindprobe titriert (V_B in ml). Dann ergibt sich die Cl-Konzentration in mg/l durch Multiplikation der Differenz von V_{Ag} und V_B mit 14,18.

Bestimmung von SO_4 (REEUWIJK 1993): 5 ml der Lösung werden in einen *50-ml-Becher* pipettiert, mit 10 ml *H_2O* und dann unter Rühren *(Magnetrührer)* mit 10 ml *Glyzerin* (1:1 mit H_2O verdünnt) versetzt, im *Kühlschrank* auf ca. 15 °C abgekühlt und unter Rühren mit 2,0 ml *$BaCl_2$-Reagenz* (25 g $BaCl_2 \cdot 2 H_2O$ in 200 ml H_2O mit 12,5 ml konz. HCl versetzen, zu 250 ml mit H_2O ergänzen) versetzt. Nach 30 min wird die durch $BaSO_4$ verursachte Trübung bei 600 nm *photometriert*.

5.5 Mineralkörper des Bodens

Der Mineralkörper eines Bodens ist gekennzeichnet durch Art und Größe seiner Minerale. Die Minerale bestehen aus Atomen, die in einem Kristallgitter angeordnet sind; sie besitzen also eine bestimmte Struktur und chemische Zusammensetzung. Daraus ergeben sich weitere (diagnostisch nutzbare) Eigenschaften (wie Löslichkeit, Dichte, Magnetismus, optisches und thermisches Verhalten). Die Minerale lassen sich auf Grund ihrer Eigenschaften in verschiedener Weise ordnen; bodenkundlich werden am besten folgende Gruppen unterschieden: Wasserlösliche Salze (+ Sulfate), Carbonate (+ Phosphate), Oxide und Silicate. Die beiden letzten Gruppen werden dann weiter in pedogene (bodenbürtige) und pyrogene (aus einer Schmelze entstandene) Minerale gegliedert. Die pedogenen Silicate (= Tonminerale) und Oxide treten vornehmlich in der Tonfraktion auf, die pyrogenen dagegen in den Schluff- und Sandfraktionen. Die bodenbürtigen Minerale sind in der Regel sehr viel schlechter geordnet und zeigen daher alle Übergänge zwischen kristallinen und amorphen Formen. Die Oxide unter ihnen bilden zudem bevorzugt Überzüge auf anderen Mineralen und liegen daher nur selten als Einzelkörner vor.

Pyrogen ist nicht gleichbedeutend mit lithogen (= aus dem Gestein stammend), da ein Gestein auch bodenbürtige Minerale früherer Entwicklungsphasen enthalten kann.

5.5.1 Allgemeine chemische Charakterisierung

Bei der Anwendung chemischer Analysen zur Kennzeichnung des Mineralbestandes sind drei Möglichkeiten zu unterscheiden: die Totalanalyse (sog. Bauschanalyse) und die Bestimmung von Leitelementen (bzw. -gruppen) in der Probe oder in Extrakten aus ihr. Die **Bauschanalyse** soll den gesamten Mineralbestand charakterisieren; sie liefert aber recht unspezifische Ergebnisse; ihre Interpretation erfordert einen auf vielen Voraussetzungen basierenden Rechengang. Als **Leitelemente** oder -gruppen kann man solche bezeichnen, die nur in bestimmten Mineralen oder eng umschriebenen Mineralgruppen vorkommen; so ist es statthaft, aus dem gesamten Zr-Gehalt auf den Zirkongehalt zu schließen. Eine Einengung der in Frage kommenden Minerale kann man durch **fraktionierende Extraktion** erzielen. Näheres hierzu wird bei der Bestimmung der wasserlöslichen Salze (5.5.3), Carbonate (5.5.4) und pedogenen Oxide (5.5.5) ausgeführt.

Alle chemischen Verfahren setzen annähernd humusfreie Proben voraus oder gestatten Schlüsse auf den Mineralbestand nur dann, wenn das nachgewiesene Element nur in untergeordneten Mengen aus dem Humus stammen kann. Dieses darf bei der Bauschanalyse am wenigsten, bei der Bestimmung von Leitelementen in Extrakten um so mehr angenommen werden, je selektiver das Extraktionsmittel ist.

5.5.1.1 Meßtechnische Grundlagen

Bei der **Bauschanalyse** müssen Reagenzien eingesetzt werden, die die Minerale in ihrer Gesamtheit aufzulösen vermögen und dabei weder zu bestimmende Elemente enthalten noch mit diesen flüchtige Verbindungen bilden. Da es ein solches Universalreagenz nicht gibt, schließt man sowohl durch Lösen mit Flußsäure (geeignet für viele bodenkundlich bedeutsame Elemente, aber nicht für Si) als auch durch Schmelzen mit Alkalicarbonaten oder -oxiden (geeignet für viele Elemente, natürlich nicht für die benutzten Alkalien) auf. Flußsäure löst, indem sie nach der Gleichung

$$SiO_2 + 4\ HF = SiF_4 \uparrow + 2H_2O$$

mit Si flüchtiges Siliziumtetrafluorid bildet. Mit Alkalicarbonaten bzw. -oxiden gelingt es, die Minerale bereits bei relativ niedrigen Temperaturen (500–800 °C) zu schmelzen, wobei nach dem Erkalten die Kationen als leicht lösliche Carbonate bzw. Hydroxide und die Anionen als lösliche Alkalisalze vorliegen.

Insbesondere bei der Ermittlung von Bodenbelastungen wird auch **Königswasser** (HCl-HNO_3-Gemisch) benutzt (s. z. B. Klärschlammverordnung). Diese Reagenzien erfassen zwar den kontaminierten Anteil meist vollständig, jedoch nicht den natürlichen Anteil (z. B. nur 50–80 % des Cr). Viele Elemente lassen sich auch ohne Aufschluß *röntgenfluoreszensanalytisch* quantitativ erfassen (s. 5.5.1.3).

Bodenkundlich bedeutsamer kann es sein, die verwitterbaren Minerale näher zu charakterisieren, und zwar besonders die nährstoffhaltigen unter ihnen. Zwar ist der Begriff »verwitterbar« relativ, da in unendlicher Zeit alle Minerale verwittern können. Hier soll darunter eine Abbaubarkeit im Laufe bodenkundlich noch gut überschaubarer Zeiten (100–1000 Jahre) verstanden werden. Es genügt nun nicht, die verwitterbaren Minerale durch Mineralanalysen zu bestimmen (vgl. hierzu 5.5.3 bis 5.5.7), da die Verwitterbarkeit auch von der Mineralgröße und -form (d. h. von der wirksamen Oberfläche) abhängt und außerdem in der angegebenen Zeit nur Teile eines Minerals zu betreffen braucht. Man muß die Verwitterung vielmehr experimentell nachzuahmen versuchen. Dann kann man über eine erneute Analyse der hierbei resistenten Minerale Menge und Art der verwitterbaren ermitteln. Letztere lassen sich aber auch aus der Zusammensetzung der gelösten Verwitterungsprodukte rekonstruieren, und zwar im einfachsten Falle über die Bestimmung von Leitelementen. Um im Laufe kurzer Zeit einen diesem langen Angriff entsprechenden Effekt zu erreichen, muß der Abbau sehr intensiv sein. Dazu eignet sich Extraktion mit starken Säuren (z. B. 10 M HCl) in der Hitze. Hierbei geben die Carbonate ihr Ca und Mg vollständig, die Tonminerale ihr K zum größten und ihr Mg ebenso wie die Glimmer ihr K und Mg und wie die Plagioklase ihr Ca zu einem geringeren Teil ab, während nur wenig K aus Orthoklas extrahiert wird. Von den P-Mineralen gehen zumindest die feinkörnigen in Lösung.

In kurzer Zeit mobilisierbare Ionen lassen sich mit verdünnten Mineralsäuren extrahieren; die Nährstoffe werden nach Abzug des austauschbar gebundenen Anteils als nachlieferbare Fraktion bezeichnet.

5.5.1.2 Die Bauschanalyse

Säureaufschluß für Gesamt-Al, -Ca, -Fe, -K, -Mg, -Mn, -Na, -P und Spurenelemente durch Abrauchen mit HF und $HClO_4$ (zerstört Humus und gewährleistet vollständiges HF-Entweichen) nach JACKSON (1960); Alkaliaufschluß für Gesamt-Si durch Schmelzen mit Na_2CO_3; Bestimmung der Metalle mit AAS; P-Bestimmung kolorimetrisch mit Molybdat-Vanadat; Si-Bestimmung kolorimetrisch mit Molybdat nach Abtrennen aller Störelemente durch Dehydrieren des SiO_2 mit $HClO_4$; H_2O-, Humus- und CO_3-Bestimmung durch fraktioniertes Erhitzen bei 200, 600 und 1000 °C.

Flußsäureaufschluß: 0,5 g lutro (mit der *Kugelmühle*) gemahlene Feinerde werden in einem *30-ml-Pt-Tiegel* mit etwas *H_2O* befeuchtet (humusreiche Proben vorher kurz bis zur leichten Rotglut des Tiegels über einer nichtleuchtenden Bunsenbrennerflamme erhitzen) und mit 5 ml *65 %iger HNO_3* sowie 10 ml *40 %iger HF* versetzt. Der Tiegel wird zu 9/10 mit einem *Pt-Deckel* bedeckt und auf einem *Sandbad* bei 200 °C bis zur Trockne abgeraucht (längeres Erhitzen des Trockenrückstandes wegen der Gefahr von K-, B- und P-Verlusten vermeiden). Der Rückstand wird mit 5 ml 65 %iger HNO_3, 1 ml *70 %iger $HClO_4$* und 10 ml 40 %iger HF wiederum bis zur Trockne abgeraucht. Dann werden 3 ml HNO_3 zugesetzt und bei offenem Tiegel bis fast zur Trockne abgeraucht. Beim Abrauchen von $HClO_4$ besteht Explosionsgefahr; daher nur unter einem Perchlorsäureabzug arbeiten! Nach dem Abkühlen werden 10 ml *5 M HCl* und etwa 5 ml H_2O zugesetzt und bei geschlossenem Tiegel 10 min auf dem Sandbad erhitzt. Die Lösung wird über ein feinporiges Filter in einen *100-ml-Meßkolben* filtriert und mit H_2O aufgefüllt. Ein ggf. verbliebener Filterrückstand wird nach Veraschen des Filters in einem Pt-Tiegel einem **Schmelzaufschluß** unterzogen und dann getrennt analysiert. Hierzu werden 2 g *$Li_2B_4O_7$* zugesetzt, in einem *Muffelofen* geschmolzen und 1 h weiter erhitzt. Der Tiegel wird mit einer *Pt-Zange* dem Muffelofen entnommen, die Schmelze durch vorsichtiges Schwenken in dünner Schicht auf der Tiegelwandung verteilt und nach dem Abkühlen in ein *Becherglas* gelegt, das 5 ml 6 M H_2SO_4 und so viel H_2O enthält, daß der Tiegel gerade bedeckt ist. Das Becherglas wird bis zum vollständigen Lösen der Schmelze erwärmt. Die Lösung wird in einen *100-ml-Meßkolben* überführt und mit H_2O aufgefüllt.

Schmelzaufschluß: 0,1 g lutro, gemahlene Feinerde werden in einem *Ni-Tiegel* mit 0,75 g *Na_2CO_3* durch leichtes Schütteln vermischt, mit weiteren 0,25 g Na_2CO_3 überschichtet, zu 7/10 mit einem *Deckel* bedeckt und 2–3 min auf einem *Tondreieck* mit dem *Bunsenbrenner* erhitzt. Der Tiegel wird dann mit einer *Tiegelzange* geschwenkt, um bisher nicht aufgeschlossene Reste zu erfassen, und weitere 1–2 min erhitzt, bis eine klare Schmelze vorliegt. Diese wird durch vorsichtiges Schwenken in dünner Schicht auf der Tiegelwandung verteilt. Die erkaltete Schmelze wird bei nahezu geschlossenem Tiegel tropfenweise mit 8 ml *60 %iger* $HClO_4$ versetzt. Nach Beendigung des Aufbrausens werden Tiegeldeckel und -wandung mit wenig H_2O abgespült und der zu 3/4 geschlossene Tiegel auf einem *Sandbad* bis um Erscheinen kräftiger $HClO_4$-Dämpfe erwärmt. Anschließend wird bei geschlossenem Tiegel weitere 10 min bei 210 °C gekocht, nach Abkühlen und Zusatz von 5 ml H_2O die Suspension sorgfältig gemischt, nochmals (zum Lösen ausgefallener Salze) kurz zum Sieden gebracht und der Tiegelinhalt dann mit etwas H_2O in ein *Kunststoff-Zentrifugenglas* gespült. Nach Zusatz von 2 ml *5 M HCl*, Verdünnen auf etwa 50 ml und kurzem Schütteln wird das dehydrierte SiO_2 bei 3000 U/min in einer *Zentrifuge* abgeschleudert und die überstehende Lösung abdekantiert (in ihr können, falls genau aufgefüllt wurde, Al, Fe, P und Ti bestimmt werden). Das SiO_2 wird 1mal mit 50 ml *1,2 M HCl* gewaschen, dann mit 50 ml *M NaOH* versetzt (mit einem Teil der NaOH vorher im Ni-Tiegel verbliebene SiO_2-Reste lösen und mit wenig H_2O in das Zentrifugenglas überführen) und zum Lösen des SiO_2 einige Zeit im siedenden *Wasserbad* erhitzt. Die klare Lösung wird dann mit H_2O auf 1 *l* verdünnt.

K- und Na-Bestimmung: *Flammenspektralphotometrisch* in Aliquot des HF-Aufschlusses nach Zusatz eines *Al-Cs-Puffers* entsprechend 5.4.3.5, Eichlösungen in *0,25 M HCl*.

Ca- und Mg-Bestimmung: Mit *Flammen-AAS* in Aliquot des HF-Aufschlusses nach *La-Zusatz* entsprechend 5.4.3.5, Eichlösungen in *0,05 M HCl*.

Fe- und Mn-Bestimmung: Mit *AAS* bei 248,3 (Fe) bzw. 279,5 nm (Mn) in der *Luft/Acetylenflamme*, Eichlösungen in *0,5 M HCl*.

Al- und Ti-Bestimmung: Mit *Flammen-AAS* im HF-Aufschluß bei 309,3 nm (Al) bzw. 365,4 nm (Ti), Eichlösungen in *0,5 M HCl*. Weiterhin lassen sich auch Be, Cd, Cu, Co, Ni, V und Zn mit Flammen-AAS oder flammenloser AAS bestimmen (SMITH 1991).

P-Bestimmung: 50 ml des salzsauren HF-Aufschlusses werden 2mal mit 2 ml *konz.* HNO_3 auf einem *Sandbad* abgeraucht und dann analog 5.5.1.5 auf ihren P-Gehalt untersucht.

Si-Bestimmung: 2–10 ml des Na-alkalischen Carbonataufschlusses werden in ein *25-ml-Kolorimeterröhrchen* pipettiert. Darin ist der Si-Gehalt analog 5.5.5.4 zu bestimmen.

Bestimmung des freien (H_2O^-) und gebundenen (H_2O^+) Wassers sowie des CO_3 und des Humus: 3 g lutro, gemahlene Feinerde werden in einem geglühten *Pt-Tiegel* im *Trockenschrank* bis zur Gewichtskonstanz getrocknet und gewogen; die Differenz ergibt den Wassergehalt (H_2O^-). Anschließend wird die Probe 2 h im *Muffelofen* bei 1000 °C geglüht, im Exsikkator abgekühlt und gewogen; die Differenz ergibt den Glühverlust und daraus nach Abzug des CO_3- (Bestimmung s. 5.5.4.2) und Humus- (Bestimmung s. 5.6.1.3) Gehaltes das gebundene Wasser (Kristallwasser). Erhitzen in Stufen differenziert zwischen H_2O (bei 200 °C), C_{org} (bei 500 °C im O_2-Strom) und C_{anorg} (bei 1000 °C).

Darstellung der Ergebnisse: Die Ergebnisse werden auf atro Feinerde bezogen (5.2.3) und in Oxidform angegeben (Fe als Fe_2O_3, CO_3 als CO_2). Ihre Summe muß dann 98–100 % ergeben, da die übrigen Elemente normalerweise weniger als 1 % der Probe ausmachen. Aus ihr kann der Mineralbestand grob geschätzt werden. Unter bestimmten Voraussetzungen ist es nach HOLMES (1930) sogar möglich, Art und Anteil verschiedener Mineralgruppen aus dem Ergebnis der Bauschanalyse zu errechnen. Ob diese Voraussetzungen aber gegeben sind, ist bei Böden meist schwer zu beurteilen. Da es für bodenkundliche Fragen sinnvoller ist, nur die diagnostisch wichtigen Minerale und diese direkt zu bestimmen (s. 5.5.3–5.5.7), wird der Rechengang hier nicht dargestellt.

5.5.1.3 Bauschanalyse durch Röntgenfluoreszensanalyse einer Boratschmelze (PAGE et al. 1982, SMITH 1991)

Bestimmung des freien (H_2O^-) und gebundenen (H_2O^+) Wassers sowie des CO_3 und des Humus: 1 g lutro, gemahlene Feinerde werden entsprechend 5.5.1.2 auf 105 und 1000 °C erhitzt und die Gewichtsdifferenzen bestimmt.

Erstellung einer Boratschmelze: 600 mg der geglühten Probe (ggf. in *Achat* mörsern und nochmals bei 105 °C trocknen) werden mit 2,4 g $Li_2B_4O_7$ in einem *Pt-Spezialtiegel* bei 1000 °C im *Muffelofen* geschmolzen und die Schmelze sofort in eine Form gegossen.

Bestimmung: Der erkaltete Schmelzkuchen wird in das *Röntgenfluoreszensgerät* gesetzt und damit die Elemente Al, Ca, Cu, Fe, K, Mg, Mn, Na, P, Si, Ti und ggf. Cr, Ni und Zr bestimmt.

Auswertung: s. 5.5.1.2

Methodische Fehlerquellen: Die Bestimmung eines Elementes wird von anderen Elementen durch Interferenzen und Massenschwächung beeinflußt. Die Genauigkeit hängt daher davon ab, inwieweit die für die Eichung benutzten Standards der Zusammensetzung der Probe gleichen oder die benutzten Korrekturprogramme den Proben angepaßt sind.

5.5.1.4 Aufschluß mit Königswasser

Extraktion mit siedendem HCl/HNO_3-Gemisch n. DIN 38414 (vereinfacht); Bestimmung analog 5.5.1.2.

Aufschluß: 1 g lutro, (mit der *Kugelmühle*) gemahlene Feinerde in einem *Porzellantiegel* 30 min in einen *Muffelofen* bei 550 °C glühen; nach dem Abkühlen in einen *50-ml-Meßkolben* überführen, mit 6 ml *38 % HCl* und 2 ml *65 %* HNO_3 versetzen, einen *Glastropfen* aufsetzen und auf einem *Sandbad* 2 h bei 115 °C erhitzen; nach dem Abkühlen mit *2 M* HNO_3 zu 50 ml ergänzen, mit einem *Glasstab* rühren und über ein feinporiges *Filter* in eine *Plastikflasche filtrieren* (erste 5 ml verwerfen).

Bestimmung: Die einzelnen Elemente werden entsprechend 5.5.1.2 mit *Flammen-AAS* bestimmt; Blind- und Eichlösung sind entsprechend der mit *2 M* HNO_3 verdünnten Aufschlußlösung anzusetzen.

Auswertung: Entsprechend der Klärschlammverordnung (AbfKlärV 1992) sind die Gehalte in mg/kg lutro Feinerde anzugeben. Korrekter ist es jedoch, sie auf atro Feinerde (s. 5.2.3) zu beziehen.

5.5.1.5 Bestimmung der verwitterbaren P-, K-, Ca- und Mg-Minerale

Extraktion mit kochender HCl nach Zerstören der org. Substanz durch Glühen; P-Bestimmung kolorimetrisch mit Molybdat-Vanadat nach Entfernen des störenden Cl (= Gelbfärbung mit Fe) durch Abrauchen mit HNO_3; K-, Ca- und Mg-Bestimmung mit Flammen-AAS.

HCl-Extraktion: 10 g lutro Feinerde werden in einem *Porzellanbecher* bei 500 °C im *Muffelofen* 1 h geglüht, dann nach Zugabe von 50 ml *30 %iger HCl* (bei carbonathaltigen Proben je 5 % Carbonat 1 ml mehr) und Abdecken mit einem *Uhrglas* 1 h auf dem *Sandbad* gekocht. Nach Abkühlen wird in einen *100-ml-Meßkolben* filtriert, mit H_2O nachgewaschen und bis zur Marke aufgefüllt. 10 ml des Filtrats werden in einer *Porzellanschale* 2mal nach Zusatz von jeweils 2 ml *konz.* HNO_3 auf dem Sandbad eingedampft. Der Rückstand wird mit *0,5 M* HNO_3 aufgenommen (ggf. leicht erwärmen), in einen *50-ml-Meßkolben* übergeführt und mit 0,5 M HNO_3 bis zur Marke aufgefüllt.

P-Bestimmung: 10 ml der salpetersauren Lösung werden in einem *50-ml-Meßkolben* mit 10 ml *Molybdat-Vanadat* (0,25 %iges NH_4VO_3 und 5 %iges $[NH_4]_2MoO_4$ im Verhältnis 1:1 gemischt) und 10 ml *0,5 M* HNO_3 versetzt, mit H_2O bis zur Marke aufgefüllt und umgeschüttelt. Nach (frühestens) 10 min wird die Extinktion des gelben Phosphat-Molybdat-Komplexes bei 430–440 nm in 10-mm-Küvetten gegen den Blindwert *photometriert* (s. 5.4.4.2) und die entsprechende P-Konzentration in µg/50 ml einer Eichkurve (s. 5.2.2) entnommen. Multiplikation mit 0,005 ergibt dann mg P/g.

K-Bestimmung: 2 ml der HNO_3-Lösung (und entsprechende Blind- und Eichlösungen) werden mit 2 ml *Al-Cs-Puffer* (s. 5.4.3.5) versetzt und K mit *Flammen-Spektralphotometer* (s. 5.4.3.4) gemessen. Multiplikation der K-Konzentration in µg/ml mit 0,1 ergibt mg/g K.

Ca- und Mg-Bestimmung: 1 ml der HNO_3-Lösung (und entsprechende Blind- und Eichlösungen) werden mit 9 ml *La-Lösung* (s. 5.4.3.5) versetzt und Ca bei 422,7 nm, Mg bei 285,2 nm mit *Flammen-AAS* (s. 5.4.3.4) bestimmt. Multiplikation der Konzentrationen in µg/ml mit 0,5 ergibt dann mg/g Ca und Mg.

Darstellung der Ergebnisse: Aus den ermittelten P-, K-, Mg- und Ca-Gehalten den Gehalt der Probe an den entsprechenden Mineralen zu errechnen, ist nicht sehr sinnvoll, da deren Art und Zusammensetzung sehr verschieden ist (z. B. K aus Feldspäten, Glimmern und Tonmineralen, K-Gehalt von Illiten zwischen 4 und 6 %). Für manche Zwecke ist es dagegen tunlich, sie in $cmol_c$/kg umzurechnen, was durch Multiplikation der mg/g-Werte mit 9,7 (PO_4), 2,6 (K), 8,2 (Mg) bzw. 5,0 (Ca) geschieht.

Methodische Fehlerquellen: Das angewandte Extraktionsverfahren ist nicht selektiv, da die in der organischen Substanz eingeschlossenen Mengen (bes. P) mit erfaßt werden (sie würden auch ohne Glühen in +- großen Mengen extrahiert; um alle Proben gleichmäßig zu behandeln, werden die organischen Stoffe grundsätzlich durch Glühen zerstört). Ferner werden die an Ionenaustauschern gebundenen PO_4-, K-, Ca- und Mg-Ionen mit erfaßt. Diesen letzteren Fehler muß man beseitigen, indem man die entsprechenden Anteile gesondert ermittelt und subtrahiert. In deutschen Böden ist das quantitativ eigentlich nur beim Austausch-Ca bzw. bei gedüngten Sandböden von Belang.

5.5.1.6 Bestimmung des nachlieferbaren Mg

Extraktion mit 2 M HCL nach SCHROEDER et al. (1962); Bestimmung mit AAS.

Extraktion: 10 g lutro Feinerde werden mit 100 ml *2 M HCL* 1 h *maschinell* geschüttelt und über ein trockenes *Filter* (Vorlauf verwerfen) in einen *Erlenmeyerkolben* filtriert. Bei kalkreichen Proben ist die HCl-Konzentration entsprechend zu erhöhen, um eine Teilneutralisation aufzufangen.

Bestimmung: Mit *Flammen-AAS* bei 285,2 nm in der Acetylen-Luft-Flamme (s. 5.4.3.5); salzsaure Eichlösung verwenden.

Darstellung der Ergebnisse: Die Ergebnisse werden nach Abzug des Austauschbaren (s. 5.4.3.4) als nachlieferbares Mg in mg/kg angegeben.

5.5.1.7 Bestimmung des nachlieferbaren K

Extraktion mit M HCL bei 50 °C nach SCHACHTSCHABEL(1961), Bestimmung flammenphotometrisch.

Extraktion: 5 g lutro Feinerde werden in einer *100-ml-Schüttelflasche* mit 50 ml *M HCL* versetzt; die Flasche wird verschlossen, mit der Hand geschwenkt und für 16 h bei 50 °C in einem *Trockenschrank* belassen; nach dem Abkühlen wird über ein trockenes Filter (Vorlauf verwerfen) in einen *Erlenmeyerkolben* filtriert.

Bestimmung: s. 5.4.3.4; salzsaure Eichlösungen erstellen.

Darstellung der Ergebnisse: Die Ergebnisse werden nach Abzug des Austauschbaren (s. 5.4.3.4) als nachlieferbares K in mg/kg angegeben.

5.5.2 Kennzeichnung der Mineralgröße

Zwischen Mineralbestand und -größe besteht zwar teilweise ein enger (z. B. Tonminerale meist < 2 µm ∅), aber keineswegs ein zwingender Zusammenhang. Daher müßte man die Kornverteilungskurven (s. 5.4.1.4) der einzelnen Minerale (bzw. Mineralgruppen) messen.

5.5.2.1 Meßtechnische Grundlagen

Einzel-Kornverteilungskurven sind auf verschiedene Weise zu ermitteln:

1. ist direktes Messen der einzelnen Minerale an Dünnschliffen oder Körnerpräparaten möglich, aber aufwendig (vgl. hierzu 5.4.1).
2. kann ein Mineralgemisch mit körnungsschonenden Methoden präparativ aufgetrennt werden (z. B. mit schweren Lösungen nach der Dichte) und dann eine Analyse der einzelnen Mineralgruppen erfolgen. Dabei gelingt es aber selten, sowohl ausreichend als auch spezifisch zu trennen.
3. lassen sich bestimmte Mineralgruppen selektiv lösen (z. B. Carbonate mit verdünnter HCl, pedogene Fe-Oxide mit $Na_2S_2O_3$) und die Körnung der verbleibenden, unveränderten Gruppe untersuchen. Wird dabei zwischen den einzelnen Selektionen die Körnung des jeweils Unlöslichen ermittelt, läßt sich auch die der extrahierten Gruppen errechnen, sofern diese wirklich als Einzelkörner vorlagen. Allgemein sind die Abtrennungsmethoden ebenfalls nicht sehr spezifisch und überdies - wenn sie schonend sind - nicht sehr weitreichend (z. B. ist selektive Abtrennung der verschiedenen Silicate kaum möglich).
4. kann das Mineralgemisch präparativ in Kornfraktionen zerlegt (z. B. durch Sieben oder Abschlämmen), dann der Mineralbestand jeder Fraktion bestimmt werden und aus beiden die Körnung der einzelnen Mineralgruppen errechnet werden. Die Bestimmung der Körnung selbst ist dann in jedem Fall mit Methoden möglich, die unter 5.4.1 beschrieben sind. In den Fällen 2.–4. muß allerdings, sofern wasserlösliche Salze erfaßt werden sollen, in Benzol statt in Wasser aufgeschlämmt werden.

Im allgemeinen begnügt man sich damit, die Körnung der Silicate und pyrogenen Oxide zu bestimmen, da diese mengenmäßig meist die Hauptrolle spielen und die übrigen Mineralgruppen zudem häufig Mineralhäutchen bilden oder erstere miteinander verkleben. Hierzu können Humusstoffe mit Oxidationsmitteln (z. B. H_2O_2), Salze mit H_2O, Carbonate und ein Teil der pedogenen Oxide mit verdünnten Säuren sowie die restlichen Fe-, Mn- und Al-Oxide mit Reduktionsmitteln und/oder Komplexbildnern gelöst werden. Die Extraktionsmittel dürfen die Silicate natürlich nicht angreifen. Pedogene Kieselsäure kann, weil es kein schonendes Lösungsmittel gibt, daher nicht entfernt werden. Besonders hohe Anforderungen an die Selektivität der Extraktionsmittel sind dann zu stellen, wenn sich eine Mineralanalyse anschließen soll. Die Art der Vorbehandlung muß sich in diesem Fall ganz nach dem Mineralbestand richten.

5.5.2.2 Bestimmung der Körnung der Silicat- und pyrogenen Oxidminerale

Vorbehandlung mit H_2O_2 und 0,2 M HCl, Dispergierung mit $NaPO_3$ + $NaCO_3$, Naßsiebung der Fraktion 0,063–2 mm, Pipettanalyse der Fraktion < 0,063 mm.

Vorbehandlung: 10 (Tone) – 30 (Sande) g Feinerde (s. 5.4.1.3) werden in einem *500-ml-Becherglas* mit 150 ml *H_2O* versetzt und dann auf einem *heizbaren Magnetrührer* mit *2 M HCl* auf pH 3,8 angesäuert; der HCl-Zusatz wird unter ständiger pH-Kontrolle (Glaselektrode) fortgesetzt, bis keine CO_2-Entwicklung mehr erfolgt und das pH sich nicht mehr ändert (bei gröberkörnigen Dolomiten ist eine vollständige Lösung nur durch Erwärmen auf max. 80 °C erreichbar). Nach dem Absetzen des Tons wird der dann klare Überstand mit einer *Kapillare* und *Unterdruck* abgesaugt. Der Rückstand wird in 100-ml-Portionen mit *10 %igem H_2O_2* versetzt, bis die Suspension selbst bei schwachem Erwärmen nicht mehr braust (stärkeres Schäumen durch Zusatz einiger ml *Octan-2-ol* unterbinden). Nach kurzem Aufkochen (um überschüssiges CO_2 zu entfernen) und

Absetzen des Tones wird der dann klare Überstand abgesaugt. Der Rückstand wird mit H_2O in einen *250-ml-Zentrifugenbecher* überführt und 15 min bei 2000 Upm *zentrifugiert*. Der dann klare Überstand (sonst dem Überstand einige ml *2 M NaCl* zumischen und weiter zentrifugieren) wird verworfen und die feuchte Probe weiter behandelt.

Soll die schwierige Pipettanalyse bei < 63 µm ∅ vermieden werden, ist das Gewicht der Probe nach Trocknung zu bestimmen, um den Vorbehandlungsverlust zu erfahren, und zwar ohne Beeinträchtigung der Dispergierfähigkeit. Das ermöglicht eine Gefriertrocknung oder eine Trocknung bei 50 °C nach 2maliger *Aceton*wäsche (oder Verlust an Parallelprobe bestimmen). So ist auch zu verfahren, wenn weitere Untersuchungen an der silicatischen Feinerde geplant sind (z. B. KAK, K-Gehalt: s. 5.5.7.2).

Dispergierung und Korngrößenbestimmung: s. 5.4.1.3

Auswertung: Die Gewichte der Sandfraktionen und der Fraktion < 63 µm werden summiert und die Ergebnisse dann in % dieser Summe angegeben (nicht der Einwaage, da Verluste durch Vorbehandlung).

Darstellung der Ergebnisse: s. 5.4.1.4

Methodische Fehlerquellen: Die Vorbehandlung wird in manchen Fällen einerseits den Mineralbestand verändern und andererseits Carbonate sowie pedogene Oxide nicht vollständig entfernen, ohne daß sich beides aber nennenswert auf das Ergebnis der Korngrößenbestimmung auszuwirken braucht. Bei salz(vor allem gips-)reicheren Böden reicht die Vorbehandlung nicht aus, um flockend wirkende Ionenkonzentrationen zu verhindern. Entsprechende Proben sind vor der H_2O_2-Behandlung mittels H_2O und Zentrifuge salzfrei zu waschen (elektr. Leitf. < 10 µS/cm). Soll schonender und zugleich selektiver vorbehandelt werden, ist (und das gilt insbesondere, wenn auch der Mineralbestand untersucht werden soll) nach 5.5.2.3 vorzugehen.

Die Gewinnung der < 63 µm-Fraktion ist wegen der kurzen Sedimentationszeit nicht einfach. Alternativ kann die Fraktion 63–20 µm auch aus der Differenz der übrigen Fraktion abgeleitet werden; dann summieren sich allerdings alle Analysenfehler in dieser Fraktion.

5.5.2.3 Fraktioierende Korngrößenbestimmung der Silicat- und pyrogenen Oxidminerale

Vorbehandlung in Abhängigkeit von der Probenart nach TRIBUTHY u. LAGALY (1986) sowie ISO/CD 11277. Fraktionierung des Sandes durch Sieben (5.4.1.3), des Schluffes durch Abschlämmen nach ATTERBERG, des Tones durch Zentrifugieren.

Bei der Fliehkraftsedimentation in der Zentrifuge ist nach dem Stokes'schen Gesetz der Teilchenradius

$$r = \frac{3}{\omega} \cdot \frac{\eta \cdot \ln \frac{s_1}{s_2}}{2\,(\rho_P - \rho_W)\,t}$$, ω = Winkelgeschwindigkeit $\left[\frac{2\pi \cdot U}{s}\right]$, t = Sedimentationszeit,

s_1 = Entfernung Rotationsachse – Flüssigkeitsoberfläche [cm], $s_2 = s_1$ + Falltiefe [cm]. Für die Fraktion < 0,2 µm beträgt (bei 20 °C = 2,65, 2000 U/min) dann die Sedimentationszeit

$t = 14080 \log \frac{s_2}{s_1}$, für < 0,6 µm entsprechend $t = 1635 \log \frac{s_2}{s_1}$ s .

Vorbehandlung: Jede Vorbehandlung kann empfindliche Minerale verändern. Sie sollte daher so intensiv wie nötig, aber so schonend wie möglich sein. Sie ist differenziert vorzunehmen, abhängig vom Ziel der Untersuchung und vom Stoffbestand der Probe. Der Tonmineralbestand von Ferralsolen (Oxisolen) läßt sich z. B. nur nach Entfernung der pedogenen Fe-Oxide quantifizieren. Bei anderen Böden ist das oft nicht erforderlich und nicht möglich, wenn der Bestand an Fe-Oxiden ermittelt werden soll. Im folgenden werden daher Vorbehandlungen genannt, die bei Bedarf nacheinander anzuwenden sind (der Vergleichbarkeit wegen kann es sinnvoll sein, die Proben der Horizonte eines Profils auch dann gleich zu behandeln, wenn z. B. nur ein Teil Humus, ein Teil Kalk enthält). Sofern nicht anders angegeben, werden 20 (bei Tonen) – 60 (bei Sanden) g Feinerde in einem *Zentrifugenbecher* zur Entfernung der genannten Stoffe mit dem Behandlungsmittel geschüttelt und dieses dann durch

Zentrifugieren (mindestens 15 min bei 2000 Upm: Lösung muß klar sein, sonst dem Überstand 1 ml *2 M NaCl* zurühren und weiter zentrifugieren) entfernt.

Lösliche Salze: Extraktion mit *50 %igem Ethanol* bis elektr. Leitf. < 10 µS/cm.

Gips: Extraktion mit (viel) H_2O, bis kein SO_4 mehr nachweisbar bzw. elektr. Leitf. < 10 µS/cm.

Erdalkalicarbonate: Mit 100 ml H_2O und 50 ml *Acetatpuffer* (164 g Na-Acetat + 120 g Eisessig zu 1 *l* mit H_2O = pH 4,8) unter leichtem Erwärmen rühren (manche Tonminerale bereits oberhalb 40 °C verändert, grobkörniger Dolomit erfordert u. U. 80 °C bis CO_2-Freisetzung abgeschlossen, ggf. Acetatzusatz wiederholen, bis pH-Konstanz erreicht; kein HCl verwenden, da Veränderung Fe-haltiger Tonminerale).

Humus: In 100-ml-Portionen mit *10 %igem* H_2O_2 versetzen, bis die Suspension selbst bei schwachem Erwärmen nicht mehr braust (stärkeres Schäumen durch einige ml *Octan-2-ol* unterbinden), dann kurz *aufkochen*.

Pedogene Fe-Oxide: Über Nacht mit 100 ml *4 %igem Na-Dithionit* in *0,3 M Na-Acetat* (m. Essigsäure auf pH 3,8) schütteln; ggf. Extraktion wiederholen, bis Färbung durch Oxide aufgehoben (zur Prüfung Aggregate mit Spatel an Becherwandung verschmieren); mit 100 ml *2 M NaCl* nachwaschen.

Nach Abschluß der Vorbehandlung wird die Probe 3mal mit 100 ml *2 M NaCl* gewaschen.

Dispergierung: Die vorbehandelte und mit Na belegte Probe erfordert vor einer mit hohem H_2O-Einsatz verbundenen Fraktionierung kein Dispergierungsmittel. Für Siebung und Schlämmung ist H_2O mit einem pH von 7 zu verwenden (*deionisiertes* H_2O durch Aufkochen von gelösten CO_2 befreien).

Siebung: Die Probe wird mit H_2O über ein *63*-µm-Sieb in einen *Atterbergzylinder* (s. u.) gespült. Der Siebrückstand wird bei 105 °C *getrocknet*, gewogen, auf einen *Siebsatz* (Maschenweiten 630, 200, 125 und 63 µm) gegeben und dieser mit Deckel und Boden 3 min gerüttelt (*Siebmaschine* zweckmäßig). Die einzelnen Fraktionen werden gewogen und für weitere Untersuchungen in *Schnappdeckelgläsern* aufbewahrt.

Fraktionierende Schlämmung: Die gesiebte Suspension wird im *Atterberg-Zylinder* (35 cm hoher, 5 cm breiter Glaszylinder mit Stopfen, seitlich 3 cm über dem Boden angesetztem Siphon und oberhalb des Siphons beginnender cm-Einteilung) mit H_2O auf einen Stand von 25 cm gebracht, durch Schütteln homogenisiert (der mit Schlauchklemme verschlossene Siphon muß dabei suspensionsfrei bleiben) und bei 20 °C *(thermokonstanter Raum)* aufgestellt. Zur Gewinnung der Fraktion < 2 µm wird nach 19 h 20 min der Stopfen entfernt und die überstehende Suspension aus dem Siphon in ein *10-l-Gefäß* abgelassen. Aufschlämmung mit H_2O und Sedimentation werden wiederholt, bis die überstehende Lösung nach Absetzen des Schluffes klar ist, was nach 8–15 Schlämmungen erreicht ist.

Danach folgt in analoger Weise die Gewinnung der Fraktion 2–6 µm nach einer Fallzeit von jeweils 1 h 56 min (5–8 Einzelschlämmungen) und zuletzt die der Fraktion 6–20 µm nach jeweils 11 min 39 sek (5–8 Einzelschlämmungen). Zurück bleibt dann die Fraktion 20–60 µm. Die isolierten Schluffraktionen läßt man absitzen, verwirft die überstehenden Dispergierungslösungen, überführt die Proben in Wägegläschen, trocknet und wägt. Die Tonsuspension wird bis zur Koagulation der Teilchen mit konz. NaCl versetzt, der Ton dann nach Verwerfen der überstehenden (klaren!) Lösung mit H_2O in *500-ml-Zenrifugengläser* übergeführt.

Die Gewinnung der Schluffraktionen und der Tonfraktion kann auch mit normalen *Standzylindern* erfolgen, aus denen die überstehenden Suspensionen nach Ablauf der Sedimentationszeiten mit einer *Kapillare* (nach oben gebogene Spitze) mit *Unterdruck* in eine *Saugflasche* abgehebert werden.

Fraktionierende Fliehkraftschlämmung: Die Tonfraktion wird im *Zentrifugenbecher* mit H_2O (dest.) aufgefüllt (gegen weitere Becher austariert) und mit *Rührstab* homogenisiert. Die Suspension wird für eine bestimmte Zeit, die sich nach den Maßen der *Zentrifuge* richtet (s. o.), bei 2000 U/min zentrifugiert. Dann hebert man die nicht sedimentierten Teilchen ab. Die Schlämmungen werden bis zur vollständigen Gewinnung zunächst der Fraktion < 0,2 µm, dann der Fraktion 0,2–0,6 µm wiederholt. Die drei Tonfraktionen werden darauf nach Ausflocken mit konz. $MgCl_2$ an der Zentrifuge nacheinander jeweils 2mal mit H_2O und Aceton gewaschen, bei 50 °C getrocknet, im Exsikkator mit Trockenmittel abgekühlt, gewogen, pulverisiert (Achatmörser) und für Mineralanalysen aufbewahrt.

Darstellung der Ergebnisse: s. 5.4.1.4

5.5.3 Kennzeichnung der H_2O-löslichen Salze und des Gipses

Die in Böden vor allem zu erwartenden Salze sind Tabelle 5.5.1 zu entnehmen. Aus ökologischen Gründen zählt man auch die relativ schwach lösliche Borsäure (H_3BO_3 : 39,9 g · kg^{-1} H_2O) dazu.

Tab. 5.5.1: Löslichkeit von Salzen in Wasser bei 20 °C in g · kg^{-1} *bzw. g* · l^{-1}

$CaSO_4 \cdot 2H_2O$	2,6	KNO_3	315	$MgCl_2$	543
$NaHCO_3$	96	$MgSO_4$	356	$CaCl_2$	745
Na_2SO_4	191	KCl	344	$NaNO_3$	880
Na_2CO_3	216	NaCl	359	$Ca(NO_3)_2$	1270

Im Unterschied zu anderen Mineralen ändert sich der Gehalt einzelner Horizonte eines Bodens in Abhängigkeit von der Durchfeuchtung bereits im Jahreslauf oft stark. Die Salze wechseln also leicht aus dem Mineralkörper in die Bodenlösung über und verändern dabei gleichzeitig ihre Lage im Profil. Daher müssen sie mehrfach im Jahreslauf bestimmt werden. Ersatzweise kann man sich mit der Bestimmung der mittleren Gehalte des gesamten Solums bzw. effektiven Wurzelraumes begnügen.

5.5.3.1 Meßtechnische Grundlagen

Die durch Wasserextraktion aus einer Bodenprobe herauslösbare Salzmenge hängt in dem Maße von der angewandten Wassermenge ab, wie schwer lösliche Salze zugegen sind. Leicht lösliche Salze erfaßt man bereits in der Gleichgewichtsbodenlösung (5.4.5.2.3), Gips hingegen erst bei sehr viel weiterem Boden : Flüssigkeits-Verhältnis. Da andererseits auch bei fortgesetzter Extraktion theoretisch nie ein Endpunkt erreicht wird und zudem die Gehalte an sehr schwer löslichen Salzen von geringem Interesse sind, begnügt man sich meist mit der Extraktion in einem Wasser : Probe-Verhältnis, bei dem die leichter löslichen Salze noch keine gesättigte Lösung bilden. Im Extrakt können die Salze aus der Summe der einzelnen Kat- und Anionen oder als Gesamtmenge bestimmt werden (in letzterem Falle bleibt natürlich die Art der Salze unbekannt). Die Gesamtmenge kann wiederum gravimetrisch oder aus einer der Salzkonzentration proportionalen Größe ermittelt werden. Als solche eignet sich die elektrische Leitfähigkeit (siehe hierzu 5.4.5.2.4). Eigentlich müßten von den ermittelten Mengen diejenigen Ionen abgezogen werden, die in der feldfrischen Probe in gelöster Form vorliegen. Da aber auch sie potentiell Salze darstellen, kann man darauf verzichten.

5.5.3.2 Bestimmung des Gehaltes an wasserlöslichen Salzen

Extraktion der Salze bei einem Boden : Wasser-Verhältnis von 1 : 2,5 (analog pH-Messung); Bestimmung gravimetrisch nach Zerstören organischer Stoffe mit H_2O_2.

Extraktion: 40 g lutro Feinerde werden mit 100 ml *H_2O* 1 h *maschinell* geschüttelt und über ein feinporiges (!) *Filter* gegeben.

Bestimmung: 50 ml des Filtrats werden in ein gewogenes *Becherglas* pipettiert, mit 5 ml *30 %igem H_2O_2* versetzt und auf einem *Sandbad* bei 105 °C eingedampft. Multiplikation der Gewichtszunahme in mg mit 0,5 ergibt mg/g wasserlösliche Salze.

Methodische Fehlerquellen: Wie erwähnt, liefert die Methode dann nur sehr willkürlich durch das Probe : Wasser-Verhältnis definierte Werte, wenn schwerer lösliche Salze (z. B. Gips) in größeren Mengen vorkommen. Ionen in organischer Bindung wurden gleichfalls als Salze angesehen.

Will man das nicht, so ist beim Schütteln *Aktivkohle* zuzusetzen, an die H_2O-lösliche, organische Stoffe angelagert und somit entfernt werden können. Besteht Unsicherheit, ob mit dem Extrakt alle Salze entfernt wurden, wird zur Probe ein 1:5-Extrakt angesetzt. Bei völliger Lösung der Salze verhalten sich die EC-Werte des 1:2,5-Extr. zu denen des 1:5-Extr. wie 2:1. Ist das Verhältnis kleiner, ist so lange zu verdünnen, bis Linearität erreicht ist (RUCK u. STAHR 1987).

5.5.3.3 Bestimmung der Zusammensetzung wasserlöslicher Salze

Extraktion bei einem Boden : Wasser-Verhältnis von 1:2,5, Bestimmung von Ca, K, Mg, Na, H, Cl, SO_4, NO_3, OH, CO_3, HCO_3 und H_3BO_3.

Extraktion: 100 g lutro Feinerde werden mit 250 ml *H_2O* (< 1 µS/cm, pH 7, ggf. CO_2 durch Aufkochen entfernen) 1 h *maschinell* geschüttelt und *filtriert* (bei durch Huminstoffe gefärbten Lösungen ist die Extraktion unter *Aktivkohlezusatz* zu wiederholen).

Bestimmungen: H_3BO_3 s. 5.4.4.6, übrige s. 5.4.5.2.5

Darstellung der Ergebnisse: Die Ergebnisse werden in $mmol_c$/kg atro Feinerde angegeben. Die Summe der Kationen müßte dann der der Anionen (ohne H_3BO_3) entsprechen. Die Gehalte an verschiedenen Salzen lassen sich grundsätzlich aus deren Löslichkeit (s. Tab. 5.5.1) ableiten, wenn unterstellt wird, daß sich diese nacheinander gebildet haben (s. hierzu SMETTAN u. BLUME 1987). Die in der Regel heterogene Zusammensetzung und Durchfeuchtung eines Bodenhorizontes ermöglicht allerdings auch davon abweichende Salzarten und -gehalte.

Methodische Fehlerquellen: s. 5.4.5.2.5; BO_3, PO_4 und SiO_4 werden mit als OH, HCO_3 bzw. CO_3 erfaßt: in bezug auf BO_3 ist eine Korrektur möglich, PO_4 und SiO_4 müßten zusätzlich bestimmt werden, liegen meist aber nur in vernachlässigbar geringer Konzentration vor. Liegt der pH-Wert des Extraktes deutlich unter 7, kommen weitere Ionen in Betracht (vor allem Al-Spezies).

5.5.3.4 Bestimmung des Gipsgehalts

Lösung mit H_2O, Fällung mit Aceton und flammenphotometrische Bestimmung des Ca (n. HESSE aus REEUWIJK 1993).

Extraktion: 10 g lutro Feinerde werden in einer *Schüttelflasche* mit 100 ml *H_2O* versetzt und 30 min *geschüttelt*.

Prüfung auf SO_4: Ca. 3 ml des Extraktes werden in einem *Testgefäß* mit 10 Tropfen *M HCl* und ca. 2 ml *M $BaCl_2$* versetzt: Trübung bedeutet Anwesenheit von Gips, nur dann

Gipsfällung: 20 ml des Extraktes werden in einem *Zentrifugenbecher* mit 20 ml *Aceton* gemischt; nach 10 min wird 5 min bei 3000 U/min *zentrifugiert* und der klare Überstand (sonst Zentrifugieren fortsetzen) dekantiert. Der Rückstand wird mit 10 ml Aceton redispergiert (aus Pipette an die Becherwandung blasen), erneut zentrifugiert, der Überstand dekantiert und der Rückstand bei 50 °C getrocknet (*Trockenschrank*tür unter Abzug angelehnt lassen). Dann wird mit 40 ml H_2O geschüttelt, bis sich das Präzipität gelöst hat.

Ca-Bestimmung: mit *Flammen-AAS* n. 5.4.3.5, Blind- und Eichlösungen mit H_2O ansetzen; µg/ml Ca entsprechen nach Multiplikation mit 3,4 µg SO_4/ml und werden in % der Trockeneinwaage umgerechnet.

Methodische Fehlerquellen: Die Methode ist für einen $CaSO_4$-Gehalt von höchstens 1,5 % ausgelegt. Bei höheren Gehalten ist mit geringerer Einwaage oder mehr H_2O zu extrahieren.

5.5.4 Kennzeichnung der Carbonate

Carbonate treten gesteinsbildend vor allem als Calcit ($CaCO_3$) und (seltener) Dolomit ($CaCO_3 \cdot MgCO_3$) auf, enthalten aber oft auch 1–2 % $FeCO_3$. In Salzböden können auch Na_2CO_3 und $NaHCO_3$ von größerer Bedeutung sein (s. 5.5.3).

Abb. 5.5.1: Apparatur zur Schnellbestimmung des Kalkgehaltes (n. SCHEIBLER)

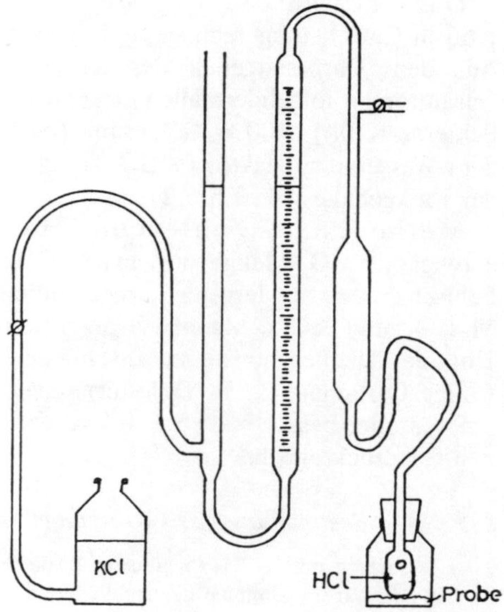

5.5.4.1 *Meßtechnische Grundlagen*

Die in einer Probe vorhandenen Carbonate lassen sich durch eine Säure nach der Gleichung $MeCO_3 + 2\ HR \rightarrow MeR_2 + H_2O + CO_2 \uparrow$ zerstören. Das freigesetzte CO_2 kann dann volumetrisch, gravimetrisch, titrimetrisch oder konduktometrisch bestimmt werden. Man erfaßt also alle Carbonate, rechnet sie aber wegen des Überwiegens von $CaCO_3$ (»Kalk«) ausschließlich auf diese Verbindung um; die Bezeichnung Carbonatgehalt ist aber eigentlich richtiger. Da feinkörniges $CaCO_3$ bereits durch schwache Säuren gut gelöst wird, Dolomit hingegen nennenswert (80 %) erst durch starke Säuren, läßt sich zwischen beiden grob differenzieren.

5.5.4.2 *Schnellbestimmung des Carbonatgehaltes*

Zerstörung mit HCl; gasvolumetrische Bestimmung des entwickelten CO_2 unter Berücksichtigung des Temperatur- und Druckeinflusses nach SCHEIBLER.

Ausführung: 2–10 g (je nach Ausgang der HCl-Vorprobe) gemahlene lutro Feinerde (bzw. gemahlener lutro Kies) werden im Gasentwicklungsgefäß der SCHEIBLER-Apparatur (s. Abb. 5.5.1) eingewogen, mit 10 ml H_2O versetzt, sein Einsatz mit 20 ml *10 %iger HCl* gefüllt und das Entwicklungsgefäß an die Meßapparatur angeschlossen. Nachdem das graduierte U-Rohr der Apparatur mit *1 %igem KCl* gefüllt wurde, wird durch Neigen des Entwicklungsgefäßes das HCl zum Ausfließen gebracht. Das Gefäß wird kreisend bewegt (nicht durch die Hände erwärmen!) oder gerührt *(Magnetrührer)* und gleichzeitig in dem Maße aus dem einen Rohrende Flüssigkeit abgelassen, wie ihr Niveau im anderen Rohrende infolge des CO_2-Druckes sinkt. Nach Abschluß der CO_2-Entwicklung (10–40 min) wird die Menge freigesetzten Gases abgelesen. Aus a (= CO_2 in cm^3), t (= Raumtemperatur in °C), p (= Luftdruck in mm Hg) und E (= Bodeneinwaage in g) ergibt sich

$$\%\ CO_3 = \frac{a \cdot p \cdot 0{,}1204}{(273 + t) \cdot E} .$$

Darstellung der Ergebnisse: Der CO_3-Gehalt wird durch Multiplikation mit 1,66 in $CaCO_3$ umgerechnet (ggf. vorher Dolomitanteil nach 5.5.4.5 berücksichtigen). Aus dem Carbonatgehalt des Kieses und der Feinerde läßt sich der Gehalt der Gesamtprobe folgendermaßen errechnen: [(% Kies · % Kies-Kalk) + (% Feinerde · % Feinerde-Kalk)] : 100 = % Gesamt-Kalk. Dieser Wert ist dann durch Multiplikation mit dem Wassergehaltsfaktor (s. 5.2.3) auf die trockene Probe zu beziehen. Zur Einstufung der Kalkgehalte vgl. 3.5.5.2.

Methodische Fehlerquellen: Bei der Methode wurde unterstellt, daß die entwickelte CO_2-Menge nur aus $CaCO_3$ stammt. Das kann nicht nur zu qualitativen Fehlschlüssen, sondern auch zu quantitativ falschen Angaben führen, wenn reichliche $MgCO_3$- und $FeCO_3$-Mengen zugegen sind ($CaCO_3 : MgCO_3 : FeCO_3 = 1 : 0{,}84 : 1{,}16$). Um die Alkalicarbonate auszuschließen, genügt vorheriges Auswaschen mit Wasser. Einige Carbonate (z. B. Dolomit) setzen sich nur schwer in der Kälte um (dann nach 5.5.4.3 oder besser nach 5.5.4.4 vorgehen). Ferner stören Sulfide, da freigesetztes H_2S den Gasdruck erhöht.

5.5.4.3 *Bestimmung des Carbonatgehaltes*

Zerstörung mit H_3PO_4 (begünstigt Reaktion durch Entstehen von schwer löslichem Ca-Phosphat) in der Wärme, Bindung des freigesetzten CO_2 durch $Ba(OH)_2$ und titrimetrische Bestimmung der unverbrauchten Lauge mit HCl nach ISERMEYER(1952).

Ausführung: 5–10 g lutro Feinerde (bzw. gemahlener Kies) werden in eine Glasschale gegeben, darauf ein *Porzellantiegel* mit 12 ml *H_3PO_4* (1:1) gestellt (vorsichtig, so daß keine Säure die Probe berührt). Dann füllt man 25–100 ml 0,1 N $Ba(OH)_2$ und 3 Tropfen *Phenolphthalein* in ein *1-l-Rillenweckglas*, befestigt das Gefäß mit Probe und Säure im Weckglas auf einem *Drahtgestell* (s. S. 168, Abb. 5.6.1) und verschließt das Glas nach Auflegen eines *Gummiringes* mit einer Klammer. In entsprechender Weise wird ein Blindversuch ohne H_3PO_4 angesetzt. Nach 1 h Erhitzen auf 100 °C im *Trockenschrank* und gewissem Abkühlen (Erzeugung eines Vakuums) wird die Säure durch leichtes Schütteln zum Überfließen gebracht. Während des Abkühlens wird mehrmals leicht geschüttelt, um eine die CO_2-Absorption störende Carbonathaut zu zerstören. Nach dem Abkühlen titriert man mit *0,1 M HCl* bis zum Farbumschlag nach farblos.

Die Differenz zwischen HCl-Verbrauch im Meßversuch und im Blindversuch ist der entwickelten CO_2-Menge und damit der eingewogenen Carbonat-Menge äquivalent (ml 0,1 M HCl · 5 = mg $CaCO_3$), Bezug auf 1 g Einwaage ergibt den Carbonatgehalt in mg/g Kalk.

Methodische Fehlerquellen: s. 5.5.4.2; auch hier stören Sulfide, da freigesetztes H_2S einen Teil des $Ba(OH)_2$ neutralisiert.

5.5.4.4 *Coulometrische Carbonatbestimmung*

Lösung mit H_3PO_4 bei 80 °C; Einleiten des freigesetzten CO_2 in $Ba(OH)_2$ und coulometrische Messung mit Gasanalysegerät (z. B. der Firma Ströhlein).

Durch das CO_2 (bzw. H_2CO_3) wird OH^- der Lauge neutralisiert und anschließend elektrochemisch regeneriert. Die dafür erforderliche Ladungsmenge in C (Coulomb) ist aufgrund der Faradeyischen Gesetze der Mol-Menge nach der Beziehung 1 M H_2CO_3 bzw. 2 M OH^- =2 · 96487 C äquivalent und dient als Maß für den CO_2-Gehalt.

Ausführung: Nach Einwaage von 0,5–5 g lutro, gemahlener Feinerde (bzw. Kies) in einen *100-ml-Kjeldahlkolben* wird dieser an das *Gasentwicklungsgerät* (Glasmittelstück mit ansetzbarem Kjeldahlkolben, Trichteraufsatz zur Säurezufuhr, Luftzuleitung über CO_2-Absorber und CO_2-Ableitung über Allihnkühler zum Gasanalysegerät) angeschlossen, kurz mit CO_2-freier Luft durchspült, mit 20 ml *H_3PO_4* (1:1) versetzt und mit einem *Wärmepilz* auf 80 °C erhitzt. Das freigesetzte CO_2 wird zusammen mit CO_2-freier Luft durch eine *H_2SO_4-Vorlage* (Trocknung) und *Perhydrit-Vorlage* (H_2S-Bindung) in die *Meßapparatur* gesaugt und gemessen (Einzelheiten siehe 5.6.1.4). Der ermittelte C-Gehalt ist auf $CaCO_3$ umzurechnen.

Darstellung der Ergebnisse: s. 5.5.4.2
Methodische Fehlerquellen: s. 5.5.4.2; Störeinflüsse durch Sulfide treten hier bei rechtzeitigem Wechsel der verbrauchten Perhydrit-Vorlage nicht auf.

5.5.4.5 Bestimmung des Dolomitgehalts

Lösen des $CaCO_3$ mit Na-EDTA bei pH 4,4 nach BRÜMMER und Bestimmung der Restcarbonate.
Vorbehandlung: 5–20 g gemahlene Feinerde (bzw. Kies) werden in einem *250-ml-Becherglas* mit 200 ml *EDTA* (0,2 M EDTA mit NaOH auf pH 4,4) versetzt und 20 min gerührt *(Magnetrührer)*. Die Suspension wird dann in einen *Zentrifugenbecher* überführt, 5 min bei 3000 U/min *zentrifugiert*, der Überstand dekantiert und der behandelte Boden dann quantitativ mit *Gummilöffel* und wenig *H_2O* in das *Reaktionsgefäß* der Carbonatbestimmung überführt.
Carbonatbestimmung: entsprechend 5.5.4.2, 5.5.4.3 oder 5.5.4.4
Auswertung: Der ermittelte CO_3-Gehalt ergibt nach Multiplikation mit 1,25 den Dolomit-CO_3-Gehalt (hierdurch berücksichtigt, daß EDTA auch ca. 20 % des Dolomits entfernt hatte). Dieser wird durch Multiplikation mit 1,54 in % $CaMg(CO_3)_2$ umgerechnet. Wurde auch Gesamt-CO_3 ermittelt, ergibt sich durch Subtraktion des Dolomit-CO_3 das Calcit (Aragonit) - CO_3, das dann durch Multiplikation mit 1,66 in $CaCO_3$ umgerechnet werden kann.
Methodische Fehlerquellen: Da EDTA ca. 20 % des Dolomits löst, wird dieser nur näherungsweise erfaßt. Eine alternativ mögliche Mg- und Ca-Bestimmung im EDTA- oder Säureauszug bessert das Ergebnis stark, wenn auch Austausch-Kationen berücksichtigt werden. Tonreiche Proben eignen sich weniger, da dann auch silicatisches Mg (z. B. aus Chloriten und Vermiculiten) extrahiert wird.

5.5.5 Kennzeichnung der pedogenen Oxide

Unter pedogenen (bzw. mobilen) Oxiden sollen hier Fe-, Mn-, Al- und Si-Oxide (bzw. Hydroxide und Oxidhydrate) verstanden werden, die nur in Böden und aus diesen abzuleitenden Sedimentgesteinen, nicht aber in Magmatiten oder hochmetamorphen Gesteinen auftreten. Dazu gehören also z. B. Goethit (α-FeOOH) - nicht aber Magnetit (Fe_3O_4) -, Boehmit (γ-AlOOH) - nicht aber Korund (α-Al_2O_3) - und amorphe Kieselsäure - nicht aber Quarz.

5.5.5.1 Meßtechnische Grundlagen

Art und Menge der Oxide lassen sich mit mineralogischen und chemischen Methoden (selektive Extraktion) bestimmen. Von den Extraktionsmitteln ist zu fordern, daß sie pyrogene Oxide und Silicate nicht angreifen. Fe- und Mn-Oxide werden daher bei allenfalls mäßig saurer Reaktion vornehmlich durch Komplexbildung oder Reduktion gelöst. Will man nur den schlecht kristallisierten Ferrihydrit ($5\ Fe_2O_3 \cdot 9\ H_2O$) ermitteln, so dürfen auch die besser kristallisierten nicht angegriffen werden, so daß Reduktionsmittel zur Extraktion meist nicht geeignet sind. Bewährt hat sich die Extraktion durch Komplexbildung mit Oxalat bei Dunkelheit (bei Lichtzutritt durch Reduktionswirkung der Oxalsäure auch Lösen der besser kristallisierten Oxide). Neben dem Ferrihydrit erfaßt Oxalat auch organisch gebundenes Fe sowie in reduzierten Böden FeII/FeIII-Mischoxide (blaugrüner Rost), $FeCO_3$ und FeS. Da diese Formen leicht mobilisiert werden können, bezeichnet man sie auch als aktive Fe-Oxide.

Sollen darüber hinaus die besser kristallisierten Fe-Oxide erfaßt werden, muß man Reduktionsmittel verwenden. Bewährt hat sich Dithionit, mit dem sich auch die Mn-Oxide reduzieren lassen (Oxalat-Lösung bei UV-Licht angewandt würde zum gleichen Ergebnis führen). Amorphe Kieselsäure sowie Al-Oxide sind laugelöslich, allerdings auch manche feinkörnigen Silicate. Ein Teil dieser

Si- und Al-Verbindungen sowie die Mn-Oxide sind oxalatlöslich, können demnach zusammen mit dem Oxalat-Fe bestimmt werden.

5.5.5.2 Bestimmung aktiver Oxide

Extraktion mit oxalsaurem NH_4-Oxalat nach TAMM (1932), mod. n. SCHWERTMANN (1964), bei pH 3,25, Raumtemperatur und Dunkelheit: kolorimetrische Bestimmung des Fe mit Sulfosalicylsäure und/oder Bestimmung von Fe, Al, Mn und Si mit Flammen-AAS.

Extraktion: 2 g (gilt für 0,1–5 mg/g Fe, sonst Einwaage entsprechend verändern) lutro Feinerde werden mit 100 ml *Oxalat-Lösung* (17,56 g $[COOH]_2 \cdot 2\,H_2O$ + 28,4 g $[COONH_4]_2 \cdot H_2O$/l) in einer *Schüttelflasche* 1 h in einem *abgedunkelten Raum maschinell* geschüttelt und sofort über ein trockenes *Filter* in einen *Erlenmeyerkolben* filtriert (5–10 ml des Vorlaufes verwerfen).

Fe-Bestimmung: 5 ml des Filtrats werden in einen *50-ml-Meßkolben* pipettiert (humusreiche Extrakte vorher mit 1 ml *30 %igem* H_2O_2 in einer *Porzellanschale* auf einem *Sandbad* zur Trockne bringen und mit 2 ml Oxalat-Lösung wieder aufnehmen), mit H_2O auf etwa 30 ml gebracht und mit 2 ml *25 %iger Sulfosalicylsäure* versetzt (wobei sich ein roter Fe^{3+}-Komplex bildet). Mit *konz.* NH_3 wird bis zum Farbumschlag nach gelb titriert, nach Zusatz von weiteren 0,5 ml NH_3 mit H_2O bis zur Marke aufgefüllt und umgeschüttelt. Nach 30 min wird die Extinktion bei 436 nm gegen den Blindwert (mit sämtlichen Reagenzien) in 10-mm-Küvetten *photometriert* (s. 5.4.4.2), die entsprechende Fe-Konzentration in µg/50 ml einer Eichkurve (s. 5.2.2; mit 5 ml Oxalat-Lösung erstellen!) entnommen und daraus der Fe-Gehalt in mg/g errechnet.

Der Fe-Gehalt läßt sich auch mit *Flammen-AAS* (s. 5.4.3.4) bei 248,3 nm in der *Luft/Acetylenflamme* bestimmen.

Al-, Mn- und Si-Bestimmung: mit der *Flammen-AAS* (s. 5.4.3.3), und zwar Al bei 309,3 nm in der Lachgas/Acetylenflamme, Mn bei 279,5 nm in der Luft/Acetylenflamme und Si bei 251,6 nm in der Lachgas/Acetylenflamme.

Darstellung der Ergebnisse: Bezug auf atro Feinerde (s. 5.2.3); eine Umwandlung der ermittelten Fe-Gehalte in den Gehalt an Ferrihydrit ist durch Multiplikation mit 3,45 möglich, aber wenig sinnvoll, da auch andere Fe-Bindungsformen erfaßt wurden. Für einen Vergleich mit der Bauschanalyse kann durch Multiplikation mit 1,44 in Fe_2O_3 umgerechnet werden. Für die anderen Elemente gilt ähnliches. Allophane werden vollständig gelöst. Daher sind die allophanreichen Andosole durch hohe Al_o- und Si_o-Gehalte charakterisiert. Zur Umrechnung auf Allophan wird deshalb meist Si_o (x 8,3) verwendet, wenn Si : Al ~ 2 : 1 (PARFITT u. HENMI 1982).

5.5.5.3 Bestimmung der pedogenen Oxide

Extraktion mit Dithionit-Citrat (d) bei pH 7,3 nach MEHRA u. JACKSON (1960) (Citrat puffert und hält die Metallionen als Komplexe in Lösung); Fe-Bestimmung kolorimetrisch mit Sulfosalicylsäure nach Oxidation des Dithionits und Citrats mit $HClO_4$ oder mit AAS; soll auch Si bestimmt werden, ist nur dest. H_2O zu verwenden, kein demineralisiertes.

Extraktion: 2 g lutro Feinerde werden mit 40 ml *0,3 M Na-Citrat* und 10 ml *M* $NaHCO_3$ in einem *100-ml-Zentrifugenglas* auf 75 – < 80 °C (sonst S-Fällung) im *Wasserbad* erhitzt, unter starkem Rühren *(Glasstab)* mit 1 g festem $Na_2S_2O_4$ versetzt und unter häufigem Rühren weitere 5 min erwärmt; Zusatz von 1 g $Na_2S_2O_4$ unter entsprechendem Rühren und Erhitzen wird 1mal wiederholt; dann wird 5 min bei 3000 U/min *zentrifugiert* und der klare Extrakt in einen *100-ml-Meßkolben* dekantiert; anschließend wird mit 20 ml *0,1 M* $MgSO_4$ nachgewaschen und der vereinigte Extrakt dann mit H_2O zu 100 ml ergänzt.

Fe-Bestimmung mit Sulfosalicylsäure: 2 ml des Extraktes werden mit 5 ml *60 %iger $HClO_4$* in einem *100-ml-Becherglas* auf einem *Sandbad* fast zur Trockne gebracht und mit *H_2O* in einen *50-ml-Meßkolben* überführt. Dann wird Fe mit Sulfosalicylsäure nach 5.5.5.2 bestimmt.

Fe- und Mn-Bestimmung mit AAS: Direkt im Dithionit/Citrat-Extrakt werden Fe bei 248,3 nm und Mn bei 279,5 nm mit einem *AAS-Gerät* in der Luft/Acetylenflamme bestimmt.

Al- und Si-Bestimmung: Im Dithionit/Citrat-Extrakt werden Al bei 309,3 nm und Si bei 251,6 nm mit einem *AAS-Gerät* in der Lachgas/Acetylenflamme bestimmt.

Darstellung der Ergebnisse: s. 5.5.5.2; die Differenz von Fe_d und Fe_o kennzeichnet den Gehalt an gut kristallisierten Fe-Oxiden wie Goethit, Hämatit, Lepidokrokit; Al_d bzw. Mn_d liegen meist in ähnlicher Größenordnung vor wie Al_o und Mn_o, so daß sich Bestimmungen dieser Elemente im Oxalat- **und** Dithionit/Citrat-Extrakt kaum lohnen (außer bei Allophan).

Methodische Fehlerquellen: Die Extraktion kann unvollständig sein, wenn die Oxide konkretionär vorliegen; ggf. ist die Probe kurz im *Achatmörser* zu zerkleinern. Es werden auch hier die Austausch- und organisch gebundenen Ionen mit erfaßt (der Anteil ersterer ist allerdings gering).

5.5.5.4 Bestimmung des laugelöslichen (l) Al und Si

Extraktion mit NaOH unter Erwärmen nach FOSTER (1953); Bestimmungen flammenphotometrisch mit AAS; nur H_2O dest. (kein demineral.) verwenden.

Extraktion: 1 g lutro Feinerde wird 4 h in einem *100-ml-Plastik(!)-Zentrifugenbecher* mit 50 ml *0,5 M NaOH* auf dem siedenden *Wasserbad* erhitzt (*Uhrglas* auflegen), die Suspension *zentrifugiert* und der klare Überstand in eine *Plastikflasche* überführt.

Bestimmungen: Mit einem *AAS-Gerät* (s. 5.4.3.4) werden Al bei 309,3 nm und Si bei 251,6 nm in der Lachgas/Acetylenflamme bestimmt; ggf. ist vorher stärker zu verdünnen. Die Eichlösungen sind in *0,5 M NaOH* mit 0–100 µg/ml anzusetzen und die Ergebnisse in mg/g atro (s. 5.2.3) Feinerde anzugeben. Kolorimetrische Bestimmungen s. PAGE et al. (1982).

Darstellung der Ergebnisse: Die ermittelten Al_l- und Si_l-Gehalte in Oxide umzurechnen, ist wegen deren wechselnder Zusammensetzung problematisch. Dennoch kann die Summe aus Al_l (umgerechnet in AlOOH), Si_l (umgerechnet in SiO_2) sowie Fe_d (s. 5.5.5.3, umgerechnet in FeOOH), sofern sie auf die Tonfraktion bezogen wird, vielfach als Maß für den schlecht kristallisierten, silicatischen sowie den nicht-silicatischen Anteil der Tonfraktion angesehen werden.

Methodische Fehlerquellen: Die Methode ist nicht sehr selektiv; neben wasserreichen, amorphen und kristallinen, pedogenen Al_l- und Si_l-Oxiden sowie Allophanen werden auch Bestandteile angewitterter Minerale sowie Quarz und Kaolinit der Tonfraktion mit gelöst.

5.5.6 Kennzeichnung der pyrogenen Silicate und Oxide

Gesteinsbildend und damit bodenbildend treten vor allem Quarz (SiO_2), Rutil (TiO_2) und Magnetit (Fe_3O_4) bei den Oxiden, Feldspäte (Orthoklas: K [$AlSi_3O_8$], die Plagioklase Albit: Na [$AlSi_3O_8$] bis Anorthit: Ca [$Al_2Si_2O_8$], und Glimmer (Muskovit: K Al_2 [$(OH)_2/AlSi_3O_{10}$], Biotit: K (Mg, Fe, Mn)$_3$ [(OH, F)$_2$$AlSi_3O_{10}$]), Amphibole (gemeine Hornblende): (Na, K)$_{0,5\text{-}2}$ $Ca_{3\text{-}4}$ $Mg_{3\text{-}8}$ $Fe_{2\text{-}4}^{2+}$ (Al, Fe^{3+})$_2$ [$(OH)_4/Al_{2\text{-}4}$ $Si_{14\text{-}12}$ O_{44}] und Pyroxene (bas. Augit): Ca_6 Na_1 Fe_1^{2+} Mg_6 (Al, Fe^{3+}, Ti)$_2$ [Al_2 Si_{14} O_{48}] in manchen Fällen auch Granate (z. B. Mg_3 Al_2 [Si_3O_{12}]) und Epidot (Ca_2 (Al, Fe^{3+})$_3$ [OH/Si_3O_{12}]) bei den Silicaten auf. Darüber hinaus sind Rutil (TiO_2), Turmaline (z. B. Na Fe_3^{2+} Al_6 [$(OH)_{1+3}/(BO_3)_3/Si_6O_{18}$]) und Zirkon (Zr[$SiO_4$]) zwar meist nur in geringem Maße vertreten; ihre hohe Verwitterungsresistenz macht sie aber diagnostisch wertvoll.

5.5.6.1 Meßtechnische Grundlagen

Durch Vorbehandlung mit chemischen Methoden (vgl. 5.5.2.1) können die Silicate und pyrogenen Oxide von den übrigen Bodenbestandteilen isoliert werden; über eine

Körnungsfraktionierung lassen sich darüber hinaus auch die Tonminerale abtrennen. Die Bestimmung der einzelnen Minerale wird dann durch Aufteilung in Gruppen von Mineralen mit ähnlichen Eigenschaften erleichtert, oft erst ermöglicht. Es ist üblich, mittels schwerer Flüssigkeiten nach der Dichte zu trennen. Die Grenzdichte kann dem zu untersuchenden Mineralgemisch angepaßt werden; in den meisten Fällen ist $\rho_p = 2{,}8$ geeignet (leichter: Quarz und Feldspäte, schwerer: die übrigen oben genannten Minerale). Identifiziert wird dann nach optischen oder chemischen Eigenschaften. Die Minerale der Grobschluff- und Sandfraktionen können dabei durch Auszählen eines Körnerpräparates unter dem Mikroskop bestimmt werden. Feinere Kornfraktionen sind auf diese Weise nur mit Spezialeinrichtungen (z. B. *Phasenkontrast*) faßbar; sie lassen sich aber auch röntgenographisch untersuchen (s. hierzu 5.5.7.1). Es ist problematisch, den zahlenmäßigen Anteil eines Minerals in den (meist gefragten) Gewichtsanteil umzurechnen, weil die Minerale in ihrer Dichte differieren und unterschiedlich stark in den einzelnen Kornfraktionen vertreten sein können. Daher ist die Untersuchung eng begrenzter Kornfraktionen nicht nur nötig für Körnungskurven der Einzelminerale, sondern bereits für eine genaue Bestimmung ihres Gewichtsanteiles.

In verschiedenen Mineralen vermag sich das Licht unterschiedlich schnell fortzupflanzen; sie besitzen also eine charakteristische Lichtbrechung. Im Strahlengang eines Mikroskopes werden sich daher die Umrisse eines Minerals, das in ein Medium mit höherem Brechungsindex eingebettet ist, beim Heben des Tubus verbreitern, im umgekehrten Fall hingegen verengen. Die Ränder angewitterter (d. h. auch von Säuren angeätzter) Minerale zeigen zudem häufig eine geringere Lichtbrechung als diejenigen unveränderter. Unter den Leichtmineralen läßt sich nun der Quarz vom Orthoklas und Mikroklin durch einen höheren Brechungsindex (1,55 gegenüber 1,52) unterscheiden, wenn die Minerale in ein Medium mittlerer Lichtbrechung (z. B. n = 1,54) eingebettet werden. Die Brechungsindices der Plagioklase liegen dagegen teils über, teils gleich und teils unter denen des Quarzes. Durch eine schonende HF-Behandlung bilden sich bei den labileren Plagioklasen aber Verwitterungskrusten, deren Lichtbrechung unter der des Quarzes liegt. Dieser selbst verändert sich dabei noch nicht (BRADBURY et al. 1989).

Die Feldspäte lassen sich untereinander mit Hilfe einer Oberflächenfärbung unterscheiden, die bestimmte, mineralspezifische Ionen bei Zusatz verschiedener Reagenzien hervorrufen. So werden Orthoklas und Mikroklin (K, Na-Feldspat) durch Na-Hexacobaltinitrit gelb gefärbt, sofern ihre K-Ionen oberflächlich durch HF-Ätzung freigelegt wurden. Plagioklase lassen sich nach Austausch der beim Ätzen freigelegten Ca^{2+}-Ionen mittels K-Rhodanit rot färben.

Zur Unterscheidung der Schwerminerale müssen neben der Lichtbrechung weitere, mit Hilfe eines Polarisationsmikroskops erkennbare Eigenschaften herangezogen werden. Die Mehrzahl ist durchsichtig; einige Oxide – wie Magnetit – hingegen praktisch undurchsichtig (opak). Viele Minerale sind anisotrop; in ihnen breitet sich nämlich Licht in verschiedenen Richtungen unterschiedlich rasch aus, wodurch sie in polarisiertem Licht je nach Lage ihre Farbe zu wechseln vermögen (Pleochroismus). Außerdem wird in sie eintretendes, in allen Richtungen schwingendes Licht in 2 senkrecht zueinander schwingende Wellen zerlegt (Doppelbrechung), wodurch sie auch zwischen gekreuzten Polarisatoren (Filter, die nur Licht einer Schwingungsrichtung passieren lassen) teilweise sichtbar bleiben und während einer Drehung um 360° nur 4mal völlig dunkel werden. Diese 4malige Auslöschung kann nun entweder dann eintreten, wenn strukturbedingte Kanten oder Spalten des Minerals in der Schwingungsrichtung des eintretenden Lichtes liegen, oder dann, wenn erstere mit letzterem einen bestimmten Winkel bilden. Isotrope Minerale, die also nicht doppelbrechend wirken, bleiben zwischen gekreuzten Polarisatoren in jedem Fall unsichtbar. Als weitere, oft allerdings wenig spezifische Unterscheidungsmerkmale können die äußere Form, die Spaltbarkeit und die Farbe der Minerale herangezogen werden (weitere Verfahren s. Standardwerke d. Mineralogie; z. B. TRÖGER (1982), RINNE/BEREK (1973), FITZPATRICK (1993).

5.5.6.2 Bestimmung der Schwerminerale, des Quarzes und der Feldspäte in Sandfraktionen

Trennung der Schwer- und Leichtminerale mit Bromoform-Benzol oder Na-Wolframat bei ρr = 2,8; Auszählen des Quarzes und der Summe der Feldspäte mikroskopisch über Unterschiede der Lichtbrechung nach HF-Ätzung nach KUNDLER (1956), der K-Feldspäte nach Anfärben mit Hexacobaltinitrit nach BAILEY und STEVENS (1960).

Trennung der Leicht- und Schwerminerale: 1–2 g der Siebfraktion 0,1–0,2 (bzw. -0,06) mm (s. 5.5.2.2) werden in einem *50-ml-Scheidetrichter* mit 30 ml *Bromoform-Benzol* (19:1 Dichte = 2,80; Mundschutz, Abzug, da gesundheitsschädlich) kurz geschüttelt und 5 min stehen gelassen, dann die Fraktionen durch Filtrieren *(Filtertiegel)* getrennt gewonnen, mit *Aceton* gewaschen, getrocknet und ausgewogen.

Identifizierung der Leichtminerale: Die Leichtminerale werden in einem *Plastikbecher* mit 3 ml *24 %iger HF* versetzt und 1/2–1 min stehen gelassen; unmittelbar darauf wird mit *H_2O* verdünnt, die überstehende Lösung mit einer ausgezogenen *Kapillare* abgesaugt *(Wasserstrahlpumpe)*, 1mal H_2O zugegeben, ohne daß sich dabei die Mineralkörner merklich bewegen, und sofort wieder abgesaugt. Dann läßt man 3 ml *5 %ige $BaCl_2$*-Lösung 5 min einwirken, saugt die Lösung ab und spült 2mal mit H_2O nach. Anschließend läßt man 3 ml *konzentriertes Na-Cobaltinitrit* 1 min einwirken (Plagioklase färben sich rot), spült 2mal mit H_2O, läßt 3 ml *0,25 %ige K-Rhodanitlösung* 20 s einwirken (Gelbfärbung der K-Feldspäte) spült 2mal mit H_2O und trocknet die Probe bei 40 °C. Die trockenen Körner werden über eine *Lochplatte* auf einen *Objektträger* gestreut. Unter einem *Mikroskop* werden dann mindestens 2 × 300 Körner ausgezählt, differenziert nach Farbe bzw. Mineralart (Quarz farblos). Der Gehalt an Quarz, K-Feldspäten und Ca-Na-Feldspäten ist in % der Leichtmineralfraktion anzugeben.

Charakterisierung der Schwerminerale: Als Maß für den Anteil an Magnetit und anderen Erzmineralen wird unter dem Mikroskop im Durchlicht die Zahl der opaken (lichtundurchlässigen) Minerale in der Schwermineralfraktion abgeschätzt (<25, 50, >75 %). Die übrigen Schwerminerale lassen sich optisch identifizieren (5.5.6.3 u. Tab. 5.5.2). Erzminerale lassen sich zuvor mit einem *Magneten* abtrennen (Achtung: Magnetrührer).

Darstellung der Ergebnisse: Die Ergebnisse können als Verhältniswerte (z. B. Quarz : Feldspäte) oder in Gewichtsanteilen der Fraktion 0,1–0,2 (bzw. -0,063) mm angegeben werden. Da für alle bestimmten Leichtminerale näherungsweise die Dichte des Quarzes (ρ_p = 2,65) gilt, sind Kornzahl- und Masse-% hier identisch.

Methodische Fehlerquellen: Eine eindeutige Bestimmung setzt voraus, daß Beläge (z. B. Humus, Fe-Oxide) durch die Vorbehandlung vollständig entfernt wurden. Ansonsten ist die Fraktion nochmals mit *H_2O* und *Dithionit* zu behandeln. Bei Abtrennung nach der Dichte wurde unterstellt, daß nur frische Minerale vorliegen. Stark angewitterte Schwerminerale sind beträchtlich leichter. Blättchenförmige Minerale sedimentieren oft sehr langsam (ggf. zentrifugieren). Die HF-Behandlung kann zu völliger Lösung stark angewitterter Ca-Feldspäte führen. Treten daher stark »zerfressene« Minerale auf, ist die Ätzzeit mit HF zu verkürzen. Quarz und Plagioklase können durch Eigenfärbung oder nicht extrahierte Fe-Gele gelb aussehen (ggf. Parallelbestimmung an nicht angefärbten Präparaten).

5.5.6.3 Bestimmung der Schwerminerale in Sandfraktionen

Gewinnung der Schwerminerale mit Bromoform-Benzol oder Na-Wolframat, Identifizierung nach mehreren optischen Merkmalen.

Tab. 5.5.2: Bestimmung durchsichtiger Schwerminerale an Streupräparaten am Polarisationsmikroskop

	Optisches Verhalten	Lichtbrechung	Doppelbrechung	Auslöschung	Form	häufige Farbe	sichtbare Spaltrisse	Besonderheiten	Dichte (Durchschnittswerte)
Granat	isotrop	> 1,8	keine	permanent dunkel	isometrisch-körnig	farbl., rosa	keine		3,7
Zirkon	anisotrop	~ 1,9	hoch	gerade	langgestreckt od. isometrisch	gelbbraun-farbl.	keine		4,7
Rutil	anisotrop	~ 2,8	hoch	gerade	stengelig od. abgerollt isometrisch	rotbraun – fast opak	keine	oft Zwillingsbildung	4,3
Turmalin	anisotrop	~ 1,64	mittelhoch	gerade	langgestreckt od. isometrisch	grün, rosa, braun	keine	sehr deutlicher Pleochroismus	3,15
Hornblende	anisotrop	~ 1,64	mittel	schief (5–20°)	langgestreckt	grün; braun	sehr deutlich	deutlicher Pleochroismus	3,2
Augit	anisotrop	1,65–1,73	hoch	schief (30–45°)	kurzsäulig	grün, braun	deutlich	an Enden typische Ätzdreiecke	3,4
Epidot	anisotrop	1,73–1,78	niedrig-hoch	schief (meist < 10°)	isometrisch-körnig	gelb-grün	deutlich		3,4
Biotit	anisotrop	1,6–1,65	niedrig	keine sichtbare	tafelig, blättrig	braun, d.-grün	keine		2,95
Muskovit	anisotrop	< 1,6	niedrig	keine sichtbare	tafelig, blättrig	farbl.	keine		2,85

T r e n n u n g d e r L e i c h t - u n d S c h w e r m i n e r a l e : s. 5.5.6.2

I d e n t i f i z i e r u n g u n d A u s z ä h l e n d e r S c h w e r m i n e r a l e : Die Schwerminerale werden auf einem *Objektträger* in α-Monobromnaphthalin (n = 1,658) eingebettet; unter dem *Polarisationsmikroskop* wird dann die Zahl der opaken Körner (vornehmlich Magnetit) bestimmt und der Rest nach den in Tabelle 5.5.2 aufgeführten Merkmalen unter Zuhilfenahme von *Präparaten* bekannter Vergleichsminerale identifiziert. Es werden je Präparat mindestens 300 Körner ausgezählt. Die Ergebnisse werden in Korn-% der Schwermineralfraktion angegeben (vgl. TRÖGER 1982).

D a r s t e l l u n g d e r E r g e b n i s s e : Die Ergebnisse können unter Berücksichtigung der Dichte (s. Tab. 5.5.2, Magnetit 5,1) in Masse-% nur dann umgerechnet werden, wenn die Minerale etwa gleich groß sind.

M e t h o d i s c h e F e h l e r q u e l l e n : Abgerollte und angewitterte Minerale sind oft nur schwer zu identifizieren (ggf. in härtendem Harz einbetten und Anschliff herstellen: s. 5.3.2). Auch bei frischen Mineralen reichen bisweilen die geschilderten Identifizierungsmöglichkeiten nicht aus (ggf. mit verschiedenen Immersionsflüssigkeiten operieren oder Verhalten im Konoskop mit heranziehen, s. hierzu Lehrbücher der spez. Mineralogie) und Kristalloptik (z. B. STRUNZ 1982). Es sollte angestrebt werden, den nicht zu identifizierenden Teil auf < 5 % zu drücken.

5.5.7 Kennzeichnung der Tonminerale

Die wichtigsten in Böden vorkommenden Tonminerale sind Kaolinite (bzw. Kaolingruppe), Smectit (bzw. Smectitgruppe), Illite, Vermiculite und Chlorite (bzw. Chloritgruppe). Daneben existiert eine Fülle von Wechsellagerungen zwischen den genannten Mineralen. Durch K-Verlust können z. B. die Zwischenschichten von Illiten quellfähig werden; solche aufweitbaren Illite können ebenfalls (bei unvollständiger Aufweitbarkeit) als Wechsellagerungsminerale aufgefaßt werden. In Böden arider Klimate treten zudem Palygorskite und Sepiolite häufig auf, in Andosolen Allophane und Imogolite.

5.5.7.1 Meßtechnische Grundlagen

Ein Maß für den Gehalt an Tonmineralen bildet näherungsweise bereits der Tongehalt der vorbehandelten Feinerde (s. 5.5.2.2), da Quarz und andere pyrogene Minerale sowie durch die Vorbehandlung nicht entfernte röntgenamorphe Stoffe (vor allem SiO_2) häufig mengenmäßig nur eine untergeordnete Rolle spielen. Erste Aussagen über die Zusammensetzung der Tonfraktion ermöglicht einmal deren Austauschkapazität (es genügt meist, die KAK der silicatischen Feinerde, d. h. der Silicate und pyrogenen Oxide zu bestimmen, da sie fast nur auf Tonmineralen beruht). Der Illit unterscheidet sich von praktisch allen anderen Tonmineralen durch einen hohen Gehalt an nicht austauschbarem Zwischenschicht-K (4–6 %). Dieses Zwischenschicht-K wird zum Teil bei einer Extraktion mit heißer, 30 % HCl erfaßt (s. 5.5.1.5). Ein hoher Allophangehalt ist an einem hohen Si_0- und Al_0-Gehalt erkennbar (DIXON u. WEED 1989). Weiterhin lassen sich die Tonminerale mit bestimmten organischen Stoffen (z. B. Benzidin, Aminophenol) charakteristisch färben. Das beruht auf Redox- oder Säure-Basen-Vorgängen (z. B. wird Benzidin durch Fe^{3+} oxidiert), braucht also nicht mineralspezifisch zu sein. Die Ergebnisse werden daher auch von der Art sorbierter Kationen und von Sesquioxidfilmen beeinflußt. Die Reaktionen laufen weiterhin an der Oberfläche der Tonminerale ab; sie sind demnach besonders bei quellfähigen und feinkörnigen Mineralen ausgeprägt, was immer bzw. meist für Smectite zutrifft.

Genau aufzuklären ist der Tonmineralbestand hingegen nur mit größerem apparativem Aufwand. Die Struktur der Tonminerale läßt sich mit Röntgenstrahlen untersuchen, da diese Wellenlängen besitzen, die den Abständen der Mineralbausteine entsprechen. Treffen Röntgenstrahlen auf

Minerale, so werden sie von den Kristallgitterebenen gebeugt und ergeben dann auf einem Röntgenfilm charakteristische Interferenzlinien. Sie können auch mit einem Zählrohr aufgefangen und dann graphisch registriert werden. Zur Beugung der Röntgenstrahlen kommt es aber nur dann, wenn die Braggsche Reflektionsbedingung $n\,\lambda = 2d \cdot \sin \vartheta$ erfüllt ist, wobei λ die Wellenlänge und ϑ den Einfallswinkel der Strahlen sowie d einen bestimmten Kristallgitterabstand darstellen, während $n = 1$ oder ein ganzzahliges Vielfaches von 1 sein kann. Daher können umgekehrt Interferenzstrahlen mit bestimmtem Einfallswinkel bestimmten Gitterabständen zugeordnet werden, die wiederum als in nm gemessene d-Werte charakteristisch für bestimmte Minerale sind. Die Intensität der Reflexe ist dabei ein Maß für die Menge der Mineralart, auf die der Reflex zurückzuführen ist. Bei Tonmineralen sind es insbesondere die Basisabstände der Schichtpakete, die charakteristische Interferenzen hervorrufen. Allerdings sind bestimmten Basisreflexen solche höherer Ordnung zugeordnet, so daß beispielsweise der d-Wert zweiter Ordnung (002) der Chlorite mit demjenigen erster Ordnung (001) der Kaolinite zusammenfällt. Die Intensität der Basisreflexe wird beträchtlich erhöht, wenn die Schichtsilicate im Präparat nicht regellos, sondern parallel zur Oberfläche orientiert vorliegen. Werden quellfähige Tonminerale befeuchtet, so vergrößern sich die Basisabstände durch Flüssigkeitseinlagerung in den Zwischenschichten, so daß sich nach der Braggschen Gleichung (s. o.) die Einfallswinkel reflektierbarer Röntgenstrahlen verkleinern. Der neue Basisabstand hängt dabei gleichzeitig von der Art sorbierter (hydratisierter!) Kationen ab. Der durch Quellung entstehende Abstand läßt sich mittels organischer Moleküle fixieren. Die Quellfähigkeit der Minerale kann durch K- oder NH_4-Einlagerung aufgehoben werden (wobei letztlich z. B. aus Smectit oder Vermiculit ein »Illit« entsteht). Schließlich sind die Tonminerale unterschiedlich temperaturbeständig. So bricht das Kristallgitter der (pedogenen) Bodenchlorite bereits bei 300–400 °C zusammen, während sich sog. Lagerstättenchlorite selbst bei 560 °C noch nicht verändern. Der Basisreflex der Kaolinite verschwindet bei etwa 500 °C.

Durch getrennte Untersuchung des Grob-, Mittel- und Feintons wird das Identifizieren erleichtert und ein Abschätzen der Mengenverhältnisse ermöglicht, weil sich die einzelnen Tonminerale häufig in ihrer Größe unterscheiden (z. B. Smectit meist < 0,2 µm, Bodenchlorit häufig 0,2–0,63 µm, Vermiculit meist > 0,63 µm). Quantitative Aussagen über den Tonmineralbestand sind problematisch, da sich schon bei gleicher Mineralart die Intensitäten gerade der Basisreflexe beträchtlich unterscheiden können.

Eine Röntgenapparatur für Feinstrukturuntersuchungen besteht im Prinzip aus einer Röntgenröhre mit angeschlossenem Hochspannungstransformator, in der Röntgenstrahlung bestimmter Wellenlänge (0,02–0,3 nm) erzeugt wird, und einem drehbaren Präparateträger. Der Präparateträger ist entweder von einer Kamera mit kreisförmig eingelegtem Film umgeben oder mit einem Zählrohr zur Aufnahme reflektierter Strahlungen versehen, die dann als elektrische Impulse auf ein Schreib- oder Zählgerät übertragen werden. Das zu untersuchende Tonpräparat wird dabei durch Drehung um seine eigene Achse nacheinander Strahlen verschiedener Einfallswinkel ausgesetzt.

Die Feinstrukturuntersuchung der Tonminerale läßt sich durch elektronenoptische Aufnahmen, Differentialthermoanalyse oder Ultrarotspektroskopie ergänzen. Hierbei werden die äußere Form, das thermische Verhalten bzw. die Absorption ultraroter Strahlung verschiedener Wellenlänge (2–20 µm) zur Diagnose herangezogen (GARD 1971, DIXON u. WEED 1989, JASMUNDY u. LAGALY 1993).

5.5.7.2 Bestimmung des Tonmineralbestandes nach einfachen Merkmalen

Bestimmung der KAK und des HCl-löslichen K der silicatischen Feinerde, des Oxalat-Fe und -Al, Anfärbetests an der silicatischen Tonfraktion mit Benzidin nach HENDRICKS und p-Aminophenol nach HAMBLETON und DODD (s. hierzu MIELENZ et al. 1950).

Bestimmung der KAK der Silicate (und pyrogenen Oxide): 10–20 g H_2O_2-HCl-vorbehandelte Feinerde (s. 5.5.2.2) werden gemäß 5.4.2.2 untersucht. Die ermittelte KAK in $cmol_c$/kg wird auf die Tonfraktion bezogen: $KAK_{Ton} = 100 \cdot KAK_{sil} : \%$ Ton.

Bestimmung des HCl-löslichen K: s. 5.5.1.5; der ermittelte K-Gehalt in mg/g wird auf die Tonfraktion bezogen: $K_{Ton} = 100 \cdot$ HCl-K : % Ton.

Bestimmung von Fe_0, Si_0 und Al_0 der Feinerde: s. 5.5.5.2 vgl. JAHN 1988.

Anfärbetest: 10–20 g der H_2O_2-HCl-vorbehandelten Feinerde werden in einer *1-l-Steilbrustflasche* mit 25 ml *0,4 M* $NaPO_3$ und so viel H_2O versetzt, daß das Gefäß 12 cm hoch gefüllt ist, und dann 2 h *maschinell* geschüttelt (statt dessen kann auch die $NaPO_3$-Suspension von 5.5.2.2 nach der Körnungsanalyse verwandt werden). Dann läßt man die groben Teilchen sedimentieren, hebert die oberen 10 cm der Bodensuspension nach 7 h 42 min an der *Wasserstrahlpumpe* ab und wiederholt dieses Verfahren nach erneuter H_2O-Zugabe und kurzem Schütteln 1mal. Jeweils 250 ml der vereinigten Tonsuspensionen werden in 2 *Zentrifugengläser* übergeführt, unter Rühren *(Glasstab)* mit 10 ml *konz. HCl* bzw. $CaCl_2$ versetzt und danach *zentrifugiert*. Nach Verwerfen der überstehenden, klaren Lösung wird 2mal mit H_2O nachgewaschen und dann jeweils eine *Spatel*spitze des Tones auf einen *Objektträger* gestrichen. Den H-Ton versetzt man mit einigen Tropfen *p-Aminophenol* (konz., wäßr. Lösung) und beobachtet die Färbung, die sich nach 1–3 h entwickelt hat. In entsprechender Weise wird der Ca-Ton mit *konz. Benzidinlösung* versetzt und die entstehende Farbe nach 10–30 min beobachtet.

Auswertung der Ergebnisse: Der Tonmineralbestand wird nach den in Tab. 5.5.3 aufgeführten Eigenschaften identifiziert. Das Beispielsgemisch besteht aus etwa gleichen Gemengeteilen Illit und Smectit.

Tab. 5.5.3: Charakterisierung des Tonmineralbestandes nach einfachen Merkmalen

	KAK_{Ton} cmol$_c$/kg	HCl-K_{Ton} mg/g	Al_o + 1/2 Fe_o[1] mg/g	Farbreaktion mit Benzidin	p-Aminophenol
Smectite + Vermiculite	70–150	< 2	< 20	tiefblau	purpurblau (violett)
Illit	20–50	> 10	<< 20	Eigenfarbe	olivgrün od. braun
Kaolinite	3–15	< 0,5	<< 20	Eigenfarbe	gelb bis rosa
Allophane	10–50	< 2	> 20		
Beispiel	70	6	10	blau	braun m. viol. Hof

[1] Allophane werden von Oxalatlösung (5.5.5.2) vollständig aufgelöste; dabei treten auch hohe Si_o-Werte auf.

Methodische Fehlerquellen: KAK und Farbtiefe beim Anfärbetest sind von der aktiven Oberfläche und damit auch von der Größe eines Minerals abhängig. Daher kann ein hoher Gehalt an ausnahmsweise grobem Smectit zu niedrig eingeschätzt werden. Da auch Minerale der Feinschluffraktion noch nennenswert sorbieren können, ist es bei schluffreichen Proben besser, die KAK auf Ton + Feinschluff (= < 6 µm) zu beziehen. Ähnliches gilt für HCl-K, da es insbesondere auch Glimmern der Fraktion 2–6 µm entstammen kann. Fe-arme Smectite reagieren u. U. kaum beim Anfärbetest, die Benzidinoxidation kann zudem durch Mn verhindert werden. Sie tritt aber in jedem Fall dann ein, wenn dem Ton etwas $FeCl_3$-Lösung zugesetzt wird (während Illit und Kaolinit auch darauf nicht reagieren). Podsol-B-Horizonte können auch > 20 mg/g Al_o + 1/2 Fe_o aufweisen (org. geb. Al und Ferrihydrit).

5.5.7.3 Röntgenographische Bestimmung des Tonmineralbestandes

Untersuchung lufttrockener, glyzeringetränkter, K-behandelter und erhitzter Texturpräparate.

Herstellung von Texturpräparaten nach DÜMMLERund SCHROEDER (1965): Jeweils 100 mg silicatischer, Mg-belegter Fein-, Mittel- und Grobton (Gewinnung s. 5.5.2.3; vor der Einwaage 30 min bei 50 °C trocknen) werden in 100 ml *H_2O* dispergiert (*Schüttelmaschine*, Ultraschall), davon 10 ml in die *Präpariervorrichtung* (s. Abb. 5.5.2) pipettiert und mit Unterdruck abgesaugt. Auf diese Weise werden zwei Parallelpräparate (a und b) hergestellt. Präparat a wird

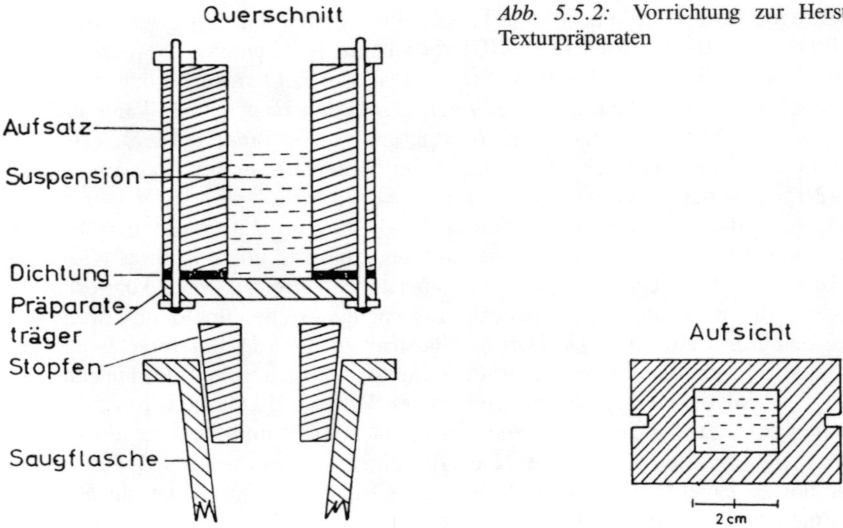

Abb. 5.5.2: Vorrichtung zur Herstellung von Texturpräparaten

1mal mit 5 ml M $MgCl_2$ und 3mal mit H_2O perkoliert. Präparat b wird je 3mal mit M KCl und H_2O perkoliert. Die Suspension kann auch geteilt und bereits mit Mg bzw. K geflockt werden. Die Präparate werden dem Träger entnommen, bei Zimmertemperatur getroeknet und Präparat b anschließend 2 h bei 50 °C.

Sollte sich das Präparat beim Trocknen aufwölben, ist die Präparation zu wiederholen und mit seitlich angelegtem *Papierstreifen* und übergelegtem *Objektträger* im *Trockenschrank* bei 50 °C zu trocknen (Objektträger darf Präparat dabei nicht berühren). Es empfiehlt sich, vor Beginn des Trennungsvorganges eine Übersichtsaufnahme an der unbehandelten Probe durchzuführen.

Röntgenographische Untersuchung: Das trockene (Mg-belegte) Texturpräparat (a) wird in die Halterung der *Röntgenapparatur* gespannt und mit Fe k_α, Cu k_α, oder Co k_α-Strahlung untersucht (Näheres entnehme man der Bedienungsanleitung der betreffenden Apparatur). Die aufgetretenen Basisreflexe werden auf dem Registerstreifen des Zählrohres identifiziert und ausgemessen.

Weiterbehandlung: Präparat a wird mit 4–5 Tropfen *Glyzerin/Ethanol* (1:1) befeuchtet und in einer abgedeckten Petrischale über Nacht bei 60–70 °C getrocknet. Präparat b wird 1 h in einem *Muffelofen* bei 250 °C (ggf. auch bei 400 und 600 °C) erhitzt. Anschließend werden beide Präparate weiter röntgenographisch untersucht.

Auswertung der Ergebnisse: Der Tonmineralbestand wird nach den in Tabelle 5.5.4 angegebenen Eigenschaften identifiziert (s. auch TRIBUTH u. LAGALY 1989).

Methodische Fehlerquellen: Wechsellagerungen zwischen den genannten Mineralen können zum Auftreten weiterer Basisreflexe führen (bei regelmäßiger Wechsellagerung addieren). Meist liegt zudem eine unregelmäßige Wechsellagerung vor, was z. B. für teilweise aufweitbaren Illit zutrifft, bei dem dann Reflexe zwischen 1,0 und 1,8 nm nebeneinander auftreten (die aber alle nach der K-Behandlung auf 1,0 nm zurückgehen). Bei schlechter Kristallisation gehen die Intensitäten stark zurück, werden breit und unregelmäßig. Fehlen Reflexe mit d-Werten von 0,7–1,8 nm, können aber auch hohe Anteile an Quarz (z. B. d_{100} = 0,4 nm Korndurchmesser meist > 0,6 µm) oder röntgenamorphen Stoffen wie Allophanen (Aluminiumsilicate ∅ < 0,2 µm) oder polymerer Kieselsäure vorliegen. Der Gehalt an röntgenamorphen Stoffen (und z. T. auch Quarz der Tonfraktion) wird durch auf die Tonfraktion bezogenes NaOH-lösliches SiO_2 und Al_2O_3 (allerdings teilweise durch Vorbehandlung entfernt) charakterisiert (vgl. hierzu 5.5.5.4). Unzerstörte Humusstoffe können offenbar blockierend wirken und dann eine Reaktion der Minerale auf die genannten Behandlungen verhindern.

Tab. 5.5.4: Basisreflexe der Tonminerale nach verschiedener Behandlung (d-Werte in nm · 10)

Behandlung: Mineral	Mg-belegt lutro	Glyzerin	K-belegt 50°	250°	400°	600°
Kaolinit	7.1	7.1	7.1	7.1	7	–
Halloysit	10.8	10.8	10	7.6	7	–
Serpentin	7.3	7	7	7	7	7
Glimmer	10	10	10	10	10	10
Illit	10.1	10.1	10.1	10.1	9.9	9.9
Pyrophyllit	9.2	9.2	9.2	9.2	9.2	9.2
Talk	9.4	9.4	9.4	9.4	9.4	9.4
Smectit	14–15	18	12–14	11–13	10	10
Vermiculit	14–15	14	10–12	10	10	10
prim. Chlorit	14.1–14.3	14	14	14	14	14+
sek. Chlorit	14.2	14	14	14	(10)	(10)
Palygorskit	10.5	10.5	10	10	9.2	9.2
Sepiolit	12.2	12	12	10–12	10.4	
Imogulit	(12–20)	(12–20)	18	17.7	(17.7)	–
Allophan	(3.3)	(3.3)	(3.3)	–	–	–

\+ = Intensitätszunahme; () = breite Bande
Chlorit d(002) = 0,7 nm bei K 600° stark geschwächt, d(001) = verstärkt

5.6 Humuskörper des Bodens

Der Humuskörper eines Bodens ist charakterisiert durch Menge und Art der organischen Stoffe in seinen verschiedenen Horizonten. Zu unterscheiden sind die **Streustoffe** als organisches Ausgangsmaterial, zu denen auch tote Wurzeln und Bodenorganismen gehören, und die **Huminstoffe**. Streu läßt sich morphologisch aufgrund vorhandener Gewebestruktur von Huminstoffen unterscheiden. Diese Charakterisierung steht im Gelände (s. 3.5.6) und bei mikroskopischen Untersuchungen (s. 5.3.2) im Vordergrund. Streustoffe kommen allerdings auch außerhalb solcher Gewebestrukturen ebenso vor (z. B. Aminosäuren in der Bodenlösung) wie Huminstoffe innerhalb von Gewebestrukturen (z. B. Fulvosäuren in vergilbten Blättern). Es gilt also, Menge und Zusammensetzung beider Stoffgruppen zu bestimmen. Da jedoch beide Gruppen weder räumlich (Streu und Humuskörper gehen im Profil oft gleitend ineinander über) noch – bislang – analytisch streng zu trennen sind, sollte der Humuskörper gleichermaßen durch Methoden der Pflanzenanalyse und der eigentlichen Huminstoffanalyse charakterisiert werden. Weiterhin ist er Träger von »Mineralstoffen«, die – einst von der Vegetation aufgenommen – als Bestandteile der Streu dem Boden wieder zugeführt werden.

Lebende Pflanzen und Bodenorganismen gehören nicht zum Humuskörper, sind methodisch von diesem aber oft nicht zu trennen. Die Feinerde enthält einen Teil der Feinwurzeln, Wurzelhaare sowie die Mikroflora, die Mikro- und Mesofauna. Sie machen insgesamt die (lebende) Biomasse aus. Man kann sie zu den Streustoffen zählen, zumal sie kurzlebig sind (mithin rasch Streu werden) und z. T. die Trocknung bei Zimmertemperatur nicht überstanden haben. Besser ist es, die (lebende) Biomasse gesondert zu bestimmen und sie dann vom Humus- oder Streustoffgehalt abzuziehen.

5.6.1 Kennzeichnung des Gehaltes an organischer Substanz

Unter organischer Substanz wird die Gesamtheit der toten (postmortalen) organischen Stoffe verstanden; sie umfaßt mithin sowohl die Streu als auch den Humuskörper.

5.6.1.1 Meßtechnische Grundlagen

Für die Bestimmung der organischen Substanz gibt es drei Möglichkeiten:

a) Präparative Abtrennung des Mineralkörpers (z. B. nach der Größe durch Sieben, nach der Dichte mit schweren Flüssigkeiten; s. hierzu BEYER 1994) und Wägen; diese Methode führt aber nur im Falle von L-Lagen, O- und H-Horizonten (vgl. 5.6.3.2) zum Ziel, da sonst organische und mineralische Stoffe meist miteinander verknüpft sind.

b) Selektiver (chemischer) Abbau (und zwar in der Regel durch Oxidation) und Bestimmung aus der Gewichtsdifferenz. Diesem Verfahren haftet der Mangel an, daß meist nur flüchtig gehende Bestandteile erfaßt werden (z. B. C, aber nicht P) und daß der Eingriff entweder zu schwach für einen vollständigen Abbau der organischen Stoffe (z. B. bei Oxidation mit H_2O_2) oder so stark ist, daß auch mineralische angegriffen werden (besonders beim Glühen).

c) Bestimmung charakteristischer Elemente und Errechnung der Menge bei Annahme eines »typischen« Anteils dieser Elemente. Die Schwäche dieser Methode liegt in der recht unterschiedlichen Zusammensetzung der Humuskörper, die es fragwürdig macht, einen einheitlichen Umrechnungsfaktor zu verwenden (org. C besser geeignet als N, da Gehalte weniger variabel). Der C-Gehalt der Huminstoffe liegt (wegen einer Dominanz aromatischer Verbindungen) deutlich über 50 %, derjenige der Streu (wegen einer Dominanz aliphatischer Verbindungen) meist zwischen 40 und 50 % (z. B. Cellulose 44 %). Daher werden, auch der einfachen Rechnung wegen, meist 50 % unterstellt, mithin der Humusgehalt durch Multiplikation des C-Gehaltes mit 2 abgeleitet. Der Weg einer Elementaranalyse und Summierung aller den Humuskörper aufbauenden Elemente (C, N, O und H, auch P, S, Ca und andere) ist nicht gangbar, da diese in unterschiedlich großen Mengen dem Mineralkörper entstammen können. Theoretisch wäre es auch möglich, die Mineralsubstanz selektiv abzubauen, es gibt jedoch kein Reagenz, das nicht auch organische Stoffe zerstört.

Die Menge an organischer Substanz in humosen Mineralkörperhorizonten ist also nur ausnahmsweise exakt bestimmbar, und zwar nach dem Verfahren a), wenn organisches und mineralisches Material isoliert nebeneinander vorliegen (z. B. in sandigen Ahe-Horizonten), nach b), wenn der Mineralkörper glühresistent ist (z. B. quarzreich), und nach c), wenn der mittlere C-Gehalt dem angenommenen entspricht. Daher ist eine gegenseitige Kontrolle durch wenigstens zwei Methoden zu empfehlen. In jede Bestimmung geht die lebende Biomasse mit ein. Es dominiert die mikrobielle Biomasse; diese läßt sich aus Respirationsversuchen oder Enzymbestimmungen ableiten (s. ALEF 1991, SCHINNER et al. 1993) und in Abzug bringen.

Nach a) ist meist eine Kombination von Sieben (für O- und H-Horizonte) und Schlämmen in schweren Flüssigkeiten (für A-Horizonte) anzuwenden. Erstere Methode kann mit einer Bestimmung der Partikelgröße (s. 5.6.3.2) verknüpft werden. Nach b) wird meist der Glühverlust bestimmt. Da man hierunter die Gewichtsminderung durch Glühen (meist bei 550 °C, besser bei 430 °C) von Proben versteht, die kein freies Wasser enthalten, ist die einzige meßtechnische Bedingung, daß trockene Proben verwandt werden.

Nach c) läßt sich der C-Gehalt einmal bestimmen, indem die organische Substanz verbrannt und dann das entweichende CO_2 entweder gasvolumetrisch (Prinzip s. 5.5.4.2), gravimetrisch (z. B. Wägen sorbierender Natronkalkröhrchen), gaschromatographisch (nach Reduktion zu CH_4) oder coulometrisch (s. 5.6.1.4) erfaßt wird. Zum anderen kann man den Humus auch naß veraschen, d. h. mit flüssigen Oxidationsmitteln zerstören und dann entweder das entweichende CO_2 wie oben bestimmen oder aus dem Verbrauch an Oxidationsmittel auf den C-Gehalt schließen. Bei der »Lichtfelder Methode« wird in letzterem Falle Kaliumdichromat in Schwefelsäure (zur Verstärkung der Oxidationswirkung) benutzt, wobei folgende Reaktion abläuft: $2\ Cr_2O_7^{2-} + 3\ C^o + 16\ H^+ = 4\ Cr^{3+} + 3\ CO_2 + 8\ H_2O$. Es kann das unverbrauchte $Cr_2O_7^{2-}$ durch Reduktion mit KJ und Rücktitration des abgeschiedenen J_2 mit $Na_2S_2O_3$ bestimmt werden (Jodometrie) oder die Farbintensität der gebildeten Cr^{3+}-Ionen kolorimetrisch gemessen werden. Bei ersterem stört Cl durch Bildung von CrO_2Cl_2 (s. auch PAGE et al. 1982).

5.6.1.2 Bestimmung des Glühverlustes: Glühen bei 430 °C

Ausführung: Etwa 5 g lutro Feinerde werden in einen gewichtskonstant geglühten und gewogenen (LG) *Porzellantiegel* gefüllt, bei 105 °C im *Trockenschrank* (über Nacht) bis zur Gewichtskonstanz getrocknet (Kontrollwägungen jeweils nach 1 h Trocknung und Abkühlen im *Exsikkator* über einem *Trockenmittel*) und gewogen (TG). Dann glüht man die Probe bei 430 °C im *Muffelofen* bis zur Gewichtskonstanz (= GG, Kontrollwägungen wie beim Trocknen). Dann ist der Glühverlust:

$$\%\ GV = \frac{TG - GG}{TG - LG} \cdot 100$$

Darstellung der Ergebnisse: Man kann die Glühverluste oder ihre Komplementärwerte, die Aschegehalte, darstellen; letzteres ist dann sinnvoll, wenn die Probe überwiegend aus organischer Substanz besteht. Zur Einstufung der Gehalte vgl. 3.5.6.3. Bei aschereichen Torfen empfiehlt es sich, den Silicatanteil gesondert zu ermitteln. Das ist näherungsweise durch Bestimmen des HCl-unlöslichen Aschegehaltes möglich (Kombination mit 5.5.1.3).

Methodische Fehlerquellen: Es wird unterstellt, daß zwischen 105 und 430 °C nur Humusabbauprodukte gasförmig entweichen. Das trifft nicht für Proben mit höheren Gips-, Ton- und Sesquioxidgehalten zu, da diese Minerale Kristallwasser abgeben. Erhitzen auf 550 °C (n. DIN 19684, T.3) erhöht den Fehler. Größenmäßig kann man diesen Fehler durch Subtraktion von 0,1 % je % Ton und von 0,26 % je % $CaSO_4$ ausschalten. Bei tonreichen, aber humusarmen Proben ist dieses Verfahren jedoch zu grob (Vorbehandlung mit verdünnter HCl-HF kann diese Fehler durch Abbau reaktionsfähiger Minerale vermindern, ist aber nicht völlig spezifisch; eher wäre vorausgehendes Erhitzen auf 430 °C in N_2-Atmosphäre geeignet). Der Fehler, der dadurch entsteht, daß nicht alle Humusbestandteile in den Glühverlust eingehen, weil manche keine flüchtigen Verbindungen bilden (z. B. P), ist dagegen gering, da diese Elemente mengenmäßig keine große Rolle spielen.

5.6.1.3 Bestimmung des C-Gehaltes durch nasse Veraschung

Oxidation mit $K_2Cr_2O_7$ (Lichterfelder Methode), Bestimmung der entstehenden Cr^{3+}-Ionen kolorimetrisch (nach DIN 19684, T.2) oder titrimetrisch ($K_2Cr_2O_7$ ist sehr gesundheitsschädlich: daher nur mit Handschuhen, Schutzbrille und möglichst unter Abzug arbeiten.)

Nasse Veraschung: 0,5–1 g gemahlene *(Kugelmühle)* lutro Feinerde werden in einem *100-ml-Meßkolben* mit 20 ml *konz.* H_2SO_4 (Dichte = 1,84) und nach 10 min unter Kühlung mit 25 ml *2 M* $K_2Cr_2O_7$ versetzt: nach Umschwenken werden die Kolben 15 min auf dem *Sandbad* bei 145–150 °C erhitzt (nach 5 und 10 min umschwenken; Temperatur im Kolben mit *Thermometer* prüfen). Nach dem Abkühlen mit Wasser werden 50 ml

H_2O ergänzt, gemischt und nach erneutem Abkühlen mit H_2O bis zur Marke aufgefüllt und homogenisiert (die Konzentrationserhöhung der Lösung durch das Volumen der Probe ist vernachlässigbar gering).

Cr^{3+}-Bestimmung: Etwa 10–20 ml der Lösung werden in einem *Zentrifugenglas* 10 min bei 3000 U/min *zentrifugiert* und innerhalb von 6 h in einer *1-cm-Küvette* bei 590 nm gegen den Blindwert mit einem *Spektralphotometer* bzw. *Filterphotometer* (s. 5.4.4.2) gemessen und die dem ermittelten Cr^{3+}-Gehalt entsprechende C-Konzentration einer Eichkurve entnommen. Der C-Gehalt ist in mg/g der atro Feinerde (s. 5.2.3) anzugeben.

Darstellung der Ergebnisse: Die ermittelten Werte können als organischer C bzw. C_{org}-Gehalte oder nach Multiplikation mit einem konventionellen Faktor (z. B. unter Annahme eines C-Gehaltes der Humusstoffe von 50 %) als »organische Substanz« dargestellt werden.

Methodische Fehlerquellen: Bei der Ermittlung des C-Gehaltes aus dem Cr^{3+}-Gehalt wurde unterstellt, daß nur C, dieser aber völlig durch $K_2Cr_3O_7$ oxidiert wurde. Diese Voraussetzung ist zunächst dann nicht gegeben, wenn mineralische Substanzen in oxidierbarer (z. B. Fe^{2+}, Cu, Fe) oder stark oxidierender Form (z. B. MnO_2) in der Probe vorhanden sind, ferner dann nicht, wenn die organischen Stoffe andere oxidierbare Elemente bzw. Gruppen (z. B. N, S) oder H und O in einem Verhältnis > 2 : 1 oder C in bereits oxidierter Form (z. B. COOH-Gruppen) enthalten. Diese Voraussetzungen sind so zahlreich, daß es verwunderlich erscheinen muß, daß bei Kontrolluntersuchungen meist ausreichende Übereinstimmung zwischen Elementaranalyse und Ermittlung des Reduktionswertes gefunden wurde. Trotzdem sollten Fehler möglichst vermieden werden (z. B. wegen Fe-Abrieb kein Mahlen mit Metallmühlen; langsames Trocknen von Proben aus Reduktionshorizonten). Erfaßt wird auch ein kleiner Teil (ca. 10 %) des elementaren Kohlenstoffs (in Graphit, Kohle, Ruß).

5.6.1.4 *Pyrolytisch-coulometrische Bestimmung des C-Gehaltes*

Trockene Verbrennung im O_2-Strom und coulometrische Bestimmung des in NaOH eingeleiteten CO_2 mit Gasanalysegerät (z. B. der Firma Ströhlein).

Die Meßapparatur besteht im Prinzip aus O_2-Stahlflasche mit Schlauchleitung zum Verbrennungsröhrenofen, CO-Nachverbrennungsofen mit CuO-Füllung (damit Gewähr vollständiger Oxidation zu CO_2), H_2SO_4-Falle (zur Trocknung des Gases), Gasanalysegerät (mit Perhydritvorlage als SO_2-Absorber), Pumpe, Reaktionsgefäß mit $Ba(OH)_2$-Vorlage zum Einleiten des gereinigten CO_2, coulometrischer Meßeinrichtung (Meßprinzip 5.5.4.4) und angeschlossenem Registriergerät; Eichung des Gerätes mit $CaCO_3$ wie 5.5.4.4.

Ausführung: Je nach Humusgehalt (s. 3.5.6.3) werden 0,1–2 g gemahlene, lutro Feinerde auf einem staubfreien *Porzellan-Schiffchen* (vorher ausglühen) eingewogen und mit *Quarzsand* bedeckt, in die Röhre des *Verbrennungsofens* geschoben und bei 1200 °C im O_2-Strom geglüht. Nach etwa 5 min kann der C-Gehalt in mg abgelesen werden. Er wird auf die Probemenge mg/g bezogen.

Darstellung der Ergebnisse: siehe 5.6.1.3

Methodische Fehlerquellen: Um eine quantitative Verbrennung der organischen Stoffe zu gewährleisten, wird die Temperatur so hoch gewählt, daß auch anorganisch gebundener und elementarer Kohlenstoff quantitativ entweicht. Bei kalkhaltigen Proben muß daher der auf den Kalk entfallende C-Anteil abgezogen werden (vgl. 5.5.4.4). Bei Kohle (bzw. Ruß) enthaltenden Proben ergibt die Differenz zur nassen Veraschung (5.6.1.3) annähernd deren Anteil.

5.6.2 Kennzeichnung lebender Biomasse

Die lebende Biomasse eines Bodens besteht aus den Bodenorganismen (= Edaphon) und den lebenden Pflanzenwurzeln. Zum Edaphon gehören die Mikroflora und die Bodenfauna. Zur **Mikroflora** zählen die Bakterien, Strahlenpilze, Pilze und Algen. Die **Fauna** wird nach der Größe der Organismen in Mikrofauna (Einzeller), Mesofauna (vornehmlich Rädertiere, Bärtierchen, Fadenwürmer, Milben, Strudelwürmer und Springschwänze), Makrofauna (vornehmlich Asseln, Enchytraeiden, Vielfüßer, Insekten(larven) und Regenwürmer) sowie die Megafauna (Wirbeltiere) untergliedert (Näheres s. DUNGER 1983).

Zwischen 1 und 30 % der organischen Substanz eines Bodens ist lebende Biomasse, davon etwa die Hälfte Edaphon; 3/4 des Edaphons entfällt auf die Mikroflora, 1/16 auf Mikro- und Mesofauna. Im folgenden beschränken wir uns auf die Bestimmung dessen, was in einer Bodenprobe nach einer 2-mm-Siebung verbleibt, mithin in der Feinerde enthalten ist. Hierzu zählen vor allem die Mikroflora sowie Mikro- und Mesofauna, außerdem ein Teil der Feinwurzeln und Wurzelhaare. In bezug auf eine quantitative Bestimmung der Wurzeln sei auf die Spezialliteratur verwiesen (WARD et al. 1978); gleiches gilt für (größere) Tiere, für die spezielle Fangmethoden entwickelt wurden (DUNGER 1983, SCHINNER et al. 1993).

5.6.2.1 Meßtechnische Grundlagen

Die mikrobielle Biomasse wird möglichst an feldfrischen Proben bestimmt: Die Reaktivierung der Organismen lufttrockener Proben ist zwar möglich, aber oft nicht vollständig. Der Organismenbesatz schwankt im Jahreslauf stark, so daß mehrfache Probennahmen erforderlich werden. Einmalige Ermittlungen sollten im zeitigen Frühjahr (März–April) erfolgen, weil dann am ehesten eine Vergleichbarkeit zwischen Böden gegeben ist.

Die **mikrobielle Biomasse** einer Bodenprobe läßt sich grundsätzlich direkt durch Zählung unter dem Mikroskop oder indirekt über die Erfassung des mikrobiellen Kohlenstoffes oder einer anderen universellen Indexsubstanz wie ATP (Adenosintriphosphat) bestimmen (ALEF 1991, PAGE et al. 1982, SCHINNER et al. 1993).

Die **mikroskopische Bestimmung** erfordert wegen der hohen Zahl an Mikroorganismen und teilweiser Haftung an Bodenpartikeln eine starke Verdünnung der Bodenprobe auf bis zu 10^{-10} mit Salzlösungen durch Ultraschallbehandlung; anschließend werden die Organismen unter einem Phasenkontrast- oder Fluoreszensmikroskop gezählt (SCHULLER 1989). Dabei können die verschiedenen Organismengruppen getrennt gezählt werden. Der Einsatz von Farbstoffen erleichtert z. T. die insgesamt sehr aufwendige und große Erfahrung voraussetzende Methode (PAGE et al. 1982, SCHINNER et al. 1993). Erfaßt werden neben lebenden auch tote Organismen. Dieser Fehler läßt sich z. T. umgehen, wenn die Organismen vor der Zählung auf Nährmedien kultiviert (ALEF 1991) werden, wobei aber auch nicht alle erfaßt werden und sich die Biomasse ändert. Da sich die verschiedenen Arten in Zellvolumen und Wassergehalt unterscheiden, ist die Umrechnung der Organismenzahl auf Biomasse problematisch.

Der **mikrobielle Kohlenstoff** läßt sich bestimmen, indem die Mikroorganismen z. B. mit Chloroform abgetötet werden (= Fumigation) und dann entweder durch zugesetzte Mikroorganismen veratmet werden (Fumigation-Inkubation n. JENKINSON u. POWLSON 1976) oder der Kohlenstoff (der zerstörten Zellen) mit Wasser bzw. Salzlösung extrahiert und durch Oxidation (z. B. mit $K_2Cr_2O_7$) bzw. durch Verbrennung bestimmt wird (Fumigation-Extraktion n. VANCE et al. 1987). Ersteres erfordert eine Inkubationszeit von 10–20 Tagen; bei letzterem wird extrahierbare organische Substanz mit erfaßt und muß daher im Blindversuch gesondert bestimmt werden.

Indirekt läßt sich der mikrobielle Kohlenstoff erfassen, indem die Bodenprobe unter optimierten Bedingungen inkubiert und das dabei freigesetzte CO_2 oder der verbrauchte Sauerstoff gemessen wird. Wird dabei leicht verdauliches Mikrobenfutter (z. B. Glucose) zugesetzt, werden nicht nur die aktiven, sondern auch die zuvor inaktiven Mikroorganismen erfaßt, und zwar als **Substrat-induzierte Atmung** durch Bestimmung des freigesetzten CO_2 nach ANDERSON und DOMSCH (1978) oder als **Atmungs-Simulations-Methode** durch Messung des O_2-Verbrauchs und mathematischer Analyse der Atmungskurve nach WERF und VERSTRAETE (1987).

Auch der **ATP-Gehalt** dient als Maß für die mikrobielle Biomasse: ATP kommt in jeder Zelle vor und läßt sich durch Ultraschallbehandlung mit wässrigen Lösungen wie Trichloressigsäure extrahieren und mit Hilfe einer Luciferin-Luciferase-Reaktion bestimmten (TATE u. JENKINSON 1982).

Mit den oben genannten, indirekten Methoden wird nicht nur die mikrobielle Biomasse, sondern zumindest teilweise auch die Biomasse der Mikro- und Mesofauna und der Pflanzenwurzeln mit erfaßt. Das ist von Vorteil, wenn die lebende Biomasse einer Bodenprobe insgesamt bestimmt werden soll. Zu Fehlern und Kritik der Messung von mikrobieller Biomasse bzw. Bodenatmung s. NANNIPIERI et al. (1990), ALEF (1991).

5.6.2.2 Bestimmung des mikrobiellen Kohlenstoffs

Fumigation mit Chloroform und Extraktion mit wässrigen K_2SO_4 nach VANCE et al. (1987) sowie pyrolytisch-coulometrisch C-Bestimmung (C läßt sich auch durch Oxidation mit $K_2Cr_2O_7$ nach VANCE et al. 1987 bestimmen).

Fumigation: 50 g feldfrische Feinerde (trockene Proben mit H_2O auf FK anfeuchten) werden in einem *100-ml-Becherglas* in einen *Exsikkator* gestellt, der feuchte *Papiertücher* und 25 ml *Chloroform* (alkoholfrei) in einem *100-ml-Becherglas* enthält. Exsikkatorhahn schließen, evakuieren bis Chloroform siedet und 24 h im Dunkeln bei 25 °C inkubieren. Anschließend wird das Chloroform entfernt. An der Bodenprobe haftendes Chloroform wird durch mehrfaches Evakuieren des Exsikkators entfernt (Geruchsprobe).

Extraktion: Die Probe wird in eine *250-ml-Plastikflasche* überführt, mit 200 ml *0,5 M K_2SO_4* 30 min geschüttelt und dann die Extraktionslösung über ein *Faltenfilter* filtriert. Eine Parallelprobe wird (ohne vorherige Fumigation) entsprechend extrahiert.

C-Bestimmung: Die C-Bestimmung von je 50 ml beider Extrakte erfolgt pyrolytisch-coulometrisch mit einem Ströhleingerät ähnlich 5.6.1.4; das Gerät muß allerdings für die Analyse wässriger Proben ausgelegt sein.

Auswertung: Es wird die Differenz der C-Gehalte mit und ohne Fumigation errechnet. Dieser Wert wird mit dem (empirisch ermittelten) Faktor von 2.64 multipliziert (womit der unvollständigen Extraktion des Biomasse-C Rechnung getragen wird). Das Ergebnis wird nach 5.2.3 auf atro Feinerde bezogen. Es ist zweckmäßig, es außerdem in % des C_{org} der Probe anzugeben.

Methodische Fehlerquellen: Durch das Schütteln der Blindprobe können Bakterienzellen platzen und deren C unberücksichtigt bleiben. An Kolloidoberflächen adsorbiertes Mikroben-C wird unvollständig erfaßt. Dadurch werden nur ca. 70 % desjenigen C erfaßt, der sich mit der Fumigation-Inkubation (s. 5.6.2.1) mineralisieren läßt: letztere gilt als Standardmethode. Andererseits ist die Fumigation-Inkubation ungeeignet für sehr saure Waldböden, weil dann toxisch wirkendes Al die Mineralisation hemmt (ALEF 1991).

5.6.2.3 Bestimmung des ATP-Gehalts

Adenosintriphosphat (ATP)-Extraktion mit Trichloressigsäure bei Ultraschallbehandlung und ATP-Bestimmung durch Bioluminiscens nach TATE und JENKINSON(1982) aus ALEF (1991). Parallelansatz mit innerem ATP-Standard zwecks Korrektur infolge Teilsorption des ATP an Bodenpartikeln. Beim Bioluminiscenstest katalysiert das Enzym Luciferase die Umwandlung von ATP in Adenosinmonophosphat; das dabei emittierte Licht ist ein Maß für die ATP-Konzentration und läßt sich z. B. mit dem Luminometer 1250 der Firma LKB messen.

Extraktion: Feldfrische Feinerde, die jeweils 2,5 g atro Feinerde (s. 5.2.3) entspricht, wird in zwei *100-ml-Bechergläsern* (A und B) in ein *Eisbad* gestellt. Nach 24 h werden A 25 ml kaltes! *TCA-Phosphat* (81,6 g Trichloressigsäure + 89,6 g $Na_2HPO_4 \cdot 12\ H_2O$ in 600 ml H_2O mischen, mit H_2O zu 1 *l* ergänzen – dann pH 1,6, sonst einstellen – und bei –15 °C bewahren) und B 25 ml *TCA-Phosphat mit 10^{-6} M* (bzw. 12,68 g) *ATP* versetzt, 2 min im Eisbad beschallt (*12-mm-Ultraschallsonde*, 100 Watt); ca. 5 ml der Suspensionen werden sofort 2 min bei 3000 Upm und 4 °C zentrifugiert, der Überstand dann sofort analysiert oder bei *–20 °C* gelagert.

Bestimmung: 50 µl der Zentrifugate von A und B werden mit 5 ml *Puffer* (31,8 g $Na_2HAsO_4 \cdot 7\ H_2O$ in 800 ml H_2O mit 10 ml 0,2 M EDTA und 100 ml 0,1 M $MgSO_4 \cdot 7\ H_2O$ mischen, mit M H_2SO_4 auf pH 7,4 einstellen und mit H_2O zu 1 *l* ergänzen) versetzt, homogenisiert und in ein *Eisbad* gestellt. Davon werden 250 µl in *Meßröhrchen* pipettiert und sofort mit einem *Luminometer* das in 10 s emittierte Licht gemessen (= Blindwert). Dann werden 50 µl *Luciferin-Luciferase* (z. B.

Pico-Zyme F der Firma Packard Instrument) zugesetzt und nach 1 min die in 10 s emittierten Lichtimpulse gemessen. Davon wird der Blindwert jeweils abgezogen.

Auswertung: Die Differenz der Lichtimpulse/10 s der Extrakte A und B ergibt die Impulse/10 s des zugesetzten (bodenspezifischen) Standards C. Dessen ATP-Konzentration D in mg/l wird einer Eichkurve (10^{-5} - 10^{-8} M ATP) entnommen. Die ATP-Konzentration des Bodenextraktes E ergibt sich dann nach der Gleichung

$$E = \frac{A \times D}{C} \text{ (mg/l)}$$

und wird auf die atro Feinerde bezogen. 1 g ATP entspricht nach PAGE et al. (1982) etwa 250 g Biomasse-C.

Methodische Fehlerquellen: Die Ergebnisse können durch mikrobielle Umsetzungen gestört werden. Daher ist bidest. H_2O zu verwenden, alle Geräte sind zu sterilisieren, und die angegebenen Temperaturen dürfen nicht überschritten werden. TCA-Extraktion ist für kalkreiche Böden nicht geeignet; empfehlenswert ist dann eine alkalische Extraktionsmethode, z. B. ein *$NaHCO_3$-K_2HPO_4 - Adenosin-Gemisch* nach MARTENS(1985). Das Biomasse-C zu ATP Verhältnis streut bei verschiedenen Organismengruppen in weiten Grenzen (100–1000), so daß die Biomasse nur näherungsweise aus dem ATP-Gehalt abgeleitet werden kann. Auch ATP von Bodentieren und Pflanzen wird erfaßt (was erwünscht ist, wenn anstelle der mikrobiellen die Gesamtbiomasse ermittelt werden soll).

5.6.3 Allgemeine Charakterisierung des Humuszustandes

Streu- und Huminstoffe können aufgrund ihrer inneren - nur durch chemische Analysen faßbaren - oder ihrer äußerlich wahrnehmbaren Eigenschaften unterschieden werden. Zu letzteren gehört, daß Streustoffe in der Regel in Gewebestrukturen auftreten und farblos sind (mit Ausnahme quantitativ unbedeutender Pigmente), während Huminstoffe isoliert oder als Bestandteile von Bodenaggregaten vorliegen und +- dunkel sind. Nach diesen Kriterien gliedert man sowohl bei der Feldansprache (s. 3.5.6.5 und 3.6.1.3) als auch bei der mikroskopischen Untersuchung von Dünnschliffen oder -schnitten (s. 5.3.2.5). Sie können auch Grundlage quantitativer Analysen sein (BABEL und CHRISTMANN 1983, FITZPATRICK 1993).

Einerseits lassen sich Gewebereste (und damit die Streustoffe) infolge ihrer Größe durch Sieben zumindest anreichern, wenn auch kaum quantitativ von Huminstoffen trennen. Andererseits kann man an der Farbe von Humusextrakten den Gehalt an farblosen Streu- und gelben bis schwarzen Huminstoffen und damit den Humifizierungsgrad beurteilen.

Anteil und Art von Streu- und Huminstoffen durch exakte chemische Analysen zu bestimmen, ist schwierig. Beide Stoffgruppen lassen sich zumindest mit einfachen Mitteln kaum präparativ voneinander trennen, da sich ihre Eigenschaften vielfältig überlappen (z. B. sowohl Lignin als auch Huminsäuren schwerlöslich). Durch eine Totalanalyse (Elementaranalyse) gewinnt man noch weniger Informationen über den Stoffbestand als beim Mineralkörper durch eine Bauschanalyse. Von den wenigen infolge ausschließlichen Vorkommens im Humuskörper verwendbaren Elementen ist keines für die beiden genannten Gruppen, geschweige denn für noch enger begrenzte Fraktionen spezifisch (z. B. N sowohl im Eiweiß als auch in Huminsäuren). Etwas geeigneter sind dann schon bestimmte organische Gruppen (z. B. OCH_3 und leicht oxidables phenolisches OH in Lignin, s. 5.6.4). Genaueres kann man aber nur aussagen, wenn der Humuskörper fraktionierend extrahiert wird (s. 5.6.4 u. 5.6.5).

Organische Verbindungen verbrennen bei unterschiedlicher Temperatur, aliphatische meist bei geringerer als aromatische. Das läßt sich zur groben Bestimmung der

Streustoffgehalte durch Pyrolyse ausnutzen, da diese überwiegend Aliphaten sind. Das Ligninmolekül enthält allerdings auch aromatische Ringe und wird daher zusammen mit den Huminstoffen erfaßt.

Mit geringerem Aufwand lassen sich Streu- und Huminstoffe qualitativ durch Eigenschaften charakterisieren, die beiden Gruppen gemeinsam sind, sofern man den Anteil an Organismenresten zumindest grob abschätzen kann (z. B. nach der Siebanalyse). Hierzu gehören die C- und N-Gehalte der organischen Substanz. Ein enges C : N-Verhältnis deutet bei den Streustoffen auf hohe Eiweißgehalte, bei den Huminstoffen auf hohe Gehalte an N-reichen Huminsäuren (N-Bindungsform s. 5.6.4). Ein günstigeres Charakteristikum ist der Gehalt an kationenbindenden Gruppen, da eine hohe Sorptionskapazität unter den Streustoffen nur einige in geringen Mengen vorhandene Säuren (z. B. Uronsäure) besitzen, unter den Huminstoffen dagegen die meist dominierenden Fulvo- und Huminsäuren.

Als allgemeines und ökologisch für Streu und Humuskörper gleichermaßen wichtiges Merkmal ist auch die mikrobielle Zersetzbarkeit zu bezeichnen. Sie läßt bei vergleichbarer Partikelgröße Schlüsse auf bestimmte Stoffgruppenkombinationen der Streu- (z. B. Cellulose schwerer abbaubar als Zucker, beide um so leichter, je mehr Eiweiß vorhanden) und der Huminstoffe (hochmolekulare Humate schwerer abbaubar als niedermolekulare Fulvate) zu. Humin- und Streustoffe unterscheiden sich darin, daß bei ersteren die N- gegenüber der C-Mineralisierung begünstigt ist. Die mikrobielle Biomasse läßt sich aus Respirationsversuchen oder Enzymbestimmungen ableiten (s. 5.6.2).

5.6.3.1 Meßtechnische Grundlagen

Die Partikelgröße von O- und H-Horizonten läßt sich einfach durch Sieben ermitteln; bei Übergängen zu A-Horizonten mit mineralreichen Aggregaten sind diese durch Sedimentieren in schweren Flüssigkeiten abzutrennen oder schonend zu dispergieren.

> Bei der pyrolytischen Bestimmung der Huminstoffe werden Proben zunächst auf 280 °C erhitzt; dabei verbrennen die Streustoffe, d. h., Kohlenhydrate, Proteine, Fette und Harze bzw. Bruchstücke entweichen gasförmig. Anschließend wird stärker erhitzt; dabei werden die Huminstoffe verbrannt und als CO_2 bestimmt. Die Differenz zum Humusgehalt ergibt dann eine Vorstellung vom Streustoffgehalt. Lignin, das erst zusammen mit den Huminstoffen verbrannt wird, wird über einen Faktor berücksichtigt.

Die Farbintensität von Extrakten mit – möglichst huminstoffselektiven – Lösungen (z. B. von Laugen oder Alkalisalzen Ca-fällender bzw. schwermetallbindender Säuren) kann lichtoptisch gemessen werden.

Den N-Gehalt kann man durch Elementaranalyse oder nach nasser Veraschung titrimetrisch bestimmen. Bei der Kjeldahl-Methode wird die organische Substanz durch konz. H_2SO_4 in Gegenwart O_2-übertragender Agenzien aufgeschlossen (kochende konz. H_2SO_4 zerfällt in $H_2O + SO_2 + O$ und oxidiert daher stark), wobei N als $(NH_4)_2SO_4$ gebunden und das NH_4^+ nach Austreiben mit einer Lauge bestimmt wird.

Komplex gebundene Metallionen lassen sich mit Komplexoren (z. B. Na-Pyrophosphat) extrahieren. Die KAK der organischen Substanz bestimmt man am einfachsten aus der Differenz zwischen der der Feinerde und der der silicatischen Feinerde (s. 5.5.7.2), da der Humus kaum schonend präparativ vom mineralischen Material zu trennen ist.

Die mikrobielle Zersetzbarkeit läßt sich im Experiment ermitteln. Dabei bringt man die unter Standortverhältnissen oft schwankenden Wärme- und Feuchtebedingungen ins Optimum und nivelliert das mit diesen stark wechselnde Gefüge (bei Verwenden abgelagerter Proben auch weitgehend den Mikrobenbesatz, da fehlende Keime schnell übertragen werden und sich die Population rasch an die neuen Bedingungen anpaßt). Der Einfachheit wegen werden nicht Anfang- und Endzustand der Probe, sondern die flüchtigen bzw. gelösten Reaktionsprodukte (CO_2 bzw. NH_4^+ und NO_3^-) bestimmt. Dann bleibt natürlich die Art der abgebauten Stoffe unbekannt. Wenn Parallelität zwischen C- und N-Mineralisierung unterstellt werden kann, läßt sich aus der C-Zersetzungsrate und dem N-Vorrat die umgesetzte N-Menge errechnen. Da aber bei N ein weit größerer Anteil als bei C sofort wieder von Mikroben aufgenommen wird, ist es für ökologische Zwecke sicherer, die Netto-N-Mineralisierung direkt zu bestimmen.

5.6.3.2 *Bestimmung der Partikelgröße von Streuresten*

Siebanalyse nach KROLL und MEYER 1959, ggf. nach Dispergieren in 0,04 M $Na_4P_2O_7$.

Ausführung: 10–20 g lutro Proben werden vorsichtig (kein weiteres Zerbröckeln von Streuresten!) über einen 5-2-1-0,5-0,2-0,1-mm-*Siebsatz* gegeben, die Fraktionen in *Wägegläschen* übergeführt, bei 105 °C *getrocknet* und gewogen. Wurde nach 5.6.1.2 ein merklicher Aschegehalt ermittelt, so kann die Probe vorher über Nacht in *0,04 N* $Na_4P_2O_7$ eingeweicht und dann unter vorsichtigem Nachspülen mit H_2O wie beschrieben gesiebt, getrocknet und gewogen werden.

Darstellung der Ergebnisse: Die in Masse-% der Gesamtprobe umgerechneten Fraktionsgehalte werden in Form einer Kornverteilungs-Summenkurve (s. 5.4.1.4) dargestellt. Es ist zweckmäßig, die einzelnen Fraktionen nach Streuart, Zersetzungsgrad und Auftreten koprogener Aggregate zu beschreiben, um damit die Feldansprache des Humuskörpers (s. 3.5.6.7) zu ergänzen.

Methodische Fehlerquellen: Wenn organische Aggregate (z. B. Kleintierlosung, durch Pilzhyphen oder Feinwurzeln vernetzte Streureste) auftreten, wird der Streuanteil über- und mithin der Zersetzungsgrad unterschätzt. Selbst »reine« O- und - seltener - H-Horizonte enthalten mineralisches Material. Für genauere Untersuchungen ist daher der Glühverlust der Fraktionen zu bestimmen und das Resultat auf den Glühverlust der Probe zu beziehen. Da Gewebeteile sehr fein und grobe mit Huminstoffen imprägniert sein können, gelingt es in keinem Falle, Streureste und Humus säuberlich zu trennen. Das gilt auch bei Vorbehandlung mit $Na_4P_2O_7$, da hierbei auch Streustoffe und nicht alle Huminstoffe gelöst werden.

5.6.3.3 *Bestimmung des N-Gehaltes*

Aufschluß mit H_2SO_4 nach Kjeldahl und Selenreaktionsgemisch (bzw. Se-freies Kjeldahlreaktionsgemisch) als Katalysator mit Umsetzung von Nitraten durch schwefelsaures Phenol; Reduktion der entstandenen Nitroverbindungen mit Thiosulfat; Ammoniakisolierung durch Wasserdampfdestillation nach Freisetzen mit NaOH n. DIN (19684, T.4); titrimetrische Bestimmung des in H_3BO_3 aufgefangenen NH_3 ($NH_3 + H_3BO_3 = NH_4H_2BO_3$) mit HCl; oder kolorimetrisch mit FIA.

Ein *Fließ-Injektionsanalysator* (FIA) ist ein Automat zur kolorimetrischen Bestimmung chemischer Elemente: Die Meßlösung wird in eine Indikatorlösung, die in einem Schlauchsystem zirkuliert, gespritzt und die auftretende Farbreaktion spektralphotometrisch gemessen. Chemikalienzufuhr und weitere Reaktionen werden dabei durch Chemifolds gesteuert.

Bei der NH_4-Bestimmung wird die Aufschlußlösung im Chemifold mit 2 M NaOH versetzt; das freigesetzte NH_3 diffundiert durch eine Teflonmembran in den Strom einer Säure/Base-Reagenzlösung (Tecator Best.-Nr. 5000-0295). Die dabei auftretende Farbänderung wird photometriert.

Aufschluß: 1–5 g lutro/staubfein gemahlene Feinerde werden in einem *100-ml-Kjeldahlkolben* mit 10 ml *schwefelsaurem Phenol* (30 g Phenol in 1 *l* konz. H_2SO_4) versetzt; nach 15 min 2 g *Na-Thiosulfat* ergänzen und mehrfach schwenken; nach 15 min 0,2 g *Selenreaktionsgemisch* (62,5 g Na_2SO_4, 1 g $CuSO_4$, 1 g Se mischen) bzw. Se-freie, käufliche *Tablette* und 2 Siedesteine zusetzen und bis zum Abklingen des Schäumens leicht erwärmen, dann bis zur Farblosigkeit des Rückstandes (mindestens 1 h) und weitere 15 min in der *Kjeldahlapparatur* (oder einem *Aufschlußblock* [375 °C]) zum Sieden erhitzen.

Destillation: Nach Abkühlen werden 20 ml H_2O zugesetzt, der Kolben an eine *Parnaßapparatur* angeschlossen und NH_3 nach Zusatz von 30 ml *NaOH* (30 %ige NaOH) mit Wasserdampf in vorgelegte 20 ml *3 %ige* H_3BO_3 (mit 4 Tropfen *pH-4,6-Indikator*, s. 5.2.2) destilliert. Nach Destillation von etwa 60 ml Wasser (8–12 min) wird die Vorlage abgesetzt, das Destillationsrohr abgespült und die Destillation 2 min fortgesetzt.

Titration: Die zur NH_3-Bindung verbrauchte Borsäure wird mit 0,1 M HCl bis zum Indikatorumschlag von grün nach rosa zurücktitriert (= T in ml). In gleicher Weise wird ein destillierter Blindwert titriert (B). Die Differenz zwischen T und B ergibt dann nach Multiplikation mit 1,4 die N-Menge in mg. Der N-Gehalt ist in g/kg der atro Feinerde (s. 5.2.3) anzugeben.

Kolorimetrische Bestimmung: Die Aufschlußsuspension wird in einen *250-ml-Meßkolben* überführt und mit H_2O (vorsichtig) bis zur Marke aufgefüllt. 5–10 ml der homogenisierten Lösung werden in einem *Zentrifugenbecher* 5 min bei 2000 U/min *zentrifugiert*, davon 2 ml in einem *Meßbecher* dekantiert und deren NH_4-Konzentration mit der *FIA* gemessen.

Darstellung der Ergebnisse: Der N-Gehalt einer Probe wird erst durch Bezug auf deren Gehalt an organischer Substanz (z. B. Glühverlust) zu einem geeigneten Maß für den Humuszustand. Hat man die organische Substanz nicht ausreichend sicher ermitteln können (z. B. in tonhaltigen Horizonten), so empfiehlt es sich, den Quotienten C : N zu bilden (obschon dann C-arme Proben N-reicher erscheinen als sie sind).

Methodische Fehlerquellen: Die Fehler bei der Kjeldahlmethode durch mangelnde Aufschließbarkeit N-haltiger Substanzen sind bei Bodenproben allgemein gering. Die Annahme, daß N nur aus organischer Bindung stamme, trifft aber nicht immer zu, da Nitrat-N, Austausch-NH_4^+ und in Illiten fixiertes NH_4^+ mit erfaßt wird. NO_3^- wird bei Verzicht auf Reduktion vor dem Aufschluß nicht erfaßt; Austausch-NH_4 ließe sich leicht durch Auswaschen mit Neutralsalzlösungen entfernen; diese Mengen sind aber meist unbedeutend. Fixiertes NH_4^+ ist dagegen umständlicher gesondert zu bestimmen (z. B. nach H_2O_2-Oxidation der organischen Substanz im HF-H_2SO_4-Aufschluß nach SCHACHTSCHABEL 1960), kann aber in humusarmen, tonreichen Proben einen beträchtlichen Fehler verursachen (z. B. C/N-Verhältnis dann < 8).

5.6.3.4 *Bestimmung der KAK der organischen Substanz*

Errechnung aus der Differenz von KAK und KAK_{sil}.

Berechnung nach der Formel:

$$KAK_{org} = KAK-(KAK_{sil}\frac{100-\%\ Humus}{100}).$$

Dabei ist KAK die in 5.4.2.2 bestimmte KAK_{pot} und KAK_{sil} die des HCl-H_2O_2-behandelten Anteils (s. 5.5.7.2).

Darstellung der Ergebnisse: KAK_{org} in % von KAK_{pot} vermittelt einen Eindruck vom Anteil mineralischer und organischer Stoffe an der Kationensorptionskapazität einer Probe; Bezug auf den Humusgehalt kennzeichnet das Sorptionsvermögen des Humus wie der Bezug von KAK_{sil} auf Ton den Mineralkörper.

Methodische Fehlerquellen: Die Methode setzt voraus, daß KAK_{sil} und KAK_{min} identisch sind, daß also die HCl-löslichen Carbonate und Sesquioxide praktisch nicht zur Kationensorptionskapazität beitragen. Das trifft für manche Horizonte nicht zu (z. B. Podsol – B_s). Außerdem wird unterstellt, daß durch H_2O_2-Oxidation alle Humusstoffe entfernt und keine Minerale in ihrer Kationensorptionskapazität verändert werden. Da das nur angenähert gilt (u. a. auch durch rein räumliche Freisetzung vorher durch Humusstoffe blockierter kationenbindender Gruppen von Mineralen), ist die Methode besonders bei humusarmen Proben relativ grob.

5.6.3.5 *Bestimmung des Streustoffgehaltes*

Verbrennung bei 280 °C nach KRISTENSEN(1990), Nachverbrennung bei 1200 °C und coulometrische CO_2-Bestimmung in einem Gasanalysegerät (s. 5.6.1.4).

Ausführung: Je nach Humusgehalt (s. 3.5.6.3) werden 0,1–2 g gemahlene (Kugelmühle, org. Auflagen zunächst Messerhomogenisator) lutro Feinerde auf einem staubfreien *Porzellanschiffchen* (vorher Ausglühen) eingewogen, mit *Quarzsand* bedeckt, in die Röhre des *Verbrennungsofens* geschoben und 10 min im O_2-Strom auf 280 °C erhitzt; die entweichenden Gase werden verworfen. Später wird die Probe auf 1200 °C erhitzt und das freigesetzte CO_2 coulometrisch nach 5.6.1.4 bestimmt.

Auswertung: Der C-Gehalt wird in % atro (s. 5.2.3) Feinerde umgerechnet. Die Differenz zu dem gesamten organischen C (nach 5.6.1.4) ergibt dann nach Multiplikation mit 1.3 (zur Berücksichtigung des beim Erhitzen auf 280 °C nicht freigesetzten Lignins) Streustoff-C. Der Streuhumusgehalt ergibt sich näherungsweise durch Multiplikation des Streustoff-C mit 2 (da Lignin ca. 65, die übrigen Streustoffe im Mittel 44 % C enthalten), der Huminstoffgehalt durch Multiplikation des Huminstoff-C mit 1.7 (da Huminstoffe im Mittel 59 % C).

Methodische Fehlerquellen: Niedermolekulare Fulvosäuren werden z. T. als Streustoffe erfaßt (allerdings von manchen Autoren auch nicht als echte Huminstoffe angesehen). Die Lignin-C-Gehalte können stark von den angenommenen 23 % abweichen. Die Ermittlung eines standortspezifischen Faktors durch pyrolytische Analyse frischer (Sproß- und Wurzel-) Streu wäre kaum besser, da Lignin sich in seinem Abbau von anderen Streustoffen unterscheidet, eher die Ermittlung des Methoxylgehalts der Probe (5.6.4.2).

5.6.3.6 *Bestimmung des Humifizierungsgrades*

Extraktion der Huminstoffe mit NaOH + Na-Oxalat und photometrische Bestimmung der Farbintensität nach SPRINGER (1948).

Extraktion: Eine Menge lutro Feinerde, die 0,2 g organische Substanz enthält (s. 5.6.1), wird in einem *250-ml-Erlenmeyerkolben mit 100 ml NaOH-Na-Oxalat* (je 0,5 %ig) 1 h auf dem *Wasserbad* unter aufgesetztem *Trichter* erhitzt. Nach Abkühlen werden 10 ml in einem *Zentrifugenglas* 5 min bei 3000 U/min *zentrifugiert*. Sollte die Lösung nicht klar sein, ist nach Einmischen von 2 Tropfen 0,2 % *Superfloc* (Cyanamid Superfloc N-100) 10 min bei 8000 U/min zu zentrifugieren.

Messung: Die Extinktion der klaren Lösung wird mit einem *Photometer* (s. 5.4.4.2) bei 530 nm in 5-mm-Küvetten gegen den Blindwert gemessen und die entsprechende Huminstoffkonzentration in mg/ml einer Eichkurve entnommen (mit Merck-Huminsäure als Vergleichspräparat erstellen). Der Huminstoffgehalt ist in mg/g der Einwaage anzugeben.

Darstellung der Ergebnisse: Umrechnung der ermittelten Huminstoffgehalte auf % der organischen Substanz ergibt die Humifizierungszahl (Hz); die liegt um so höher, je weiter die Humifizierung fortgeschritten ist.

Methodische Fehlerquellen: Bei der kolorimetrischen Charakterisierung der Humifizierung durch Extinktionsmessungen an Extrakten wird für die quantitative Auswertung zunächst unterstellt, daß alle Huminstoffe und keine anderen färbenden Stoffe in Lösung gingen. Weiter muß angenommen werden, daß die extrahierten Huminstoffe in allen Proben in ihrem optischen Verhalten unter sich und mit dem Standardpräparat übereinstimmen. Keine dieser Voraussetzungen kann als wirklich gegeben angesehen werden. Es gibt indessen keine andere Methode, die ebenso einfach und besser wäre.

5.6.3.7 Bestimmung der Zersetzbarkeit der organischen Substanz (C_{min})

Bestimmung der CO_2-Entwicklung aus einer Bodenprobe im Brutversuch bei 60 %iger Wassersättigung und 25 °C nach ISERMEYER (1952).

Bestimmung der Wassersättigung: 10–70 g (s. u.) lutro Feinerde werden in einem *Trichter* mit *grobporigem Filter* mit *H_2O* gesättigt und nach Abtropfen gewogen. Die Differenz zwischen Ein- und Auswaage ergibt nach Addition des H_2O-Gehaltes der lutro Probe den Wassergehalt bei Wassersättigung (wenn vorhanden sollte der Wassergehalt bei WK_{max} = pF 0,6 verwendet werden, da besser reproduzierbar, vgl. 5.3.3.3).

Brutversuch und CO_2-Bestimmung: 10 (bei > 10 % C) – 70 (bei < 1 % C) g lutro Feinerde werden in einer *Glasschale* aus einer *Pipette* mit H_2O auf 60 % Wassersättigung (60 % v. Wk_{max}, s. o.) befeuchtet; die Glasschale wird an einem *Drahtgestell* in ein *1-l-Rillenweckglas* gehängt (s. Abb. 5.6.1), auf dessen Grund man 25 ml *0,1 N $Ba(OH)_2$* (bei 7 d 100 ml) und 3 Tropfen *pH 9-Indikator* (s. 5.2.2) gefüllt hat (entsprechender Blindversuch ohne Probe). Nach sorgfältigem Verschließen bleibt das Glas 24 h (bzw. 7 d) bei 25 °C *(Brutraum)* unter gelegentlichem Umschütteln zur Zerstörung der absorptionshemmenden Carbonathaut stehen. Dann wird das unverbrauchte $Ba(OH)_2$ mit *0,1 M HCl* zurücktitriert. Die Differenz zwischen diesem und dem Titrationswert des Blindversuches in ml ergibt nach Multiplikation mit 2,2 das entwickelte CO_2 in mg. Bezug auf 1000 g Einwaage ergibt mg CO_2/kg; weitere Multiplikation mit 0,273 dann mg C/kg.

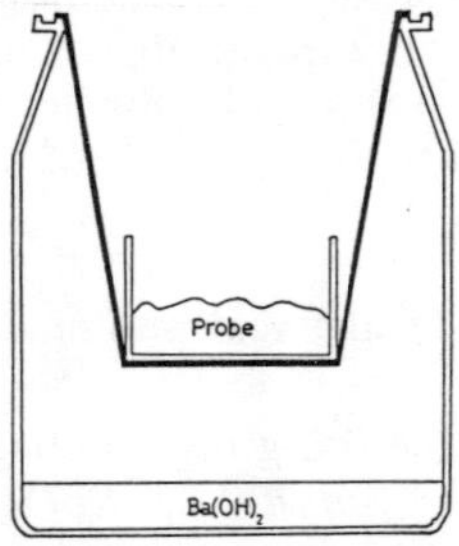

Abb. 5.6.1: Apparatur zur Bestimmung der Zersetzbarkeit

Darstellung der Ergebnisse: Das Ergebnis in mg C/kg der Einwaage wird auf den C-Gehalt (s. 5.6.1.3) in g/kg bezogen und ergibt die Zersetzbarkeit der organischen Substanz bzw. deren C-Anteils) in mg C_{min}/g C_{org}.

Methodische Fehlerquellen: Bei dieser Methode wird unterstellt, daß die CO_2-Abgabe repräsentativ für die Zersetzung ist. Das braucht nicht immer zuzutreffen, da einmal die Zersetzung teilweise nur zu Zwischenprodukten bzw. zu anderen Endprodukten führen und zum anderen gebildetes CO_2 in der Probe gebunden werden kann (z. B. durch autotrophe Organismen oder durch Bildung von Carbonaten bzw. Bicarbonaten). Im Hinblick auf die ökologische Interpretierbarkeit der Daten wurden auch nicht alle Faktoren außer dem zu charakterisierenden Humuszustand nivelliert. Vielmehr gehen Unterschiede der Proben im Gehalt an mineralischen Nährstoffen und im pH sowie in Art und Zahl der (die Lufttrocknung überlebenden) Mikroben in das Ergebnis ein (die man durch »Düngung« bzw. Impfen einer Mikrobenpopulation ausschalten könnte). Ferner wird das Resultat nicht nur von der Art der Stoffe, sondern auch von ihrer Anordnung in Gewebestrukturen bzw. Aggregaten bestimmt. – Bei sehr intensiver Zersetzung oder längerer Versuchsdauer ist auf ausreichende O_2-Zufuhr (größere Gefäße bzw. Peroxid- statt Laugevorlage) zu achten (1 *l* Luft enthält ca. 200 mg O_2, wovon aber allenfalls 50 % umgesetzt werden können).

5.6.3.8 Schätzung der N-Mineralisierung

Errechnung aus Zersetzbarkeit der organischen Substanz (s. 5.6.3.7) und N-Gehalt (s. 5.6.3.3).

Berechnung nach der Formel:

$$\frac{N_t \cdot C_{min}}{C_{org}} \text{ (mg/kg)} = \text{mineralisierbarer N in mg/kg, wobei } C_{min} = CO_2 - C \text{ aus } 5.6.3.7.$$

Methodische Fehlerquellen: Die unterstellte Parallelität zwischen C- und N-Mineralisierungsrate besteht nicht immer. Streustoffe sind allgemein bessere C- als N- und Huminstoffe bessere N- als C-Lieferanten. Man schätzt daher in Böden, denen kürzlich Streu zugeführt oder in denen eine Zersetzungshemmung beseitigt wurde (z. B. durch Entwässerung, Kalkung o. ä.), zu hoch, in Horizonten mit hohen Huminstoffgehalten zu niedrig. Für die ökologische Interpretation wirkt sich insbesondere bei Böden mit ungünstigen Nitrifizierungsverhältnissen (O_2-, P- und Mo-Mangel, saure Reaktion) die starke Differenz zwischen Umsatz und Netto-Bilanz aus. Ferner gelten die unter 5.6.3.3 und 5.6.3.7 aufgeführten Einwände.

5.6.3.9 Bestimmung der N-Mineralisierung

N-Mineralisierung im Brutversuch bei 20 °C und 60 % Wassersättigung nach ZÖTTL (1958); Extraktion mit $KAl(SO_4)_2$; NH_4-Bestimmung nach Mikrodiffusion in CONWAY-Schalen (CONWAY 1947) (NH_3-Freisetzung mit K_2CO_3, Auffangen in H_2SO_4) kolorimetrisch über Xylenol-Nitrierung in konz. H_2SO_4 und Wasserdampfdestillation des nitrierten, gelb gefärbten Xylenols.

N-Mineralisierung: 15–30 g feldfrische Feinerde werden in einem *250-ml-Becherglas* aus einer *Pipette* mit *H_2O* auf 60 %ige Wassersättigung (Bestimmung s. 5.6.3.7) befeuchtet, mit einem *Wattebausch* abgedeckt und 6 Wochen bei 20 °C gehalten. Ein Drittel der Einwaage wird dann mit 40 ml *1 %igem $K\,Al(SO_4)_2$* in einem *100-ml-Erlenmeyerkolben* 10 min *maschinell* geschüttelt und filtriert (*Filternutsche* an der *Wasserstrahlpumpe*).

NH_4-Bestimmung: entsprechend gelöstes NH_4^+ n. 5.4.5.2.5. Eichlösungen mit $KAl(SO_4)_2$ ansetzen.

NO_3-Bestimmung: entsprechend gelöstes NO_3^- n. 5.4.5.2.5. Eichlösungen mit $KAl(SO_4)_2$ ansetzen.

Darstellung der Ergebnisse: Summierung der Werte ergibt die N-Mineralisierungsrate, der Quotient $NO_3 - N : NH_4 - N$ ein Maß für die Gunst der Nitrifizierungsverhältnisse. Um als Maß (in mg/g) für die Zersetzbarkeit der organischen Substanz (bzw. deren N-Anteils) verwendbar zu sein, müssen die summierten Werte auf den N-Gehalt (s. 5.6.3.3) in mg/g bezogen werden.

Methodische Fehlerquellen: Bei Bebrütungsbeginn bereits vorhandenes Lösungs- und Austausch-NO_3 bzw. -NH_4 wird mit erfaßt. Dies ist an einer Parallelprobe gesondert zu bestimmen. Die Mineralisierungsrate hängt stark vom Wasser- und Sauerstoffangebot und damit vom Verhältnis WV : LV ab; daher sollten insbesondere zu vergleichende 0- und H-Horizontproben gleicher Einwaage in den Bechergläsern auch auf gleiches Volumen gebracht werden. Im übrigen gilt sinngemäß das unter 5.6.3.7 Erläuterte. Zu bestimmten Zeiten (z. B. nach dem Streufall) kann die N-Mineralisationsrate auch negativ sein.

5.6.4 Kennzeichnung der Streustoffe

Die Vegetation und mithin auch die Streu bestehen vor allem aus folgenden Stoffen: Eiweiß, Zucker, Stärke, Fette (Wachse, Harze), Gerbstoffe, Pektin, Hemicellulose, Cellulose und Lignin. Deren Gehalt gilt es zunächst in der frischen Streu zu bestimmen. Die genannten Stoffe sind aber auch mehr oder weniger stark am Aufbau des Humuskörpers eines Bodens selbst beteiligt, und zwar als nicht abtrennbarer zersetzter Pflanzenrest und als amorphe Streustoffe oder nur wenig umgeformte Bausteine der aus ihnen entstandenen Huminstoffe. Das wird besonders in O- bzw. H-Horizonten und in den gröberen Fraktionen (s. 5.6.3.2) zutreffen. Daher ist es sinnvoll, auch diese Anteile des Humuskörpers mit Methoden der Pflanzenanalyse zu untersuchen.

Da diese Verbindungen nicht durch bestimmte Leitelemente ausgezeichnet sind, wäre die Analyse von Leitgruppen besonders wichtig. Als einigermaßen spezifisch für quantitativ belangreiche Stoffe sind jedoch allenfalls Methoxyl (für Lignin) und α-Amino-N (für Eiweiß) anzusehen. Das gilt insbesondere dann, wenn diese Stoffgruppen durch fraktionierende Extraktion (s. 5.6.4.4 u. 5.6.5.4) angereichert wurden. Da im Zuge der Humifizierung die OCH_3-Gruppe aufoxidiert und α-Amino-N in heterozyklische Bindung übergeführt wird, gewinnt man durch Bestimmung dieser Gruppen in verschiedenen Horizonten oder Partikelfraktionen (5.6.3.2) des Humuskörpers auch eine Vorstellung über den Humifizierungsgrad der wichtigsten C- und N-Quellen der Huminstoffe.

5.6.4.1 Meßtechnische Grundlagen

Organische Gruppen lassen sich aufgrund ihrer physikalischen (z. B. Absorption von Infrarotstrahlen) oder chemischen Eigenschaften bestimmen. Methoxyl wird z. B. durch siedende HJ nach $R\text{-}OCH_3 + HJ = R\text{-}OH + CH_3J$ in Methyljodid übergeführt, das abdestilliert und aufgrund seines Jodgehaltes bestimmt werden kann.

Zur Bestimmung der α-Amino-N-Gruppe sind die Aminosäuren zunächst durch Hydrolyse aus Peptidbindungen zu befreien. Sie reagieren z. B. mit HNO_3 unter Bildung von Hydroxysäuren, H_2O und (manometrisch bestimmbaren) N_2 sowie in der Hitze mit Ninhydrin zu einem blaugefärbten Komplex. Man kann entweder die Intensität der Blaufärbung oder das entwickelte CO_2 titrimetrisch, manometrisch bzw. gravimetrisch bestimmen. Die CO_2-Entwicklung ist spezifisch für freie Aminosäuren.

Die einzelnen Pflanzenstoffe lassen sich nur mit großem Aufwand exakt chemisch bestimmen. Vor allem müssen dabei weitgehende Trennungsverfahren (z. B. Chromatographie) vorausgehen. Einen groben Anhalt über den Stoffbestand erhält man aber bereits, wenn die wichtigsten Stoffgruppen nach ihrer Extrahierbarkeit mit organischen Lösungsmitteln und ihrer Hydrolysierbarkeit durch Mineralsäuren gekennzeichnet werden. So sind Fette und Gerbstoffe alkohollöslich (Fette auch bereits in Ether); Zucker und Stärke lassen sich mit Wasser in der Hitze extrahieren; Pektine und Hemicellulose werden durch verdünnte, kochende Salzsäure hydrolytisch gespalten, Cellulose hingegen erst durch konzentrierte Schwefelsäure, während Lignin bei alledem mehr oder weniger unlöslich bleibt. Stärke, Pektine, Hemicellulosen und Cellulosen werden dabei durch Säurehydrolyse in Zucker gespalten. Diese lassen sich näherungsweise aufgrund der Reduktion bestimmter Metallionen (z. B. Cu^{2+} oder Fe^{3+}) als sogenannte reduzierende Zucker gemeinsam bestimmen. Schwierigkeiten bereiten die N-haltigen Verbindungen. So sind freie Aminosäuren bereits mit Wasser, Eiweiße teilweise mit verdünnter HCl, teilweise erst mit konzentrierter H_2SO_4 extrahierbar oder widerstehen teilweise auch jedem Säureangriff. Man begnügt sich daher damit, die Summe des H_2O- und säurelöslichen Stickstoffs als Maß für den Eiweißgehalt anzusehen und das nicht extrahierte Eiweiß, Lignin sowie Verbindungen mit heterozyklisch gebundenem N als Säurelignin bzw. nach WAKSMAN als »Lignin-Protein-Komplex« zusammenzufassen.

5.6.4.2 Bestimmung von Methoxyl

Überführung mit HJ in CH_3J nach ZEISL, Oxidation von CH_3J durch 3 Br_2 in Gegenwart von 3 H_2O zu $HJO_3 + CH_3Br + 5\ HBr$ (Reduktion von überschüssigen Br_2 mit HCOOH zu HBr) und aus HJO_3 durch Zusatz von 5 KJ Abscheidung von 3 J_2; Titration mit Thiosulfat gemäß $3\ J_2 + 6\ Na_2S_2O_3 = 6\ NaJ + 3\ Na_2S_4O_6$ nach VIEBÖCK und SCHWAPPACH.

Aufschlußapparatur (s. GATERMANN-WIELAND 1982): Sie besteht aus folgenden Teilen, die durch Glasschliffe miteinander verbunden sind: a) *Kippscher CO_2-Apparat* mit angeschlossener *Waschflasche* (mit verd. Pb-Acetat), b) *Zersetzungskolben* mit Anschlußrohr, c) *Kühler* mit Gaswäscher (gefüllt mit 3 ml *5 %iger Suspension* von *rotem P* und d) *2teiliger Absorptionsvorlage*.

Aufschluß: Man füllt in die *Vorlage (a)* 10 ml *10 %iges Na-Acetat* (in 96 %iger Essigsäure) und 10–12 Tropfen *J-freies Brom* (zu 2/3 auf die erste, zu 1/3 auf die zweite Vorlage verteilen) und verbindet sie mit C, beschickt den *Kolben* b) mit der gemahlenen Streu- bzw. Bodenprobe (etwa 50 mg C entsprechend), einigen Kriställchen *Phenol*, 0,5 ml *Eisessig*, 0,2 g *trockenem roten P* und – unmittelbar vor dem Anschließen an c) + d) – mit 5 ml HJ (d = 1,7; ausreichend für 3 Bestimmungen) und leitet nach Anschließen von a) einen schwachen CO_2-Strom durch die Vorlage. Dann wird b) im Glycerinband 1 h auf 140–150 °C erhitzt (Vorlage d) vor Wärmestrahlung schützen, aus dem Gaswäscher darf kein P in die Vorlage treten!), danach der Inhalt von d) unter Nachspülen mit *H_2O* in einen *250-ml-Erlenmeyerkolben* (vorher mit 1,5 g Na-Acetat in konz. wäßriger Lösung beschickt) übergeführt.

Titration: Nach Zusatz von 5–10 Tropfen *Ameisensäure* (an der Kolbenwand einlaufen lassen) und kräftigem Umschwenken (Bromfarbe muß verschwinden) fügt man etwas *verd. H_2SO_4* und etwa 1 g *KJ* zu und titriert nach kurzem abgedecktem Stehen mit *0,05 M $Na_2S_2O_3$* aus einer *Mikrobürette* bis zur Gelbfärbung und – nach Zusatz von *Stärkelösung* – Entfärbung. Multiplikation des Tritrationswertes in ml mit 0,517 ergibt mg OCH_3, Bezug auf 1 g Einwaage mg/g OCH_3.

Darstellung der Ergebnisse: Außer auf die Einwaage kann der OCH_3-Gehalt auf deren Anteil organischer Substanz bzw. nach Multiplikation mit 0,387 auf deren C-Gehalt bezogen werden (OCH_3-C in % vom Gesamt-C). Multiplikation des OCH_3-Gehaltes mit 7 ergäbe mg/g »Lignin« (Annahme eines OCH_3-Gehaltes von 14,3 %), mit 4,5 entsprechend mg/g »Lignin«-C (Annahme eines C-Gehaltes von 64 %).

Methodische Fehlerquellen: Flüchtige und sehr schwer lösliche Substanzen können sich der Reaktion entziehen. Erstere sind jedoch in Böden kaum zu erwarten, bei letzteren kann man durch feines Vermahlen bzw. längeres Erhitzen die Ausbeute steigern. Pflanzen unterscheiden sich im OCH_3-Gehalt ihrer Lignine: Zweikeimblättrige Bedecktsamer enthalten um 50 % mehr als einkeimblättrige sowie Nacktsamer (STRASBURGER 1983), was bei Kenntnis der Streulieferanten berücksichtigt werden könnte. – Problematischer ist die Methode jedoch, wenn man sie zur »Lignin«-Bestimmung in huminstoffreichen Horizonten heranzieht, da dessen OCH_3-Gehalt schwankt und auch Huminstoffe OCH_3 enthalten können.

5.6.4.3 Bestimmung von α-Amino-N

Hydrolyse mit HCl/HCOOH-Gemisch, Neutralisation und kolorimetrische Bestimmung des bei der Ninhydrinreaktion (s. 5.6.3.1) entstehenden blauen Farbkomplexes nach STEVENSON und CHANG (1970).

Hydrolyse: Die gemahlene Probe (ca. 10 mg N entsprechend) wird in einem *Hydrolyseglas* mit 5 ml *6 M HCl/HCOOH* (10 : 1)-Gemisch (bei kalkhaltigen Proben entsprechend mehr HCl) versetzt, kurz mit *N_2* begast, bei 110 °C im *Trockenschrank* 12 h hydrolysiert, nach Abkühlen in *50-ml-Rundkolben* filtriert *(Blauband 589)*, der Rückstand mit wenig heißer *1 M HCl* und dann mit *H_2O* ausgewaschen. (Im getrockneten und gewogenen Rückstand kann nach 5.6.3.3 N bestimmt werden = nicht hydrolysierbarer N.) Filtrat mit Waschlösung werden in einem *Rotationsverdampfer* bei 40 °C eingedampft und (zum HCl-Austrieb) 2mal mit etwas H_2O eingedampft.

Neutralisation und NH_3-Entgasung: Der Kolbeninhalt wird mit 5 ml *H_2O* im *Ultraschallbad* gelöst, mit 2 Tropfen *pH 9-Indikator* (s. 5.2.2) versetzt und mit *5 M NaOH* neutralisiert (Beginn Violettfärbung), für 45 min im Trockenschrank auf 110 °C erhitzt (Entweichen von NH_3, Zerstören von Aminozuckern), nochmals am Rotationsverdampfer bei 40 °C eingedampft und wie oben mit 10 ml H_2O (NH_3-frei) aufgenommen.

Bestimmung: 0,5 ml des neutralisierten Hydrolysats werden in einem Reagenzglas mit 0,5 ml *0,3 M Na-Citrat* (117,6 g $C_6H_5Na_3O_7 \cdot 2\,H_2O$ + 1 ml Toluol in 1 *l* H_2O zur Maskierung anorg. Kationen) und 2 ml *Ninhydrin/ZnCl/Puffer-Gemisch* [16 ml Na-Acetat-Puffer pH 5 (500 g $CH_3COONa \cdot 3\,H_2O$ + 100 ml Eisessig mit H_2O zu 1 l) + 50 ml *Ninhydrin-Reagenz* (1 *l* 4 % Ninhydrin mit Methyl-Cellosolve (Kodak) in dunkler Flasche mit 199 g Dowex-50-Austauschharz H-Form unter N-Atmosphäre) + 25 ml *H_2O* + 80 mg $SnCl_2 \cdot 2\,H_2O$] versetzt und nach Anbringen einer *Al-Kappe* in einem kochenden *Wasserbad* 30 min erhitzt, dann im *Wasserstrahl* gekühlt, mit 5 ml *50 % Ethylalkohol* versetzt und umgeschüttelt. Die Extinktion des entstehenden Farbkomplexes wird bei 570 nm gegen den Blindwert *photometriert*. Der Gehalt an α-Amino-N wird einer Eichkurve entnommen, die mit einem *Leucin-Standard* erstellt wurde, und in g/kg der Einwaage angegeben.

Darstellung der Ergebnisse: Außer auf die Einwaage kann der α-Amino-N auf deren Gehalt an organischer Substanz bzw. N bezogen werden. Multiplikation mit 6,25 ergäbe g/kg »Protein« (Annahme eines α-Amino-N-Gehaltes von 16 %).

Methodische Fehlerquellen: Hydrophobe Peptidbindungen der Proteine können der Hydrolyse durch Säuren widerstehen; dem wird mittels Ameisensäure allerdings teilweise entgegengewirkt. Ein geringer Anteil der Aminosäuren kann bei der Säurehydrolyse zerstört werden (bes. bei Untersuchung MnO_2- und tonreicher Proben). Farbreaktionen anderer Bodenkomponenten können bei geringen α-Amino-N-Gehalten Fehler bewirken; dieser Fehler läßt sich durch Untersuchung einer Parallele erfassen, bei der durch NO_2-Behandlung die Aminosäuren zerstört wurden. – Problematischer jedoch ist die Methode, wenn man sie zur »Protein«-Bestimmung in huminstoffreichen Horizonten verwendet, da deren N-Gehalt variabel ist und α-Amino-N durchaus aus Seitenketten von Huminstoffen stammen kann.

5.6.4.4 *Bestimmung der Streu-Stoffgruppen*

Fraktionierende Extraktion der Fette und Gerbstoffe mit Alkohol-Benzol (letzteres verhindert Ligninextraktion), der Zucker und Stärke mit H_2O bei 100 °C, der Pektine und Hemicellulosen mit 2 %iger HCl bei 100 °C und der Cellulose mit H_2SO_4 bei 20 °C nach WAKSMAN und TENNEY (1927; vereinfacht nach SPRINGER 1940), s. Abb. 5.6.2; Bestimmung der Fette und Gerbstoffe gravimetrisch, der hydrolysierten Zucker, Stärke, Pektine, Hemicellulose und Cellulose als reduzierende Zucker durch Oxidation mit rotem Blutlaugensalz unter jodometrischer Bestimmung des nicht oxidierten $(Fe[CN]_6)^{3-}$ mittels Thiosulfattitration nach HAGEDORN-JENSEN (1923) sowie des Säurelignins über den C-Gehalt des nicht extrahierten organischen Rückstandes.

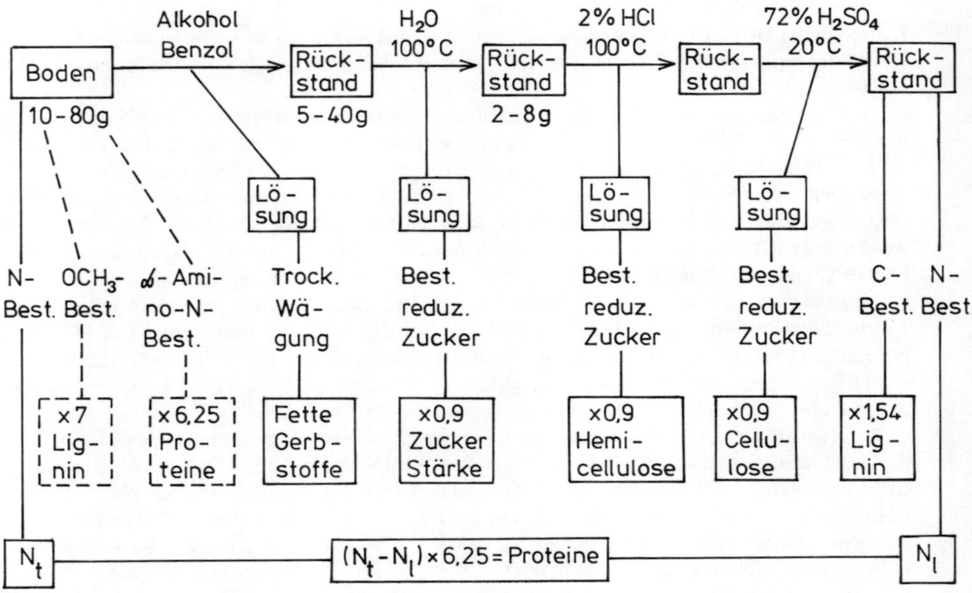

Abb. 5.6.2: Arbeitsgang bei der Streu-Stoffgruppenanalyse (– – Alternativen)

Abb. 5.6.3: Eichkurve zur Zuckerbestimmung (Darstellung ist vergrößert auf Millimeterpapier übertragen)

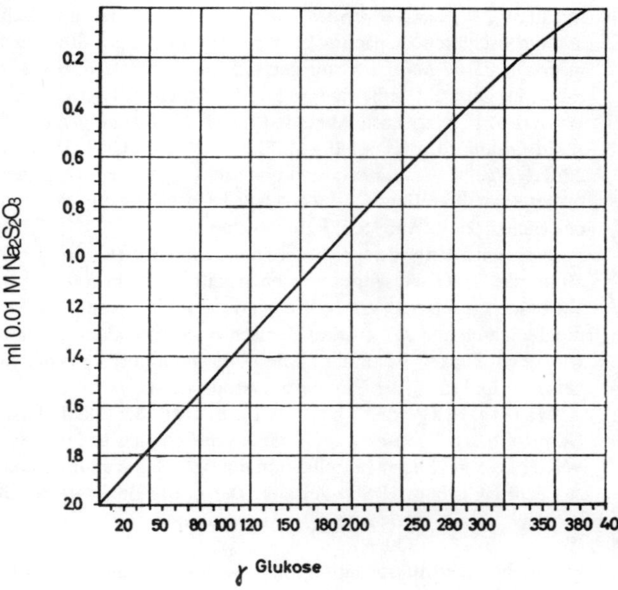

Alkohol-Benzol-Extraktion[1]: Es werden 10 (bei > 10 % C) –80 g (bei < 2 % C) lutro, gemahlene (< 0,2 mm) Probe in einer *Extraktionshülse aus gehärtetem Papierfilter* eingewogen (= g Einw.) und in einer *Soxhletapparatur* im *Ölbad* mit *Alkohol-Benzol* (1 : 1) erschöpfend (bis zur Farblosigkeit der Lösung, 12–24 h) extrahiert. Die extrahierte Probe wird im *Trockenschrank* bei 50–60 °C bis zur Geruchlosigkeit getrocknet und im Exsikkator über einem *Trockenmittel* aufbewahrt. Das Extraktionsmittel wird am *Liebigkühler* abdestilliert (für weitere Extraktionen zu verwenden), der Rückstand im *Destillierkolben* bei 80 °C bis zur Gewichtskonstanz getrocknet, im Exsikkator abgekühlt und gewogen.

Heißwasserextraktion: 5–40 g der extrahierten Probe werden in einer *Extraktionshülse* wie oben 8 h mit H_2O in einer *Soxhletapparatur* rasch (1 Tropfen je s) extrahiert. Der Wasserextrakt wird in einem *Meßkolben* mit H_2O auf 100 ml ergänzt (Zuckerbestimmung s. u.), der Bodenrückstand bei 100 °C getrocknet und über einem *Trockenmittel* aufbewahrt.

HCl-Extraktion: Man kocht 2–8 g der mit H_2O extrahierten Probe in einem *Schlifferlenmeyerkolben* mit 50 ml *2%iger HCl* 3 h am *Rückflußkühler* über einer *Bunsenbrennerflamme*, überführt die Suspension mit H_2O in ein *Zentrifugenglas* und zentrifugiert etwa 10 min bei 4000 U/min. Die überstehende Lösung wird in einen *100-ml-Meßkolben* dekantiert, der Rückstand 1mal mit H_2O an der *Zentrifuge* nachgewaschen, die Waschlösung mit dem HCl-Extrakt vereinigt und der Kolben bis zur Marke aufgefüllt. In einem Aliquot dieser Lösung bestimmt man dann den Zuckergehalt (s. u.). Die extrahierte Probe wird im Zentrifugenglas bei 50 °C getrocknet und mit einem *Pistill* zerkleinert.

H_2SO_4-Extraktion: Man extrahiert diesen Rückstand im Zentrifugenglas mit 20 ml *72%iger* H_2SO_4 2 h bei 20 °C und häufigem Umrühren *(Glasstab)*, dekantiert (zur Hydrolyse der Spaltprodukte) mit 620 ml H_2O in ein *1-l-Becherglas*, beläßt 4 h unter Rühren in einem kochenden Wasserbad und zentrifugiert. Der Rückstand wird sulfatfrei gewaschen, getrocknet, gewogen (= g Rückstand) und auf C- und N-Gehalt analysiert (Methodik s. 5.6.1.3 und 5.6.3.3). Man ergänzt die vereinigten H_2SO_4-Extrakte und Waschlösungen auf 1 *l* und bestimmt in einem Aliquot Zucker (s. u.).

Bestimmung der »reduzierenden Zucker« im Wasserextrakt: Vom Heißwasserauszug werden zur Spaltung höherer Zucker und der Stärke 25 ml in einem *100-ml-Meßkolben* mit 10 ml 2 M HCl versetzt, 2 h im *kochenden Wasserbad* erhitzt, zur Fällung störender Metallionen

[1] Wegen der Gesundheitsschädlichkeit von Benzol kann auch mit *Toluol-Ethanol* (1 : 2,3 v/v) extrahiert werden (Wu et al. 1995).

mit 10 ml 2 N Na_2CO_3 versetzt, weitere 10 min erhitzt, umgeschüttelt und nach Abkühlen aufgefüllt und umgeschüttelt. Je nach zu erwartendem Zuckergehalt werden 2–10 ml der überstehenden Lösung in einem *25-ml-Röhrchen* mit genau 5 ml *0,002 M* $K_3Fe(CN)_6$ (0,66 g in 1 *l* abgekochtem H_2O lösen, im Dunkeln aufbewahren) und 6 Tropfen *10%igem* Na_2CO_3 versetzt, 15 min in ein siedendes Wasserbad gesetzt, nach Abkühlen mit 3 ml *zinkhaltiger* (zur Fällung von gebildetem $Fe[CN_6]^{4-}$) *Jodid-Lösung* (5 g KJ + 10 g $ZnSO_4$ + 50 g NaCl + H_2O zu 200 ml, täglich neu ansetzen) und 2 ml *3 %iger Essigsäure* versetzt und mit *0,01 M* $Na_2S_2O_3$ gegen 6 Tropfen *0,5%iger Stärke-Lösung* titriert. Der betreffende Zuckergehalt ist nach Abzug eines entsprechend ermittelten Blindwertes der Eichkurve in Abb. 5.6.3 zu entnehmen.

Bestimmung der reduzierenden Zucker in Säureextrakten: 5 ml des HCl- bzw. 50 ml des H_2SO_4-Auszuges werden jeweils in einem *100-ml-Meßkolben* mit *10 %iger NaOH* gegen ein Stück *Lackmuspapier* neutralisiert, mit 1 Tropfen *4 M* Na_2CO_3 versetzt, auf 100 ml ergänzt, umgeschüttelt und ggf. filtriert. Je nach zu erwartendem Gehalt wird dann an einem 1–10-ml-Aliquot wie oben Zucker bestimmt. Alle Konzentrationsdaten sind auf die jeweilige Extraktmenge zu beziehen und in % der Einwaage auszudrücken.

Darstellung der Ergebnisse: Mit der alkohollöslichen Fraktion sind die Fette und Gerbstoffe erfaßt. Zucker und Stärke ergeben sich aus dem Gehalt an reduzierenden Zuckern des Wasserauszuges nach Multiplikation mit 0,9, Hemicellulose und Pektin bzw. Cellulose entsprechend aus dem HCl- bzw. H_2SO_4-Auszug. Der C-Menge im unlöslichen Rückstand

$$(\text{g C} = \%\ \text{C} \cdot \frac{\text{g Rückstand}}{100})$$

entspricht nach Multiplikation mit 1,54 das Säurelignin. Es ist in % der Einwaage anzugeben. Der Eiweißgehalt wird schließlich aus der Differenz der N-Mengen in der Ausgangsprobe und in dem unlöslichen Rückstand nach Multiplikation mit 6,25 errechnet

$$(\%\ \text{Eiweiß} = 6{,}25\ \frac{(\%\ \text{N} \cdot \text{g Einw.}) - (\%\ \text{N} \cdot \text{g Rückst.})}{\text{g Einw.}}).$$

Die Summe aller Ergebnisse ergibt bei unzersetzter Streu 70–100 %. Bei aschereicheren Proben sind die Ergebnisse auch auf den Gehalt an organischer Substanz (z. B. Glühverlust) zu beziehen.

Methodische Fehlerquellen: Manche der angegebenen Verfahren erlauben nur, die einzelnen Stoffgruppen recht grob zu bestimmen. Die Befunde lassen sich allerdings durch Spezialuntersuchungen sichern, so der Eiweißgehalt durch α-Amino-N- (s. 5.6.4.3), der Ligningehalt über eine Methoxyl- (s. 5.6.4.2) oder der Gehalt an Hemicellulosen über eine Uronsäureanalyse. Allgemein ergibt die Bestimmung der reduzierenden Zucker lediglich Näherungswerte, da sie exakt nur für Glukose gilt und zudem manche Aminosäuren ähnlich reagieren. Noch ungünstiger ist, wenn die Streustoffe bereits humifiziert sind. Dann ist z. B. Cellulose als »Oxicellulose« HCl-löslich und wird als Hemicellulose erfaßt. Der Eiweißgehalt kann durch säurelösliche und N-haltige Huminstoffe mehr oder weniger, der Ligningehalt durch unlösliche Huminstoffe beträchtlich überhöht werden.

5.6.5 Kennzeichnung der Huminstoffe

Da bislang ihre Konstitution kaum aufgeklärt ist, teilt man die Huminstoffe vorläufig nach Farbe und Verhalten gegenüber Laugen und Säuren ein, denen Unterschiede in der Molekülgröße (bzw. im Vernetzungs- oder Polymerisationsgrad) und/oder in der Bindung an Minerale zugrunde liegen dürften. So unterscheidet man (a) laugeunlösliche Humine (stark polymerisiert bzw. an Minerale gebunden), (b) laugelösliche, aber säurefällbare Huminsäuren (bzw. Humate als deren Salze), und zwar schwarzgraue (stärker polymerisierte) Grau- und dunkelbraune (schwächer polymerisierte) Braunhuminsäuren, sowie (c) laugelösliche, nicht säurefällbare (bzw. säurelösliche), gelbbraune (relativ niedermolekulare und demzufolge leicht bewegliche) Fulvosäuren (bzw. Fulvate als deren Salze).

In allen Fällen handelt es sich nicht um eine definierte Verbindung, sondern um eine oft recht heterogene Fraktion, deren Bestandteile zudem meist gleitende Übergänge zu anderen Fraktionen zeigen. Dazu kommt, daß auch Streustoffe ähnliche Löslichkeitseigenschaften besitzen. Infolgedessen ist der Humuskörper besonders in seinen unteren Horizonten und feineren Partikelklassen (s. 5.6.3.2) durch Methoden der Huminstoffanalyse zu charakterisieren. In Übergangshorizonten und -fraktionen sind zweckmäßigerweise sowohl die Streu-Stoffgruppenanalyse (s. 5.6.4.4) als auch die Huminstoffanalyse anzuwenden.

5.6.5.1 Meßtechnische Grundlagen

Die beweglichen Huminstoffe liegen entweder bereits in wasserlöslicher Form vor oder lassen sich durch Metallkomplexbildner (z. B. Oxalat) in Lösung bringen. Da hierbei auch Streustoffe extrahiert werden, ist es nicht sinnvoll, die Menge extrahierter organischer Substanz als Maß für die beweglichen Huminstoffe anzusetzen. Im einfachsten Falle kann man ihren Gehalt kolorimetrisch bestimmen, da sie im Gegensatz zu den Streustoffen gefärbt sind. Unterschiede in der Absorption durchtretenden Lichts verschiedener Wellenlängen ermöglichen darüber hinaus, die Huminstoffe weiter zu differenzieren.

Quantitativ sind die verschiedenen Huminstoffe (s. o.) hingegen nur über eine fraktionierende Extraktion zu bestimmen. Nach TJURIN (1940) beginnt man dabei am besten mit einer Alkohol-Benzol-Extraktion, um Fette, Harze und Gerbstoffe sowie deren Abbauprodukte (im wesentlichen also bestimmte Streustoffe) zu entfernen und die Huminstoffe damit freizulegen. Niedermolekulare Fulvosäuren lassen sich mit Wasser oder verdünnten Säuren lösen. Die höhermolekularen Huminstoffe sind dann mit Laugen oder Alkalisalzlösungen (Peptisationswirkung der Alkaliionen) extrahierbar und anschließend durch Säurefällung in Humin- und Fulvosäuren zu trennen. Höhere Ausbeuten können erzielt werden, wenn man die Peptisation durch Entfernen der höherwertigen Metallionen mit Säuren oder starken Komplexbildnern (z. B. NaF, Na-Oxalat oder $Na_4P_2O_7$) begünstigt oder wenn man die Huminstoffe depolymerisiert (z. B. durch Oxidation möglich). Letzteres würde allerdings die Huminstoffe spalten und schließlich zerstören, weshalb man solche Reaktionen möglichst zu unterdrücken sucht (kein Erhitzen, O_2-Ausschluß). Die genannten Lösungsmittel sind nicht huminstoffselektiv; es werden also auch Streustoffe entweder mit erfaßt, oder sie erscheinen mit in der laugeunlöslichen Fraktion bei den Huminen. Die Trennung der Humin- und Streustoffe ist nach KARRER mittels Acetylbromid oder SPRINGER (1954) mittels einer Sulfacetolyse möglich; diese Reagenzien lösen aber nicht nur Streustoffe, sondern z. T. auch niedermolekulare Huminstoffe.

Ein großer Nachteil aller naßchemischer Verfahren zur Charakterisierung des Humuskörpers ist, daß während des Analysenganges stoffliche Veränderungen (vor allem durch Oxidation) auftreten können. Moderne Verfahren der Festkörperanalyse vermeiden das, z. B. die ^{13}C-NMR-Spektroskopie oder die Pyrolyse-Gaschromatographie-Massenspektrometrie. Nachteil dieser Methoden ist jedoch, daß mit ihnen (noch) nicht zwischen Bausteinen der Streu- und der Huminstoffe unterschieden werden kann.

Die *Kernresonanzspektroskopie* (NMR) läßt durch Wechselwirkungen von elektromagnetischen Feldern mit ^{13}C-Atomen Aussagen über die Umgebung der entsprechenden Kerne bzw. über die Molekülstruktur organischer Verbindungen zu (WILSON 1991, BEYER 1994). Bei der kombinierten *Pyrolyse-Gaschromatographie-Massenspektroskopie* werden beim stufenweisen Aufheizen von 0 bis 320 °C Molekülbausteine gasförmig freigesetzt und dann gaschromatographisch und massenspektroskopisch identifiziert (TEGELAAR 1989, BEYER 1994).

5.6.5.2 Bestimmung der beweglichen Huminstoffe

Extraktion mit Oxalat-Lösung nach MATTSON und KOUTLER-ANDERSSON (1942); kolorimetrische Bestimmung bei 472 nm.

Extraktion: s. 5.5.5.2

Bestimmung: Die Extinktion des filtrierten Oxalatextraktes wird bei 472 nm und 10 mm Schichtdicke *photometriert* (s. 5.4.4.2. Die Extinktion wird direkt als ODOE (optical density oxalate extract)-Wert angesehen. Eine Extinktion von 270 entspricht näherungsweise derjenigen von 100 mg C_{org}/ml einer Fulvosäure, die nach 5.6.5.4 aus Podsol-B-Horizonten Norddeutschlands extrahierbar ist, und ermöglicht den Bezug des Meßwertes auf Einwaage und Humusanteil der Einwaage.

Methodische Fehlerquellen: Es gilt im Prinzip das bei der Bestimmung des Humifizierungsgrades bereits Ausgeführte (s. 5.6.3.6).

5.6.5.3 Bestimmung der Humifizierungsart

Extraktion der Huminstoffe in NaOH + Na-Oxalat und photometrische Bestimmung der Farbintensität bei 472 und 664 nm nach WELTE (1955).

Extraktion: s. 5.6.3.6

Messung: Die Farbextinktion des klaren Extraktes wird bei 472 und 664 nm sowie einer Schichtdicke von 5 mm *photometriert* (s. 5.4.4.2).

Auswertung der Ergebnisse: Es wird der Quotient der bei 472 und 664 nm gemessenen Extinktionen gebildet (= Q 4/6). Bei einem Quotienten < 3 überwiegen Grauhuminsäuren, bei 4–5 Braunhuminsäuren und bei > 5 Fulvosäuren.

Methodische Fehlerquellen: Bei der Methode wird unterstellt, daß die gelösten Huminstoffe als repräsentativ für alle angesehen werden können, daß die selektive Lichtsorption wirklich in spezifischer Weise vom chemischen Charakter der Huminstoffe abhängig ist und daß nicht völlig verschiedene Mischungen zum selben Ergebnis führen können. Diese Voraussetzungen sind wohl meist nur näherungsweise erfüllt.

5.6.5.4 Bestimmung von Humus-Stoffgruppen

Fraktionierende Extraktion mit Alkohol-Benzol, H_2SO_4 und NaOH sowie anschließender Säurefällung mit H_2SO_4 nach TJURIN (s. KONONOWA 1958) und Sulfacetolyse der Streustoffe nach SPRINGER 1954; Bestimmung des C-Gehaltes der isolierten Fraktionen (s. Abb. 5.6.4).

Alkohol-Benzol-Extraktion[1]: 10–80 g lutro, gemahlene Bodenprobe (= E_1) mit bekanntem Wassergehalt (= Wg in %) werden mit *Alkohol-Benzol* (1 : 1) in einer *Soxhletapparatur* analog der Streu-Stoffgruppenanalyse (s. 5.6.4.4) erschöpfend extrahiert und der eingedampfte Auszug gewogen (= A in mg). A ist in ‰ der Einwaage anzugeben

$$(\text{mg/g A} = \frac{\text{mg A} \cdot 100}{\text{g}E_1 \cdot (100 - \%\ \text{Wg})}).$$

Der getrocknete Rückstand wird gewogen (= E_2) und über einem *Trockenmittel* im *Exsikkator* aufbewahrt.

H_2SO_4-Extraktion: 1–8 g der extrahierten Proben (E_2) werden in einem *100-ml-Zentrifugenglas* für 2–3 h mit *0,025 M H_2SO_4* versetzt, gelegentlich umgerührt *(Glasstab)* und dann 10 min bei 3000 U/min *zentrifugiert*; die Extraktion wird bis zur annähernden Farblosigkeit der Lösung fortgesetzt. Die in einem *Becherglas* gesammelten Extrakte werden mit *2 M NaOH* neutralisiert (pH-Kontrolle mit *Glaselektrode*, s. 5.4.5.1), gefriergetrocknet (oder im Rotationsverdampfer eingeengt) und nach 5.6.1.3 auf ihre C-Menge untersucht (wegen geringer C-Gehalte hier und bei allen folgenden C-Bestimmungen jeweils nur 1/5 der dort angegebenen Lösungen verwenden und in *50-ml-Kolben* überführen; das der Eichkurve entnommene Ergebnis ist dann durch 5 zu dividieren). Der C-Gehalt ist in ‰ der Ausgangsprobe anzugeben

$$(\text{mg/g C} = \frac{\text{mg C} \cdot (1000 - \text{mg/gA})}{\text{g } E_2 \cdot 1000}$$); er gilt als Maß für die »aggressiven« Fulvosäuren (F_1).

NaOH-H_2SO_4-Extraktion: Der H_2SO_4-extrahierte Rückstand wird im *Zentrifugenglas* mit 50 ml *0,1 M NaOH* versetzt, durch Einleiten von *N_2-Gas* die Luft verdrängt, das Glas mit einem *Stopfen* verschlossen, 24 h bei Raumtemperatur im Dunkeln *geschüttelt* und nach Entfernen des

[1] s. Fußnote S. 173

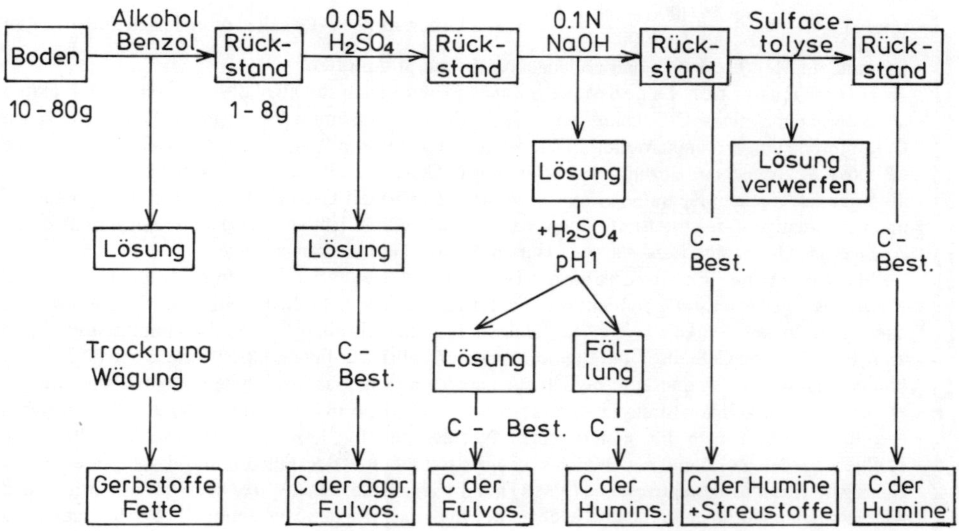

Abb. 5.6.4: Arbeitsgang bei der Humus-Stoffgruppenanalyse

Stopfens 10 min bei 10000 U/min *zentrifugiert*. Die überstehende, klare Lösung wird in ein *500-ml-Becherglas* dekantiert und sofort mit *2,5 M* H_2SO_4 auf pH 1 angesäuert (pH-Kontrolle mit *Glaselektrode*). Die NaOH-Extraktion wird wie beschrieben fortgesetzt, bis die Auszüge nur noch hellgelb sind; anschließend wird die Probe bis zur Farblosigkeit der Extrakte entsprechend mit jeweils 50 ml reinem Wasser extrahiert und die Zentrifugate wie oben angesäuert. Die vereinigten NaOH-Auszüge werden im *Becherglas* 1 h auf einem *Dampfbad* erwärmt, die gefällten Huminsäuren dann durch *Zentrifugieren* von den gelösten Fulvosäuren getrennt (10 min bei 10000 U/min). Die Huminsäuren werden (zwecks Entfernens eingeschlossener Fulvosäuren) in *0,1 M NaOH* gelöst, erneut mit H_2SO_4 auf pH 1 angesäuert, 20 min auf dem *Dampfbad* erwärmt und zentrifugiert. Die überstehende Lösung wird mit den übrigen Fulvosäuren vereinigt, diese in einem *Meßkolben* zu 500 ml ergänzt, davon 100 ml in einem Becherglas wie oben neutralisiert, zur Trockne gebracht und nach 5.6.1.3 auf ihre C-Menge untersucht. Die gefällten Huminsäuren werden in 50 ml *0,1 M NaOH* gelöst, dann 10 ml mit H_2SO_4 neutralisiert, eingedampft und wiederum nach 5.6.1.3 auf ihre C-Menge untersucht. Die in Huminsäuren und Fulvosäuren vorliegenden C-Mengen werden in mg/g der Ausgangsprobe angegeben

(mg/g C = $\frac{5 \cdot \text{mg C} \cdot (1000 - \text{mg/g A})}{\text{g}E_2 \cdot 1000}$). Der Extraktionsrückstand wird mit etwas H_2O versetzt, mit H_2SO_4 neutralisiert, bei 80 °C im *Trockenschrank* getrocknet und gewogen.

Sulfacetolyse: Nachdem der Extraktionsrückstand sorgfältig im Zentrifugenglas zerkleinert *(Pistill)* und homogenisiert wurde, überführt man genau die Hälfte in einen *Erlenmeyer-Kolben* und ermittelt die C-Menge in diesen laugeunlöslichen Huminen und Streustoffen. Der restliche Extraktionsrückstand wird 2mal mit *Aceton* an der *Zentrifuge* gewaschen, bei 60 °C im *Trockenschrank* getrocknet, zerkleinert, in einem *Zentrifugenglas* mit 10 ml *Sulfacetolyse-Reagenz* (200 ml Eisessig, 40 ml H_2SO_4, $\rho = 1{,}84$, und 200 ml Essigsäureanhydrid unter Kühlung mischen) versetzt, umgerührt *(Glasstab)*, mit einem *Uhrglas* bedeckt und unter gelegentlichem Rühren 24 h bei 40–45 °C in einem *Thermostaten* belassen. Dann gibt man unter Rühren weitere 10 ml Sulfacetolyse-Reagenz zu, zentrifugiert 30 min bei 4000 U/min, verwirft die überstehende klare Lösung, wäscht am gleichen Tag unter Rühren 2mal mit jeweils 10 ml Sulfacetolyse-Reagenz, 1mal mit 20 ml *Eisessig*, 2mal mit jeweils 50 ml *5 %iger HCl* und 3mal mit jeweils 80 ml *5 %igem* $KHSO_4$ an der *Zentrifuge* nach, trocknet bei 70 °C und bestimmt die C-Menge in den Huminen nach 5.6.1.3. Die ermittelten C-Gehalte werden auf die Ausgangsprobe bezogen

$(mg/g\ C = \frac{2 \cdot mgC \cdot (1000 - mg/g\ A)}{gE2 \cdot 1000})$. Die Differenz der C-Gehalte vor und nach Sulfacetolyse ist dann ein Maß für den Gehalt an laugeunlöslichen Streustoffen.

Darstellung der Ergebnisse: Zunächst wird auch die alkohol-benzol-lösliche Fraktion unter Annahme eines C-Gehaltes von 72 % (bzw. C-Bestimmung) in mg/g C der trockenen Gesamtprobe umgerechnet. Weiterhin werden die Ergebnisse in % des Gesamt-C-Gehaltes der Probe (s. 5.6.1.3) angegeben. Bezug auf den Gesamt-C-Gehalt ist erforderlich, da nicht alle Fraktionen als wägbare Trockenpräparate gewonnen wurden. Der Anteil C-armer Stoffe wird damit natürlich unter-, derjenige C-reicher Stoffe überschätzt. – Schließlich läßt sich die Humifizierungsart durch Angabe der Quotienten Fulvosäuren : Huminsäuren : Humine kennzeichnen.

Methodische Fehlerquellen: Es wird unterstellt, daß die Probe keine H_2SO_4- und NaOH-löslichen Streustoffe enthielt, was nicht zuzutreffen braucht. In der Fulvosäurefraktion werden dann auch Zucker, Stärke sowie z. T. Hemicellulose und Eiweiß erfaßt, in der Huminsäurefraktion z. T. Eiweiß sowie Cellulose- und Ligninderivate. Ähnlich wie bei der Streustoffanalyse (s. 5.6.4.4) könnte man bei der Huminsäurefraktion auch aus dem Gehalt an bestimmten organischen Gruppen (s. 5.6.4) den Anteil von Streu- (z. B. Lignin aus OCH_3, Eiweiß aus α-Amino-N) und Huminstoffen errechnen, indem man für erstere einen Normgehalt, für letztere Freiheit unterstellte. Eine Aufklärung der Zusammensetzung des Laugeextraktes und der Fulvosäurefraktion wäre mittels Flüssig-Kernresonanzspektroskopie (NMR) möglich (s. 5.6.5.1 und WILSON 1991). Im übrigen sind die Gehalte an Huminen und damit auch an den anderen Gruppen konventionelle Größen, abhängig von den gewählten Bedingungen (z. B. von der NaOH-Konzentration).

Alternativbehandlung: Sollen Huminsäuren und Fulvosäuren chemisch weiter charakterisiert werden (z. B. Bestimmung aktiver Gruppen), ist Gefriertrocknung (anstelle des fast zur Trockne Einengen) zweckmäßig. Der Mineralstoffgehalt der Huminsäuren läßt sich durch eine HCl/HF-Behandlung stark erniedrigen. Hierzu werden 1 g Humins. in einem *Polypropylen-Zentrifugenbecher* 3mal mit 100 ml *HCl/HF-Gemisch* (je 5 ml konz. HCl und 52 %iges HF mit aqua dest. zu 1 *l* verdünnt) 24 h bei Raumtemperatur *geschüttelt*, *zentrifugiert*, der Rückstand 3mal mit H_2O gewaschen und getrocknet. Die (in Wasser gelösten) Fulvosäuren lassen sich durch 3maliges Perkolieren einer *Austauschersäule* (Amberlit GR-120 in H-Form) und anschließendes *Gefriertrocknen* von Salzen befreien.

5.6.6 Kennzeichnung des Mineralstoffgehaltes von Streu und Humus

Die Streu enthält neben C, N und O weitere Elemente, die von der Vegetation dem Boden teils als sogenannte mineralische Nährelemente (z. B. K, P), teils als »Ballastelemente« (z. B. Al) entzogen wurden. Außerdem können die gleichen Stoffe auch im Boden selbst organisch gebunden sein (z. B. austauschbar oder komplex). Die genannten Elemente in L-Lagen und zum Teil auch O- bzw. H-Horizonten zu bestimmen, gelingt ohne weiteres mit Methoden der Pflanzenanalyse. Schwieriger ist es dagegen dort, wo sich Humus- und Mineralkörper durchdringen. Hier ist häufig eine Unterscheidung zwischen Humus- und Mineralbindung gar nicht möglich (insbesondere, wenn diese nur locker ist).

5.6.6.1 Meßtechnische Grundlagen

Die Mineralstoffe der Streu lassen sich nach trockener oder nasser Veraschung analysieren. Im ersten Fall muß die Temperatur einerseits so hoch gewählt werden, daß organische Stoffe vollständig verbrannt werden, andererseits aber so niedrig, daß zu bestimmende Elemente (z. B. P) noch nicht flüchtig gehen. Da beides nicht immer gleichzeitig verwirklicht werden kann (gilt häufig für K), geht man stufenweise vor und legt zunächst bei niedrigen Temperaturen die Hauptmenge der Mineralstoffe frei, um dann nach deren Abtrennung durch stärkeres Erhitzen bei nun tragbaren Verlusten vollständig zu verbrennen. Die Kationen liegen nach dem Veraschen als säurelösliche Phosphate, Sulfate, Chloride, vor allem aber als Carbonate und bei höheren Temperaturen als Oxide vor. Naß wird üblicherweise durch Abrauchen mit einem Gemisch aus Perchlor-, Schwefel- und

Salpetersäure verascht. Hierbei treten Verluste kaum auf; größer ist im Gegenteil bei Spurenelementuntersuchungen die Gefahr von Verunreinigungen durch die Säuren. Vor allem aber ist ein Arbeiten mit konzentrierter Perchlorsäure nicht ganz ungefährlich (Explosionsgefahr wird dadurch vermindert, daß die organischen Stoffe vor allem durch HNO_3 oxidiert werden und daß die höher siedende H_2SO_4 ein zu starkes Erhitzen von $HClO_4$ verhindert; flüchtiges H_2 und Cl_2O_7 sind aber zusammen bei katalytischer Wirkung von organischen Stoffen explosibel).

In Mineralkörperhorizonten läßt sich organisch gebundener P nach trockener Veraschung und folgender Säurelösung bestimmen, wenn säurelösliches P getrennt ermittelt wird. Komplex gebundene Metallionen (z. B. Al, Fe, Mn) lassen sich mit Mitteln extrahieren, die selbst komplexbildende Eigenschaften besitzen. Die Extraktion ist indes oft unvollständig (z. B. EDTA-Extraktion n. 5.4.3.10), oder es werden auch mineralische Bindungsformen extrahiert (z. B. durch Oxalat n. 5.5.5.2 bzw. Dithionit/Citrat n. 5.5.5.3). Einen Kompromiß bietet Na-Pyrophosphat, durch das eine nahezu quantitative Extraktion organisch gebundener Metalle erfolgt, weil auch Huminstoffe wegen stark alkalischer Reaktion mit extrahiert werden, ohne daß mineralische Bindungsformen nennenswert in Lösung gehen.

5.6.6.2 Bestimmung der Ca-, K-, Mg-, Na-, Fe-, Mn-, Al- und P-Gehalte der Streu

Stufenweise, trockene Veraschung bei 430 und 600 °C; Bestimmungen flammenphotometrisch bzw. kolorimetrisch.

Veraschung: Je nach Gehalt an holzigen (= mineralstoffarmen) Bestandteilen werden 2–10 g gemahlene, trockene (85 °C) Streu in einem *Porzellantiegel* 1 h im *Muffelofen* bei 430 °C verascht, mit 5 ml *5 M* HNO_3 und 10 ml H_2O versetzt und 10 min auf einem *Sandbad* erwärmt; die Suspension wird über ein *aschefreies* (!) *Filter* in einem *100-ml-Meßkolben* filtiert und mit wenig H_2O nachgespült; Filterrückstand und Filter werden im Porzellantiegel getrocknet und anschließend 2 h bei 600 °C verascht; der weiße (sonst Glühen unter Zugabe von etwas NH_4NO_3 fortsetzen) Ascherückstand wird wie oben unter Erwärmen mit HNO_3 aufgenommen und gleichfalls in den Meßkolben filtriert; dieser wird nach dem Erkalten bis zur Marke aufgefüllt und umgeschüttelt.

Elementbestimmung: analog 5.5.1; Eichlösungen mit HNO_3 ansetzen.

Darstellung der Ergebnisse: Die Ergebnisse werden in mg/g der Trockeneinwaage angegeben. Umformen der Element- in die Oxidgehalte und Bezug auf die Asche (s. 5.6.1.2) ist dann zweckmäßig, wenn man deren Gehalt an »Ballaststoffen« abschätzen will (z. B. bei Torfen).

Methodische Fehlerquellen: Größere Mengen Kieselsäure können einzelne Bestimmungen (insbesondere P) stören; ggf. ist der Glührückstand mit *6 M HCl* abzurauchen, wobei SiO_2 entwässert und damit unlöslich wird. Bei basenarmer Streu und damit saurem Glührückstand können beim Veraschen P-Verluste auftreten: ggf. ist eine Parallelprobe vor dem Glühen mit 5 ml *0,25 M* $Mg(NO_3)_2$ zu versetzen und zu trocknen; dann wird P als Mg-Phosphat gebunden.

5.6.6.3 Bestimmung des organisch gebundenen P (P_{org})

Freilegen von P_{org} durch trockenes Veraschen mit nachfolgender H_2SO_4-Extraktion sowie getrennter Extraktion des Säure-P nach SAUNDERS und WILLIAMS (1955); P-Bestimmungen kolorimetrisch mit Molybdat-Vanadat.

Veraschung: 1 g lutro Feinerde wird in einem *Porzellantiegel* 1 h bei 500 °C im *Muffelofen* erhitzt, mit 50 ml *0,1 M* H_2SO_4 (bei kalkhaltigen Proben je % $CaCO_3$ 1 ml mehr) in ein *Zentrifugenglas* übergeführt, 2 h *maschinell* geschüttelt und 30 min bei 3000 U/min *zentrifugiert*.

H_2SO_4-Extraktion: 1 g lutro Feinerde wird ohne vorheriges Erhitzen wie oben mit H_2SO_4 extrahiert und zentrifugiert.

P-Bestimmung: Je 20 ml der Zentrifugate werden in *50-ml-Meßkolben* mit 15 ml *0,5 M* HNO_3 sowie 10 ml *Molybdat-Vanadat* versetzt, mit H_2O aufgefüllt und die P-Gehalte kolorimetrisch bestimmt; Näheres s. 5.5.1.5; die P-Eichkurve ist mit H_2SO_4-HNO_3 zu erstellen.

Methodische Fehlerquellen: Es wird unterstellt, daß Glühen den organisch gebundenen P quantitativ freilegt, die Extrahierbarkeit des mineralgebundenen nicht beeinflußt und daß H_2SO_4 keinen organisch gebundenen P erfaßt. Diese Bedingungen sind nur näherungsweise erfüllt.

Darstellung der Ergebnisse: Die mit und ohne Veraschen extrahierten P-Mengen werden jeweils in mg/g der Einwaage angegeben; ihre Differenz ist dann P_{org}.

5.6.6.4 *Bestimmung des organisch gebundenen Al und Fe*

Extraktion mit Na-Pyrophosphat nach MCKEAGUE et al. (1983), Bestimmung mit Flammen-AAS (aus REEUWIJK 1993).

Extraktion: 1 g lutro Feinerde werden in einer *Schüttelflasche* 16 h mit 100 ml *0,1 M* $Na_4P_2O_7$ (pH 10) *geschüttelt*. Etwa 35 ml der Suspension werden in ein *50-ml-Zentrifugenglas* dekantiert, gründlich mit 3–4 Tropfen *Superfloc* (0,2 g Cyanamid Superfloc N-100 in 100 ml H_2O) gemischt und 20 min bei 10000 U/min *zentrifugiert*.

Bestimmung: In Aliquoten des klaren Zentrifugats werden Al bei 309,3 nm in der Lachgas/Acetylenflamme und Fe bei 248,3 nm in der Luft/Acetylenflamme mit einem *AAS-Gerät* (s. 5.4.3.4) bestimmt.

Auswertung: Die Konzentrationen in µg/ml werden in mg/g atro (s. 5.2.3) Feinerde umgerechnet. Die gleichzeitige Bestimmung des extrahierten org. C (z. B. nach 5.6.1.3) ist wenig sinnvoll, da neben Huminstoffen auch Streustoffe extrahiert werden, eher schon die photometrische Ermittlung der Farbintensität als Maß für die extrahierten Huminstoffe (s. hierzu 5.6.3.6 oder 5.6.5.2).

Methodische Fehlerquellen: Es werden auch höher molekulare Huminstoffe mit extrahiert. Hierdurch ist teilweise trotz Superfloc und Hochgeschwindigkeitszentrifugation kein klarer Extrakt zu gewinnen und dann nur mäßig reproduzierbare Ergebnisse zu erzielen. Mit H_2O_2 kann die organische Substanz vor der Messung zerstört werden (Achtung! Lösungsmenge kontrollieren).

6 Messung der Bodendynamik im Gelände (in situ)

Alle Messungen an Bodenproben sind nur eine einmalige (statische) Erfassung eines Bodenzustands. Viele Eigenschaften von Böden ändern sich jedoch im Laufe der Zeit stark.

Zu unterscheiden sind wiederkehrende, d. h. periodische bzw. reversible Änderungen und bleibende, d.h. irreversible Änderungen. Erstere kennzeichnen die »regelmäßig« ablaufenden Prozesse der Bodendynamik, letztere die gerichtet ablaufenden Änderungen der Bodengenetik. Viele Veränderungen der Böden laufen mit Schwankungen ab, die aber einen regelhaften Restbetrag der Änderung hinterlassen, das heißt, sie tragen zur Charakterisierung von Bodendynamik und -genetik bei. In diesem Kapitel werden Methoden dargestellt, die in erster Linie der Beschreibung der Dynamik gelten.

Will man für bodengenetische oder standortkundliche Fragen solche Eigenschaften analysieren, so muß man versuchen, sie in ihrer Zeitabhängigkeit direkt im Gelände zu erfassen. Dies gilt insbesondere für solche Eigenschaften, die eine kurzzeitige Veränderung erfahren. Ob in einem Profil erkennbare bodenbildende Prozesse aktuell ablaufen oder reliktisch sind, läßt sich zweifelsfrei nur durch eine Meßreihe nachweisen, die den Prozeß verfolgt (z. B. Sickerwasseranalyse bei Entkalkung). Auch für bilanzierende Untersuchungen (z. B. Grundwasserneubildung) sind regelmäßige Beobachtungen notwendig, um die Summe von Einzeleffekten bzw. Flußraten bilden zu können.

Viele Eigenschaften von Böden sind nicht als Summen oder Mittelwerte relevant, sondern hauptsächlich wegen der auftretenden Spanne (z.B. Sauerstoffversorgung). Hier ist wegen des möglichen Überschreitens ökologisch wichtiger Grenzen die Feststellung von Ausmaß und Ausdauer solcher Zustände wichtig.

Jede Probenahme in Böden stört insbesondere Gefügeverband, Transportprozesse, Energiezustand und damit häufig Durchlüftung und mikrobielle Prozesse. Deshalb müssen selbst kurzzeitige Messungen, die diese Zustände erfassen wollen, in situ durchgeführt werden.

6.1 Allgemeine Gesichtspunkte

Da es wünschenswert ist, viele Messungen am Boden im Gelände durchzuführen, muß versucht werden, die Meßbedingungen im Gelände zu schaffen, welche es erlauben, verläßliche, interpretierbare Daten zu produzieren. Grundsätzlich haben die Untersuchungen so zu erfolgen, daß sie keine Veränderungen in den Böden verursachen. Diese Forderung ist bei wiederholten Messungen noch wichtiger als bei einmaligen. Wird dies nicht erfüllt, so werden spätere Messungen beeinträchtigt und außerdem das Schutzgut Boden belastet. Prinzipiell sollten deshalb Methoden gefunden werden, die »zerstörungsfrei« arbeiten, indem zum Beispiel schonend eingebrachte Sonden eine kontinuierliche Messung erlauben. Entnahme größerer Proben stört die Böden so, daß Messungen an

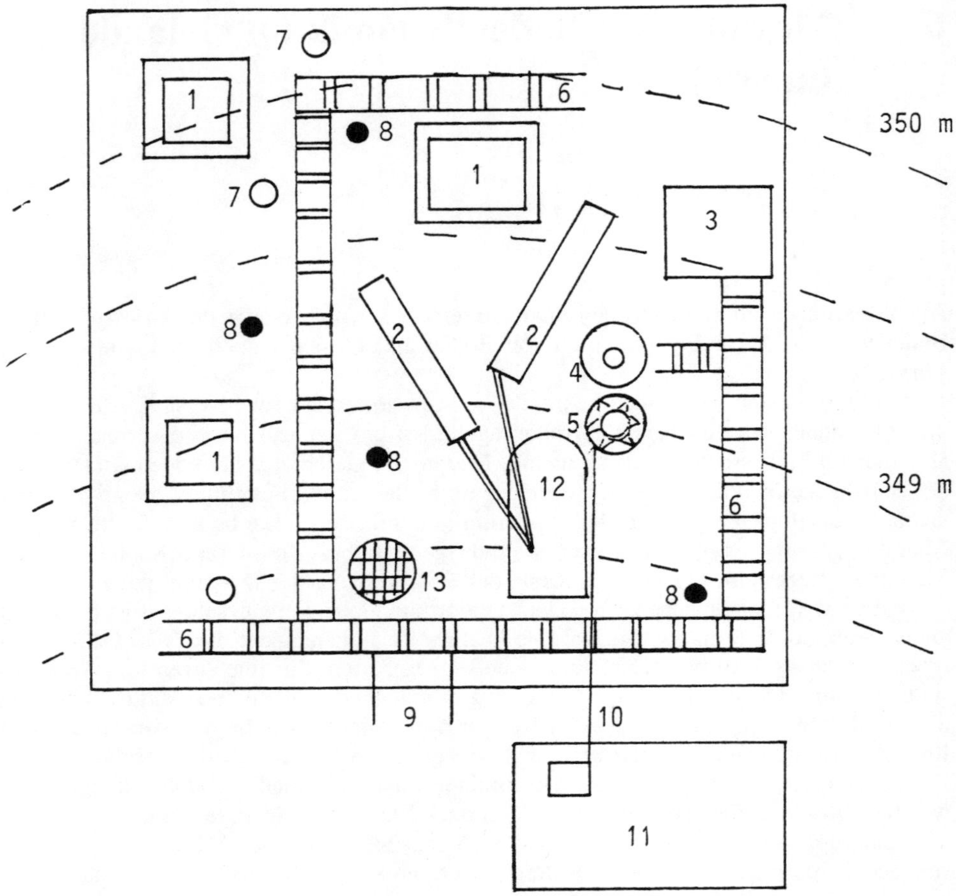

Abb. 6.1.1: Aufbau einer *bodenkundlichen Feldmeßstelle*

1 Streu- und Staubsammler
2 Bestandsniederschlag
3 Klimastation
4 Niederschlag (Totalisator)
5 Niederschlagsschreiber
6 Laufroste
7 Pegelrohr (Piezometer)
8 TDR-Sonden evtl.Neutronensondenrohre
9 Zugang
10 Meßkabel
11 Meßwagen oder Hütte
12 Meßschacht für
Bodentemperatur
Bodenfeuchte (Tensiometer)
Wassergehalt (TDR)
Redoxpotential (Elektroden)
Sauerstoffdiffusion (Elektroden)
Bodenlösung (Saugkerzen, Tensions-lysimeterplatten)
13 Schacht für Brutexperimente

gleicher Stelle nicht wiederholt werden können. Dann führt Bodenuntersuchung zu Bodenverbrauch.
Es sind prinzipiell 2 Wege zu unterscheiden:

Probenahmeverfahren, d. h. Verfahren, die durch regelmäßige oder kontinuierliche Probenahme im Gelände den Jahresgang von Eigenschaften (z. B. Beschaffenheit des Sickerwassers) erfassen sollen. Die eigentliche Messung soll aber im Labor geschehen.

Meßverfahren, d. h. Verfahren, die bereits im Gelände die Meßwerte erfassen, da durch Probenahmen Veränderungen auftreten können (z. B. Bodentemperatur, Redoxpotential, Wasserspannung).

In beiden Fällen muß beachtet werden; daß im Gelände starke Veränderungen von Temperatur und Luftfeuchte auftreten; daß in Böden häufig sehr hohe Luftfeuchte herrscht und Frost auftreten kann; daß Stäube zu unerwünschten Verunreinigungen führen; Ausscheidungen von Pflanzen agressiv Oberflächen oder Klebstellen beeinträchtigen können, und Pflanzenwurzeln, Tiere und Gefügedynamik Meßeinrichtungen mechanisch belasten können.

Während bei Probenahmeverfahren im Vordergrund steht, eine ungestörte Probenahme zu ermöglichen und diese unverändert und unkontaminiert ins Labor zu bringen, ist bei Meßverfahren wichtig, daß sie möglichst ohne Störungen durch Temperaturschwankungen, Feuchtigkeit und Strahlung durchgeführt werden können.

Beide Verfahren stellen unterschiedliche Anforderungen an den Beobachtungsort: Probenahmen können nur durchgeführt werden, wenn eine ausreichend große und gleichzeitig hinreichend homogene Fläche mit homogenem Pflanzenbestand zur Verfügung steht, die eine regelmäßige Probenahme (täglich bis monatlich) ermöglicht. Da es das eigentlich nicht gibt, sind Parallelmessungen erforderlich, um den Einfluß der Standortsstreuung erfassen zu können. Weiterhin ist zu berücksichtigen, daß durch die Probenahme ein wenn auch kleiner Teil des Bodens ge(zer)stört wird, und bei folgenden Probenahmen der gestörte Bereich nicht wieder beprobt werden kann (z. B. für Wassergehalt, N_{min}). Durch diese Verfahren tritt also ein Bodenverbrauch ein, der über die geplante Meßperiode vorher zu bestimmen ist.

Bei Meßverfahren ist beim Einbau der Meßgeräte darauf zu achten, daß der Boden möglichst wenig gestört wird, so daß anschließend tatsächlich die Feldbedingungen messend verfolgt werden können und nicht Einbauartefakte auftreten. Hierzu müssen die Meßgeräte möglichst klein sein und mit dem Medium, das gemessen werden soll, einen guten Kontakt haben. Auch während der Meßperiode ist darauf zu achten, daß keine unerwünschten Störungen durch Bodenbearbeitung, Tiere oder die Betreuer geschehen. Häufig werden, auf die Dauer verfälschend, die messenden Personen den Meßpunkt betreten und damit den Oberboden verdichten (ist durch Auflegen von Lattenrosten (gemäß Abb. 6.1.1), die die Auflast verteilen zu verringern) oder durch die Meßgeräte bedingt, wird der Pflanzenbestand verändert und damit können sowohl physikalische als auch chemische Parameter gestört sein. Es empfiehlt sich deshalb, die Meßfläche so abzuschirmen, daß nur autorisierte Personen (oder Tiere) Zutritt haben, genügend ungestörte Restfläche zur Verfügung steht und die Abgrenzung die Messungen nicht stört (z.B. kein verzinkter Drahtzaun, wenn Spurenstoffe gemessen werden sollen). Soll ein Meßschacht angelegt werden, bzw. ist der Zugang zur Meßfläche einzurichten, so ist darauf zu achten, daß die Bodenwasserbewegung nicht gestört wird und deshalb Zugang und Meßschacht immer im abströmenden (tiefsten) Bereich der Meßparzelle anzulegen sind. Die Vegetation muß wie in der Umgebung behandelt werden (z. B. Mähen, Mulchen und Ernten). Abb. 6.1.1 und 6.1.2 sind Beispiele für die Einrichtung von Meßstationen.

Aufsicht

Geländeneigung
1 Ungestörter Boden
2 Verschiedene Meßsonden
in unterschiedlichen Tiefen
3 Sammelgefäße
für Bodenlösung
(Unterdruckvorrat - Kompressor,
Zuleitung nicht eingezeichnet)
4 Meßkabel zum Meßwagen

Seitenansicht

5 Thermoisolierte Abdeckung
6 Zugang
4 Meßkabel evtl. Stromversorgung
7 Wasserdichte Abschirmung
1 Ungestörter Boden
2 Verschiedene Meßfühler
8 Einbautiefe (cm)
9 Batterie
10 Kompressor f. Unterdruck
3 Behälter zur Aufbewahrung
von Lösungen
11 evtl. Drainage

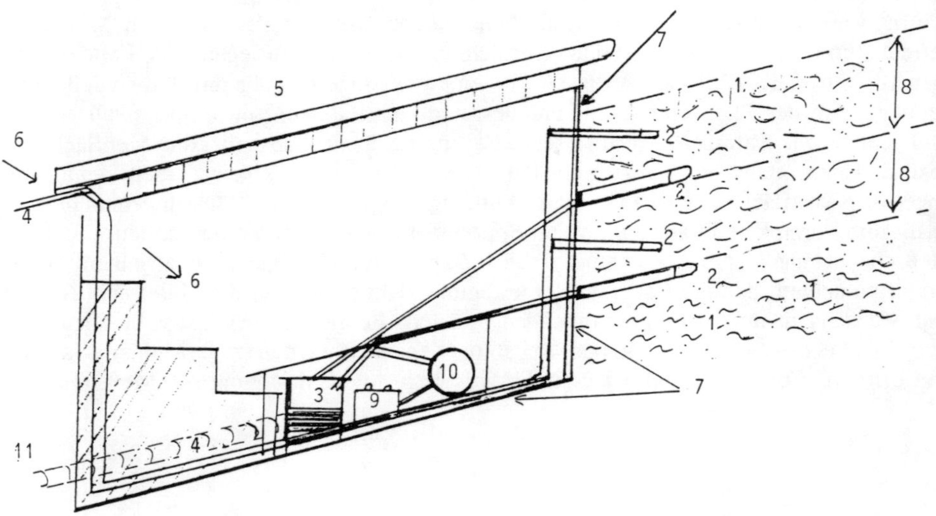

Abb. 6.1.2: Aufbau eines bodenökologischen Meßschachtes

6.2 Erfassung des Bodenwasserhaushalts und seiner Dynamik

Der Wasservorrat in Böden ändert sich laufend, hauptsächlich durch Witterungsereignisse, Pflanzenentzug und Schwerkraft. Die Änderungen können nach folgender Bodenwasserhaushaltsgleichung beschrieben werden:

$$BW = BW_2 - BW_1 = N - J - E - T - S + K \pm 0 + Z - A$$

BW = Bodenwasservorrat	E = Evaporation	K = Kapillaraufstieg
N = Niederschlag einschl. Tau, Reif	T = Transpiration	O = Oberflächenwasser
		Z = seitl. Zufluß i. Boden
I = Interzeption	S = Sickerung	A = seitl. Abfluß i. Boden

Um diese Gleichung lösen zu können, müssen sämtliche Teilprozesse bestimmt werden (ersatzweise einer aus der Differenz der anderen). Während die Bodenwasserhaushaltsgleichung die umgesetzten Mengen erscheinen läßt, ist aktuell der vorhandene Bodenwasservorrat (bzw. der nutzbare Anteil) sowie die aktuelle Bodenfeuchte (Tension) wichtiger als die langfristige Bilanz. Zum Erkennen der Abläufe ist die Richtung und Geschwindigkeit der Wasserbewegung (Tensionsgradient und Massenfluß) wiederum entscheidend.

6.2.1 Wassereinnahme

Wassereinnahmen geschehen in terrestrischen Einzugsgebieten (Ökochoren) hauptsächlich durch Niederschläge (flüssig, fest und kond. Dampf), während durch Oberflächenwasser, Hangzugwasser und Kapillaraufstieg Umverteilungen des Wassers innerhalb einer Landschaft (Ökochore) dargestellt werden. Beim Niederschlag sind die nasse Deposition (als Regen oder Schnee) und die feuchte Deposition (z. B. als Nebel) zu unterscheiden. Bei Vegetationsbedingung erfolgt die Wassereinnahme des Bodens teils als Tropfenniederschlag, teils als Sproßabfluß. Der Sproßabfluß bewirkt vor allem bei Waldböden eine sehr heterogene Wassereinnahme. Einnahme durch Bewässerung, Überflutung und Grundwasserschwankungen sind Sonderformen.

6.2.1.1 Meßtechnische Grundlagen

Um Wassereinnahmen (Niederschläge) flächenunabhängig angeben zu können, ist es üblich, sie als Schichtdicke (mm) zu messen. Sie werden dabei in einem Gefäß gesammelt, das eine horizontale Auffangfläche hat. Die Erfassung soll in der Regel für eine größere Fläche repräsentativ sein. Dies ist bei Einzelniederschlägen nur möglich, wenn mehrere Meßpunkte über eine Fläche verteilt sind (Ausdehnung der Wolken). Zur Ermittlung von Niederschlagssummen oder des Niederschlags für eine kleine Fläche genügt dagegen ein Meßpunkt. Schwierig ist die Messung, wenn die Auffangebene durch Bewuchs, Bebauung etc. inhomogen ist. Hier müssen prinzipiell größere Auffangflächen gewählt werden oder mehrere Meßpunkte die repräsentativ die Flächen erfassen.

Um nach dem Niederschlag Verdunstungsverlust aus dem Gefäß zu vermeiden, muß jeder Niederschlag einzeln sofort gemessen werden oder von der Auffangfläche in einen vor Verdunstung geschützten Sammelbehälter geführt werden. Ist die Fläche des Sammelbehälters verschieden von der Auffangfläche, so muß das Volumen bestimmt werden und auf die Auffangfläche umgerechnet werden, wobei gilt

$1\ dm^3 = 1000\ cm^3 = 1\ mm \cdot m^{-2}$ oder $x\ (mm) = 10 \times N\ [cm^3] : F\ [cm^2]$

N = aufgefangene Niederschlagsmenge, F = Auffangfläche

Einzelniederschläge kleiner als 1 mm können mit den gängigen Meßgeräten nicht erfaßt werden, da sie nur die Oberfläche benetzen ohne in das Sammelgefäß zu gelangen. Dadurch werden Niederschlag und Evaporation (bzw. Interzeption) systematisch unterschätzt.

6.2.1.2 Messung des Freilandniederschlags (Regen) mit einem Regenmesser (Totalisator) nach HELLMANN

Meßprinzip: Der senkrecht durch eine offene horizontale Auffangfläche einfallende Regen wird über einen Trichter in ein Auffanggefäß geleitet. Das Wasservolumen wird nach jedem Niederschlag oder in bestimmten Zeitintervallen bestimmt und auf die Auffangfläche bezogen.

Geräte und Messung: Ein käuflicher *HELLMANN-Regenmesser* oder ein *Auffangtrichter* mit hochgezogenem Rand (Spritzschutz nach außen und innen) wird in mindestens 1 m Höhe deutlich oberhalb der Höhe der Vegetation an einem starren *Pfosten* (endet unterhalb der Auffangfläche) befestigt (bei Strauch- oder Waldvegetation soll 1 m oberhalb der durchschnittlichen Bestandsoberfläche aufgefangen werden). Darunter wird ein *Behälter* angebracht, der an den Trichter anliegt. In den Behälter wird ein *Auffanggefäß* gestellt, daß den zu erwartenden Niederschlag auf jeden Fall aufnehmen kann (ca. 50 mm). Je nach Bedarf kann in das Auffanggefäß als zusätzlicher Verdunstungsschutz 1 Tropfen *Leichtöl* gegeben werden oder es wird ein *Tischtennisball* in den Trichter gelegt. Zur Messung wird der Inhalt des Auffangbehälters in einen Meßzylinder überführt. Die Niederschlagshöhe N ergibt sich aus:

$$N\ [\mathrm{mm} = 1 \times \mathrm{m}^{-2}] = \frac{\text{Wasservolumen}\ [\mathrm{cm}^3] \times 10}{\text{Auffangfläche}\ [\mathrm{cm}^2]}$$

Die durchschnittliche Niederschlagsintensität I ergibt sich aus:

$$I\ [\mathrm{mm} \times \mathrm{h}^{-1}] = \frac{N\ [\mathrm{mm}]}{t\ [\mathrm{h}]}$$

Zur besseren zeitlichen Auflösung können auch käufliche *Regenschreiber* (baugleiche Auffangeinrichtung wie Hellman-Totalisator) eingesetzt werden, die mit Kippschalen oder Schwimmereinrichtung und Registriereinrichtung ausgestattet sind. Wegen größerer Anfälligkeit sollten registrierende Meßgeräte nie ausschließlich verwendet werden.

Methodische Fehlerquellen: Die Meßgenauigkeit ist durch die Interzeption des Auffangtrichters begrenzt und liegt bei ca. 0,3–0,5 mm, d. h. erst Niederschläge über 1 [mm = 1 × m^{-2}] lassen sich sinnvoll messen. Eine verschmutzte Auffangfläche erhöht die Interzeption. Unergiebige Niederschläge sind ungenauer zu bestimmen als starke. Niederschläge bei starkem Wind können je nach Anströmung des Behälters zu hoch oder zu niedrig ausfallen. Längerfristig wird der Niederschlag in 1 m Höhe systematisch um 5–10 % unterschätzt, dies kann durch Windschutzvorrichtungen verringert werden (JAEGER, 1984). Starke Einstrahlung und geringe Luftfeuchte führen zu Verlusten, die durch Thermoisolation und häufige Messung gering gehalten werden können.

Höhere Hindernisse (Waldränder) in der Nähe können abschirmend wirken. Kann aus technischen Gründen der Totalisator nicht oberhalb solcher Hindernisse angebracht werden, so muß er mindestens in einer Entfernung, die der doppelten Höhe des Hindernisses entspricht, angebracht werden. Eine Meßfläche von 200–500 cm^2 ist ausreichend.

6.2.1.3 Messung des Freilandniederschlags (Schnee) mit beheizbaren Totalisatoren

Der in den Auffangtrichter fallende Schnee wird geschmolzen und das Wasseräquivalent wie bei Regen auf die Auffangfläche bezogen.

Geräte und Messung: Ein käuflicher *beheizbarer Niederschlagsmesser* oder ein wie bei 6.2.1.1 aufgebauter Totalisator wird mit einer *Heizmanschette,* die nach außen thermoisoliert ist, umgeben. Die Heizmanschette wird über *Stromanschluß, Akku, Autobatterie* oder *Solarzellen* mit Energie versorgt. Zur Energieersparnis und um Verdunstung zu vermeiden schaltet die Heizung über *Thermofühler* und *Feuchtefühler* gesteuert unterhalb +2 °C bei Niederschlag ein und bei ca. +5 °C wieder aus (zu hohe Temperaturen erhöhen die Verdunstungsverluste).

Alternativ läßt sich Schnee auch in *Streubehältern* (Abb. 6.5.1, S. 211) auffangen, dann in wasserdichte Polyethylenbeutel abfüllen und im Labor auftauen bzw. wägen. Während des Hochwinters können auch Neuschneedecken regelmäßig von Flächen (0,25–1,0 m^2) mit einem Spachtel aufgenommen und wie oben gewogen oder aufgetaut werden.

In jedem Fall wird das Wasseräquivalent wie bei 6.2.1.1 auf die Auffangfläche bezogen und in [mm] angegeben.

Methodische Fehlerquellen: Schnee wird häufig unter natürlichen Bedingungen auch nach dem Niederschlagsereignis noch verweht. Ist die Auffangfläche dem Wind zugänglich, so kann auch bereits abgelagerter Schnee wieder ausgeblasen werden oder bei tiefliegenden Auffangflächen auch überproportional eingefangen werden. Achtung! Totalisatoren in 1 m Höhe angebracht, können im Winter plötzlich unterhalb der Schneedecke liegen. Weitere Angaben vgl. BRECHTEL (1971). Wegen der höheren räumlichen Variabilität gegenüber Regen und größerer Meßungenauigkeit sind Meßflächen zwischen 2.500 cm^2 und 1 m^2 oder viele Parallelen anzustreben. Das Ziel, die Wassereinnahme des Bodens zu ermitteln, wird durch künstliches Schmelzen des Schnees nicht erreicht, da die Aufnahme in den Böden verzögert geschieht. Trotzdem ist es sinnvoll zunächst die gefallenen Schneemengen direkt zu bestimmen, da das Tauen auf natürlicher Oberfläche prinzipiell verschieden von den Auffangbehältern abläuft. Eine natürliche Schneedecke taut von unten durch den Bodenwärmestrom, von oben durch Einstrahlung oder andere Energiezufuhr und schwindet durch Sublimation des Schnees. Während der Andauer der Schneedecke kann mit der potentiellen Verdunstung = reale Verdunstung gerechnet werden. Die verbleibende Schneemenge kann dann entsprechend bei Tauperioden dem Bodenwasser zugerechnet werden.

6.2.1.4 Messung des Bestandesniederschlags (Kronentraufe) durch Auffangen einer repräsentativen Wassermenge über einem teilweise abgeschirmten Boden (Bodenwassereintrag)

Methodisch prinzipiell identisch (6.2.1.2)

Geräte und Messung: Wird eine Bodenoberfläche durch einen Pflanzenbestand abgeschirmt, so wird immer ein Teil des Niederschlags zur Benetzung der Pflanzenoberfläche benützt und erreicht deshalb den Boden nicht.

Die Tatsache, daß dadurch der Niederschlag in der Fläche unregelmäßig verteilt ist, erfordert eine Erhöhung der Meßpunkte oder eine Vergrößerung der Auffangfläche. Bewährt haben sich hierzu Regenrinnen (0,2 × 4 m), die z. B. einen Querschnitt durch einen Bestand auffangen können. Die Rinnen müssen wie Totalisatoren eine genau definierte Auffangfläche haben und als Spritzschutz einen hochgezogenen Rand.

Auffangquerschnitt

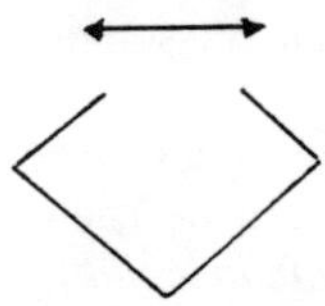

Querschnitt einer Regenrinne
zum Auffangen des Bestandesniederschlags

Die Rinne steht wie der Totalisator (6.2.1.1) in ca. 1 m Höhe, auf jeden Fall aber unterhalb der interzipierenden Vegetation. Durch geringe Neigung der Rinne wird das Traufwasser über einen Schlauch in einen im Boden stehenden Auffangbehälter geleitet und kann dort gemessen und auf die vorher bestimmte Auffangfläche bezogen werden ($mm = l \times m^{-2}$). Auch hier haben sich zur besseren zeitlichen Auflösung registrierende Geräte, wie Kippschalenwassermesser mit Schreibeinrichtung bewährt. Wie beim Freilandniederschlag sollte auch hier nicht auf die Bestimmung des Gesamtniederschlages verzichtet werden.

Methodische Fehlerquellen: Die Werte sind hauptsächlich verfälscht, wenn die Auffangflächen nicht repräsentativ sind. Vorversuche mit großer Zahl von Auffangbehältern können den Fehler verringern helfen. Die Rinne muß sauber gehalten werden, um ihre Eigeninterzeption zu verringern. Bei Starkregen kann die Rinne am unteren Ende überlaufen, falls Streureste den Ablauf teilweise verstopfen.

6.2.1.5 Messung des Stammablaufs (Sproßablauf) mit Manschetten

Je nach Ausbildung des Kronendachs und der Äste sowie der Astbildung der Rinde läuft ein mehr oder weniger großer Teil des Niederschlags direkt am Stamm ab und infiltriert dort später in den Boden. Dieser Wasserfluß kann mit den Meßgeräten unter 6.2.1.2.–4. nicht bestimmt werden. Seine Bestimmung ist nicht nur für die Erfassung des Wassereintrags von Bedeutung sondern auch für den Stoffeintrag (vgl. 6.5), da die Zusammensetzung des Sproßablaufs, durch Abwaschen von trockener Deposition und Auslaugung (leaching), deutlich verschieden von der Kronentraufe (6.2.1.4) sein kann.

Geräte und Messung: Zum Auffangen des Stammablaufs dient eine spiralförmige Rinne, die wasserdicht an den Stamm anschließt und mindestens 1,5 mal um den Stamm unterhalb der letzten Verzweigung herumgeführt wird. Die aufgefangene Wassermenge wird am unteren Ende über einen Silicon- oder PE-Schlauch in einen Auffangbehälter, der in Frostperioden im Boden eingelassen sein soll, geführt. Das Material der Rinne soll inert, witterungsbeständig und wasserdicht mit dem Stamm verbunden sein. Als Materialien haben sich Moosgummi (WEIHE, 1976) und Polyurethan-Schaum-Manschetten (MEIWES et al., 1983), bewährt (vgl. Abb. 6.2.1). Die Wassermenge wird im Auffanggefäß regelmäßig bestimmt. Dabei können Proben zu weiterer Analyse entnommen werden. Die Mengen können auch wie beim Niederschlag mit Schwimmer- oder Kippschalengeräten registrierend erfaßt werden.

Auswertung: Der Stammablauf wird wie alle anderen Größen des Wassereintrages in $mm = l \times m^{-2}$ angegeben. Er läßt sich wie folgt berechnen

$$StA = \frac{V \times G}{g \times F}$$

mit: St.A = Stammabfluß [mm], V = Abflußmenge [dm^3], g = Grundfläche des Meßbaumes [m^2], G = Grundfläche aller Bäume der Meßfläche [m^2], F = Meßfläche [m^2]

Methodische Fehlerquellen: Die Meßbäume sollen repräsentativ sein (je nach Inhomogenität des Bestandes sollen 15–30 Bäume gemessen werden). Bei Bäumen, die ihren Wasserbedarf

Abb. 6.2.1: Konstruktionsskizze einer Moosgummi-Manschette

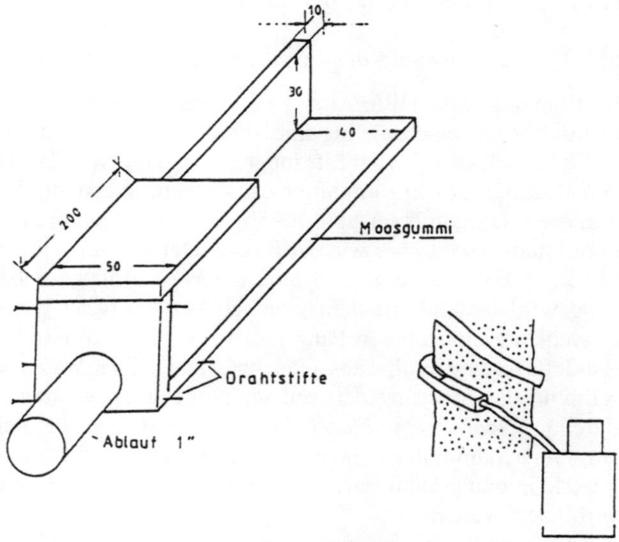

zum erheblichen Maße aus dem Stammabfluß decken, soll das Wasser dem Baum wieder zugeführt werden oder die Messung nur kurze Zeit (max. 1 Vegetationsperiode) durchgeführt werden, da sonst der Baum geschädigt und die Messung verfälscht wird. Die Rinne soll gleichmäßiges Gefälle haben und nicht verstopfen, da sonst ablaufendes Wasser nicht in den Sammelbehälter läuft. Der wasserdichte Kontakt und der Baum sind regelmäßig zu kontrollieren.

6.2.1.6 *Messung des Bodenwassereintrags mit Regenmessern auf dem Boden*

Da der meteorologische Niederschlag (1 m ü. GOF) sich bis zum Boden durch zusätzliche Verdunstung oder Kondensation oder Windwirkung noch verändert (in der Regel um 5–10 % zunimmt), ist für manche Fragestellungen die direkte Messung am Boden erforderlich.

Geräte und Messung: Der Bodenwassereintrag sollte in der Ebene der Geländeoberfläche (GOF) aufgefangen werden. Da dies wegen der Beeinflussung durch die Umgebung (Spritzwasser, Tiere) häufig zu aufwendig ist, werden in der Praxis *Niederschlagsauffanggefäße* entsprechend Totalisatoren direkt auf den Boden gestellt und damit der Bodenwassereintrag abgeschätzt.

Berechnung und methodische Fehlerquellen: wie 6.2.1.2.

6.2.1.7 *Darstellung der Ergebnisse*

Alle Wassereinnahmen werden in Abhängigkeit von der Zeit dargestellt. Deshalb ist bei Graphiken die Abszisse die Zeitachse, welche linear unterteilt wird (Abb. 7.1.2, S. 221). Die Höhe der Wassereinnahme wird in Gesamtmenge [mm] oder Intensität (mm/h) angegeben. Die Mengen können als Ereignis (Einzelniederschlag) oder für Meßperioden der Bodendaten aufsummiert dargestellt werden. Daraus läßt sich die Verteilung der Niederschläge gut ablesen. Soll eine Wasserbilanz gebildet werden, so kann die Wassermenge auch als Summe hierzu dargestellt werden und dann z. B. der Transpiration oder Sickerung gegenüber gestellt werden.

Beachte: Einzelmengen unter 0,1 mm sind nicht meßbar. Mengen deshalb nicht genauer als 0,5 mm angeben.

6.2.2 Messungen an der Bodenoberfläche

6.2.2.1 Bestimmung der Versickerungsintensität mittels Doppelringinfiltrometer

Bestimmung mit Hilfe von zwei konzentrischen Stahlringen(zylindern), wobei die Infiltration im inneren Ring mit bekannter Querschnittsfläche gemessen wird.

Versuchsaufbau: Ein innerer *Stahlring von 25 cm²–100 cm² Querschnitt* wird in den Boden gedrückt, so daß er ca. 4–5 cm übersteht. Ein *äußerer Ring* mit wesentlich größerem Durchmesser von 30–50 cm wird ebenfalls in den Boden gedrückt und steht mindestens soweit über wie der innere. Der innere Zylinder wird bis zu einer festgelegten Marke mit *Wasser* gefüllt, wobei die Wassermenge genau registriert wird. Der äußere Ring wird laufend auf dem gleichen Wasserniveau gehalten wie der innere und damit erreicht, daß im inneren Ring nur die vertikale Wasserbewegung gemessen wird (keine Randeffekte, hydraulisches Gleichgewicht). Der Wasserstand in beiden Zylindern muß während der Messung dauernd gleich gehalten werden. Dies geschieht am einfachsten durch je 1 *Mariottsche Flasche,* die auf die gleiche Höhe eingestellt sind. Neigt der Boden zur Verschlämmung, so würde dadurch die Infiltration erheblich beeinflußt. Die Verschlämmung kann durch Aufbringen einer ca. 10 mm dicken Schicht aus Grobsand verhindert werden.

Messung: Die aus dem inneren Ring infiltrierte Wassermenge wird in Abhängigkeit von der Zeit registriert. Je nach Verlauf der Infiltration sind die Zeitintervalle und Wassermengen so zu verändern, sodaß beide verläßlich gemessen werden können. Die Messung wird solange fortgesetzt, bis sich die Infiltration (Menge/Zeit) nicht mehr ändert. Dieser Zeitpunkt ist je nach Boden und Vorsättigung nach ca. 10–60 min erreicht.

Darstellung der Ergebnisse: Die Ergebnisse können als Wassersäule (Volumen/Fläche) gegen die Zeit aufgetragen werden. Die Steigung der Kurve ergibt dann die Infiltration ($cm \times d^{-1}$). Es kann auch die Infiltrationsrate

$$J = \frac{V}{F\,(t_2 - t_1)} \quad (cm \times d^{-1})$$

gegen die Zeit abgetragen werden. Im letzten Fall nähert sich die Kurve assymptotisch einer Endinfiltration. Die zur Erstbefüllung verwendete Wassermenge - Überstau - gibt das Gröbstporenvolumen des Oberbodens an. Die anfängliche Phase mit abnehmender Wasseraufnahme umfaßt die Aufsättigung des Oberbodens. Am Ende werden dann quasi stationäre Infiltrationsbedingungen erreicht.

Methodische Fehlerquellen: Die Inhomogenität der Oberflächenstruktur von Böden verlangt eine Wiederholung der Messungen (min. 3–5), die dazu dient, die natürliche Streuung der Meßwerte zu erfahren. Die Meßwerte hängen stark von der Vorgeschichte (Witterungsverlauf) des Meßpunktes ab. Stark strukturierte und quellende Böden erreichen einen Gleichgewichtszustand erst nach sehr langer Zeit. Bei sehr dichten verschlämmten Böden mit sehr geringer Infiltration wird der Wert durch Verdunstung beeinflußt. Ist der Boden verschlämmt, so werden zu niedrige Meßwerte bestimmt. Das Aufbringen der empfohlenen Sandschicht verzögert dagegen nur die Aufsättigung.

6.2.2.2 Oberflächenabfluß aus geneigten Meßparzellen durch Auffangen und Messung der Wasser- und Sedimentmenge

Versuchsaufbau: Die zu beobachtende etwa rechteckige Meßparzelle von 2–20 m² wird auf der Oberseite und den beiden im Gefälle angeordneten Seiten durch senkrecht ca. 10 cm in den Boden eingegrabene *Bleche* abgegrenzt. Die Parzelle ist so anzulegen, daß das Wasser nicht gegen diese Bleche strömt sondern auf die vierte schmale, am tiefsten liegende Seite, die durch eine *Auffangrinne* bodengleich abgegrenzt wird. Die Rinne ist so einzubauen, daß sich das Wasser weder vor ihr staut noch in die Rinne stürzt und damit verstärkt erodiert. Dieser Zustand ist nach jedem Abflußereignis zu überprüfen und gegebenenfalls zu korrigieren. Der Oberflächenabfluß läuft über die Rinne in einen großen *Vorratsbehälter* (ca. 20 l pro m^2 Parzellengröße).

Messung: Der Abfluß wird auf die Grundfläche der Parzelle bezogen (mm) und in % des Niederschlags (6.2.1.1) angegeben. Da der Abfluß sehr stark von dem Bodenzustand vor Beginn des Niederschlags und dem aktuellen Zustand des Bewuchses abhängt, sollte jedes Abflußereignis getrennt dokumentiert werden. Das Trockengewicht des Sediments gibt die Menge des erodierten Materials an. Es wird auf m^2 bezogen oder auf ha hochgerechnet. Zur Bestimmung wird der klare Überstand abgesaugt, der Bodensatz in ein *Zentrifugenbecher,* z. B. 1000 ml, übergeführt, nach Zugabe von etwas festem $MgCl_2$ wird zentrifugiert, nochmals dekantiert und der Bodensatz im *Trockenschrank* bei 105 °C bis zur Trocknung eingedampft. Nach Abzug der vorher gewogenen Tara erhält man die Sedimentmenge.

Methodische Fehlerquellen: Die Wahl des Ausschnitts beeinflußt stark das Ergebnis. Natürliche Ereignisse laufen über einen gesamten Hang ab. Die Meßparzellen erhalten aber keinen Zufluß. Randbedingungen an Ober- und Unterende der Fläche können nicht natürlich gestaltet werden. Sie stören systematisch das Ergebnis. Der Bewuchs sollte repräsentativ sein. Dies ist bei kleinen Parzellen nicht möglich. Wird der Bewuchs vor der Messung entfernt, so erhält man nicht den realen Abfluß sondern den maximal möglichen.

6.2.2.3 Messung des Wassereintrags in den Mineralboden durch Auffangen des unterhalb Streuschicht oder gesamter Humusauflage versickernden Wassers

Da Streu bzw. Humusauflage nochmals zum Teil erhebliche Interzeption ausüben können und außerdem chemische Wechselwirkungen (Auslaugen und Sorption) auftreten, ist es für viele Fragestellungen wichtig, Menge und Qualität des in den Mineralboden eindringenden Wassers zu bestimmen.

Geräte und Messung: Oberflächengleich werden mehrere Streu- bzw. Humuslysimeter (BRECHTEL 1971, MARSCHNER 1990) eingebaut. Wie bei 6.2.1.3 ist auf die räumliche, repräsentative Verteilung zu achten. Mit einem runden PVC- oder *Plexiglas-Zylinder* (ca. 300–400 cm^2) wird ein Streu- oder Humusauflagemonolith ausgestochen. Dieser wird in das *Streulysimeter* gleicher Oberfläche eingesetzt. Die Streu und der Humus werden von lebenden Pflanzen befreit, um Transpiration auszuschließen. Da durch die Humusauflage häufig bereits eine relativ hohe Wasserkapazität vorhanden ist und durch die Trennung vom Mineralboden die Kapillarität verloren geht, empfiehlt sich der Einbau einer *keramischen Platte,* an die ein Unterdruck von 0,4–0,6 bar angelegt wird (z. B. Sinterkorund (Al_2O_3), Fa. Haldenwanger, Berlin). Bei Mull, wo nur Streu aufliegt, kann auch ein *2-mm-PE-Netz* eingeklebt werden. Die Bodenwassereinträge werden in einer *Glasflasche,* die gleichzeitig als Unterdruckvorrat dient oder vor den *Kompressor* geschaltet wird, gesammelt. Sie werden auf die Auffangfläche bezogen wie 6.2.1.2.

Methodische Fehlerquellen: Nicht flächenrepräsentative Auswahl der Auffangfläche. Es muß davon ausgegangen werden, daß Spritzwasser hinein und heraus ausgeglichen ist. Die Ausschaltung von lebender Vegetation und Pflanzenwurzeln verändert die Oberfläche und die Reaktionen im Humus. Veränderungen (z. B. Schrumpfung, Humusabbau) dieser Auflage erfordern im Abstand von 1–2 Jahren die neue Beschickung der Lysimeter.

6.2.3 Messungen zur Wassersättigung und -bewegung in Böden

6.2.3.1 Meßtechnische Grundlagen

Die Bestimmung des Wassergehalts stellt im Prinzip keinerlei Schwierigkeit dar, da Wasser die Dichte 1 hat und nach Wägung der wasserhaltigen und wasserfreien Probe aus der Differenz in g der Wassergehalt in cm^3 bestimmt werden kann. Dies setzt voraus, daß sich zwischen Probenahme und 1. Wägung der Wassergehalt nicht durch Auspressen, Abtropfen oder Verdunstung ändert. Außerdem darf nach der Trocknung bis zur Wägung nicht wieder Wasser aufgenommen werden. Gemessene grav. Wassergehalte können über das Raumgewicht auf Volumina umgerechnet werden. Andere Meßverfahren verwenden physiko-chemische Eigenschaften des Wassers bzw. der Bodenlösung, um indirekt die Wassergehalte zu bestimmen (Neutronensonde, Gipselektrode, TDR).

Für die Pflanzenwasserversorgung ist zunächst die Wasserbindung wichtiger als die Wassermenge. Dies würde durch Messung der Wasserspannung mit dem Tensiometer (Kraft, mit der das Wasser im Boden gehalten wird) erreicht. Diese mit dem Tensiometer bestimmte Wasserspannung erlaubt auch, im Gleichgewicht die Lage der Grundwasseroberfläche zu bestimmen (O cm WS). Die Pflanzenwasserversorgung ist um so besser, je größer die Wassermenge und je niedriger die Wasserspannung sind.

Als dritte Größe gibt die Wasserbewegung an, wohin welche Menge der Bodenlösung transportiert wurde. Die stärkste Wasserbewegung ist im gesättigten Bereich möglich, wenn die Gradienten ansteigen.

Die Menge des transportierten Wassers ergibt sich aus den Wasserspannungsgradienten (im gesättigten Milieu aus dem Gefälle) und der Geschwindigkeit der Wasserbewegung (Wasserleitfähigkeit = 1/Fließwiderstand)

Bei der Ermittlung der Wasserleitfähigkeit ergibt sich regelmäßig die Problematik, einen repräsentativen Wert zu erhalten, da wegen der Kontinuität der Poren und deren unregelmäßigen Verlaufs (Tortuosität) regelmäßig Streuungen im Bereich von 10er Potenzen auftreten. Bei repräsentativer Probenauswahl ist der arithmetische Mittelwert aus einer großen Probenzahl zu wählen. Sonst wird das geometrische Mittel, welches die Extremwerte dämpft, empfohlen (HARTGE und HORN, 1989).

6.2.3.2 Gravimetrische Wassergehaltsbestimmung (vgl. 5.1.2)

P r o b e n a h m e: Mit einem Bohrstock (z.B . Pürckhauer) werden Bodenproben aus ungestörtem Boden in vorherbestimmten Tiefenstufen (je 10–20 cm oder horizontweise) entnommen. Bei der Probenahme ist darauf zu achten, daß keine Verschleppung von Bodenmaterial und auch keine Stauchung im Bohrstock auftritt. Deshalb muß bei der Probenahme aus z. B. 30–40 cm zunächst der Boden aus 0–30 cm entnommen werden und dann sofort im selben Bohrstock die Tiefe 30–40 cm. Es werden 50 ± 20 g entnommen und sofort in ein gas- und wasserdicht verschließbares *Gefäß* gefüllt.

M e s s u n g u n d B e r e c h n u n g: Die Probebehälter werden im Labor äußerlich gereinigt. Die äußerlich trockenen Behälter werden dann *gewogen* und danach geöffnet in einem *Trockenschrank* bei 105 °C bis zur Gewichtskonstanz getrocknet, dann gewogen, entleert und das Gefäß (TARA) gewogen. Der Wassergehalt in Masse-% errechnet sich aus:

$$X'\% = \frac{\text{Feuchtgewicht} - \text{Trockengewicht}}{\text{Trockengewicht} - \text{TARA}} \times 100$$

Die Umrechnung in Vol. % geschieht durch Multiplikation mit der Lagerungsdichte (ρ_b): X [Vol. %] = ρ_b [kg × dm^{-3}] × X' [Masse %]. Wird eine Probe von genau 100 cm^{-3} (z. B. mit einem Stechzylinder) entnommen, so lassen sich aus der Wägung allein Vol. % (1 g = 1 Vol. %) und Masse % ermitteln.

Methodische Fehlerquellen: Inhomogene Verteilung des Wassers im Boden kann durch Mehrfachbeprobung erfaßt werden. Steingehalte verändern die Werte, wenn in der entnommenen Bodenprobe nicht der durchschnittliche Steingehalt enthalten ist. Bei nicht wasserspeicherndem Skelett sollte der Steingehalt bestimmt werden, so daß auf den durchschnittlichen Steingehalt umgerechnet werden kann. Bei porösen (wasserhaltenden) Steinen ist eine Vergrößerung der Probemenge notwendig oder eine getrennte Wassergehaltsbestimmung in Steinen. Hohe Wassersättigung bei der Probenahme kann durch Abtropfen zu Wasserverlusten führen. Beim Einführen des Bohrstocks tritt eine Kompaktion der Probe auf, wodurch Wasser aus Grobporen ausgepreßt wird. Eine Verringerung der Fehler kann durch schnelles Arbeiten und Verwendung von größeren Bohrdurchmessern erreicht werden. Bei hoher Wassersättigung ist die Messung der Wasserspannung (6.2.3.4) mit Tensiometer und Umrechnung auf Wassergehalte genauer - vgl. 6.1 und HARTGE und HORN (1989, Kap. 3).

6.2.3.3 *Wassergehalt mit der Neutronensonde*

Meßprinzip: Ein radioaktiver Strahler (meist ein ^{241}Am-Be-Präparat) sendet als Produkt einer Zerfallskette schnelle Neutronen aus. Die Wassergehaltsbestimmung beruht auf dem Prinzip, daß die schnellen Neutronen vorwiegend durch elastische Stöße an Wasserstoffkernen abgebremst werden. Deshalb ist die Dichte der abgebremsten (thermischen) Neutronen ein Maß für den Wassergehalt (Wasserstoffgehalt) im Testboden. Die rückgestrahlten thermischen Neutronen werden von einem hierfür empfindlichen Detektor (z. B. Li-Gasszintillationskristall) aufgefangen. Die erzeugten Lichtblitze werden in einem Fotomultipleier in elektrische Impulse umgewandelt. Diese werden in einen Kondensator summierend gespeichert. Von diesem können die Impulsraten (proportional zur Zahl der Neutronen) mit einer vorgegebenen Zeitkonstante analog oder digital zur Anzeige kommen. Die Messung wird systematisch durch nicht in Wasser gebundene H-Kerne gestört. Für die austauschbaren (bis 0,5 Vol. %), als Kristallwasser gebundenen (ca. 1 Vol. % pro 10 Vol. % Ton) und in organ. Substanz (ca. 0,8 Vol. % pro 1 Vol. % org. Subst.) vorhandenen H-Kerne müssen Korrekturen verwendet werden oder die Sonde muß für jeden Meßhorizont neu geeicht werden. Die Lagerungsdichte ist ebenfalls eine Variable, da bei höherer Dichte mehr Neutronen absorbiert werden. Mit zunehmendem Wassergehalt ändert sich das kugelförmige Meßvolumen bei herkömmlichen Sonden von ca. 50 cm ∅ bei Trockenheit bis auf 25–30 cm ∅ bei Wassersättigung (BUCHMANN1969; GAESE 1979; ISO/DIS 10573).

Sicherheitsbestimmungen sind strikt einzuhalten. In Deutschland dürfen Neutronensonden nur durch dazu Berechtigte transportiert und eingesetzt werden.

Geräte und Messung: Zur Messung wird eine Bohrung, je nach Sondentyp, etwa 20 cm tiefer als die unterste gewünschte Meßtiefe abgeteuft. In das offene Bohrloch wird ein unten verschlossenes *Sondenrohr* (Aluminium oder Edelstahl) eingebracht. Die *Sonde* wird in einem *Transportbehälter* (Strahlenschutz) auf das offene Sondenrohr gesetzt. Die Messung beginnt nach Überprüfung der Meßspannung und des internen Standards. Danach wird die Sonde in das Meßrohr bis zur Meßtiefe abgesenkt. Die Lage des Empfindlichkeitszentrums der Sonde muß mit der Meßtiefe übereinstimmen (nicht Unterkante der Sonde). Wenn nicht bekannt, muß das Empfindlichkeitszentrum bestimmt werden. Nach einer Integrationszeit (von 0,5–2 min) wird der Meßwert (Impulsrate) abgelesen und die Sonde in die nächste Meßtiefe gefahren. Als Eichverfahren hat sich die Eichung im Felde (mit Tensiometern und/oder gravimetrischer Wassergehaltsbestimmung) am besten bewährt. Zur Messung im Oberboden empfiehlt sich die Auflage einer Polyethylenplatte ∅ 50 cm und 5 cm Stärke. Dann kann ab ca. 10 cm Tiefe gemessen werden, sonst ab 20 cm.

Methodische Fehlerquellen: Durch Veränderung des Meßvolumens mit dem Wassergehalt wirken sich Inhomogenitäten im Boden (Skelettverteilung und Aggregierung) auf das Meßergebnis aus. Das Auflösungsvermögen der Sonde liegt nicht unter 15 cm Schichtdicke. Wassergehaltsänderungen werden deshalb bei der Sondenmessung geglättet. Messungen in 0–10 cm Tiefe sind nicht möglich, da dort das Meßvolumen noch teilweise in der Luft liegt. Die Erstellung einer Eichkurve zerstört meist den Meßplatz. Das anschließend versetzte Meßrohr findet häufig bereits veränderte Bedingungen vor. Die Messung mit der Neutronensonde ist trotz vieler Fehlerquellen und aufwendiger Eichungen weit verbreitet, da sie zerstörungsfrei mißt und die Relativwerte verläßlich sind.

6.2.3.4 *Bestimmung des Wassergehalts mit TDR (Time Domain Reflectrometry)*

Meßprinzip: Es wird die Laufzeit einer elektromagnetischen Welle entlang einer im Boden eingebauten Sonde gemessen. Die Laufzeit ist in erster Linie von der relativen Dielektrizitätskonstante Er des die Sonde umgebenden Mediums abhängig (Er ≈1 für Luft, Er ≈ 1–3 für Minerale, Er ≈ 80 für Wasser). Für die Geschwindigkeit gilt $V = c \sqrt{Er} + \mu$, wobei V = Ausbreitungsgeschwindigkeit im gemessenen Medium, c = Lichtgeschwindigkeit im Vakuum, μ = magnetische Permeabilität bedeuten.

Da Er hauptsächlich vom volumetrischen Wassergehalt abhängt und V aus Laufzeit und Sondenlänge ermittelt wird, kann eine TDR-Messung direkt den volumetrischen Wassergehalt bestimmen (PLAGGE, 1991). Das Meßvolumen liegt zwischen den beiden parallelen Sondendrähten und ist von deren Ausmaß abhängig.

Meßgerät und Messung: In der zu messenden Tiefe werden *TDR-Sonden* aus korrosionsfreiem Federstahl horizontal von einer Profilwand in den Boden gedrückt. Wegen der geringen Dicke der Sondendrähte ist die Kompaktion unerheblich. Die beiden Sondendrähte sind in einem Plexiglaskörper auf einen bestimmten Abstand fixiert (Meßvolumen). Die Sonde wird permanent oder nur zur Messung über ein Koaxialkabel mit dem eigentlichen *TDR-Gerät* (Impulsgenerator, Zeitmessung und Meßanzeige) verbunden. Der Wassergehalt wird direkt in Vol. % abgelesen (käufliche Geräte, z. B. Fa. Easy Test, Institut für Agrophysik, Lublin (Polen) vgl. MALICKI und SKIERUCHA, 1989).

Methodische Fehlerquellen: Unterschiede in Dichte, Salzgehalt, Temperatur, Bodenart, pH-Wert und selbst die magnetische Permeabilität haben nur einen geringen Einfluß auf die Wassergehaltsmessung. Die Laufzeit der Welle entlang der Sonde ist ein Integral über die Wasservolumina, weshalb ein vertikaler Einbau meist ausscheidet. Große Wassergehaltsunterschiede (z. B. große Hohlräume, Befeuchtungsfronten) führen zum Auftreten zusätzlicher Reflektionsfronten und damit Impulse, die die Auswertung erschweren (TOPP et al., 1982). Ansonsten können alle bisher bekannten Mineralböden mit derselben Eichung gemessen werden. Lediglich humusreiche Bodenhorizonte und Moore müssen mit einer anderen Eichkurve gemessen werden.

6.2.3.5 *Messung der Wasserspannung mit Tensiometern*

Neben der Bestimmung des Wassergehaltes sind für Vorhersagen über die Pflanzenwasserversorgung sowie zur Bestimmung der Richtung der Wasserbewegung Angaben über die Feuchte (das Matrixpotential) in verschiedenen Tiefen eines Bodens im Verlauf der Zeit notwendig. Da eine direkte Umrechnung von Wassergehalt in Tension über eine im Labor bestimmte pF-WG-Kurve nur eine erste Näherung darstellt, hat sich in der Praxis durchgesetzt, auch im Feld Tension und Wassergehalt zu bestimmen (Gründe: Hysterese – Gleichgewichtseinstellung; Nachteil: Messung ist nur bis pF 2,8 möglich). HARTGE und HORN (1989); DIN/ISO 11276.

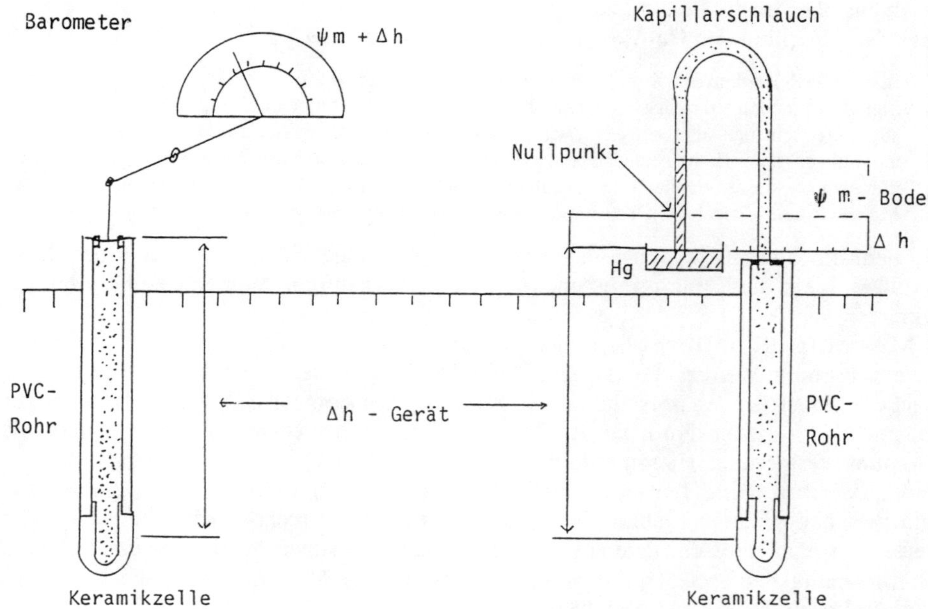

Abb. 6.2.2: Meßprinzip und Aufbau von Tensiometern

Meßprinzip: Ein wassergefülltes Rohr ist am oberen Ende verschlossen, am unteren Ende ist eine poröse keramische Zelle eingeklebt. Die Zelle ist im Kontakt mit der Bodenmatrix und durch die Poren der Keramik gibt es eine hydraulische Verbindung zwischen dem Bodenwasser und der Wassersäule im Tensiometer. Hierdurch wird das Matrixpotential im Boden über die Kapillaren der Keramik auf das Wasser im Tensiometer übertragen. Am anderen Ende des Tensiometers wird die Wasserspannung durch ein Manometer angezeigt. Der Meßbereich der Tensiometer reicht von Matrixpotentialen um –700 bis –800 cm WS bis zur Anzeige von Wasserdrücken im gesättigten Bereich. Bei höheren Wasserspannungen beginnt das Wasser im Tensiometer zu entgasen (zu sieden) und damit wird die Übertragung der Spannung auf das Meßgerät unterbrochen. Für praktische Zwecke sind Tensiometer wichtig, da für Pflanzenwasserversorgung, Versickerung und Wasserhaushaltsregulierung der Tensiometerbereich der wichtigste ist (Abb. 6.2.2).

Gerät und Einbau: Als Tensiometerzellen dienen keramische Materialien mit größten Poren von ca. 2 μm (z.B. P-80 Kerzen der Kgl. Preußischen Porzellanmanufaktur Berlin). Die *Keramikzellen* werden mit einem *wasserbeständigen 2-Komponenten-Kleber* in ein *Plexiglasrohr* von 20 mm lichter Weite eingeklebt (Länge des Plexiglasrohres: Meßtiefe + 10 cm; bei horizontalem/schrägem Einbau vgl. 6.1, 30 –50 cm). Das obere Ende ist mit einem *Silikonstopfen* oder einem *Schraubverschluß* zu versehen. Danach ist die *Manometereinrichtung* anzuschließen, die einen Meßbereich von + 100 cm WS bis –900 cm WS haben soll. Die Meßgenauigkeit soll im Bereich 100 cm WS bei 1 cm WS liegen. Als Manometer haben sich *Hg-Manometer* (Achtung! Gift, Gefahr der Bodenkontamination, Transportprobleme) mit Plexiglas-U-Rohr-Schenkellänge ca. 100 cm, Durchmesser innen ca. 3 mm außen ca. 5 mm bewährt. Die Verbindung zum Tensiometer geschieht über einen *PE-Schlauch,* der ca. 10 cm durch den Stopfen geführt wird und über den Anschluß des Hg-Manometers gestülpt wird.

In neuerer Zeit haben sich *Druckaufnehmer* (Transducer), die die Wasserspannung in ein elektrisches Signal umwandeln, durchgesetzt. Hier kann der Druckaufnehmer direkt auf das Tensiometerrohr aufgesetzt sein und über ein elektrisches Kabel mit dem Meßgerät verbunden werden. Einfacher und billiger ist der Einbau eines Septums. Dieses Septum wird zur Messung von einer Spritzenkanüle durchstoßen, die am tragbaren Druckaufnehmer-Meßgerät hängt. Auf diese Weise können mit einem Meßgerät eine Vielzahl von Tensiometern wiederholt gemessen werden (FREDE et al. 1984).

Vor dem Einbau muß das Tensiometer mit entgastem (abgekochtem), destilliertem Wasser befüllt werden; die Keramikzelle und die Manometerkapillare müssen ebenfalls gesättigt sein.

Messung und Berechnung: Vor der Messung muß der Nullpunkt des Tensiometers bestimmt werden. Hierzu kann man das Tensiometer in einen Eimer mit Wasser tauchen, wobei der Wasserstand in der Mitte der Tensiometerzelle liegen soll. Je nach Ansprechzeit (je nach Porosität der Zelle) wird nach Erreichen des Gleichgewichts der Nullpunkt festgestellt. Hierzu muß der vertikale Abstand (Länge der hängenden Wassersäule) zwischen Mitte Tensiometerzelle und Höhe des Meßgerätes auf ± 0,5 cm gleich sein, wie bei späterem Einbau. Der Nullpunkt kann auch rechnerisch ermittelt werden, wenn der Höhenunterschied gemessen wurde. Bei Quecksilbermanometern empfiehlt sich die Verwendung einer Skala, die vom Nullpunkt an einen Manometerschenkel angebracht wird und nach der Formel geeicht wird:

$$\varphi_m \text{ [cm]} = 2 \ \Delta h_{Hg} \left(\frac{\rho_{Hg}}{\rho_{H_2O}} - 1\right)$$

Für Normalbedingungen gilt 10 mm Hg-Säule = 25,2 cm WS oder 100 cm WS = 39,7 mm Hg-Säule. Der so abgelesene Wert entspricht dem Matrixpotential. Muß für die Bestimmung der Potentialgradienten das hydraulische Potential (φ_H) bekannt sein, so gilt:

$$\varphi_H = \varphi_z + \varphi_m$$

(Achtung! φ_m hat oberhalb des Grundwasserspiegels ein negatives Vorzeichen.)

φ_z ist die Höhe in cm der Tensiometerzelle über dem Grundwasser. Falls die Grundwassertiefe nicht bekannt ist, kann für die Berechnung auch eine beliebige Bezugsebene gewählt werden. Wenn die Bezugsebene unterhalb des tiefstgelegenen Tensiometers liegt, sind alle φ_z positiv.

Zum Einbau wird ein Bohrloch (vertikal oder horizontal) bis zur Tiefe des angestrebten Meßpunktes vorgebohrt. Anschließend wird das Tensiometer bis zum Erreichen von Widerstand eingeführt. Um besseren hydraulischen Kontakt zwischen Tensiometerzelle und Bodenmatrix zu erreichen, empfiehlt sich das Einschlämmen mit einer *Quarzschluffsuspension* (ca. 100–200 g in dünnbreiiger Konsistenz; bei horizontalem Einbau zuvor einspritzen). Große Hohlräume zwischen Tensiometer und Boden werden entlang des Schafts locker mit Bohrgut verfüllt. An der Oberfläche wird der Boden dann fest angedrückt und zusätzlich eine Gummimanschette ∅ ca. 5 cm um das Tensiometer gelegt, damit kein Wasser entlang des Tensiometers eindringt (vgl. HARTGE und HORN, 1989).

Darstellung der Ergebnisse: Die Ergebnisse werden in der Regel als pF-Werte dargestellt (d. h. logarithmiert). Die Abzisse dient als Zeitachse, die Ordinate ist entsprechend der auftretenden pF-Werte zu teilen. Es können Mittelwerte der Tiefenstufen gebildet werden. Interessiert die Wasserversorgung, so sind Matrixpotentiale zu wählen, interessiert die Wasserbewegung, so wird das hydraulische Potential gebildet.

Methodische Fehlerquellen: Es sind bei Tensiometern die natürliche Streuung (in durchwurzelten Böden bis zu 100 %) und systematische Fehler zu unterscheiden. Auch bei hoher natürlicher Streuung müssen die Veränderungen gleichgerichtet sein. Der wichtigste Fehler ist das Eindringen von Luft in das System. Deshalb müssen Tensiometer regelmäßig entlüftet werden. Dies kann durch einen Entlüftungsstutzen am höchsten Punkt geschehen. Die Meßwerte der Tensiometer hängen zeitlich den Feuchteveränderungen nach; die Zeitunterschiede sind aber meist unerheblich. Wenn das Tensiometer weit aus dem Boden herausragt, treten wegen der täglichen Temperaturschwankungen in der Luft deutliche Tagesgänge der Messung auf, die die Ergebnisse verfälschen. Die Messung sollte deshalb immer zur gleichen Tageszeit (kurz nach Sonnenaufgang) stattfinden oder die oberirdischen Teile werden mindestens beschattet. Wenn das Tensiometer fast bodengleich eingebaut wird und nur das geringe Volumen der Kapillare den stärkeren Temperaturschwankungen unterliegt, verringert sich der Fehler deutlich. Die Tensiometermessung ist in gefrorenem Zustand unmöglich. Deshalb sollten Tensiometer im Winter außer Betrieb genommen werden (Wasser entleeren). In der Übergangsjahreszeit hilft ein thermischer Schutz (Styropor) für die oberirdischen Teile oder ein Einbau der Tensiometer in eine Meßgrube (vgl. 6.1). Tritt im Boden selbst kein Frost auf (z. B. fast alle Waldböden mit Humusauflage) läßt sich durch Überschichten des Wassers in der Zelle und im unteren Teil des Tensiometers mit einer frostsicheren und nicht mit Wasser mischbaren Flüssigkeit, die sonst aber ähnliche Eigenschaften wie Wasser hat (Dichte, Temperaturausdehnung) wie z. B. *Dekalin* (Vorsicht! gesundheitsschädlich, STREBEL, 1970) ein ganzjähriger Betrieb gewährleisten. Der Einbau von Druckaufnehmertensiometern in einer thermoisolierten Meßgrube (vgl. 6.1) erreicht denselben Zweck.

6.2.3.6 Messung der Wasserspannung mit Gipselektroden

Meßprinzip: Die elektrische Leitfähigkeit eines Bodens ist (bei fester Elektrodenkonfiguration) nur abhängig von der Ionen-Aktivität (Konzentration) der Bodenlösung und dem leitenden Querschnitt (der Porenfüllung) zwischen den Elektroden. Die Aktivität der Bodenlösung kann konstant gehalten werden, wenn die Elektroden in einem Gipsblock (gesättigte Gipslösung = ca. 2 mS $\times$ cm^{-1}) eingebaut werden. Da Luft und Minerale eine äußerst geringe elektrische Leitfähigkeit haben, ist die gemessene Leifähigkeit nur von der Wassersättigung bzw. Porenfüllung abhängig. Der Meßbereich der Elektroden wird deshalb durch die Porenverteilung im Gipsblock festgelegt. Die größte Empfindlichkeit liegt dort, wo das Maximum der Poren liegt (häufig bei 0,1–1,0 µm). Es gibt keine Begrenzung des Meßbereichs wie beim Tensiometer.

Geräte und Eichung: Die Gipselektrode (z. B. Firma WTW) besteht aus einem Gipsblock, in dem zwei Silberelektroden fixiert und vollständig eingegossen sind. Aus den Elektroden ragt ein fixierter und schließlich freier Teil von zwei isolierten Klingeldrähten, die jeweils in einem Bananenstecker enden. Die elektrische Leitfähigkeit wird mit einem batteriegetriebenen Leitfähigkeitsgerät gemessen. Die Elektroden können auch selbst gebaut werden (vgl. HARTGE und HORN, 1989).

Alle, auch käufliche Elektroden, müssen vor dem Einbau einzeln geeicht werden. Von Herstellern mitgelieferte Eichkurven bewähren sich nicht, da die Leitfähigkeits-Potentialabhängigkeit von Elektrode zu Elektrode verschieden ist. Für die Eichung werden die Elektroden im Bereich der für die Messung in Frage kommenden Wasserspannungen geeicht. Dabei wird im Bereich pF 3.0–4.5 in einer Überdruckapparatur (5.3.3) und im Bereich 4.5–6.5 mit hygroskopischen Salzlösungen in einem Exsikkator (5.3.3) entwässert. Bei der Überdruckapparatur ist darauf zu achten, daß die Elektroden einen guten Kontakt mit der Platte oder Membran haben. Hierzu eignet sich eine Lehmpackung. Die Elektroden werden sofort nach Öffnen des Apparates gemessen. Die Gleichgewichtseinstellung muß durch Mehrfachmessung oder durch Vorversuche sichergestellt werden (ca. 1 Woche pro Stufe). Bei den höheren Stufen werden die Kabel seitlich aus dem Exsikkator geführt, so daß die Messung durchgeführt werden kann, ohne das System zu öffnen (Einstellzeit 10–14 Tage pro Stufe).

Einbau und Messung: Für den Einbau ist eine Bohrung horizontal oder vertikal bis zum Ort der Messung mit einem Gerät vorzutreiben, das mindestens einen 0,5 cm größeren Durchmesser hat als die Elektrode. Anschließend werden ca. 5–10 g lockerer Boden zurückgeworfen. Die *Elektrode* wird über einem *PVC-Rohr,* das einen kleineren Durchmesser als die Elektrode hat und durch das die Kabel reichen, angebracht. Die Kabel müssen mindestens doppelt so lang wie die Einbautiefe sein oder mit etwas Schnur verlängert werden. Die Elektrode wird jetzt mit dem PVC-Stab in das Bohrloch eingeführt und leicht angedrückt; danach wird das Rohr herausgezogen, die Stecker an einem kleinen Stab fixiert und das Bohrloch vorsichtig horizontweise verfüllt und eingeschlämmt, damit die Lagerung möglichst natürlich ist und keine bevorzugten Wasserwege entstehen. Die Stecker werden in der Meßgrube (6.1) oder in einen luftdichten *Kunststoffbehälter* zwischen den Messungen trocken aufbewahrt (z. B. mit *Silicagel*). Die Messungen können in größerem zeitlichen Abstand stattfinden, ca. alle 3 Tage, da bei hohen pF-Bereichen die Änderung der Wasserspannung i. d. R. langsam vor sich geht. Die Meßwerte werden mit der Eichkurve in pF-Werte umgerechnet. Eine Umrechnung in Wassergehalte ist nur möglich, wenn auch die pF-WG-Beziehung (Vorsicht: Hysterese) für den gemessenen Horizont vorliegt (5.3.3).

Darstellung der Ergebnisse: Die auf pF-Werte umgerechneten Ergebnisse lassen sich wie Tensiometermessungen als Zeitfunktion darstellen (6.2.3.5).

Methodische Fehlerquellen: Die Tatsache, daß gesättigte Gipslösung in der Elektrode vorliegt, führt zu einem dauernden Umfällen der Gipskristalle und somit zu einer Veränderung des Porensystems. Besonders in humiden Böden/Jahreszeiten werden die Elektroden auch von außen angelöst. Deshalb ist es besser, größere Elektroden zu verwenden, die aber eine geringere Ansprechempfindlichkeit haben. Wegen der Veränderung des Porensystems müssen die Elektroden spätestens nach 2 Jahren ersetzt werden. Die absoluten Werte der Elektroden (cm WS) streuen mit zunehmender Wasserspannung wegen der nun schlechteren Wasserleitfähigkeit immer stärker. Die Fehler der pF-Werte sowie der Wassergehalte werden dagegen geringer (Logarithmen und geringere Wassergehaltsänderungen).

6.2.3.7 Messung des Grundwasser- bzw. Stauwasserstandes mit Piezometerrohren

Meßprinzip: In einem Meßrohr bildet sich im gesättigten Bereich ein freier Wasserspiegel aus. Die Höhe des Wasserspiegels gibt das hydraulische Potential für den Bereich an, aus dem Wasser in das Rohr eintreten kann.

Geräte und Einbau: Der Wasserstand ist in einem Rohr von ca. 5 cm ∅ zu bestimmen. Das Rohr soll in dem zu messenden Bereich (z. B. Schwankungsbereich des Grund- bzw. Stauwassers) perforiert bzw. geschlitzt sein. Die Tiefe, d. h. die Rohrlänge und der durchlässige Bereich werden durch Sondierungen vorher festgelegt. Das Piezometerrohr darf auf keinen Fall den Wasserstauer des zu messenden Wasserkörpers durchstoßen. Beim Einbau wird mit einem *Bohrer*, der einen nur ca. 0,2 cm größeren Radius als das Meßrohr hat, bis in die angestrebte Tiefe vorgebohrt. Anschließend wird das *Piezometer* in das Loch eingelassen, notfalls bis zur gewünschten Tiefe eingeschlagen. Bei Böden, die stark zur Verschlämmung neigen, und deshalb das Rohr zusetzen, empfiehlt sich eine wesentlich größere Bohrung durchzuführen und das Rohr mit einem Kies-Sand-Mantel zu umgeben. Bereiche, die nicht gemessen werden sollen, werden mit einer *Bentonitpackung* abgedichtet. Der Boden wird in der Nähe der Oberfläche stark angedrückt und das Rohr mit einer *Verschlußkappe* versehen. Die Messung erfolgt mit einer *Patsche* (Abb. 6.2.3: bei Erreichen des Wasserspiegels wird ein Ton erzeugt) oder einem Lichtlot (bei Erreichen des Wasserspiegels leuchtet eine kleine Lampe auf).

Soll der Wasserstand kontinuierlich gemessen werden, so muß über einen Schwimmer der Wasserstand auf einen von einem Uhrwerk getriebenen Schreibstreifen aufgezeichnet

Abb. 6.2.3: Prinzip einer Patsche

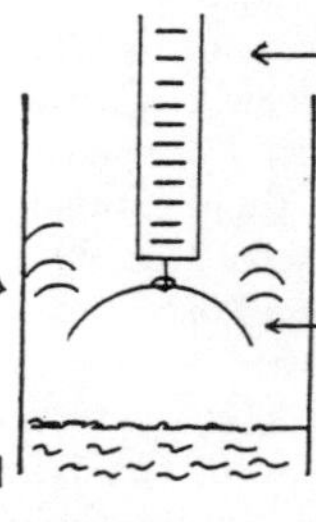

werden. Käufliche Schwimmer haben häufig einen Durchmesser von min. 8–10 cm, so daß die Piezometer-Rohre 10–12 cm ∅ haben müssen. Eine einfache elektrometrische Methode beschreiben SCHOLICH und FIEDLER (1994).

Darstellung der Ergebnisse: Die Höhe des Wasserspiegels wird in cm unter G.O.F. angegeben. Besteht ein Meßfeld mit mehreren Piezometern, so sind die Höhenunterschiede des Geländes zu nivellieren, damit die Wasserspiegel einheitlich auf ein Niveau bezogen werden können. Die Darstellung erfolgt in der Regel als Diagramm, in dem die Tiefe gegen die Zeit abgetragen wird.

Methodische Fehlerquellen: In das Piezometer tritt Wasser nur aus Grobporen ein; deshalb kann der Boden (fast) vollständig wassergesättigt sein, ohne daß in Piezometern freies Wasser auftritt (Haftwasser). Bei geringer Wasserleitfähigkeit hinkt die Anzeige stark den Veränderungen im Boden nach. Bei Messungen mit Schwimmern kann ebenfalls durch mechanische Reibung die Anzeige nachhinken. Wurde bei Einbau die falsche Tiefe perforiert, kann es zu Fehlmessungen kommen, da das Rohr als Drän wirkt oder zwei Wasserkörper auf die Anzeige einwirken.

6.2.3.8. Messung der Richtung und Menge des Flusses bei gesättigter Wasserbewegung

Meßprinzip: Zur Bestimmung der Wasserbewegung im gesättigten Zustand genügt es, die Richtung des größten Gefälles und das Ausmaß des Gravitationspotentials zu kennen. Die Menge des Wassers läßt sich aus der Schichtdicke, dem Gravitationspotential, dem Porenvolumen und der Wasserleitfähigkeit ermitteln. Ist die Wasserleitfähigkeit nicht bekannt, so kann mit Hilfe von Tracerexperimenten die höchste und mittlere Geschwindigkeit der Wasserbewegung bestimmt werden.

Geräte: Die Richtung der Wasserbewegung läßt sich nur eindeutig bestimmen, wenn mindestens *3 Piezometer* in einer Dreiecksanordnung eingebaut sind. Die Piezometer sind so einzubauen, daß sie denselben Wasserkörper bestimmen. Die Abstände sind so zu wählen, daß Abstände und Höhenunterschiede mit genügender Genauigkeit (Entfernung < 10 cm, Höhe < 1 cm) zu bestimmen sind. In ebenem Gelände werden dabei größere Abstände (ca. 100 m), in stark geneigtem Gelände geringere (ca. 10 m) benötigt.

Messung und Berechnung: Zur Bestimmung der Richtung der Wasserbewegung muß durch ein Nivellement die Höhe der Geländeoberfläche, insbesondere aber die Relativhöhe der Piezometerrohre bekannt sein. Wird jetzt in den Piezometern der Wasserstand gemessen, so lassen sich alle Wasserstände auf 1 Bezugsniveau reduzieren. Die Höhe wird nun entlang der Seiten des Dreiecks so interpoliert, daß Grundwasser/Stauwasserisohypsen konstruiert werden können. Die Richtung der Wasserbewegung (das größte Gefälle) läuft senkrecht zu den Isolinien. Die Meßpunkte sollen so liegen, daß eine lineare Interpolation erlaubt ist (ebener oder gleichmäßig geneigter Verlauf der Grundwasseroberfläche).

Die Menge des Wassers, die durch einen Quadratmeter Grundfläche seitlich austritt, läßt sich mit der abgewandelten Darcy-Formel (vgl. STAHR et al. 1982) beschreiben:

$$V = \frac{kf}{n} \times \frac{F \times \Delta h \times t}{L} \text{ cm}^3,$$

wobei n der Viskositätsfaktor (20° = 1,0, 10° = 1,3, 5° = 1,5, 0° = 1,8), kf die gesättigte Wasserleitfähigkeit [cm × sec^{-1}], F = Schichtdicke (cm) × Breite des Ausschnitts (= 100 cm), Δh = Gefälle (cm) pro m, t = Zeit (s), L = Fließstrecke (100 cm) bedeuten.

Die wirkliche Geschwindigkeit der Wasserbewegung kann auch in einem Tracerversuch bestimmt werden. Dazu wird der *Tracer* (z. B. ein org. Farbstoff Uranin oder NaBr, in den höchstgelegenen Brunnen (Piezometer) injiziert und anschließend regelmäßig mindestens ein möglichst genau im Gefälle liegender tieferer *Piezometer* beprobt. Die Konzentration des Tracers wird bestimmt. Der Zeitpunkt der höchsten Konzentration des Tracers ergibt die mittlere Geschwindigkeit des Wassers. Für die Berechnung der Wassermenge ist, dann das Porenvolumen des Wasserleiters getrennt zu bestimmen (dies war in kf bereits berücksichtigt - vgl. KELLER, 1969, Kap. 2.3.2).

Methodische Fehlerquellen: Die Berechnung gilt nur für eindimensionales Fließen. Der Fließquerschnitt wie auch das Gefälle sind zeitlich variabel; die Berechnung gilt deshalb nur für Perioden, in denen stationäres Fließen angenommen werden darf. Nicht genau zu definieren ist die Untergrenze der Grund- oder Stauwasserkörper (die Wasserbewegung wird dort allmählich geringer). Es wird angenommen, daß die Oberfläche und die Basis des Grundwasserkörpers gerade sind.

6.3 Lufthaushalt und Redoxdynamik

Wegen des Sauerstoffbedarfs der meisten Pflanzenwurzeln und wegen der Redoxabhängigkeit der meisten biologisch-chemischen Prozesse in Böden ist die Kenntnis des Gasaustausches eines Bodens oft von entscheidender Bedeutung. Das Luftvolumen jedes einzelnen Bodens ändert sich mit seinem Wassergehalt.

6.3.1 Meßtechnische Grundlagen

Wie bei allen Haushalten ist für die Bestimmung eine Vorratsgröße = Luftvolumen, eine Gradientenbestimmung = Partialdrücke und eine Transportgröße = Gasfluß, zu bestimmen.

Luftvolumina im Boden können bisher nicht in situ gemessen werden. Dazu geeignete pyknometrische Methoden (5.3.3) sind nur in gasdicht abschließbaren Volumina durchführbar, weshalb im Gelände indirekte Bestimmungen über Lagerungdichte und Wassergehalt genügen müssen. Bei der Gradientenerfassung empfiehlt sich die Entnahme von Gasproben aus bestimmten Bodentiefen. Das zur Analyse bestimmter Gase notwendige Volumen erfordert häufig die Gewinnung großer Volumina. Dort wo in Böden nur geringe Luftanteile vorhanden sind, kann die Probenentnahme den Lufthaushalt stark stören. Deshalb sollte möglichst drucklos gearbeitet werden und die Volumina so gering wie möglich gehalten werden. Flüsse werden bisher nur an der Bodenoberfläche bestimmt, wobei eine Messung des Flusses ohne Störung nicht möglich ist. Eine gute Näherung zur Bestimmung der Bodenatmung und anderer Gasflüsse ist das Verfahren der Lundegardh-Glocke. Hierbei werden die Konzentrationsgradienten und auch die Lebensbedingungen für Organismen in Oberflächennähe verändert, so daß nur Messungen für kurze Zeiten sinnvoll sind.

Neben der direkten Gasmessung können auch physikochemische Parameter gemessen werden, die zwar die Bodenlösung charakterisieren, aber in enger Beziehung zum Lufthaushalt stehen. Hierbei werden spezielle Elektrodenpotentiale verwendet z. B. Redoxpotential, Sauerstoffdiffusionsrate.

6.3.2 Luftvolumen im Jahresgang mit Hilfe indirekter Bestimmung

Es existiert keine praktikable Methode zur direkten Bestimmung des Luftvolumens im Gelände.

Meßprinzip: Generell gilt

Luftvolumen = Porenvolumen - Wasservolumen.

Bei starren Porensystemen genügt es deshalb, das Porenvolumen einmalig im Labor nach 5.3.3 zu bestimmen, das Wasservolumen kontinuierlich nach 6.2.3 zu bestimmen und dann das Luftvolumen horizontweise durch Differenzbildung zu erfassen.

Bei dynamischen Porensystemen müssen auch die Änderungen des Porenvolumens und deshalb folgerichtig 2 Größen bestimmt werden. Dies gelingt über eine regelmäßige Dichtebestimmung, z. B. mit einer *Gamma-Sonde* oder durch Messung der Lagerungsdichte, da gilt:

$$PV = 100 - SV = 100 - \frac{SG}{\rho_p}$$

(PV = Porenvolumen, SV = Substanzvolumen, SG = Substanzgewicht (g), ρ_p = Dichte der Festsubstanz (g/cm^3). Die Formel kann für Stechzylinder von 100 cm^3 Volumen angewandt werden. Sonst muß auf die Volumeneinheit umgerechnet werden. Bei stark quellenden Böden (Pelosolen/Vertisolen) lassen sich die Änderung der PV auch angenähert durch Bestimmung der Höhenveränderung der Bodenoberfläche bestimmen.

Geräte und Messung: Das Wasservolumen wird nach 6.2.3 bestimmt, das Porenvolumen einmalig nach 5.3.1. Um die Veränderung der Bodenoberfläche zu bestimmen, kann ein Stahlstift in einer Bodentiefe eingebaut werden, die nicht mehr an der Quellung und Schrumpfung teilnimmt. Hierzu wird mit einem *Bohrer* bis in den C-Horizont (z. B. das schichtige Tongestein oder den vergrusten Basalt) vorgebohrt. Dann wird ein starrer *Stahlstift* so tief eingeschlagen, daß er fest im Untergrund sitzt und noch ca. 10–20 cm aus dem Boden ragt. Der Stab wird mit etwas *Zement* an der Basis zusätzlich fixiert. Über den Stahlstab wird nun ein *Rohr* gestülpt, so daß es den Stab nicht berührt und dieser deshalb vom Quellen und Schrumpfen des Bodens nicht beeinflußt wird. Der fixierte Stab wird neu gegenüber der Bodenoberfläche *nivelliert* (ca. 10 Punkte). Das Nivellment muß je nach Intensität der Veränderungen regelmäßig wiederholt werden. Da beim Quellen und Schrumpfen sich die Masse der Festsubstanz nicht ändert, sind die Höhenunterschiede direkt als Änderungen des Porenvolumens aufzufassen. ΔH [mm] = ΔV [$l \times m^{-2}$], d.h. eine Veränderung der Höhe um 1 cm verändert das Porenvolumen z.B. bis 50 cm Tiefe um durchschnittlich 2 %. Um Zwischenmaße für die Veränderung des Volumens zu erhalten, können mit geringerer Einbautiefe verschiedene Stäbe eingebaut werden. Die Messungen sind allerdings systematisch ungenauer, da durch diesen Einbau die Dynamik verändert wird und die Stäbe sich im Laufe der Zeit auch seitlich verlagern können.

Methodische Fehlerquellen: Die Bestimmungsgenauigkeit des Luftvolumens wird durch die des Porenvolumens und des Wasservolumens bestimmt, deshalb ist im Felde kaum ± 2 % zu unterschreiten, obwohl das relevant sein kann. Bei der Kontrolle der Bodenoberfläche über Nivellement muß sichergestellt werden, daß die eingebauten Fixpunkte nicht durch bevorzugte Versickerung im Laufe der Zeit selbst verändert werden. Die erreichbare Genauigkeit hängt hierbei hauptsächlich von der Rauhigkeit der Bodenoberfläche ab, da bei einem einzelnen Nivellement der Fehler kleiner als 1 mm = 0,1 Vol. % bis 1 m Tiefe ist.

6.3.3 Bodenatmung

Prinzip: Die Messung beruht auf der Annahme, daß jederzeit äquivalente Mengen von CO_2 aus dem Boden heraus und O_2 in den Boden hinein diffundieren. Flüsse anderer Gase sind demgegenüber gering (außer Wasserdampf). Die Freisetzung von CO_2 steht in direkter Beziehung zur mikrobiellen Aktivität im Boden.

Versuchsdurchführung: Über einer kleinen vegetationsfreien Fläche (sonst werden die oberirdischen Pflanzenteile abgeschnitten) wird mit einer *Lundegardh-Glocke* oder einfacher mit einem *Metalleimer* (ca. 10 l) ein Luftvolumen abgeschlossen. Bei der Lundegardh-Glocke wird ein *Stahlring* in den Boden eingetrieben, auf dem ein U-Profil aufgeschweißt ist. Zur Messung wird das Profil mit Wasser gefüllt und eine Glocke, die in das Wasser eingetaucht und damit ein Volumen gasdicht abschließt, aufgesetzt. Andernfalls wird einfach ein tonnenförmiger Metalleimer ca. 2 cm in den Boden gedrückt und schließt damit die Bodenoberfläche ab. Der Durchmesser beider Geräte beträgt ca. 30 cm. Durch Diffusion von CO_2 aus dem Boden und O_2 in den Boden nähert sich die Gaskonzentration derjenigen der Bodenluft an, wodurch der Diffusionsgradient verloren ginge. Dies wird dadurch verhindert, daß in den Bodenraum ein Gefäß mit *$Ba(OH)_2$-Lauge* (nach 5.6.3.7) eingebracht wird, welches das frei werdende CO_2 absorbiert. Statt Barytlauge kann auch Natronlauge oder Natronasbest verwendet werden. Es empfiehlt sich den Versuch nur 1/2–1 h laufen zu lassen, da sonst die Störung gegenüber der Nachbarschaft zu groß ist.

Die gebundene CO_2-Menge wird wie bei (5.6.3.7) nach Titration mit *0,1 M Salzsäure* errechnet und dann auf die Fläche und die Zeit bezogen nach

$$X' = \frac{X \times 10^4 \times 60}{F \times t} \quad [mg \times m^{-2} \times h^{-1}] ,$$

wobei X' die Bodenatmung, X die bestimmte Menge CO_2 (mg), F die Auffangfläche (cm^2) und t die Meßzeit (min) sind.

Die Bodenatmung ist stark von Tagesgang, Witterung und Jahreszeit abhängig und schwankt auch kleinflächig stark. Es ist deshalb sinnvoll mehrere (4–8) Parallelmessungen durchzuführen und zur Quantifizierung der Bodenatmung Tagesgänge (4 bis 6 Messungen à 1 h) zu ermitteln.

Methodische Fehlerquellen: Die so ermittelte Bodenatmung kann als Maß für die (mikro)-biologische Aktivität eines Bodens und als Maß für die CO_2-Versorgung höherer Pflanzen aus dem Boden verwendet werden. Da durch die Messung aber die natürlichen Fließgleichgewichte gestört werden, muß die Interpretation äußerst vorsichtig geschehen. Verändert wird durch die Messung der Temperaturgradient (Boden - Luft), deshalb muß die Meßeinrichtung stets abgeschirmt werden. Wurde die oberirdische Vegetation vor der Messung entfernt, so wird der Wert dennoch von der andauernden Wurzelatmung beeinflußt. Außerdem wird die Luftbewegung durch die Meßglocke unterbunden, wodurch die Diffusion/Konvektion behindert wird.

Unter erheblich größerem Aufwand läßt sich eine CO_2-Bilanz mit und ohne Vegetation durchführen, wenn die Messung in einer Kammer durchgeführt wird, wo der Luftaustausch entspreched der Windverhältnisse gesteuert werden kann und laufend Umgebungsluft bekannter CO_2-Konzentration zugeführt wird. Die Abluft muß dann ebenfalls kontinuierlich, z.B. mit einem Ultrarotabsorptionsspektrometer gemessen werden. Aus der Differenz ergibt sich dann die Bodenatmung in ungestörtem Zustand (zur Bestimmung der mikrobiellen CO_2-Produktion in situ vgl. 6.5.2.2).

6.3.4 Sauerstoffdiffusionsrate

Meßprinzip: Durch Anlegen einer Spannung kann an einer Platin-Kathode in Wasser gelöster Sauerstoff nach der Formel

$$O_2 + 4e^- + 2H_2O \rightarrow 4\ OH^-$$

reduziert werden. Da durch die Reduktion in der Umgebung der Elektrode - wie bei der Atmung in der Umgebung eine Pflanzenwurzel - der O_2-Partialdruck abgesenkt wird, entsteht ein Konzentrationsgefälle zur Elektrode hin. Die Sauerstoffdiffusionsrate stellt nach LEMON und ERICKSON (1952) den Wert dar, der bei Erreichen eines Diffusionsgleichgewichts gemessen wird.

Versuchsdurchführung: Eine *Platinelektrode* (ca. 10 mm lang, ca 1 mm dick) von bekannter Oberfläche wird sorgfältig (vgl. 6.1) seitlich oder wie bei Gipselektroden beschrieben von oben in den ungestörten Boden eingedrückt. Die vorgebohrte Höhlung wird sorgfältig verfüllt, wobei das abgeschirmte Kabel aus dem Bohrloch mindestens 30 cm herausreicht. Als Vergleichselektrode dient eine *Kalomelelektrode,* die in den feuchten (evtl. angefeuchteten) Oberboden gedrückt wird. Der Stromkreis wird über eine Batterie (Trocken- oder Autobatterie) geschlossen. Als *Meßgeräte* dienen gekoppelt ein Voltmeter (0,01–2,0 V) und ein µ-Amperemeter.

Als Meßspannung werden allgemein 0,8 V = 800 m V angelegt. Als Meßwert dient der nach Einstellung eines Gleichgewichts nach 1–4 Minuten abgelesene Strom (µA). Die Messung kann wiederholt werden, dann stellt sich der Gleichgewichtszustand schneller (manchmal auch tiefer) ein. Berechnet werden aus Stromstärke (Y) und Elektrodenoberfläche (F) der an die Elektrode diffundierte Sauerstoff nach der Formel

$$X\ [\mu g\ O_2 \times min^{-1} \times cm^{-2}] = 4.974\ [\mu g \times min^{-1} \times \mu A^{-1}] \times \frac{Y\ [\mu A]}{F[cm^2]}$$

Der Faktor (4.974) ergibt sich aus der pro Ladungseinheit in einer Minute abgeschiedenen Sauerstoffmenge.

Die Vorteile der Methode liegen in der einfachen Durchführung und der großen räumlichen Auflösung ohne das Bodengefüge stark zu verändern. Außerdem wird der Sauerstoff in der wässrigen Phase des Bodens gemessen, woraus er auch von Pflanzenwurzeln entzogen wird.

0,02 $\mu g\ O_2 \times min^{-1} \times cm^{-2}$ gelten nach Armstrong (1967) als sehr geringe Versorgung, 0,2 $\mu g\ O_2 \times min^{-1} \times cm^{-2}$ nach BOLT et al. (1970) als Untergrenze der ausreichenden Versorgung.

Methodische Fehlerquellen: Große Streuungen der Meßwerte bei Parallelen gehen meist auf natürliche Variabilität zurück, sofern keine Einbaufehler vorliegen. Parallelelektroden reagieren immer synchron (d. h. nehmen gleichzeitig ab oder zu). Die Methode unterstellt, daß bei der gewählten Spannung nur (oder fast ausschließlich) O_2 an der Elektrode reduziert wird. Im Boden können aber auch Fe^{3+}, Mn^{4+}, Cu^{2+}, NO_3^- reduziert werden. Deshalb empfiehlt ARMSTRONG (1967) vor der Messung eine Strom-Spannungskennlinie aufzunehmen, um sicher zu sein, daß die gewählte Spannung im Plateau des O_2 liegt. Leider verändern sich die Kennlinien durch Feuchteänderungen. Wegen der häufig nicht vollständig bekannten Meßbedingungen sind die Aussagen der Methode nur als halbquantitaiv zu werten.

Nach der ODR-Messung darf nicht das Redoxpotential gemessen werden, da durch die Messung die Redoxverhältnisse verändert werden.

6.3.5 Bestimmung des Redoxpotentials

Meßprinzip: Das Redoxpotential wird in Lösungen gemessen und gibt den Redoxzustand bzw. die Richtung einer Redoxveränderung in reinen Systemen an. Nach der Nernst-Formel ist das Redoxpotential

$$Eh = Eo + \frac{R \times T}{n \times F} \times \ln \frac{a\ Ox}{a\ Red}$$

abhängig vom Normalpotential einer Reaktion, von physikalisch-chemischen Größen und vom Aktivitätenverhältnis der beteiligten Ionen. Eine Verrechnung nach dieser Formel ist jedoch in Böden nicht möglich, da die auftretenden Potentiale stets Mischpotentiale verschiedener Redoxreaktionen darstellen und die Potentiale der Lösung durch die feste und gasförmige Phase des Bodens beeinflußt werden. Wesentlich für Böden sind eine Fülle von Redoxübergängen wie z. B. O_2-Reduktion, Denitrifikation, Mn-, Fe-Reduktion, Desulfurikation und Methanbildung sowie jeweils deren Gegenreaktion. Die Messung des Redoxpotentials kann deshalb in Böden lediglich den Stabilitätsbereich bestimmter Ionen angeben, ohne Redoxreaktionen zu quantifizieren.

Versuchsdurchführung: Eine *Platinelektrode* (vgl. 6.3.4) wird mit möglichst geringer Störung in ein Bodenprofil oder Bohrloch eingebaut und vollständig in den Bodenkörper eingedrückt. Das abgeschirmte Kabel wird aus dem Bohrloch herausgeführt, letzteres anschließend sorgfältig mit Originalbodenmaterial verfüllt. Als Vergleichselektrode dient häufig eine *Kalomelelektrode* (Achtung! Potential wird um 250 mV gegenüber Normalwasserstoffelektrode zu tief angezeigt), die in den feuchten Oberboden gesteckt wird. Die Messung erfolgt mit einem Millivoltmeter. Der Meßwert (bei Kalomelelektrode + 250 mV) gibt direkt das herrschende Redoxpotential an. Bei Kenntnis der wichtigsten beteiligten Ionen lassen sich die Werte Stabilitätsfeldern von Redoxzuständen zuordnen (GARRELSund CHRIST, 1965). Die Messungen können kontinuierlich durchgeführt werden, da die Messung selbst den Zustand nicht ändert.

Darstellung der Ergebnisse: Die Ergebnisse lassen sich direkt als Eh-Werte in einer Zeitfunktion darstellen. Dabei können verschiedene Tiefen in einem Diagramm verglichen werden. Da die Redoxpotentiale auch vom pH-Wert abhängen, wird häufig auf einen Vergleichswert von pH 7 umgerechnet (Eh7). Hierbei werden je pH-Stufe 59 mV bei pH-Werte unter 7 abgezogen, bei pH-Werten über 7 addiert. Der pH-Wert der Bodenlösung muß für die Umrechnung ebenfalls in situ bestimmt sein (auf keinen Fall an getrockneten Proben).

Das Reduktionsvermögen läßt sich auch durch den Wasserstoffionendruck ausdrücken:

$$rH = \frac{Eh}{28{,}75} + 2\ pH$$

Hierbei liegen die Werte zwischen = 0 (1 Bar H_2) und 41 (1 Bar O_2). Näheres und Bewertung der Ergebnisse s. 3.5.4.6 und 7.3.3

Methodische Fehlerquellen: Die Redoxpotentiale schwanken auf kürzeste Distanz im Boden stark (z. B. Grobporen - Aggregatinneres, Wurzelnähe - Wurzelferne). Deshalb sollte spätestens bei Ausbau der Elektrode der Ort im Gefüge genau erfaßt werden. In einem Horizont können Unterschiede bis zu 400 mV auftreten. Einzelne Elektroden zeigen dagegen nur geringe Schwankungen, solange keine relevanten Änderungen im Redoxsystem des Meßortes auftreten (Austrocknen, Quellen und Schrumpfen, Temperaturänderung). Mittlere Potentiale sind auch bei großer Zahl der Einzelmessungen häufig nicht repräsentativ, da in einem Horizont (Go eines Gleys) z. B. Mn-Oxidation und Fe-Reduktion wenige mm von einander entfernt auftreten können. Ist der Oberboden trocken, läßt sich das Redoxpotential des Unterbodens nicht korrekt messen. In diesem Fall ist über eine Salzbrücke (perforiertes Plastikrohr mit Agar-fixiertem, konzentriertem KCl) der Kontakt zwischen Pt- und Bezugselektrode herzustellen. Diese Empfehlung gilt generell für ein sulfidisches Milieu, da sonst die Bezugselektrode kontaminiert wird. Die Messung kann durch andere Messungen gestört werden, wenn diese in den Redoxzustand des Bodens eingreifen (z. B. 6.3.3 ODR, Gewinnung der Bodenlösung durch Saugkerzen etc.). Fehlender Kontakt zum Boden (z.B. Lage in Grobporen) führt zu Fehlmessungen (zu hoch). Pt-Elektroden verändern sich bei ausschließlicher Redoxmessung meist jahrelang nicht. In sulfidischem Milieu können allerdings nach einiger Zeit Beläge zu Fehlmessungen führen. Dann muß die Pt-Oberfläche öfter mit sehr feinkörnigem Schleifpapier gereinigt werden.

6.4 Energiehaushalt

6.4.1 Meßtechnische Grundlagen

Die wichtigsten Größen des Energiehaushalts von Böden sind die Temperatur zur Charakterisierung des Wärmezustands, die Wärmekapazität zur Charakterisierung der Wärmemenge und die Wärmeleitfähigkeit zur Beschreibung des Wärmetransports.
Wärmekapazität und Wärmeleitfähigkeit sind als Konstanten aufzufassen, die sich allerdings in Abhängigkeit vom Wassergehalt stark verändern. Da diese Größen zudem nur mit größerem Meßaufwand direkt zu bestimmen sind, beschränken sich Beobachtungen zum Wärmehaushalt oft auf Zustandserfassungen (Temperaturmessungen). In Kenntnis der Anteile des Wassers, der Luft, der mineralischen und organischen Fraktion lassen sich daraus horizontweise Wärmemengen und Wärmeleitung abschätzen (HARTGE und HORN 1991).
Neben der aktuellen Temperatur sind die Kenntnis der mittleren Temperatur des Wurzelraumes während eines bestimmten Zeitraumes (z. B. Vegetationsperiode) bzw. der in diesem Zeitraum angebotenen Wärmemenge ökologisch bedeutsame Größen. Sie lassen sich einerseits aus Zeitreihen der Temperaturmessung ableiten, was sehr aufwendig ist. Eine einfachere Möglichkeit bietet die Invertzuckermethode nach PALLMANN (1940). Dabei dient die in ihrer Intensität temperaturabhängige Hydrolyse von Rohrzucker zu Invertzucker (ein Gemisch) aus [+]-Glucose und [–]-Fructose)

$$C_{12}H_{22}O_{11} + H_2O \cdot C_6H_{12}O_6 + C_6H_{12}O_6$$

unter Säureeinfluß als Maß für die Mitteltemperatur. Die Umwandlung des optisch rechtsdrehenden (+)Rohrzuckers in optisch linksdrehenden (–)Invertzucker läßt sich mit einem Kreispolarimeter einfach messen (SCHMITZ u. VOLKERT 1959). Man erhält dabei ein exponentielles Temperaturmittel (eT). Dieses ist ökologisch aussagekräftiger als ein arithmetisches Mittel, da die Intensität der Organismentätigkeit eher exponentiell denn linear mit der Temperatur steigt.

6.4.2 Bodentemperatur mit Thermometern

Mit speziellen Bodenthermometern läßt sich die Temperatur in einer gewünschten Bodentiefe bis etwa 50 cm auf ± 0,1 °C genau bestimmen.

Einbau und Messung: Bodenthermometer sind *Quecksilberthermometer,* die zur Erleichterung der Ablesung eine um ca. 30° abgewinkelte Meßskala haben (Abb. 6.4.1).

An der gewünschten Meßstelle wird zunächst ein *Stahldreieck* als Halterung in den Boden gedrückt. Dann wird mit einem *Peilstab,* der den gleichen Durchmesser wie das Thermometer hat, ein Loch bis in die gewünschte Tiefe vorgedrückt. Anschließend wird das Thermometer vorsichtig bis zum Anschlag in das Loch eingeführt und an der Halterung mit einem flexiblen Band möglichst zweifach befestigt. Einbautiefen von 5, 10, 20 und 40–50 cm werden zur Beobachtung kurzfristiger Temperaturänderungen empfohlen.

Auswertung und Darstellung der Meßwerte: An der Bodenoberfläche ist an Strahlungstagen die Temperatur bei Sonnenaufgang am tiefsten und nachmittags am höchsten. Durchschnittliche Temperaturen erhält man durch Mittelbildung wobei

$$\varnothing T = \frac{\text{Min} + 2\ \text{Max}}{3}$$ üblich ist.

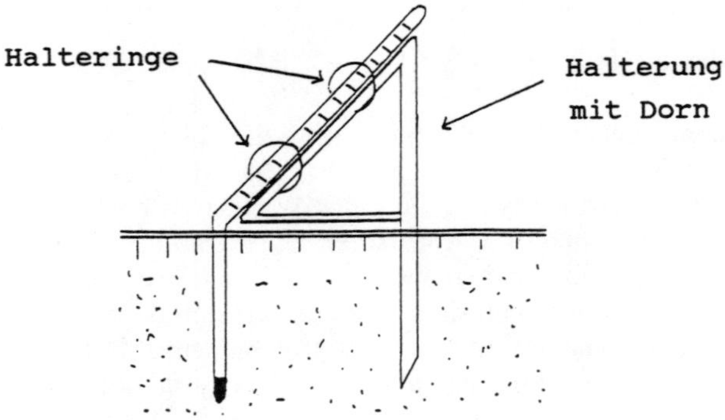

Abb. 6.4.1: Abgewinkeltes Thermometer

Die Durchschnittstemperatur ist oft kurz nach Sonnenuntergang erreicht. Zur Ermittlung von Tagesgängen wird stündlich oder häufiger abgelesen. Im Boden verzögert sich der Tagesgang mit zunehmender Bodentiefe umso mehr, je geringer die Temperaturleitfähigkeit ist. Dadürch können in bestimmter Tiefe die Maxima nachts und die Minima tags einsetzen. Während Perioden mit bedecktem Himmel ohne Niederschlag, schwanken die Temperaturen wesentlich geringer. Die Eindringtiefe der täglichen Temperaturschwankungen ist abhängig von Wärmekapazität und Wärmeleitfähigkeit und beträgt selten mehr als 50 cm. Man kann deshalb bei Messungen ab 50 cm, durch einmalige Messung, bereits Mittelwerte als Tages oder längerer Peroden bestimmen. Die thermische Vegetationsperiode beginnt, wenn die Wurzelraumtemperatur über 5 °C erreicht und endet, wenn diese Werte wieder unterschritten werden. Die Darstellung erfolgt in der Regel als Zeitfunktion.

Meßtechnische Probleme: Die Messung mit konventionellem Bodenthermometer ist bis ca. 50 cm sinnvoll, wobei Stufen von 5–20 cm gewählt werden können. Die Ablesung bei geeichten Thermometern gestattet ± 0,1 °C. Obwohl die Skala und der Meßfaden im Vakuum liegt, ist Abschirmung zur Minimierung der Strahlungsstörungen empfohlen. Die Meßgeräte sind sehr empfindlich gegen mechanische Belastung bei Einbau und Betrieb. Eine Messung an der Bodenoberfläche ist praktisch unmöglich, da die Thermometerkörper dann auch von Strahlung abhängig werden. Bei Einbau ist darauf zu achten, daß die Thermometer im ungestörten Boden sitzen.

6.4.3 Bodentemperatur mit Thermofühlern

Thermofühler gestatten meist die Bestimmung weiter Temperatur-Spannen. Sie bestehen oft aus Materialien, deren elektrischer Widerstand sich mit der Temperatur ändert. Solche Temperaturfühler lassen sich an digitalen Meßgeräten und auch zur kontinuierlichen Messung an automatische Klimastationen oder an deren Datenspeichereinrichtungen (Datalogger) anschließen. Geeignet gebaute Thermofühler mit geringer eigener Wärmekapazität können auch zur Bestimmung der Temperatur nahe oder an der Oberfläche verwendet werden.

Einbau und Messung: Zum Einbau der *Thermometer* muß in der Regel von der Oberfläche oder seitlich von der Wand des Meßschachts ein Hohlraum *vorgebohrt* werden. Nach Einbau des Meßfühlers ist jener so zu verfüllen, daß möglichst natürliche

Lagerungsverhältnisse herrschen. Die Meßkabel werden zu einem im Meßschacht oder über dem Boden angebrachten *Meßgerät* (und Datenspeicher) geführt.

Methodische Probleme: Die wichtigste Vorsichtsmaßnahme gegen Fehler ist der sachgemäße Einbau. Die Fühler sollen im Boden eingebaut werden, der einen ungestörten Wasser- und Lufthaushalt hat (z. B. nicht am Betonfuß eines Klimamastens). Bei Oberflächennähe ist darauf zu achten, daß nicht durch Erosion oder Sedimentation die Meßtiefe verändert wird. Die Eichung der Meßeinrichtung sollte regelmäßig überprüft werden.

6.4.4 Bestimmung der exponentiellen Mitteltemperatur mit der Invertzuckermethode

Plazierung einer verschlossenen angesäuerten Rohrzuckerlösung im Boden; polarimetrische Messung der Invertzuckerbildung und Ableiten der exponentiellen Mitteltemperatur nach PALLMANNet al. (1940) modifiziert nach SCHMITZ u. VOLKERT(1959).

Ansetzen der Rohrzuckerlösung: 750 g $C_{12}H_{22}O_{11}$ in 1 *l* H_2O lösen, mit 404 ml 0,2 M Na-Citrat mischen, den nach Tab 6.4.1 gewählten pH-Wert mittels 1 M HCl genau einstellen, mit 0,2 g $HgCl_2$ (Mikrobengift) versetzen und zu 2 *l* mit H_2O ergänzen. Je 40 ml werden in 50-ml-Schnappdeckelgläser gefüllt, verschlossen und in einer Gefriertruhe bei mindestens –5 °C aufbewahrt.

Placierung im Gelände: Die *Rohrzuckergläser* werden in gefrorenem Zustand *(Kühlbox)* ins Gelände transportiert, horizontal in vorgebohrten Löchern des ungestörten Bodens placiert (Abb. 6.1.2), und nach 20 bis 200 Tagen in der Kühlbox zurück transportiert.

Messung: Drehwinkel der Rohrzuckerlösung wird mit einem *Kreispolarimeter* gemessen (R_t). Parallel dazu werden der Anfangsdrehwinkel (R_O) einer nicht eingesetzten und der Enddrehwinkel (R_∞) einer vollständig hydrolysierten Zuckerlösung gemessen.

Auswertung: Die Geschwindigkeitskonstante k der Hydrolyse ergibt sich aus der H^+-Konzentration der Reaktionszeit in Tagen (d) sowie R_O, R_t und R_∞ nach

$$k = \frac{1}{(H^+) \cdot d} \cdot \log\left(\frac{R_O - R_\infty}{R_t - R_\infty}\right)$$

Die Temperatur in Kelvin (T_k) ergibt sich dann nach

$$T_k = \frac{5856{,}6}{20{,}1998 - \log k}$$

Substraktion von 273,15 ergibt die exponentielle Mitteltemperatur (eT) in °C. Aus volumenbezogenem Humus-, Mineral- und mittlerem Wassergehalt sowie den Wärmekapazitäten (c in J/[cm^3K]) von Humus (2,5), Si-Mineralen (2,1) und Wasser (4,2) läßt sich mittels eT die wirksame Wärmesumme (in J) eines Bodenraumes für den gewählten Zeitraum berechnen.

Tab. 6.4.1: Empfohlene pH-Werte der Rohrzuckerlösung in Abhängigkeit von der erwarteten Mitteltemperatur und der Meßdauer in Tagen

°C	d: 20	50	100	200
5	1.8	1.8	1.8	2.0
10	1.8	1.8	2.0	2.2
15	1.8	2.0	2.2	2.5
20	1.8	2.5	2.8	3.0

6.5 Stoffhaushalt

6.5.1 Methodische Grundlagen

Böden sind Teile von Ökosystemen und daher auch über den Austausch von Stoffen mit anderen Kompartimenten und der unbelebten Umgebung vernetzt. Für Nähr- und Schadstoffe weisen die Böden innerhalb von terrestrischen Ökosystemen die größten Pools auf. Entscheidende Schnittstelle, an der die Bioverfügbarkeit der einzelnen Elemente gesteuert wird, sind die Grenzflächen zwischen der Feststoffphase eines Bodens und der Bodenlösung. Denn außer dem Kohlendioxid der Luft können maßgebliche Mengen der einzelnen Elemente nur durch die Aufnahme gelöster Bindungsformen durch Primärproduzenten in der Biomasse gebunden werden.

Photosynthese, Anreicherung von Kohlenstoffverbindungen (Biomasse) und ihr Abbau sind als Kaskaden einer Vielzahl komplexer Redoxprozesse zu verstehen. Redoxreaktionen sind durch den Austausch von Elektronen gekennzeichnet. Das 1. chemische Grundgesetz von der Erhaltung der Masse bedingt Elektroneutralität innerhalb der Systems. Bei der Beteiligung von Wasser ist der Austausch von Elektronen (neg. Ladung) in entgegengesetzter Richtung mit dem Fluß von Protonen (pos. Ladung) verknüpft. Ungleichgewichte zwischen der Biomasseproduktion, die auch die Bindung anorganischer Nährstoffe (pos. geladene Bindungsformen) umfaßt, dem Abbau und der Mineralisierung aber auch die atmosphärische Deposition säurewirksamer Luftschadstoffe führen daher zu einer Entkopplung von Protonen- und Ionenkreisläufen (Hypothesen von ULRICH 1983). Die atmosphärische Deposition ist ein wichtiger Faktor der Bodenversauerung. Durch Auswaschung von Nährstoffen aus dem Pflanzengewebe in ionaren Bindungsformen kann sie zunächst zum Teil neutralisiert werden (Kronenraumpufferung).

Die verstärkte Auswaschung mineralischer Elemente beschleunigt jedoch ökosysteminterne Kreisläufe. Entsprechend der Umlaufgeschwindigkeit und dem Zeitraum zwischen der Ladungsbildung im Kronenraum und der Nährstoffaufnahme im Wurzelraum, die ebenfalls mit der Bildung von äquivalenten Protonenmengen verknüpft ist, kommt es zu einer zeitlichen und räumlichen Entkoppelung zwischen Ionen- und Protonenkreisläufen innerhalb des Ökosystems.

Ungleichgewichte im Stoffhaushalt von Ökosystemen können in Böden wirksam werden. Dem müssen Untersuchungen zum Stoffhaushalt gerecht werden.

Für den Stoffhaushalt von Ökosystemen sind die insgesamt deponierten Mengen der einzelnen Elemente entscheidend und nicht nur die Einträge auf die Bodenoberfläche, die mit den Kronentraufen, Stammabflüssen und Streufall erfolgen. Denn neben den atmosphärisch deponierten Mengen umfassen diese Flüsse auch ökosysteminterne Anteile der Stoffkreisläufe. Direkt läßt sich die Gesamtdeposition jedoch nicht erfassen, da die Oberflächeneigenschaften der Pflanzenbestände nicht zu beschreiben sind.

Für die Quantifizierung der Gesamtdeposition gilt nach dem Stand der Kenntnis der Kronenraumbilanzansatz nach ULRICH (1983) als Standard.

Wechselnde Stoffeinträge, Feuchteänderungen, Temperaturschwankungen und Änderungen in der mikrobiellen Aktivität führen ebenso wie Nährstoffentzüge zu kurzzeitigen Änderungen der Zusammensetzung der Bodenlösung. Da diese Schwankungen auch Auswirkungen auf Bodenleben, Pflanzen und Umwelt haben, gilt es sie zu erfassen.

6.5.2 Stoffeinträge in Böden und Ökosysteme

6.5.2.1 Einträge mit dem Niederschlag (= nasse Deposition)

Gewinnung des Niederschlags: Der Niederschlag wird mit einer Einrichtung entsprechend einem HELLMANN-Regenmesser aufgefangen. Dabei ist Sorge zu tragen, daß keine Kontamination durch das Auffanggefäß stattfindet. Für viele Fälle sind deshalb konventionelle, lackierte Metallgefäße ungeeignet und eher *Polyethylengefäße* zu verwenden. Die Auffanggefäße sind bei jeder Entnahme gegen gereinigte Gefäße auszutauschen, um Verschleppung von Kontaminationen auszuschließen. Gegenüber der Niederschlagsmessung (6.2.1.2) kann der Anspruch an die Mengenerfassung geringer sein (kein Verdunstungsschutz), insbesondere wenn die Menge getrennt erfaßt wird. Bei der Gewinnung ist zu beachten, daß die Auffangfläche ausreicht, um genügend Lösung zu liefern und welche Parameter bestimmt werden sollen.

Lagerung und Analysenvorbehandlung: Je nach Analysenziel ist die Lösung durch Ansäuern (mit *1 M HCl* oder HNO_3 1:10) für die meisten anorganischen Komponenten oder durch Einfrieren für organische Komponenten zu stabilisieren. Bei unterschiedlichen Ansprüchen an die Analytik sind Teilmengen zu entnehmen, z.B. zur pH-Bestimmung. (Nach Ansäuern mit HCl kann Cl^-, mit HNO_3 NO_3^- nicht mehr bestimmt werden).

Analyse: Die Analysen erfolgen in der Regel mit Methoden, die bereits bei anderen Analysen beschrieben wurden – pH-Wert nach 5.4.5.1.2 ohne $CaCl_2$-Zugabe; Na, K, Ca an Flammenphotometer nach 5.4.3.4; Mg, Fe, Al mit Atomabsorption nach 5.4.3.4 und 5.4.3.8; NH_4 nach 5.4.3.7; PO_4^{3-} nach 5.4.4.2; NO_3^- und SO_4^{2-} nach 5.4.4.4; Spurenelemente nach 5.4.3.10.

Methodische Fehlerquellen: Außer Bestimmungsfehlern der eigentlichen Messung stellt die wichtigste Fehlerquelle die Kontamination vor der Analyse dar. Dies, wie das Erkennen von Verunreinigungen bereits im Gelände (Vogelkot, Pollen, Insekten) lassen sich durch Mehrfachgewinnung der Lösung eingrenzen. Umsetzung im Auffanggefäß beeinflussen bes. N-Formen (im Sommer deshalb Einzelniederschlag sammeln).

6.5.2.2 Einträge mit Stäuben

Durch Emission verursachte oder natürliche Stäube können erheblich in ihren Eigenschaften von den Böden abweichen, auf die sie treffen. Deshalb sind Menge und Elementbestand wichtige Größen zur Abschätzung von Staubwirkungen. Zur Gewinnung von Stäuben werden generell »Bergerhoff« Gefäße, d. h. ca. 1 *l* fassende Glasgefäße verwendet. Diese erfassen nur sehr geringe Staubmengen, weshalb die Analytik sehr erschwert ist. Deshalb werden hier größere Auffangflächen empfohlen.

Gewinnung des Staubes: Um ausreichend Staub zu gewinnen, soll die Auffangfläche eines runden oder rechteckigen ca. 30 cm hohen *Gefäßes* mindestens 0,25 m^2 betragen. Das Gefäß ist mit einer *Halterung* (z. B. Stahl- oder Aluminiumwinkel) auf einer mindestens 2 m hohen *Stange* angebracht und mit *Seilen* und *Häringen* abgespannt. Das Auffanggefäß soll mit einem abnehmbaren *Deckel* versehen sein, der über der Auffangfläche aus einem *Polyethylen- oder Nylonnetz* besteht. Das Netz dient der Windberuhigung im Behälter (Staubteilchen sollen nach dem Eintritt nicht wieder entweichen). Im Boden des Auffangbehälters ist erhöht (3–5 mm) ein *Filter* einzusetzen, damit Niederschlagswasser ablaufen kann. Wird dieses Wasser über einen *Schlauch* in einen *Behälter,* der auf oder im Boden steht, geführt, kann gleichzeitig der Niederschlag aufgefangen werden. Die Auffangbehälter sind in der Regel monatlich bei starkem Staubfall auch öfter zu wechseln. Der Behälter wird ins Labor gebracht und dort die Restfeuchte verdampft. Anschließend wird der Staub mit einem Gummiwischer, Backschaber oder Staubpinsel zusammengekratzt und in ein Glasröhrchen überführt.

Analyse: Die Staubmenge wird durch Wägung im trockenen Zustand bestimmt. Liegt genügend Material vor, so können Analysen des Stoffbestandes, des Humusgehaltes, der Dispersität und weiterer Parameter durchgeführt werden (Kap. 5.1, 5.4 und 5.5).

Die Staubmenge wird in $g \times m^{-2} \times a^{-1}$ oder $kg \times ha^{-1} \times a^{-1}$ angegeben.

Methodische Fehler: Beim Staubfang geht man davon aus, daß die gesamten eingetragenen Partikel auch festgehalten werden. Auf natürlichen Oberflächen insbesondere bei trockenem Staubfall wird ein Teil des Staubes wieder abgelöst und weitergetragen. Ein Teil des Staubes kann durch das Sieb austreten, wenn dies nicht fein genug ist. Prinzipiell wird ein Teil des Staubes bei der Überführung aus dem Auffanggefäß verloren gehen.

6.5.2.3 Bodeneintrag mit Streu, Kronentraufe und Stammabfluß

Da die Streu wesentlich für die Stoffrückführung aus der Vegetation ist, wird in Baumbeständen häufig der Streueintrag zum Boden mitbestimmt. Zur Bestimmung des Stammabflusses vgl. 6.2.1.5.

Gewinnung der Streuproben: Ähnlich wie Staubsammler sollen Streufänge mindestens 0,25 m^2 groß sein. Wegen der hohen kleinflächigen Variabilität sollten mehrere Parallelen in unterschiedlicher Bestandessituation aufgestellt werden (je nach Bestand 4–16 Stück). Als Streufänger haben sich kombinierte *Streu- und Kronentraufefänge* bewährt (Abb. 6.5.1). Jeder Sammler besteht aus einem 50 × 50 cm großen und 14 cm hohen *Polyethylenkasten* mit schräg (~ 13) eingesetzter *Bodenplatte,* an deren tiefster Stelle seitlich eine Ausflußöffnung liegt. Daran angeschlossen ist ein *Polyethylenschlauch ∅ 13 mm,* der in eine unterirdisch stehende *10-l-Polyethylenflasche* führt (Kapazität 40 mm). Dem Kasten liegt ein 15 cm hoher abnehmbarer Rahmen mit einem

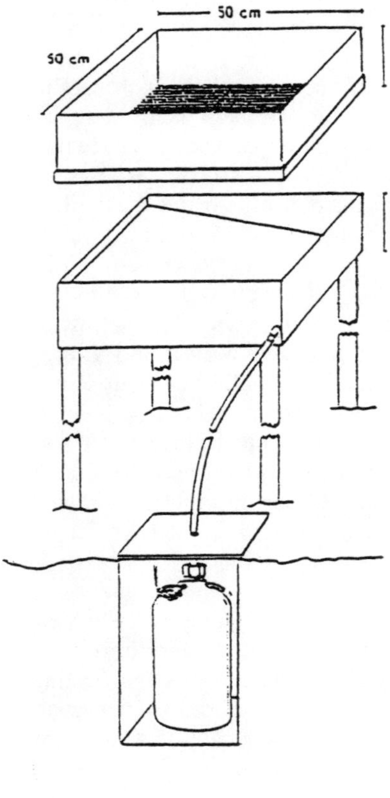

Abb. 6.5.1: Skizze eines Streu- und Niederschlagssammlers (MARSCHNER, 1990)

Nylonnetz (Maschenweite 2 mm) auf, der als Streusammler dient. Jeder Kasten steht auf vier angeschraubten Holzbeinen, die ca. 20 cm tief im Boden stecken. Die Oberkante der Sammler befindet sich 1 m über der Bodenoberfläche.

Monatlich, während des Hauptstreufalles wöchentlich, werden die oberen Rahmen abgenommen und umgekehrt auf eine Polyethylenfolie entleert. Die Streu wird bei 40 °C getrocknet und gewogen. Soll auch die Feinstreu gewonnen werden, so wird nach Absetzen aus der PE-Flasche die Kronentraufe abgehebert und der Bodensatz in ein kleines Gefäß überführt und ebenfalls bei ca. 40 °C getrocknet. Die Streumenge wird in $g \times m^{-2} \times a^{-1}$ oder $kg \times ha \times a^{-1}$ angegeben.

Analytik: An den Streuproben lassen sich Bestimmungen wie bei humusreichen Bodenproben durchführen. Diese sind bei 5.6 aufgeführt.

Methodische Fehler: Wichtigste Fehlerquelle ist die nicht flächenrepräsentative Aufstellung der Streufänge. Bei starkem Wind kann Streu auch aus dem Kasten geblasen werden. Bei starken Niederschlägen kann eine Auslaugung besonders von K^+ stattfinden.

6.5.3 Nährstoffhaushalt

Der Nährstoffhaushalt (insbesondere für N) der meisten Böden hängt eng mit dem Umsatz der organischen Substanz zusammen. Der Humusumsatz seinerseits ist eng an den Wasser-, Energie- und auch wieder den Nährstoffhaushalt gekoppelt. Deshalb zeigen die Umsatzprozesse eine starke Abhängigkeit von der Jahreszeit, so daß nur regelmäßige Messungen Aussagen über den Jahresumsatz erlauben.

6.5.3.1 Mineralstickstoffvorrat (Nmin)

Der Mineralstickstoff gibt den aktuellen pflanzenverfügbaren Anteil eines Bodens an, der gleichzeitig auch der auswaschungsgefährdete N-Anteil ist. Konventionell wird Nmin in Tiefenstufen 0–30 cm, 30–60 cm und 60–90 cm bestimmt. Je nach Fragestellung und Bodentyp können auch andere Unterteilungen und größere Tiefen gewählt werden. Die Messung in situ läßt sich bisher nicht durchführen.

Probenahme: Mit Hilfe eines *Nmin-Bohrstocks* (oder eines anderen geeigneten Bohrgeräts) werden Bodenproben entsprechend 5.1.2 aus den gewünschten Tiefen gezogen (Verschleppung vermeiden). Die Proben müssen sofort nach der Gewinnung in eine *Kühltasche* und im Labor in eine Tiefkühltruhe gelegt werden, um weitere Mineralisation auszuschließen (s. hierzu auch 5.1.3).

Analyse: Zur Extraktion von Nitrat und Ammonium werden 60 g feldfrischer Boden mit 500 ml *0,025 N* $CaCl_2$ – 1 Stunde *geschüttelt* und dann *abfiltriert*. Da die Filter Ammonium enthalten können, ist zuvor mit ca. 100 ml $CaCl_2$-Lösung vorzuspülen.

NO_3^-- und NH_4^+-Bestimmungen erfolgen nach 5.4.5.2.5; Eichlösungen sind mit 0,025 M $CaCl_2$ anzusetzen.

Die NO_3- bzw. NH_4-Konzentrationen werden aus einer Eichkurve abgelesen und auf $mg\ N \times kg^{-1}$ umgerechnet.

Berechnung und Darstellung der Ergebnisse: Die bestimmten NO_3^-- und NH_4^+-Konzentrationen müssen auf Mengen pro ha umgerechnet werden.

Daher gilt

$$x[kg \times ha^{-1}] = \frac{x'[mg \times l^{-1}] \times \rho_b[kg \times dm^{-3}] \times \text{Mächtigkeit } [dm] \times 10^3}{2 \times \text{Einwaage } [g]}$$

x' = Meßwert $(NO_3^- - N + NH_4^+ - N)$ (wasserfrei)

Methodische Fehlerquellen: Die Proben müssen nach Entnahme sofort extrahiert oder eingefroren werden um Veränderungen des Nmin-Anteils durch mikrobielle Umsetzungen (einschließlich Denitrifikation) zu vermeiden.

6.5.3.2 Stickstoffmineralisationsrate durch Nmin-Bestimmung vor und nach Feldbebrütung

Da N häufig für den mikrobiellen Abbau organischer Substanz limitierend ist, werden mineralisierte N-Verbindungen oft wieder direkt als Nährstoffe von Mikroorganismen entzogen. Das erlaubt nicht die Bestimmung der gesamten N-Mineralisierung sondern nur der Differenz »Netto-N-Mineralisierung« = Brutto-N-Mineralisierung - N-Verbrauch der Mikroorganismen.

Die Netto-N-Mineralisierung läßt sich im Gelände nur dann bestimmen, wenn Auswaschung und Pflanzenentzug ausgeschlossen sind (RUNGE, 1970).

Einrichtung der Meßstelle und Probenahme: Es hat sich bewährt zur Bestimmung der N und C-Mineralisation einen Brutschacht einzurichten. Hierzu wird ein 1 m langes PVC-Brunnenrohr (STAHR et al., 1992) möglichst ungestört in den Boden eingelassen. Am besten gelingt dies, wenn der Vortrieb dadurch erreicht wird, daß das Bodenmaterial innerhalb des Rohrs entfernt wird und das Rohr jeweils nachgedrückt wird. Seitlich wurden zuvor in das Rohr Aussparungen für die Probenlagerung z. B. in 15, 45, und 75 cm Tiefe ausgesägt (Abb. 6.5.2).

Mit einem *Nmin-Bohrstock* oder anderem geeigneten Bohrgerät werden jetzt aus der gewünschten Tiefe Bohrkerne entnommen und dabei je 3 ungestört in eine *Plastiktüte* gefüllt und in die entsprechende *Bodenkammer* gelegt. Die anderen Proben werden zur Messung des Anfangs-Nmin-Wertes gekühlt ins Labor gebracht (6.5.3.1). Nachdem die Kammern mit Proben gefüllt sind, wird sofort ein zweites PVC-Rohr, das möglichst dicht am äußeren anliegt, eingeführt und beide Rohre mit einem innen mit Styropor isolierten Deckel verschlossen. Dieser Deckel wird zur weiteren Thermoisolierung mit Oberbodenmaterial bzw. Gras- oder Humussoden bedeckt. Die Brutdauer beträgt 3–6 Wochen. Zur Hälfte der Brutdauer werden weitere Proben gewonnen und in die Kammern gelegt. In der Folge werden dann jeweils neue Proben gezogen und die am längsten bebrüteten gekühlt ins Labor gebracht.

Messung und Berechnung: Die Proben werden gemäß 6.5.3.1 auf $CaCl_2$-Lösung extrahiert und wie dort NH_4^+ und NO_3^- kolorimetrisch bestimmt. Die bestimmten Konzentrationen

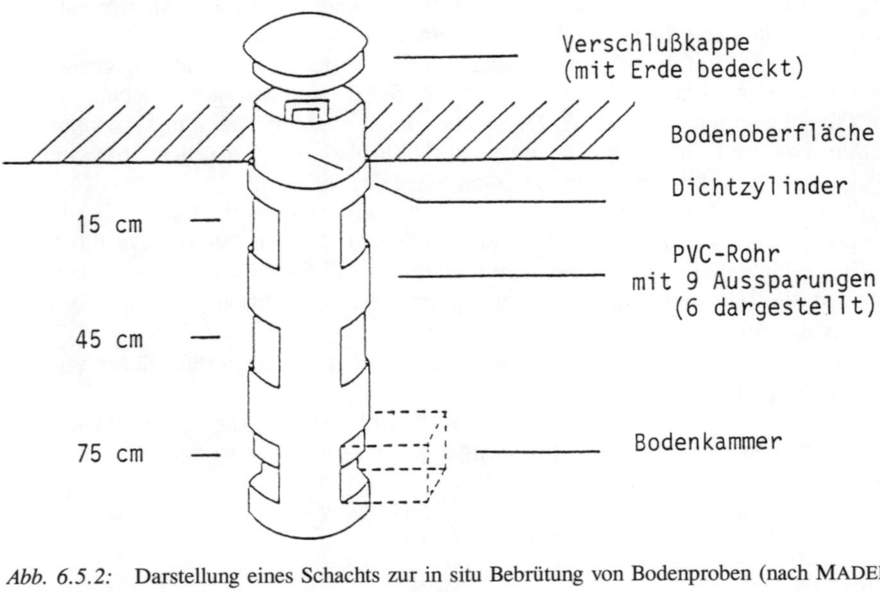

Abb. 6.5.2: Darstellung eines Schachts zur in situ Bebrütung von Bodenproben (nach MADER)

werden auf mg N kg^{-1} bzw. kg N ha^{-1} umgerechnet. Die Nettomineralisationsrate (kg N $ha^{-1} \cdot d^{-1}$), ergibt sich aus der Differenz der Bestimmungen, vor und nach der Bebrütung, dividiert durch die Anzahl der Tage einer Brutperiode. Negative Werte zeigen Netto-Immobilisierung (Festlegung in mikrobieller Biomasse) an. Durch die Überlappung der Meßperioden kann die Kurve besser abgesichert werden.

Methodische Fehlerquellen: Bei der Probenahme werden lebende Wurzeln abgeschnitten, die anschließend rasch mineralisiert werden, deshalb schlug RUNGE (1970) vor, die Wurzeln auszulesen und die Probe zu homogenisieren. Da ersteres nie quantitaiv gelingt und letzteres die mikrobielle Aktivität anregt (wie eine Bodenbearbeitung), wird heute empfohlen MAYER (1989), ungestörte Bohrkerne zu bebrüten. Zu Beginn der Bebrütung muß trotzdem mit einer gegenüber dem Boden erhöhten, später allerdings wegen der fehlenden Wurzelausscheidungen eher mit einer etwas reduzierten Mineralisierung gerechnet werden. Durch die Bebrütung in Plastiktüten wird nicht nur N-Pflanzenentzug und N-Auswaschung verhindert, sondern auch der Wassergehalt zum Zeitpunkt der Probenahme konserviert. Dies muß bei langen Brutperioden zu Fehlern führen. Deshalb sollte mindestens 2, höchstens 6 Wochen bebrütet werden.

6.5.3.3 *Kohlenstoffmineralisationsrate*

Die Gesamtmineralisation der org. Substanz läßt sich durch die Freisetzung von CO_2 beschreiben, da dies als Endprodukt nicht wie NO_3^- wieder von Zersetzerorganismen aufgenommen wird. Die C-Mineralisierung ist also eine Bruttomineralisierung.

Einrichtung der Meßstelle und Bebrütung: Die Bestimmung der potentiellen C-Mineralisation wird nach der Labormethode (nach Isermeyer, 1952) gemäß 5.6.3.7 durchgeführt. Da die Mineralisation im Felde wesentlich langsamer als bei den optimierten Verfahren im Labor geschieht, ist eine längere Brutperiode zu wählen. Die Bodenproben ca. 10 g, werden direkt nach der Entnahme aus der gewünschten Tiefe in Probenträger, *1 l-Weckgläser,* gefüllt. Das Glas wird verschlossen und in eine Brutkammer des *Brutschachtes* (6.5.3.2) gestellt. Soll nur der Oberboden bebrütet werden, so genügen auch kleine PVC-Rohre, die nur ein Weckglas aufnehmen und von oben befüllt werden. Auch diese müssen mit Deckel und Oberbodenmaterial abgedeckt weden. Die Brutdauer kann 1 bis 4 Wochen betragen (Achtung! 100 mg CO_2 pro Weckglas sollten nicht überschritten werden) da somit O_2-Mangel auftreten kann.

Messung und Berechnung: Die Gläser werden nach Abschluß der Brutperiode aus den Brutkammern entfernt. Die Bodenprobe wird sofort entnommen, anschließend ausgewogen und nach Trocknung nochmal gewogen. Das CO_2 wird im Labor (oder bereits im Feld) zurücktitriert. Die Bruttomineralisation wird in mg $CO_2 \cdot kg^{-1} \cdot d^{-1}$ oder in kg CO_2 $ha^{-1} \cdot d^{-1}$ angegeben. Nach Multiplikaton mit 0,55 kann die abgebaute Humusmenge angegeben werden (gleiche Maßeinheit). Die Messung ist in mind. 3 Parallelen durchzuführen. Blindwerte müssen mitbestimmt werden.

Methodische Fehlerquellen: Der Temperaturverlauf im Brutgefäß ist gegenüber dem Boden gedämpft. Dies kann zu Verfälschungen führen. Die Bebrütung in 0–5 cm, wo oft hohe Mineralisationsraten herrschen, ist mit dieser Methode nicht möglich. Die Probe wird bei der Entnahme gestört, was die Mineralisation zunächst anregt (siehe 6.5.3.2). Wie bei 6.5.3.2 wird auch hier der Wassergehalt zum Probenahmezeitpunkt konserviert.

6.5.3.4 *Gewinnung der Bodenlösung mit Saugkerzen oder Lysimeterplatten*

Da Transportvorgänge in Böden hauptsächlich in der flüssigen Phase stattfinden, muß für viele Fragestellungen die Bodenlösung gewonnen werden. Die Bodenlösung wird durch einen Unterdruck in die Saugkerzen überführt und kann von dort mit einer Absaug(Heber)-Vorrichtung gewonnen werden.

Bau und Einbau der Saugkerzen: Eine Saugkerze besteht aus einer porösen Zelle (z. B. P80-Keramik), einem Sammelraum für die angesaugte Lösung, einem Unterdruckvorrat und Anschlüssen zum Absaugen der Lösung und zum Anlegen des Unterdrucks. Bei einfacher Bauart der Saugkerze kann Unterdruckvorrat und der Sammelraum für die Lösung derselbe sein (Abb. 6.5.3).

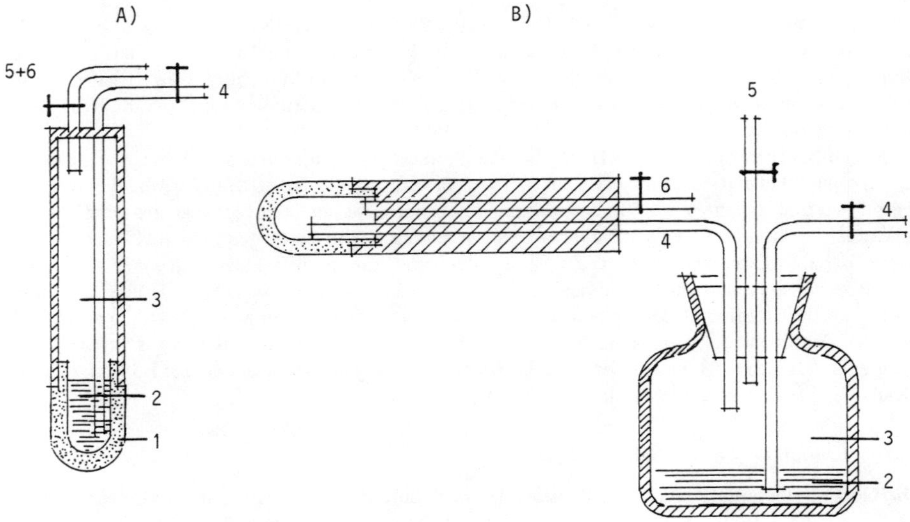

Abb. 6.5.3: Einfache Saugkerzen (A + B) für horizontalen und vertikalen Einbau
1 Keramische (poröse) Zelle
2 abgesaugte Bodenlösung
3 Unterdruckvorrat
4 Saugrohr für Lösung
5 Rohr zur Unterdruckpumpe
6 Druckausgleich

Der Einbau der Saugkerzen erfolgt wie bei Tensiometern 6.2.3.4, jedoch wenn möglich ohne Einfüllen von Quarzsand. Da die Bodenlösung stark durch Kontaminationen verändert werden kann, ist darauf zu achten, daß entstandene Hohlräume mit Bodenmaterial desselben Horizonts verfüllt werden. An die Saugkerzen muß ein Unterdruck mit einem Kompressor oder einer handbetriebenen Vakuumpumpe angelegt werden, der so groß ist, daß Wasser in die Kerze eintritt, ohne die Wasserbewegung im Boden stark zu stören. Hierzu genügen meist ca. 100 cm WS mehr Unterdruck als die Tensiometer anzeigen. Der Unterdruck bleibt in der Regel ca. 1 Woche erhalten. Trocknet in dieser Zeit der Boden stark aus, so kann beim Typ A die Lösung wieder zurück in den Boden gesaugt werden. Bei Typ B bleibt die über das Retentionsvolumen hinaus erhaltene Lösung im Vorratsbehälter. Die Lösung wird wöchentlich oder zu anderen, bestimmten Zeitpunkten in eine *Transportflasche* abgesaugt und Unterdruck erneut angelegt. Statt Saugkerzen lassen sich auch Unterdrucklysimeterplatten (COLE, 1958; MAYER, 1989) verwenden.

Messung und Berechnung: Die Bodenlösung wird ins Labor gebracht und kann wie 5.4.5.2.5 analysiert werden. Die gemessene Konzentration ($\mu g \cdot l^{-1}$) lassen sich nur bei Kenntnis des Wassergehalts bzw. Wasservorrats auf Bodenmengen ($mg \cdot m^{-2}$) und nur bei Kenntis der Wasserbewegung auf Flußraten ($mg \cdot m^{-2} \cdot a^{-1}$) umrechnen.

Methodische Fehlerquellen: Die gewonnene Bodenlösung entstammt den Grob- und Mittelporen. Sie entspricht damit dem leichter beweglichen Wasseranteil. Da aber die Feinporen andere Lösungskonzentrationen haben können, ist eine Umrechnung der Werte auf das gesamte Bodenwasser meist fehlerhaft. Da sich Pflanzenwurzeln in Mittel- bis Grobporen aufhalten, wird aber in der Regel das ökologisch-wirksame gemessen. Will man die mittlere Konzentration der gesamten Bodenlösung erfassen, sind z. B. entsprechend 6.5.3.1 wiederholt Bodenproben zu entnehmen und die Bodenlösung dann mittels Zentrifugation nach 5.4.5.2.2 zu gewinnen und zu analysieren. Für viele Untersuchungen wird relativ viel Bodenlösung benötigt, dazu muß stark und lange gesaugt werden. Dadurch kann Wasser in die Zelle gezogen werden, das aus anderen Bodenhorizonten stammt und damit nicht die Konzentration der zu beprobenden Tiefen enthält. Wenn durch Undichtigkeiten der Unterdruck abfällt, so wird auch zu Zeiten bei denen die Wassersättigung hoch ist, keine Bodenlösung gewonnen. Auf keinen Fall kann aus der gewonnenen Wassermenge auf Sickerraten geschlossen werden.

7 Auswertung der Untersuchungsbefunde

Mit Hilfe der ermittelten Daten soll der gegenwärtige Zustand eines Bodens in objektiver Weise beschrieben, seine Entwicklung rekonstruiert und seine Standorteigenschaften vorhergesagt werden. Entwicklung und Standorteigenschaften sind gleichrangig; wir setzen die Entwicklung voran, weil sie der systematischen Einordnung zugrundeliegt und mithin dem Boden einen Namen gibt. Für unser Beispielsprofil (s. Abb. 3.7.1, S. 68) sind die zu interpretierenden Analysendaten in Tabelle 7.1.1 zusammengestellt.

7.1 Darstellung des Bodens

Ebenso wie die Profilbeschreibung nicht eine Fläche, soll auch die Laboruntersuchung nicht eine Masse, sondern einen Raum charakterisieren. Das wurde z. T. schon bei Probenahme und Analyse berücksichtigt. Die an Gewichtsproben (Horizontmischproben) ermittelten gefügeunabhängigen Daten, die durch den Steingehalt gestörten und daher an der Feinerde bestimmten sowie die humus- und kalkunabhängigen der silicatischen Feinerde müssen also rechnerisch schrittweise jeweils auf die nächstgrößere Einheit, letztlich auf die Volumeneinheit bezogen werden. Das geschieht folgendermaßen:

$$\text{g (mg, µg)/kg sil. Feinerde} \cdot \frac{100 - \text{\% (Kalk + Humus)}}{100} = \text{g (mg, µg)/kg Feinerde}$$

$$\text{g (mg, µg)/kg Feinerde} \cdot \frac{100 - \text{(\% Steine + Kies)}}{100} = \text{g (mg, µg)/kg Boden}$$

$$\text{g (mg, µg)/kg Boden} \cdot \text{Lagerungsdichte} = \text{g (mg, µg)/l Boden}$$

Auf diese Weise werden natürlich nur diejenigen Daten umgerechnet, die wirklich eine Masse repräsentieren und nicht nur Verhältniszahlen sind. Wie weit man dies auf mengenmäßig unbedeutende Bodenbestandteile ausdehnt, hängt von der erwünschten Genauigkeit der genetischen und ökologischen Interpretation ab (vgl. 7.2 u. 7.3). Für unser Beispielsprofil ergeben sich die in Tabelle 7.1.2 aufgeführten Werte.

Die Darstellung in Tabellenform erleichtert spätere Rechenoperationen, anschaulicher sind Grafiken. Dabei kann man die Daten in Blockdiagrammen oder in Kurven mit der Oberkante des Mineralkörpers als Nullinie gegen die Tiefenlage auftragen (dreidimensional, wenn Meßwerte für einen Horizont bereits in Kurven zusammengefaßt werden, wie z. B. Körnung oder Porengrößen). Da jeder Wert nur das Mittel für einen ± mächtigen Horizont darstellt, kann keine Kurve ohne eine gewisse Willkür gezeichnet werden. Sie spiegelt die wirklichen Verhältnisse im Boden jedoch um so besser wider, je mehr Lagen analysiert wurden. Blockdiagramme tun das nur, wenn die untersuchten Lagen in sich homogen und gegeneinander scharf abgesetzt sind (was aber selten zutrifft). Für unser Beispielsprofil sind beide Darstellungsweisen in Abb. 7.1.1 einander gegenübergestellt.

Tab. 7.1.1: Analysendaten eines Bodens aus Geschiebemergel (s. Abb. 3.7.1, S. 68)

Horizont	Mächtigkeit cm	ρ_b g/cm³	PV Vol.-%	ggP Vol.-%	fgP Vol.-%	mP Vol.-%	fP Vol.-%	G + X %	KAK_{pot} cmolc/kg	H cmolc/kg	Al_a cmolc/kg	BS %	K_{la} mg/kg	Mg_{la} mg/kg	P_{la} mg/kg
O	0,5	0,80													
Ah	14	1,40	46	8	4	27,5	6,5	2,2	14,5	9,4	0,99	50	130	90	20,5
AlBtv	33	1,63	37	4	2	21	10	3,0	14,8	5,1	1,05	68	92	230	6,8
Bvt	44	1,69	35	2	2	18	13	3,1	15,5	4,1	0,94	73	89	225	3,5
BtC	26	1,80	31	0	0	18	13	2,7	16,6	0	0	100	50	70	3,0
Ccv		1,84	30	0	0	20	10	2,6	14,8	0	0	100	42	60	3,0

	pH KCl	EC mS/cm	K_t mg/g	Mg_t mg/g	K_v mg/g	P_v mg/g	gS % der silicat. Feinerde	mS	fS	gU	mU	fU	Ton	Kalk %	ffS-Q[1] mg/g	Feldsp.
O																
Ah	4,0	0,149	18,3	3,8	1,91	0,34	5,1	15,1	29,6	14,0	11,4	7,8	17,0	0	98,6	3,0
AlBtv	4,0	0,080	20,7	4,8	2,91	0,20	4,4	13,2	26,1	12,1	10,4	8,5	25,3	0	79,9	2,8
Bvt	3,9	0,069	21,4	6,8	3,73	0,22	4,2	13,2	24,0	10,8	8,9	8,3	30,6	0	73,2	2,9
BtC	7,3	0,149	19,9	6,8	3,05	0,41	4,6	13,8	24,2	11,4	9,6	9,4	27,0	8,0	79,4	2,7
Ccv	7,45	0,129	18,1	6,2	2,39	0,35	5,4	14,5	25,6	11,1	10,2	9,5	23,7	17,2	77,1	2,3

	KAK_{sil} cmolc/kg	Fe_o mg/g	Fe_d mg/g	Mn_d mg/kg	Al_l mg/g	Hu. %	C_{org} mg/g	N_t mg/g	C/N	KAK_{org} cmolc/kg	Hz	CO_2 mg/kg	C_z mg/kg	N_z	C_o mg/g	$Q_{4/6}$
O						34,80	174,0	6,80	25,7	43,0	4,3	343	94,0	3,40	0,90	7,00
Ah	6,6	2,89	6,19	603	3,58	4,20	21,0	1,91	11,0	7,9	8,6	226	62,0	5,52	0,53	5,46
AlBtv	12,2	2,26	9,04	329	4,45	1,12	5,6	0,62	9,0	2,6	3,2	38	10,4	1,12	0,08	5,41
Bvt	–	1,84	10,8	315	4,53	0,58	2,9	0,37	8,0	n. b.	n. b.	n. b.	–	–	n. b.	n. b.
BtC	–	1,01	8,61	327	3,29	0,40	2,0	n. b.	–	n. b.	n. b.	n. b.	–	–	n. b.	n. b.
Ccv	–	0,81	5,59	263	2,57	0,32	1,6	n. b.	–	n. b.	n. b.	n. b.	–	–	n. b.	n. b.

[1] der silicatischen Feinerde; n. b. = nicht bestimmt

Tab. 7.1.2: Auf das Bodenvolumen bezogene Analysendaten des Profils Siggen

Horizont	G + X	S + U	Ton	Kalk	ffs–Q	K_t	C_{org}	N_t	K_v	P_v	K_{la}	Mg_{la}	P_{la}	N_z	CO_2
						g/l							mg/l		
O							138,0	5,40						2,71	273
Ah	31	1087	223	0	130	25,1	28,8	2,60	2,61	0,46	177	123	28	7,58	310
AlBtv	49	1152	388	0	125	32,7	8,7	0,97	4,55	0,32	143	358	11	1,73	59
Bvt	52	1083	478	0	119	35,1	4,7	0,60	6,07	0,36	145	366	6	–	–
BtC	49	1151	427	140	127,5	34,8	3,5	–	5,33	0,72	87	122	5	–	–
Ccv	48	1130	350	308	114	32,2	2,9	–	4,28	0,62	75	107	5	–	–

Tab. 7.1.3: Mengen in Horizonten und im Solum des Profils Siggen[1)]

	SV	gP	mP	S + U	Ton	Kalk	Q	K_t	C_{org}	K_v	P_v	K_{la}	Mg_{la}	P_{la}	N_t	N_z	CO_2
		1 je m^2					kg je m^2						g je m^2				
O									0,69						27	0,01	1,4
Ah	75,8	16,8	38,5	152,2	31,2	0	18,20	3,52	4,04	365	64,7	24,8	17,2	3,92	364	1,06	43,3
AlBtv	208	19,8	69,2	380,2	128,0	0	41,25	10,79	2,87	1497	105,4	47,0	118,0	3,63	320	0,57	19,5
Bvt	286	17,6	79,2	476,4	210,4	0	52,36	14,44	2,06	2686	155,9	64,0	161,0	2,64	264	–	–
BtC	179	0	46,8	299,4	111,0	36,3	33,15	9,05	0,91	1387	186,6	22,7	31,8	1,30	–	–	–
Ccv																	
Σ Solum	748,8	54,2	233,7	1308,2	480,6	36,3	144,96	38,79	10,57	5935	512,6	158,5	328,0	11,49	975	1,64	64,2
Σ 1 m	631,8	54,2	203,1							4870	490,4	143,7	307,0	10,74			
Σ 30 cm										1090	115,7	47,6	74,5	5,68	546	1,35	54,1

[1)] Die Genauigkeit der Zahlen sind Rechengrößen (mehr als 3 geltende Ziffern snd bei der angestrebten Analysengenauigkeit nie vorhanden).

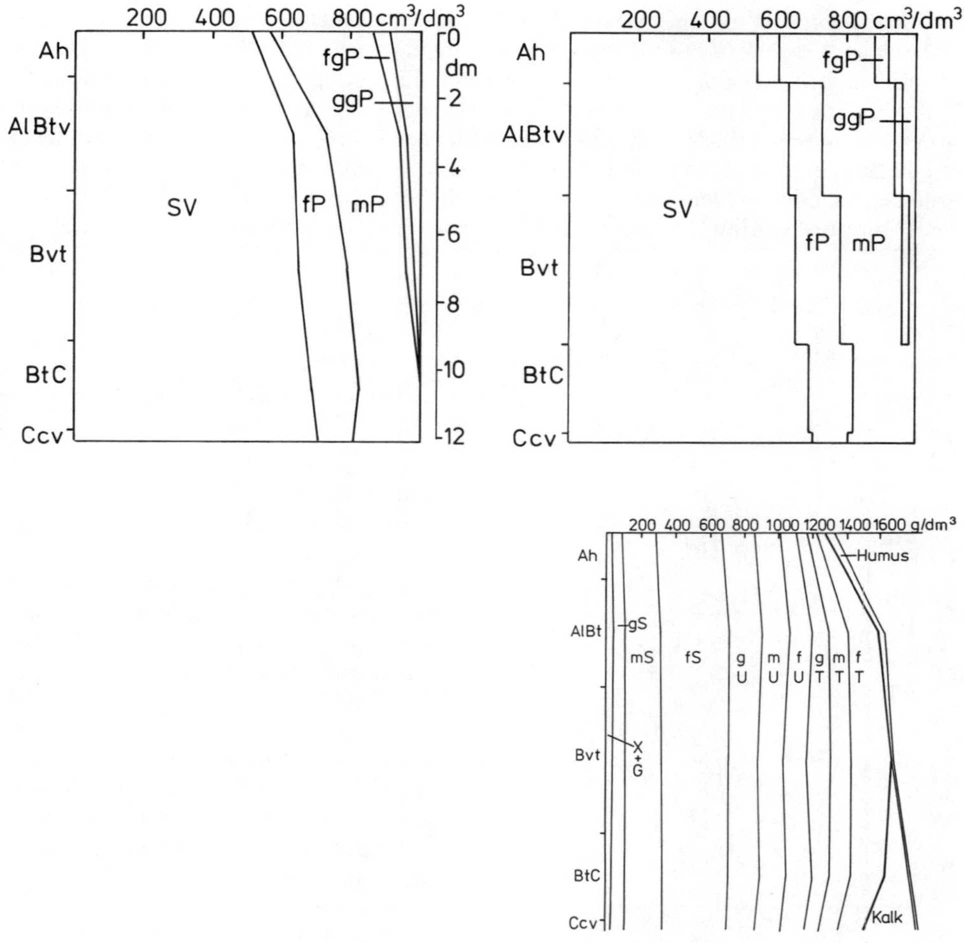

Abb. 7.1.1: Auf das Bodenvolumen bezogene Analysendaten des Profils Siggen (Abkürzungen s. Kap. 8, S. 270–271)

Das Blockdiagramm hat aber den Vorteil, daß die von den Linien jeweils umschriebenen Flächen ein Maß für die Menge bzw. das Volumen der fraglichen Stoffe in dem untersuchten Boden sind. Absolute Zahlen gewinnt man durch Summierung der Produkte aus den Horizontmächtigkeiten und den Konzentrationswerten aus der Tabelle 7.1.2. Als Grundfläche der Bodensäule muß man die durch die Probenahme erfaßte wählen (hier 1 m^2, ein Pedon; ggf. ein Feld, 1 ha usw.).

Dazu sind folgende Rechenoperationen nötig:

g (mg, µg; ml)/l Boden · mm Horizontmächtigkeit = g (mg, µg; ml)/m^2 im Horizont
Σ der Horizonte = g (mg, µg; ml)/m^2 im Boden

Für die Vegetation einschließlich der ausgelesenen Wurzeln gilt analog

g (mg, µg)/kg · kg Pflanzenmasse/m^2 = g (mg, µg)/m^2 in der Vegetation

Die Tabelle 7.1.3 enthält diese Summen für unser Beispielsprofil. Diese Werte verwischen zwar die natürliche Differenzierung des Bodens in Horizonte; sie sind aber nützlich, wenn man einzelne Merkmale von verschiedenen Böden bzw. von einem Boden und seinem Gestein oder seiner Vegetation vergleichen will. In die genetische Bodenklassifikation haben solche Daten bislang kaum Eingang gefunden (man könnte z. B. Tschernoseme gegen andere terrestrische Böden nach dem Merkmal g N/m^2 abgrenzen), in der ökologischen Einstufung sind sie dagegen unentbehrlich (vgl. 7.3). – Entsprechend erfaßt man den Durchschnittswert einer Kennzahl, die eine in verschiedenen Horizonten in unterschiedlicher Menge vorhandene Komponente charakterisieren soll, nicht durch das arithmetische Mittel, sondern durch das gewogene, wie folgendes Beispiel zeigt:

	Mächtigkeit mm	Humus g/l	kg/m^2	C/N	Humus · C/N	C/N
O_h	5	240	1.20	25.7	31	
A_h	140	50	6.95	11.0	77	
			8.15	*falsch* 18.3	*richtig* 108 : 8.15 = 13.2	

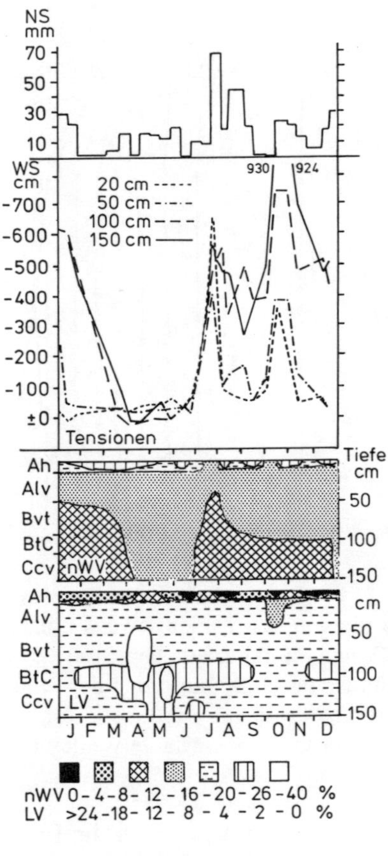

Abb. 7.1.2: Jahresgang der Tropfniederschläge (N in mm je 2 Wochen), der Tensionen (in 20 bis 150 cm Tiefe), der Nutzwassergehalte (nWV in Vol%) und der Luftvolumina (LV) des Bodens Siggen unter Laubwald (für 1986; aus PETERS 1990).

Gemessene jahreszeitliche Veränderungen der Wasser-, Luft-, Wärme- und Nährstoffverhältnisse stellt man am besten graphisch dar. Abb. 7.1.2 ist der Jahresgang des Niederschlags sowie der **Wasser- und Luftverhältnisse** verschiedener Bodentiefen zu entnehmen. Der Tropfniederschlag wurde 2-wöchentlich mit Totalisatoren erfaßt (6.2.1.2); die Wasserspannungen wurden in verschiedenen Tiefen mit Tensiometern gemessen (6.2.3.5). Aus den Tensionen lassen sich bei bekannter pF-WG-Beziehung (Abb. 5.3.3) die Wassergehalte ableiten: Differenzen zu den Wassergehalten bei pF 4,2 ergeben dann die Nutzwassergehalte (nWV), Differenzen zum Porenvolumen die Luftvolumina (LV). Zu Raum-Zeit-Isoplethen (z. B. der Nutzwassergehalte in Abb. 7.1.2) kommt man, indem die Meßwerte zunächst Gehaltsstufen zugeordnet werden. Die Kennungen der Stufen trägt man dann in ein Raum-Zeit-Diagramm ein und trennt unterschiedliche Stufen durch Linien ab.

Aus gemessenen **Nährstoffkonzentrationen** in der Bodenlösung (6.5.3.4, 5.4.2.5) läßt sich das Nährstoffangebot für verschiedene Bereiche des Wurzelraums ableiten, indem man die Konzentrationen mit den Wassergehalten (in Vol.-%) und der Mächtigkeit der Bodenlage multipliziert (Ergebnis s. Abb. 7.1.3).

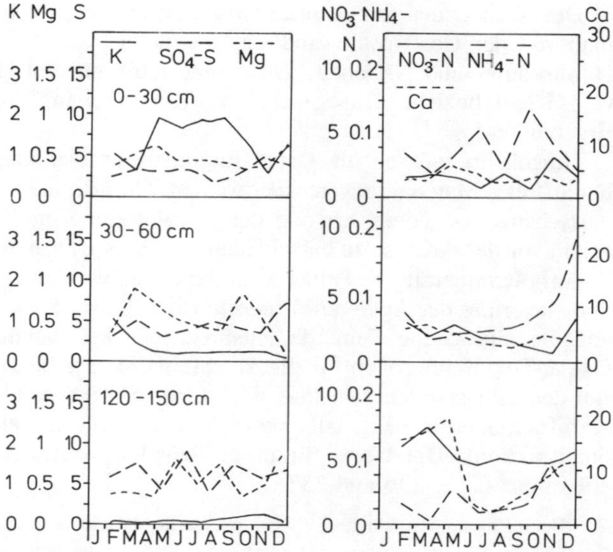

Abb. 7.1.3: Jahresgang der Nährstoffmengen der Bodenlösung (in g/m² · Mächtigkeit) in 3 Tiefen des Bodens Siggen (für 1986; aus PETERS 1990)

7.2 Genetische Deutung des Bodens

Es ist die Frage zu beantworten, wie und wann die Bodenmerkmale geprägt wurden. Die Antwort auf das Wie kann sich auf die Entscheidung, ob pedo- oder litho(bzw. phyto-)gen beschränken oder auf die Angabe der wirksamen Prozesse und letztlich auf die steuernden Faktoren ausgedehnt werden. Das Wann betrifft zunächst die Abfolge der betreffenden Prozesse und dann erst ihre absolute Datierung. In allen Fällen ist damit zu beginnen, den heutigen Zustand des Bodens mit seinem Ausgangsmaterial (oft analog C bzw. L) zu vergleichen. Zu berücksichtigen ist jedoch, daß die Profileigenschaften stets durch das Zusammenspiel aller bodenbildenden Prozesse entstanden sind. Der Effekt des einen kann also von anderen - intensiver oder länger wirksamen - durch stärkere Volumen- oder Masseänderungen überprägt werden. Das muß rechnerisch dadurch eliminiert werden, daß man die Daten wieder auf den nächstkleineren, von den konkurrierenden Prozessen unbeeinflußten Bodenanteil bezieht. (Beispiel: stärkere Humusakkumulation kann Entkalkung vortäuschen, dieser Eindruck verschwindet bei Bezug des Carbonatgehaltes auf die mineralische Feinerde.) Die Rechenoperationen ergeben sich aus den unter 7.1 aufgeführten Gleichungen (Umkehrung, z. B. aus g/kg Feinerde auf sil. Feinerde durch Multiplikation mit

$$\left(\frac{100}{100 - \% \text{ (Kalk + Humus)}}\right).$$

7.2.1 Umrechnung der Profildaten

Unterschiede in der *Gefügebildung* können den auf das Bodenvolumen bezogenen Daten (Lagerungsdichte, Poren- bzw. Substanzvolumen und Poren- bzw. Aggregatgrößen) ohne weiteres entnommen werden. Bei den anderen Daten verwendet man gleich die an Gewichtsproben ermittelten und eliminiert damit den Einfluß der Gefügebildung durch Bezug auf die Masse 1.

Der Verlauf der *Streuumwandlung* und *Humifizierung* ist besser zu verfolgen, wenn man von der Gesteinsumwandlung abstrahiert, also die Humuskörpermerkmale (z. B. Huminsäure- und N-Gehalt, Zersetzungsrate) auf den Humus- (ggf. Glühverlust) bzw. C_{org}-Gehalt bezieht. Das geschah z. T. bereits im Kapitel 5 unter »Darstellung der Ergebnisse«.

Umgekehrt müssen die Daten für die Kennzeichnung der *Gesteinsumwandlung* auf humusfreies Material umgerechnet werden. Ob man die Steine als inertes Material ansehen darf, hängt von deren Art und dem Verwitterungsgrad des Gesteins ab. Das war aber schon vor der Analyse zu entscheiden, so daß ggf. mit den Feinerdedaten zu rechnen ist.

Auf die mineralische Feinerde sind die Analysen zu beziehen, mit denen Umwandlung und -lagerung der *labileren Minerale* (lösl. Salze, Kalk) gekennzeichnet werden sollen, auf die silicatische Feinerde entsprechend die Daten für *stabilere* Minerale (z. B. Oxalat-Fe). Kenngrößen für die Silicate wurden ja bereits an dieser Fraktion bestimmt. Bei den sehr stabilen geht man noch einen Schritt weiter, indem man sie auf bestimmte Kornfraktionen bezieht, falls sie nicht schon so ermittelt wurden (z. B. Feldspat in der Sandfraktion). Die Werte für unser Beispielsprofil sind in Tab. 7.2.3 und Tab. 7.2.4 aufgeführt (s. S. 236 und 237).

Bei all diesen Rechengängen wird unterstellt, daß die betreffende Substanz (bzw. das Element) nur aus der Bezugs-Fraktion stammen kann. Daß das nicht immer der Fall ist, wurde schon bei den methodischen Fehlerquellen der einzelnen Untersuchungsverfahren geschildert, so daß hier nur kurz auf einige Sonderfälle verwiesen sei: N nicht nur im Humus, sondern auch als fixiertes NH_4 im Ton; Oxalat-Fe nicht nur aus Oxiden und Silicaten, sondern auch aus Carbonaten; KAK_{sil} nicht nur durch Tonfraktion, sondern auch durch Feinschluff bedingt. Für die Zurechnung der Bestandteile organomineralischer Verbindungen ist entsprechend nicht ihre Bindungsform entscheidend (z. B. Oxalat-Fe z. T. organisch gebunden), sondern ihre Herkunft (hier lithogen, also auf humusfreies Material beziehen).

7.2.2 Sicherung der Differenzen

Hat man die Daten auf diese Weise für die Interpretation vorbereitet, so muß man entscheiden, ob Differenzen zwischen den Daten aufeinander folgender Lagen wirklich signifikant sind. Zunächst ist zu prüfen, ob die Unterschiede außerhalb des Meßfehlers (vgl. 5.2.3) liegen. Danach muß geklärt werden, ob sie in der untersuchten Bodeneinheit, d. h. in dem Pedon, nur ungerichtet und mithin zufällig streuen. Das läßt sich exakt nur durch die Untersuchung von Horizontparallelen (s. 5.1.2) klären. Sind die Unterschiede zwischen zwei Lagen geringer als auf vergleichbarer Strecke innerhalb einer Lage, so können sie nur unter bestimmten Voraussetzungen weiter interpretiert werden. Das ist einmal dann der Fall, wenn sich diese Unterschiede im Profil gerichtet fortsetzen und die Endpunkte der Tiefenfunktion wesentlich differieren. Zum andern lassen sich geringe Unterschiede bei einem Merkmal durch größere bei einem ursächlich mit ihm verknüpften sichern (was natürlich die Kenntnis solcher ursächlicher Verknüpfungen erfordert). – Wurden keine Horizontparallelen aus einem Profil untersucht (vermeide!), so können die Meßdaten einer großen Zahl anderer Profile aus derselben Bodeneinheit an ihre Stelle treten. Geprüft wird im einfachsten Falle die Differenz der Mittelwerte (gebildet aus den Horizontparallelen). Die dafür erforderliche Varianz (Streuung) dieser Differenz kann auf indirektem Wege über die Einzelwerte (x) der zu vergleichenden Meßreihen (Stichproben) errechnet werden. Bei gleicher Zahl der Einzelwerte in beiden Meßreihen (n) ergibt sich die Varianz der Differenz zu $s^2_d = \frac{s_1^2 + s_2^2}{n}$

(s_1^2 und s_2^2 = Varianzen der Einzelmeßreihen) (s. 5.2.3). Haben beide Meßreihen verschiedenen Umfang, so muß die obige Formel abgeändert werden (vgl. statistische Literatur, z. B. LOZAN 1992). Durch Multiplikation des Wurzelwertes mit dem t-Wert (den t-Tabellen statistischer Lehrbücher zu entnehmen, von n abhängiger Wert für die Normalabweichung) erhält man eine Grenzdifferenz für eine Aussage bestimmter Sicherheit. Ist sie größer als die Differenz der Mittelwerte, so nimmt man diese als gesichert (signifikant) an. An die Sicherheit kann man bei den Mineralkörper-Merkmalen höhere Anforderungen stellen als bei den stärker umweltbedingten des Humuskörpers und des Austauschsystems.

7.2.3 Rekonstruktion des ursprünglichen Zustandes

Der Schluß, daß Unterschiede zwischen Solum und liegendem Gestein bzw. Streu durch bodenbildende Prozesse entstanden sein müssen, ist nur zwingend, wenn bei der Untersuchung die als C bzw. L angesprochenen Lagen wirklich dem Ausgangsmaterial für den vorliegenden Mineral- bzw. Humuskörper entsprechen. Ansonsten müssen zunächst die ursprünglichen Eigenschaften der einzelnen Lagen rekonstruiert werden.

7.2.3.1 Das Gestein

Es ist also zunächst zu prüfen, ob die C-Lage in situ unverwittert ist. Dieser Nachweis ist dann geführt, wenn sie in verschiedener Tiefe gleiches Gefüge, gleichen Mineralbestand und gleiche Körnung aufweist (wobei die beiden ersten Kriterien mehr für feste, die beiden letzten mehr für Lockergesteine gelten). Besonders geeignet sind hierfür labile Merkmale, wie die Festigkeit, der Kalk- und der Tongehalt. Sicherer wird die Aussage, wenn man nicht nur eine Komponente berücksichtigt, sondern z. B. das Verhältnis Kalk : aktives Eisen oder Schluff : Ton bildet. Im Idealfall müssen die Proben die gleiche Lage im Körnungsdiagramm (vgl. 3.5.4.1) bzw. identische Körnungskurven besitzen. Auf diese Weise gewinnt man bei Sedimentgesteinen gleichzeitig einen Eindruck vom Ausmaß der Schichtung.

Wenn der echte C nicht erfaßt wurde, muß die Interpretation auf die jeweils noch als unverändert nachgewiesenen stabileren Merkmale beschränkt werden. Z. B. kann eine Lage mit gestörtem Gefüge, aber homogener Kalkverteilung noch als Bezugsbasis für die Mineralumwandlung, eine entkalkte, aber gleichmäßig augithaltige als solche für die Silicatumwandlung dienen. Das läßt sich in immer stabilere Mineralgruppen bzw. Kornfraktionen einengen. Voraussetzung ist jedoch die ursprüngliche Homogenität des Gesteines.

Die nächste Frage ist also, ob Schichtgrenzen im Boden vorliegen. Sie ist dann zu verneinen, wenn das Solum in allen Lagen dieselben wenig veränderlichen lithogenen Merkmale aufweist wie der C. Für diesen Nachweis ist der Bestand an den gegen Verlagerung und Verwitterung stabilen Kornfraktionen bzw. Mineralen geeignet. Sind nur Körnungsinhomogenitäten zu erwarten (d. h. keine unterschiedlichen Mineralarten innerhalb einer Kornfraktion) wie z. B. bei Sedimentgesteinen gleicher Herkunft, genügt hierfür im einfacheren Fall der Feindsandgehalt der sil. Feinerde > 6,3 µm, da diese eine ausreichend verwitterungs- und verlagerungsresistente Basis ist und da Körnung und Mineralbestand in einem Sediment meist miteinander verknüpft sind.

Sicherer wird die Aussage über die Körnung durch Bilden des Verhältnisses zwischen zwei enger begrenzten, aber noch in ausreichender Menge vorhandenen Fraktionen (z. B. 20–6,3 : 200–630), da bereits eine geringe Zunahme der einen auf Kosten der anderen den Quotienten deutlich verändert. Sehr viele Quotienten sehr eng begrenzter Fraktionen bildet man, indem man Körnungskurven der sil. Feinerde > 6,3 µm zur Deckung bringt, was ggf. völlige Homogenität bedeutet. Bei stärker verwitterten Böden sind entsprechend Quotienten der Gehalte zweier (oder mehrerer) Kornfraktionen an einem verwitterungsstabilen Mineral (z. B. Quarz, in Ferralsolen allenfalls Turmalin oder Zirkon) zu prüfen. Ist (auch) Inhomogenität im Mineralbestand zu erwarten, wie bei Gesteinen unterschiedlicher Herkunft (z. B. Fließerden aus Sedimenten und Magmatiten), sind Quotienten zwischen den Gehalten verschiedener Mineralarten einer Kornfraktion zu bilden, die ihrerseits verwitterungsstabil sind und/oder zumindest eine ähnliche Verwitterbarkeit aufweisen. Die Stabilität wichtiger Minerale gleicher Größe nimmt wie folgt ab: Zirkon > Turmalin > Rutil > Granat > Quarz > Epidot > Muskovit > Orthoklas > Mikroklin > Anorthit > Hornblende > Augit > Biotit > Olivin > Dolomit > Calcit. Für die Tonfraktion gilt Anatas > Gibbsit > Hämatit > Goethit > Kaolinit > Bodenchlorit > Smectit > Vermiculit > Illit > Halloysit > Palygorskit = Sepiolit > Imogolit > Allophan > Calcit > Gips.

Auch Unterschiede in der Körnung der Nichttonfraktionen können *pedogen* sein, da Cryo- und Peloturbation zu einer bevorzugten Auf(und Seit)wärtsbewegung größerer Partikel führen, während Bioturbation das Gegenteil bewirken kann (z. B. Steinsohlenbildung durch Termiten). Bei der Beurteilung anderer Prozesse (z. B. Verwitterung, Tonverlagerung) sind sie aber als primäre Komponenten zu behandeln, können also Schichtung bedeuten.

Ein homogenes Gestein liegt vor (da völlige Gleichheit in der Natur kaum vorkommt), wenn die geprüften Merkmale in den einzelnen Horizonten ideal statistisch verteilt sind, mithin eine zufällige, aber keine gerichtete Änderung auftritt. Welche Streuung tolerierbar ist, hängt (bei homogenem ebenso wie bei inhomogenem Gestein) von der Art der zu deutenden Eigenschaft ab und davon, ob ich nur qualitative oder auch quantitative Aussagen anstrebe. So können Humuskörperdaten nahezu ohne Einschränkung selbst bei deutlich geschichtetem Gestein interpretiert werden, und bei Eigenschaften wie dem Ionenbelag (z. B. pH, Austausch-K) oder labilen Mineralstoffen (z. B. Kalk, Oxalat-Fe) ist eine große Streuung tolerierbar. Das wird noch sicherer, wenn man die Daten auf eine spezifische Größe bezieht (z. B. Oxalat-Fe statt auf die sil. Feinerde auf Gesamt-Fe oder auf den Tongehalt, da dieser meist eng mit Gesamt-Fe korreliert). Andererseits darf die Streuung nur gering sein, wenn quantitative Aussagen (s. 7.2.5) angestrebt werden.

Streng genommen sind alle Böden Mitteleuropas geschichtet, weil ihrem Oberboden Saharastaub zugeführt (derzeit ca. 400 $mg/m^2 \cdot a$) und durch Pflugarbeit bzw. Bio- und Cryoturbation eingemischt wird und weil vielen Böden einige g vulkanischer Tuffe durch den Laacher Ausbruch im Alleröd zugeführt und eingemischt wurden. Das dürfte aber nur Böden aus reinem Sand nennenswert verändert haben.

Liegt Inhomogenität vor bzw. ist die Streuung nicht tolerierbar, ist der ursprüngliche Zustand derjenigen Lagen zu rekonstruieren, die von den Eigenschaften des C-Horizontes abweichen. Die zu wählende Methode richtet sich danach, ob 1. ein Fremdgesteinsauftrag, 2. eine Körnungsinhomogenität des Gesteins oder 3. eine Fremdsedimenteinmischung vorliegt. Die ursprünglichen Eigenschaften eines Fremdgesteinsauftrages (oft als Flugsand, Löß oder anthropogener Auftrag), der in der Regel bereits bei Beschreibung des Profils im Gelände erkannt wurde (s. 3.5.5.7), sind der Literatur zu entnehmen oder durch die Untersuchung benachbarter Böden zu ermitteln, die ihn noch als C-Horizont enthalten (d. h. durch einen Profilvergleich: s. 7.4.2). Bei Körnungsinhomogenitäten und zugleich nur mäßiger Verwitterung läßt sich der ursprüngliche Zustand einzelner Kornfraktionen im Hinblick auf die zu interpretierende Eigenschaft (z. B. Fe_t) über die getrennte Analyse der einzelnen Kornfraktionen des C-Horizontes rekonstruieren. Der ursprüngliche Tongehalt, der ja auch durch Tonverlagerung verändert worden sein kann, läßt sich dabei für Sedimentlagen, deren Körnung sich infolge wechselnder Transportgeschwindigkeit unterscheidet, aus der Gleichung

$$x \cdot \frac{T}{U} = \frac{fS}{gS}$$

(oder entsprechenden, in allen Lagen in ausreichender Menge vorkommenden Fraktionen) ableiten, wobei sich x aus dem Quotienten

$$\frac{fS \cdot U}{gS \cdot T}$$

des C-Horizontes ergibt (weil bei unterschiedlicher Transportgeschwindigkeit nur eine Verschiebung der Kornverteilungskurve [s. Abb. 5.4.2, S. 116] und keine Veränderung der [im Idealfall] Normalverteilung erwartet werden kann) (s. z. B. Tab. 7.2.1). Bei stärker verwitterten Böden muß die Rekonstruktion der ursprünglichen Eigenschaften einzelner Kornfraktionen hingegen unter Bezug auf einen verwitterungsstabilen Index (z. B. Quarz, Zirkon bzw. Zr-Gehalt, da nur im Zirkon vorkommend) erfolgen. Bei einer Fremdsedimenteinmischung (in Norddeutschland oft als Geschiebedecksand durch Flugsandeinmischung, im Bergland als lößhaltige Fließerde) ist entsprechend Fremdgesteinsauftrag zu verfahren und zusätzlich der Mischungsanteil zu rekonstruieren. Das ist über den Bezug auf ein möglichst verwitterungs- und verlagerungsstabiles Mineral zu erreichen, das im zweiten Gestein gar nicht oder wenig (dann mindestens 2 Komponenten prüfen) vertreten ist. Bestehen deutliche Unterschiede in der Korngrößenverteilung, reicht es für viele Fragestellungen aus, den Mischungsanteil des einen aus dem Vergleich der Kornverteilungskurve mit entsprechenden Kurven der reinen Mischungspartner abzuleiten (Abb. 7.2.1).

Auf die Möglichkeit, den jeweiligen Ausgangszustand mittels statistischer Korrelationen zwischen den erhaltenen stabilen und den unbekannten labilen Merkmalen in vergleichbaren Gesteinspartien zu erschließen oder bei starkem Schichtenfallen neben dem Boden in einiger Tiefe zu ermitteln, sei nur kurz verwiesen (ALAILY 1986).

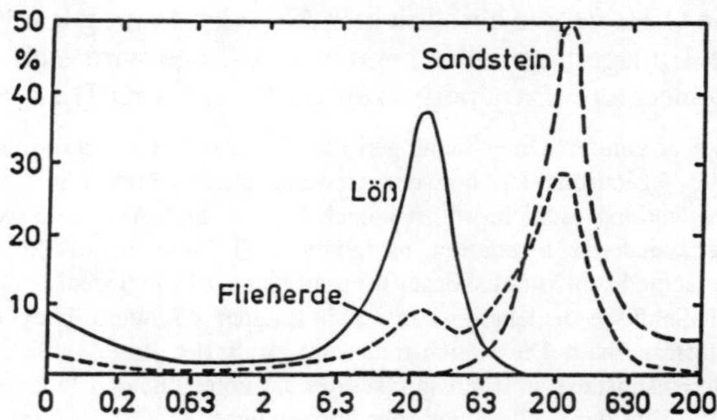

Abb. 7.2.1: Kornverteilungskurven des Feinbodens einer Fließerde und ihrer Mischungskomponenten Löß- und Sandstein-Verwitterung

Ob der Boden geköpft oder überdeckt wurde, läßt sich mit Hilfe der Homogenitätskriterien ermitteln, da diese Vorgänge die Bodenbestandteile nach ihrer Masse fraktionieren. Je heterogener Körnung und Mineralbestand, desto mehr reichern sich durch Erosion Steine und Grobsand und in diesem (Siebfraktion!) stabile Schwerminerale an der Oberfläche an und desto deutlicher hebt sich das Kolluvium durch Schluff und Feinsand und in diesem durch Leichtminerale ab. Bei homogenem Material wird dieser Nachweis infolge völligen Abtrags oder gleichartiger Überdeckung immer schwieriger.

Primäre Schichtungs- sicher von sekundären Umlagerungseinflüssen zu unterscheiden, ist überdies bei Böden aus Sedimentgesteinen ohne Berücksichtigung pedogener Merkmale (z. B. Unterbodenmerkmale wie Kalk oder Tonhäute im Ober-, Oberbodenmerkmale wie geringe BS-Werte oder Streureste im Unterboden) und der Geländesituation oft nicht möglich. Entsprechendes gilt für die Stoffzufuhr mit Hangzug- oder Kapillarwasser. Hier muß also die vergleichende Profilanalyse hinzugezogen werden (s. 7.4.2.1). Für unser Beispielsprofil sind die erwähnten Daten in der Tabelle 7.2.1 wiedergegeben.

Tab. 7.2.1: Prüfung der litho- und pedogenen Differenzen im Profil Siggen (BARSHAD 1964, BLUME 1977)

	$\frac{fS}{< 6\mu}$	$\frac{gU}{mS}$	Quarz: Feldsp.	$\frac{fS \cdot gU}{mS \cdot Ton} = x$	% Ton theoret.	% Ton aktuell	Δ
Äh	0.39	0.93	3.0	1.61	33.2	17.0	−16.2
AlBtv	0.39	0.92	2.8	0.94	28.7	25.3	−3.4
Bvt	0.39	0.82	2.9	0.64	23.7	30.6	+6.9
BtC	0.38	0.83	2.7	0.74	24.3	27.0	+2.7
Ccv	0.38	0.77	2.3	0.83	23.7	23.7	±0

7.2.3.2 Die Streu

Daß man wirklich Material mit Streu-Charakter untersucht, ist durch den Zeitpunkt der Probennahme so leicht sicherzustellen, daß sich entsprechende umständliche Untersuchungen erübrigen. Ob ein Streu- bzw. Vegetationswechsel vorliegt, ist mit bodenkundlichen Methoden meist nicht zu entscheiden, weil es keine stabilen organischen Leitsubstanzen gibt (vgl. 7.2.5.1). Eine Ausnahme bilden Torfe und mächtige Rohhumuslagen mit geringem Humifizierungsgrad (also erhaltenen Pflanzenresten) und geringer biogener Mischung.

Da aber die verschiedenen Streuarten sich in ihren Hauptbestandteilen viel weniger unterscheiden als die Gesteinsarten und da die Humuskörperanalyse bislang weit weniger spezifiziert ist als die Mineralkörperanalyse, können gleichwohl allgemeine Aussagen über die Umwandlung des Humuskörpers gemacht werden. – Erosion und Sedimentation wirken als oberflächig ablaufende Vorgänge entsprechend stark auf den Humuskörper ein. Infolge der meist ähnlichen Größe und Dichte der organischen Bodenstoffe ist ein auf die O-Horizonte beschränkter Ab- oder Auftrag kaum nachzuweisen. Eine durch sehr starke Umlagerung völlig begrabene L-Lage wird sich dagegen durch gröbere Partikel und schlechtere Extrahierbarkeit (z. B. mit NaOH) auszeichnen.

Bei genaueren Untersuchungen darf gleiche Streu nicht stillschweigend vorausgesetzt werden, da die Vegetation sich notwendigerweise ebenso ändert wie der Boden selbst. Die Kenntnis der Vegetationsgeschichte führt jedoch bislang auch nicht viel weiter, weil die Umwandlungsprodukte verschiedener Streuarten in kurzer Zeit innig vermischt werden und über die Stabilität der verschiedenen Humuskörper im Laufe langer Zeiten wenig bekannt ist. Entsprechend vorsichtig sind die Schlüsse zu ziehen. – Ein – nicht seltener – Sonderfall liegt dann vor, wenn das Gestein organische Stoffe enthält. Da es sich meist um erodierte Humusstoffe handelt, sind sie von der organischen Bodensubstanz stofflich nur schwer zu unterscheiden (eher dagegen durch ihr viel höheres Alter mit Hilfe der – allerdings sehr aufwendigen – ^{14}C-Methode).

7.2.4 Richtung der Bodenbildung

Für den (einfacheren) Fall, daß der untersuchte Boden einen echten C bzw. L besitzt und nicht geköpft oder überdeckt wurde, soll nun erläutert werden, wie der Verlauf der Bodenbildung aus den Untersuchungsdaten erschlossen werden kann. Man folgt dabei dem einfachen Prinzip, daß höhere Werte als im Ausgangsmaterial Bildung und/oder Zufuhr, geringere dagegen Abbau und/oder Fortfuhr bedeuten. Es ist aber stets zu bedenken, daß diese Zu- oder Fortfuhr nicht nur von oder zu einem anderen Ort, sondern auch von oder zu einer anderen Stoffgruppe erfolgen kann. Bei Kulturböden sind üblicherweise leicht veränderliche Größen (z. B. pH, BS-Wert) von der Interpretation auszunehmen. – Das wesentliche Problem liegt darin, daß Bodenmerkmale auf verschiedene Weise entstanden (polygen) sein können. Andererseits sind sie auch korrelativ. Wenn eine Reaktion eine andere (irreversible) voraussetzt, kann man am Effekt der letzteren prüfen, ob erstere abgelaufen sein kann. Umgekehrt läßt sich aus dem Fehlen von Merkmalen, die auf reversible Prozesse zurückgehen, grundsätzlich nicht ableiten, daß diese nicht abliefen.

7.2.4.1 Die Umwandlung des Mineralkörpers

Verwitterung und Mineralbildung verändern die Masse des Mineralkörpers, seine Körnung (bzw. Gefüge des Gesteins) und seinen Mineralbestand. Sie sind mithin aus

Körnungs- und Mineralbestandsanalysen (sowie den auf den Mineralkörper beziehbaren Ionenaustauschdaten) zu erschließen.
Fortschreitende Umformung ist kenntlich an sinkender durchschnittlicher Dichte des Mineralkörpers (Abbau schwerer Minerale und Bildung leichterer, oft Wassereinlagerung), besonders aber an fortschreitendem 1. Lösen einfacher Salze incl. Gips (und Oxidieren von Sulfiden), 2. Verwittern von Kalk, 3. Bildung von Fe-Oxiden und Tonmineralen auf Kosten vornehmlich der Schlufffraktion bzw. vieler Schwerminerale und dann auch der Feldspäte und 4. schließlich wieder deren Abbau unter 5. Hinterlassen stabiler Minerale. Dem kann im Unterboden eine Bildung von 1. löslichen Salzen und Gips, 2. Kalk und 3. Fe-Oxiden (und Tonmineralen) entsprechen. Einher gehen damit sinkende pH- und BS-Werte. Bei den pyrogenen Si-Mineralen (sil. Feinerde > 6,3 µm) sinkt im allgemeinen der Anteil feinerer Fraktionen stetig ab (wenn nicht viel an verwitterbaren Mineralen reicher Sand vorhanden ist), während der Anteil der K-Feldspäte auf Kosten der anderen und das Quarz : Feldspat-Verhältnis entsprechend steigen. Auf intensivere Silicatverwitterung deuten auch sinkende Ca : K-Verhältnisse (leichtere Verwitterbarkeit Ca-reicher gegenüber K-reichen Mineralen). – Mit fortschreitender Umwandlung der Tonfraktion werden die Illite immer mehr aufgeweitet und zerkleinert; der Kaolinit ist relativ stabil. Damit gehen anfänglicher Anstieg und späteres Absinken der auf die Tonfraktion bezogenen KAK_{sil}-Werte und stetiges Absinken der K-Gehalte einher. – Der Gehalt an Übergangsbildungen (Ferrihydrit, Allophan) sinkt nicht nur durch Abbau, sondern auch durch Alterung (Kristallisation). – Auf diese Weise lassen sich der allgemeine Umwandlungsgrad des Mineralkörpers sowie die Lage des Verwitterungsmaximums kennzeichnen.

Diese Reihe kann man durch detailliertere Analysen noch ergänzen. An Dünnschliffen oder Körnerpräparaten ist der Verwitterungsgrad einzelner Minerale qualitativ zu charakterisieren (z. B. zerfressene Ränder, Bleichung). Bei den Salzen nimmt der Anteil schwerer löslicher zu (z. B. Gips), beim »Carbonat« derjenige des Dolomits gegenüber Calcit (Ca : Mg sinkt), bei den Feldspäten des K-Feldspats gegenüber Ca-Feldspat und bei den Schwermineralen der verwitterungsresistenten (z. B. Magnetit + Ilmenit, Zirkon, Rutil). In allen Fällen, in denen nur der Gehalt einer bestimmten Kornfraktion ermittelt wurde, muß aber bedacht werden, daß bereits Teilchenzerkleinerung einen Gewinn aus groberen oder einen Verlust zu feineren Fraktionen zur Folge hat, so daß stets die Körnungskurve mit zu berücksichtigen ist. Dem Abbau von Olivin, Augiten und Hornblenden entspricht meist ein Aufbau von Smectit, dem Glimmerverlust ein Illitgewinn und dem Feldspatabbau ± ein Kaolinitaufbau. In der Tonfraktion sinkt zunächst der Anteil von Chlorit + Vermiculit gegenüber den Illiten, dann das Verhältnis Illit : aufweitbarer Illit (begleitet von einem sinkenden Quotienten Mg/K) und zuletzt aufweitbarer Illit : Bodenchlorit. Die pedogenen Oxide steigen auf Kosten zunächst der schweren Silicate und dann auch der leichteren (Feldspäte) an (und zwar Mn- früher als Fe- und Al-Oxide, was auch für das Absinken bei fortgeschrittener Verwitterung gilt).

Bei dieser Interpretation der Tiefenfunktionen der verschiedenen Bodenbestandteile wurde jedoch unterstellt, daß nur gelöste Stoffe und diese durch Sickerwasser transportiert wurden. Es können aber auch feste Teilchen umgelagert werden, sofern sie klein bzw. dispergierbar genug sind, was insbesondere für Tonteilchen (Tonminerale und pedogene Oxide) zutrifft. Diese Umlagerung setzt nicht starken Verwitterungsgrad (Kriterien s. o.), sondern geringe Gefügestabilität (geringe Gehalte an löslichen Salzen bzw. Kalk oder starke Na + Mg-Belegung, geringe Lebendverbauung) und oft Wechselfeuchte (zur Bildung dränender Poren durch Schrumpfung) voraus. Sie verläuft weitgehend körnungsselektiv (Vergröberung der Tonfraktion im Verarmungs-, Verfeinerung im Anreicherungshorizont). Der Ort stärkster Tonbildung (= stärkster Verwitterung pyrogener Silicate) braucht also mit demjenigen höchsten Tongehaltes nicht identisch zu sein.

Gegen den Sickerwasserstrom können gelöste Stoffe durch die Vegetation bewegt werden. Was transportiert wird, hängt vom Angebot (also vom Verwitterungsgrad, s. o.) und vom Bedarf (allg. Pflanzennährstoffe, spez. pflanzenbedingt) ab. Wieviel davon im Oberboden erhalten bleibt, bestimmen Zersetzungsrate (s. d.) und Bindung in und an Humusstoffen (bes. P und S bzw. Ca und Fe). Die Folge ist ein Maximum der Gehalte der mineralischen Feinerde im obersten Horizont. Dieses tritt um so deutlicher in Erscheinung, je größer der Verwitterungseffekt bei dem betreffenden Merkmal (z. B. mehr beim BS-Wert als bei den Nährstoffreserven), je größer die biogene Akkumulation (z. B. akt. Fe gegenüber Al_l) und je fester die organische Bindung (z. B. Laktat-P gegenüber -K). Düngung wirkt in ähnlicher Weise. Ihr Effekt ist oft an Nebenbestandteilen nachzuweisen, die im Verhältnis zum Hauptnährstoff in den Böden in geringerer Menge vorkommen oder weniger von Pflanzen aufgenommen werden (z. B. im Thomasphosphat außer P noch Ca, Fe, Mn und eine Reihe seltener Spurenelemente). – Eine detailliertere Analyse erlaubt natürlich auch hier weitere Schlüsse.

Dem Sickerwasserstrom entgegengerichtet ist auch der Kapillarhub. Was hier transportiert wird, hängt vom Verlauf der Verwitterung im Einzugsgebiet, und wie hoch, von Gefüge (s. d.), Grundwasserstand, Klima und Fällungsart ab. Es folgen zur Tiefe hin aufeinander die durch Verdunstung »eingedickten« löslichen Salze, der gefällte Kalk und die durch Oxidation gefällten Fe-Oxide, und zwar um so deutlicher differenziert, je grobporenärmer der Boden. Wieviel wiederum im Kapillarsaum erhalten bleibt, bestimmt die Verwitterungsintensität (s. o.), nacheinander verschwinden Salz- und Kalkmaxima.

Die Salzanreicherung prägt sich am deutlichsten bei den leichter löslichen aus. Die Fe-Oxide sind stets mit Mn-Oxiden, nicht dagegen mit Al-Oxiden vergesellschaftet. Der Anteil der H_2O-haltigen Fe-Oxide kann durch Alterung beträchtlich sinken. – Die horizontale Stoffdifferenzierung durch Diffusion betrifft vornehmlich Fe- und Mn-Oxide (sowie $CaCO_3$); sie ist nur durch Entnahme von Sektionsproben zu fassen. Unregelmäßig ist auch der Effekt der zoogenen Bodendurchmischung. BLUME (1977), BREWER (1964), DREVER (1985), OLLIER (1984), STUMM (1992).

7.2.4.2 Die Umwandlung des Humuskörpers

Zersetzung und Humifizierung verändern Menge, Teilchengröße und Stoffbestand der organischen Substanz. Sie sind mithin aus deren Verteilung und den Humuskörperkennwerten (sowie den auf diesen beziehbaren Ionenaustauschdaten) zu erschließen. Dabei ist jedoch zu bedenken, daß die Streu fortwährend neu zugeführt wird.

Hohe Mengen an organischer Substanz können auf starke Streuproduktion, geringe Mineralisierung oder begünstigte Humifizierung zurückzuführen sein. Fortschreitende Umformung ist kenntlich an der Zunahme 1. der feinen Pflanzenreste auf Kosten der groben, 2. der extrahierbaren Humusstoffe auf Kosten der Pflanzenstoffe und oft 3. der mit dem Mineralkörper verbundenen Huminsäuren bzw. der Humine auf Kosten der extrahierbaren. Das äußert sich in zunächst ansteigenden und später wieder fallenden Huminsäure-Ausbeuten. Im Zuge dieser Umwandlung steigt der C-Gehalt der organischen Substanz durch Abbau C-ärmerer Pflanzenstoffe und Decarboxylierung labiler Gruppen, steigt deren KAK durch Oxidation von reaktiven Gruppen, sinkt das C : N-Verhältnis durch C-Verluste und N-Einbau, sinkt die Zersetzbarkeit durch Anreicherung stabiler Huminstoffe und sinkt der Q 4/6-Wert der Huminsäuren infolge stärkerer Kondensation. Ist das Gestein humushaltig, so hängen diese Tiefenfunktionen natürlich auch von den Eigenschaften der organischen Gesteinsbestandteile ab. Oft prägt sich dann zwischen Streu und Gestein ein deutliches Minimum bzw. Maximum der genannten Daten aus. Die meisten dieser Kenngrößen können nur im Zusammenhang mit anderen interpretiert werden. Hat z. B. die Streu bereits ein enges C : N-Verhältnis oder eine geringe Zersetzbarkeit, so müssen die anderen Kriterien stärker berücksichtigt werden. Ob geringe Huminsäure-Ausbeuten auf schwacher Humifizierung oder starker Kopplung an Minerale beruhen, ist entsprechend mit Hilfe der den ganzen Humuskörper charakterisierenden Daten zu entscheiden (z. B. würde enges C : N-Verhältnis hier für starke Kopplung sprechen). Zu beachten ist schließlich, daß ein enges C/N-Verhältnis auch durch viel lebende Biomasse verursacht sein kann (Kap. 5.2), da z. B. Bakterien ein C/N von 5 und Pilze von 7 aufweisen.

Als diagnostische Merkmale für die wichtigsten Humusformen (Mittel der humosen Horizonte) können folgende Werte gelten:

	dystropher Torf (Streu)	Rohhumus	Moder	Mull
C/N	40		20	10
KAK_{org} ($cmol_c$/kg)	100		200	300

Diese Schlüsse lassen sich wiederum durch detaillierte Untersuchungen sichern. Im Dünnschliff kann man den Korrosionsgrad der Streureste und den Humifizierungsgrad abschätzen, oft auch den Cellulose-Anteil (Doppelbrechung). Bei den Pflanzenstoffen nehmen nacheinander die Gehalte an einfachen Kohlenhydraten und Einweiß, dann von Hemicellulosen und Cellulose ab, die von Lignin und Gerbstoffen zunächst relativ zu. Damit geht bei den Huminstoffen eine Verschiebung von den Fulvosäuren zu den Huminsäuren einher. Die Huminsäuren selbst weisen einen um so höheren OCH_3-Gehalt und einen um so niedrigeren α-Amino-N-Gehalt auf, je mehr sie vom Lignin abzuleiten sind, während für die »Pilzhuminsäuren« Umgekehrtes gilt. Die Tiefenfunktion der Humuskörper-Daten ist jedoch nur bedingt als Reaktionsabfolge zu interpretieren, da sie auch den abgestuften Umwelteinfluß und damit die Leistungen der entsprechenden Mikrobenpopulation widerspiegelt. Ideal verwirklicht ist sie ohnehin nur in wurzelarmen O-Horizonten (= keine starke »unterirdische« Streuzufuhr).

Tief in den Mineralkörper eingreifende Humusgehalte können auf 1. biogene oder mechanische Durchmischung, 2. Transport mit Sickerwasser, 3. Bildung von Wurzelhumus oder 4. fortwährende Überlagerung der Bodenbildung durch Sedimentation zurückzuführen sein. Ziemlich sicher erschließen lassen sich nur der vierte (Verhältnis zwischen Pflanzen- und Huminstoffen ähnlich wie im Oberboden, Mineralkörper geschichtet, s. 7.2.3.1) und der zweite Fall (vorwiegend Huminstoffe, bei sandiger Matrix sehr gut löslich, z. B. bereits in NH_4-Oxalat), in welchem oft auch ein deutliches Maximum im Unterboden auftritt. Die anderen Prozesse haben stofflich nicht ausreichend unterschiedliche Ergebnisse; hier muß das Gefüge im Felde oder im Labor interpretiert werden. Infolgedessen hilft auch die detaillierte Untersuchung der Humusstoffe in diesen Fällen kaum weiter. – Ein Anstieg der Humusgehalte ist oft auch in Lagen mit permanentem Stau- oder Grundwasser zu verzeichnen.

BEYER (1994), BLUME (1965), KÖGEL-KNABNER (1987), KONONOWA (1958), SCHNITZER und KHAN (1978).

7.2.4.3 Die Umwandlung des Gefüges

Zerteilung und Verbauung verändern Menge und Größe der Poren sowie Menge und Bau der Aggregate. Sie sind mithin aus Gefügeform, Porenfüllung und Porengrößenverteilung sowie Aggregatstabilität zu erschließen. Dabei ist jedoch zu bedenken, daß es einerseits sehr labile Gefügemerkmale gibt (z. B. Porenfüllung), die nur die Bedingungen zur Zeit der Probennahme widerspiegeln, und andererseits recht stabile, die Einblicke in längere

Phasen der Bodenbildung erlauben (z. B. innerer Aufbau der Aggregate). Die anderen stehen dazwischen.

Fortschreitende Umformung des Gesteins- bzw. Streugefüges ist kenntlich zunächst an kleineren, labileren Partikeln (bis Primärpartikel) und dann zunehmend an gröberen, oft stabileren Aggregaten. Mit einfachen Labormethoden kann man meist nur feststellen und damit die Feldbeobachtungen objektivieren. Zu deuten sind die Meßwerte bislang oft nur durch Vergleich mit anderen Daten, und zwar insbesondere bei stärkerem Abweichen von der genannten Regel (z. B. grobe, wasserlabile Aggregate bei hohem Schluff- und Austausch-Na-Gehalt, feine, wasserstabile bei hohem Ton- und Humusgehalt und mittlere, auch mechanisch sehr stabile bei hohem Fe_o- oder/und Fe_d-Gehalt). Durch Stoffwandlungsprozesse müßten sich auch die Porenverhältnisse ändern (z. B. Minimum des Porenvolumens und des Grobporenanteils im Solum durch Bildung von Stoffen starken Quellvermögens oder durch Zufuhr gewanderter Substanzen), aber das ist selten spezifisch (z. B. auch durch Zusammenpressen labiler Aggregate unter der Auflast) und überdies oft vorübergehend. Selbst wenn die Tiefenfunktion der Gefügeamplituden (Aggregat- und Porengrößen) gemessen wäre, gäbe sie oft weniger eine genetische Abfolge als vielmehr die Stärke des Umwelteinflusses und damit die Bedingungen für die rezente Bodenbildung wieder. Das ist für die ökologische Interpretation natürlich ein Vorzug (vgl. 7.3.1 und 7.3.2).

Durch spezielle Untersuchungen lassen sich wiederum manche Aussagen beträchtlich präzisieren, nämlich die Aggregatklassen durch die stabilen Mikroaggregate ergänzen, die Poren in intra- und interaggregäre differenzieren, besonders aber die Form und Anordnung der Partikel bis in mikroskopische Dimensionen mit Hilfe der Dünnschnitt- und -schlifftechnik verfolgen. Das ist insbesondere dort wichtig, wo die stofflichen Änderungen noch sehr gering sind (z. B. primäre Stadien von Verwitterung bzw. Zersetzung, vgl. 7.2.4.1 und 7.2.4.2), wenig in Erscheinung treten (z. B. Umlagerung von Ton, Humus, Kalk, Eisenoxiden in ton-, humus- usw. -reichen Böden) oder in geschichteten Profilen nicht diagnostizierbar sind. Allgemein gilt, daß gelöste Stoffe in grobporigen Böden in breiter Front wandern, mithin am Fällungsort die Teilchen umhüllen (granulares Mikrogefüge mit isotischem Plasma). Feste Stoffe in feinporigen Böden werden dagegen in größeren Leitbahnen, wie Wurzelröhren oder interaggregären Poren, transportiert, bilden also Wandbeläge mit sepischem Plasma (gelöste Stoffe in feinporigen und feste in grobporigen Böden nehmen eine Mittelstellung ein). Der Transportweg ist in ersterem Falle meistens ziemlich lang, in letzterem manchmal nur kurz; im Extremfalle sind die Teilchen lediglich durch Quellung und Schrumpfung lokal eingeregelt. Besonders in geschichteten tonigen Böden, in denen eine Ton-Umlagerung nicht aus Gehaltsunterschieden erschlossen werden kann, ist Vorsicht geboten. Andererseits läßt sich eine nicht körnungsselektive Umlagerung in wenig verwitterten Böden nur durch Gefügemerkmale belegen, etwa mit einem Säulengefüge parallelisieren. – Durch Organismen werden die Stoffe meist in Röhren und dort regellos abgelagert (Pedotubulen), so daß diese Transportart, die stofflich kaum zu fassen ist (vgl. 7.2.4.2), diagnostiziert werden kann.

Stoffe gleicher Stabilität werden aber nicht nur in der Vertikalen in Horizonten, sondern oft auch in der Horizontalen in Konkretionen angereichert. Infolge der üblichen Horizontprobenahme wird diese Umlagerung durch Stoffanalysen nicht erfaßt. Der Dünnschliff erlaubt neben dem Ausmaß der Differenzierung insbesondere die Struktur der Konkretionen und ihre Beziehung zur Matrix zu klären. Reine Konkretionen entstehen bei Fällung in Hohlräumen (z. B. Kalk und Fe-Oxide in G_o-Horizonten, manchmal Pseudomorphosen, z. B. Kalk mit Gips-Kristalltracht), solche mit eingeschlossenen Mineralkörnern bei Fällung in der Matrix (z. B. Fe-Oxide in S-Horizonten). Scharf begrenzte Konkretionen ohne gleitenden Übergang zu einer verarmten Matrix sind meist lithogen bzw. ein reliktisches Bodenmerkmal. – Bei der Interpretation von Dünnschliffen muß natürlich stets bedacht werden, daß sie ohne Berücksichtigung der dritten Dimension und ohne Morphometrie nur qualitative Schlüsse erlauben. In Tabelle 7.2.2 ist ein kurzer Bestimmungsschlüssel für Cutane zusammengestellt BREWER (1964), BULLOCK et al. (1985), FITZPATRICK (1993).

Tab. 7.2.2: Mikromorphologische Deutung verschiedener Cutane (weitgehend nach BREWER 1964)

Vorgang	Verlagerung kolloiddispers	Verlagerung ionendispers	Diffusion	Einregelung
Stoffbestand	Tonminerale Huminstoffe krist. Sesquioxide	Salze, Carbonate, akt. Sesquioxide		Tonminerale
Auftreten in (an)	dränenden Poren		allen Poren	Polyeder-, Prismen- und Skelettoberflächen
Oberfläche	glatt	rauh		glatt
Übergang z. Matrix	scharf		diffus	
Ablagerung	häufig schichtig		stets diffus	
Gefügeplasma	sepisch (-asepisch)	isotisch, asepisch oder feinkristallin		sepisch
Skellettkörner	fehlend		vorhanden	
Farbunterschied z. Matrix	oft vorhanden		gering	fehlend
Bodenbildender Prozeß	Tonverlagerung	Podsolierung, Pseudovergleyung, Vergleyung, Versalzung, Carbonatanreicherung		Aggregierung, Peloturbation

7.2.4.4 *Die bodenbildenden Prozesse*

In den vorhergehenden Abschnitten wurde dargelegt, wie die einzelnen physikalisch-(bio)chemischen Vorgänge aus den Untersuchungsergebnissen zu erschließen sind. Da ähnliche Zustände auf verschiedenen Wegen erreicht werden können, kam es insbesondere darauf an, Differenzmerkmale zu finden. Da aber diese Vorgänge durch eine gegebene Ausgangsmaterial-Umwelt-Kombination gemeinsam gesteuert werden und sich gegenseitig beeinflussen, müssen die einzelnen Bodenmerkmale auch miteinander korrelieren. Das trifft einmal für Prozeßpaare zu (z. B. Glimmerabbau-Illitbildung), zum anderen aber auch für verschiedene Merkmale (z. B. Verwitterungsgrad – Huminifizierungsgrad, Körnung – Gefüge). Um die Mannigfaltigkeit der Vorgänge und Merkmale zu vereinfachen, muß man also nach Merkmalen gliedern, die bestimmte Kombinationen als bodenbildende Prozesse zu diagnostizieren gestatten. Dafür soll die Abb.7.2.2 einen Anhalt geben.

Sie ist stets im Zusammenhang mit der Geländeansprache (s. 3.6.1) anzuwenden, und zwar besonders in Zweifelsfällen. Solche liegen oft vor, wenn ein Prozeß sich morphologisch noch nicht oder nicht mehr genügend ausprägt (wenn er noch zu schwach oder ein anderer zu stark ist), es in dem speziellen Ausgangsmaterial auch kaum kann (sog. schlechte Zeichner, z. B. Buntsandstein für Marmorierung) oder mit den herrschenden Umweltverhältnissen nicht in Einklang zu bringen ist (reliktische Merkmale, z. B. G_0-Horizont bei abgesenktem Grundwasser).

1. *Fermentierung und Humusakkumulation* sind meist in der angegebenen Tiefenfunktion verbunden (nach oben folgt dann die L-Lage); kehrt sie sich nach oben wieder um (wird also $\vee$ zu $\Diamond$ und $\wedge$ zu $\rangle\langle$, so ist mit einem Wechsel von Streu oder/und

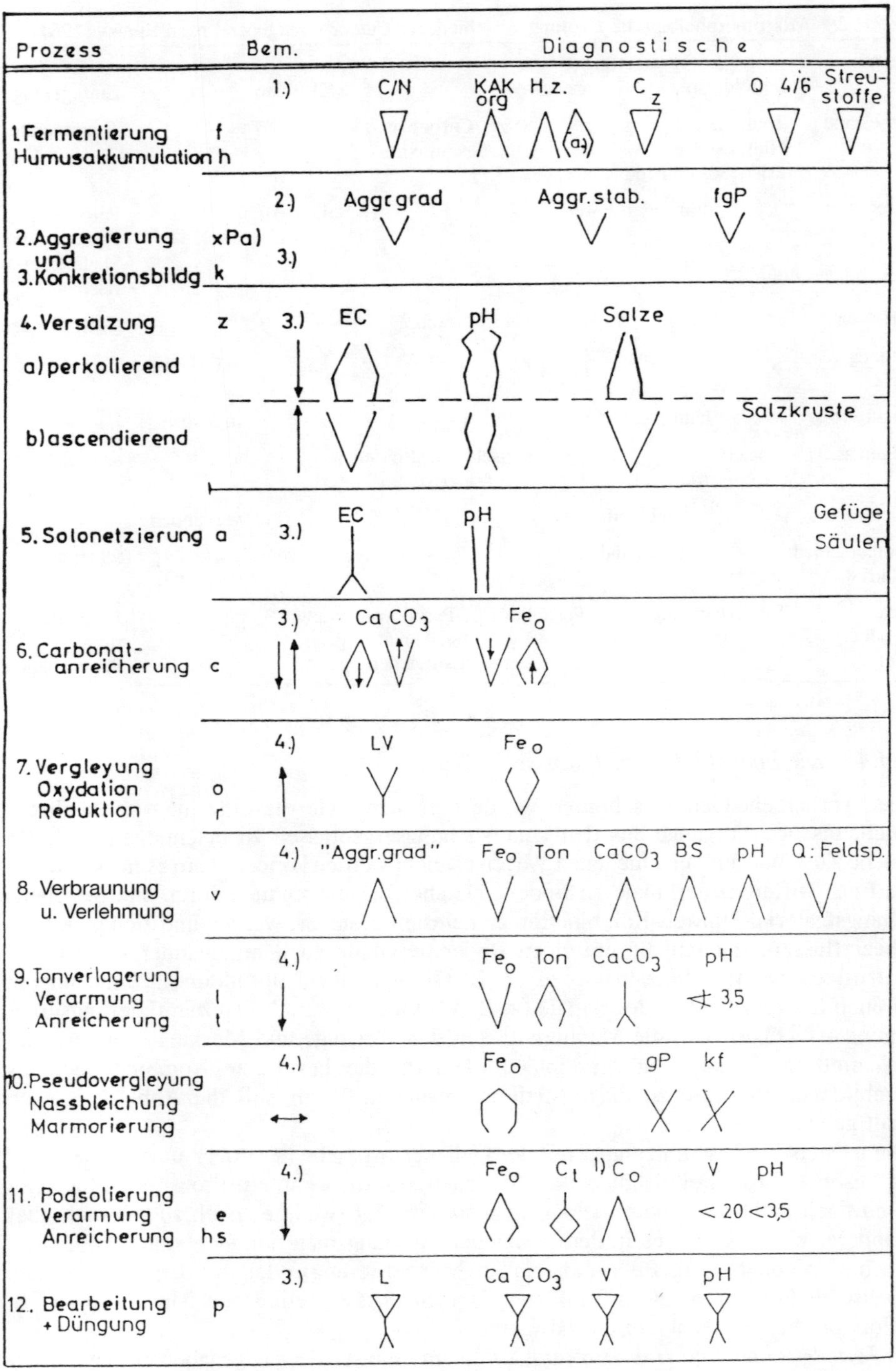

Abb. 7.2.2: Bestimmungsschlüssel für bodenbildende Prozesse

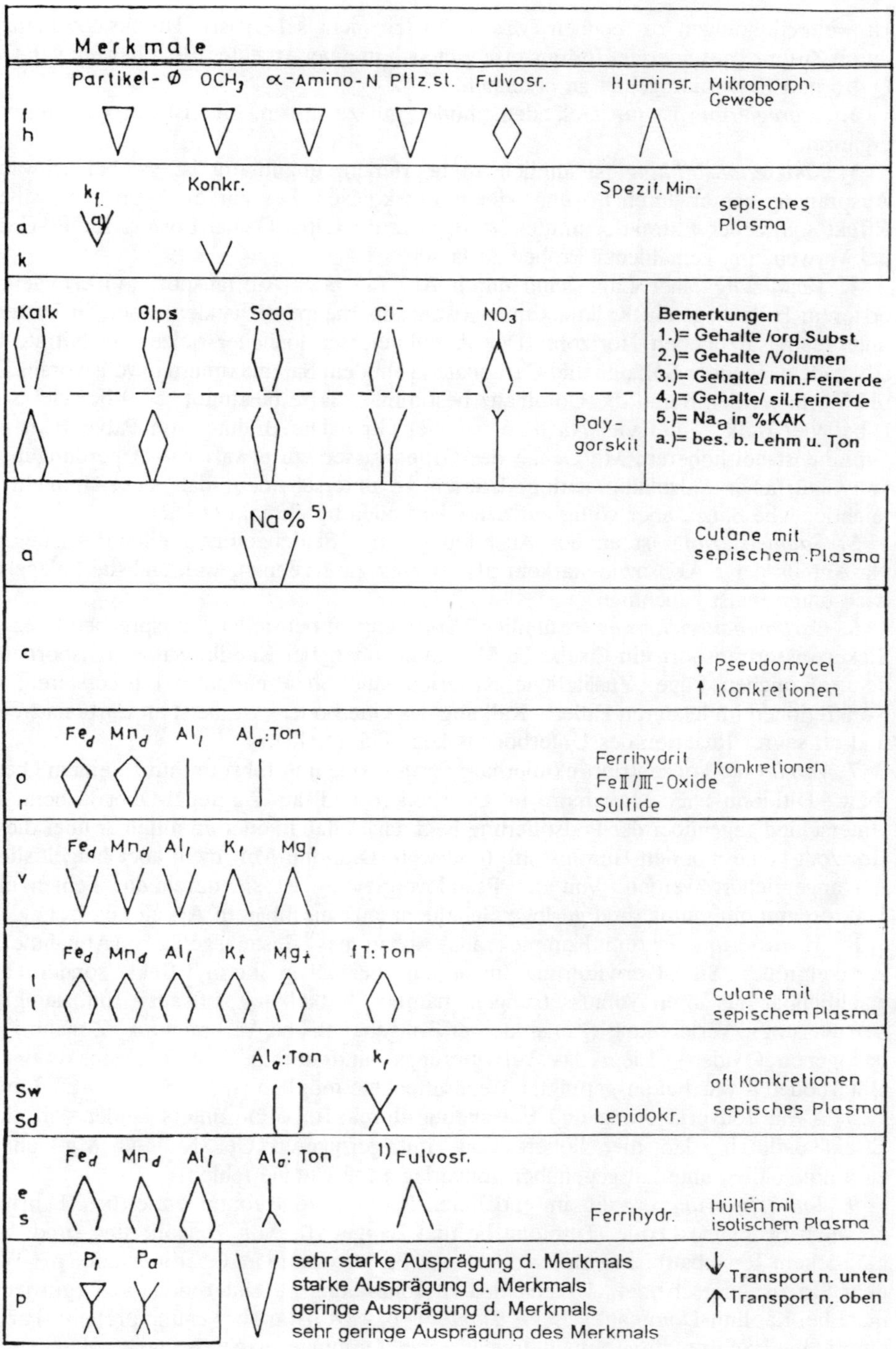

Merkmale
Partikel-Ø OCH3 α-Amino-N Pflz.st. Fulvosr. Huminsr. Mikromorph. Gewebe
f h
kf. a)
Konkr.
Spezif. Min.
sepisches Plasma
a k
Kalk Gips Soda Cl⁻ NO3⁻
Bemerkungen
1.)= Gehalte /org.Subst.
2.)= Gehalte /Volumen
3.)= Gehalte/ min.Feinerde
4.)= Gehalte/ sil.Feinerde
5.)= Naa in %KAK
a.)= bes. b. Lehm u. Ton
Poly-gorskit
Na% 5)
a
Cutane mit sepischem Plasma
c
Pseudomycel
Konkretionen
Fed Mnd Alt Ala:Ton
o r
Ferrihydrit
FeII/III-Oxide
Sulfide
Konkretionen
Fed Mnd Alt Kt Mgt
v
Fed Mnd Alt Kt Mgt fT:Ton
l t
Cutane mit sepischem Plasma
Ala:Ton kt
Sw Sd
oft Konkretionen
Lepidokr.
sepisches Plasma
Fed Mnd Alt Ala: Ton 1) Fulvosr.
e s
Ferrihydr.
Hüllen mit isotischem Plasma
Pt Pa
p
sehr starke Ausprägung d. Merkmals
starke Ausprägung d. Merkmals
geringe Ausprägung d. Merkmals
sehr geringe Ausprägung des Merkmals
Transport n. unten
Transport n. oben

Umweltbedingungen zu rechnen (was in Torfen nicht selten ist). Humusakkumulation durch Zufuhr gewanderter Huminstoffe gibt sich in einer erneuten Erweiterung von C/N, Q 4/6 und Fulvosäuregehalt zu erkennen.

2. *Aggregierung* ist mit Geländemethoden gut zu fassen; hier ist nur quantitativ zu ergänzen.

3. *Konkretionsbildung* ist ähnlich zu beurteilen; quantitativ ist sie bei schwacher Ausprägung besser durch Lösung oder mikroskopisch, bei starker durch den größeren Effekt schwacher Extraktionsmittel (z. B. H_2O für Gips, Oxalat-Lösung für Fe-Oxide) bei Verwendung gemahlener Proben zu fassen.

4. *Versalzung* einer Lage kann durch Ab- (↓) oder Auftransport (↑) erfolgen. In ersterem Falle liegt ein Kalkmaximum (wenn überhaupt vorhanden) über, in letzterem unter dem salzreichen Horizont. Der Anteil leichter löslicher Salze wie Nitrate und Chloride gegenüber Sulfaten und Carbonaten geht dem Salzmaximum jeweils voraus. Die pH-Werte werden durch die Dominanz bestimmter Salze bestimmt: > 9 bei viel Soda, 8 bei viel Kalk, 7 bei viel NaCl, 6 bei viel Gips. Die Bildung von Palygorskit oder Sepiolit ist bei höherem Mg-Gehalt des Grundwassers zu erwarten. – Überdüngung ist von natürlicher Salzakkumulation dadurch zu unterscheiden, daß sie sich nicht auf leichtlösliche Salze, aber völlig auf den Oberboden beschränkt (s. 12).

5. *Solonetzierung* ist an der Ausbildung eines Säulengefüges, einem Anstieg des Na-Anteils der KAK sowie starkem pH-Anstieg zu erkennen, während die Salzgehalte nach unten meist zunehmen.

6. *Carbonatanreicherung* ist ähnlich Versalzung zu beurteilen. Entsprechend liegt bei Sickerwassertransport ein Oxalat-Fe-Maximum über, bei Kapillarwassertransport unter der kalkreichen Lage. Zusätzliche Kriterien sind oft Pseudomycel in ersterem und Konkretionen im letzteren Falle. – Kalkung des Oberbodens ist meist an Carbonatfreiheit und oft saurer Reaktion des Unterbodens kenntlich (s. 12).

7. *Vergleyung* konzentriert oxidierbare Sesquioxide und führt mithin zu einem Oxalat- (bzw. Dithionit-) Fe-Maximum in Oberboden und an Aggregat-Oberflächen. Der Unterschied gegenüber der Podsolierung liegt darin, daß in oder unmittelbar über diesem Horizont keine mobilen Huminstoffe (und wohl Dithionit-Mn, nicht aber laugelösliches Al) angereichert werden. Von der Pseudovergleyung ist sie durch das Fehlen eines Makroporenminimums (und geringe Gehalte an austauschbarem Al) zu unterscheiden.

8. *Verwitterung* ist ein Komplex aus Abbau des Gesteinsgefüges (Abnahme der Partikelgröße), Silicatverwitterung (nicht nur meßbar in ihrem Effekt, sondern auch erschließbar aus ihren Voraussetzungen, nämlich Entkalkung, oft auch Entbasung und Versauerung), Verlehmung (Zunahme der Tongehalte) und Verbraunung (Zunahme von pedogenen Oxiden). Liegt das Verwitterungs- und mithin Tonbildungsmaximum im Unterboden – was bei ausgeprägter Wechselfeuchte möglich ist –, so wird ∨ zu ◊ und ∧ zu)(. (Von Tonverlagerung und Entsandung durch Turbation unterscheidet sich dieser Effekt dadurch, daß hier höhere Ton- mit geringeren Ges.-K- und Mg-Gehalten zusammenfallen und daß gegenüber Tonverlagerung Cutane fehlen.)

9. *Tonverlagerung* ergreift im entkalkten Raum sowohl Tonminerale (bes. Feinstton) als auch pedogene Oxide (Dithionit-Fe und Lauge-Al). Von Podsolierung (und damit möglichem Tonabbau) ist sie durch ein Oxalat-Fe-Maximum im Oberboden und pH-Werte über 3,5 zu unterscheiden. Unterschied zu Tonbildung im Unterboden s. 7 (gilt jedoch nicht bei Kaolinit-Dominanz). Bei *Entsandung* bzw. Aufwärtsbewegung gröberer Partikel durch Quell/Schrumpfung fehlen Toncutane, treten hingegen Streßcutane auf.

10. *Pseudovergleyung* bedeutet lateralen Fe-Transport vornehmlich in Aggregate hinein, der bei Naßbleichung sehr stark ist und die Grenzen des Pedons überschreitet.

Naßgebleichte und durch Podsolierung verarmte Horizonte sind dadurch zu unterscheiden, daß erstere stets von einem sehr makroporenarmen Horizont unterlagert werden (und höhere Austausch-Al : Ton-Werte aufweisen). Marmorierung äußert sich meist auch in geringem Kristallisationsgrad der Fe-Oxide (viel Oxalat-Fe im Unterboden), Unterschiede zu Vergleyung s. 7.

11. *Podsolierung* ist Umlagerung von Sesquioxiden und mobilen Huminstoffen. Unterschiede gegen Vergleyung s. 7, gegen Tonverlagerung s. 9, gegen Pseudovergleyung s. 10.

12. *Bearbeitung* ist häufig (wenn nicht meist) mit Düngung verknüpft, deren Effekt von Versalzung und Carbonatanreicherung zu unterscheiden ist, s. 4 und 6.

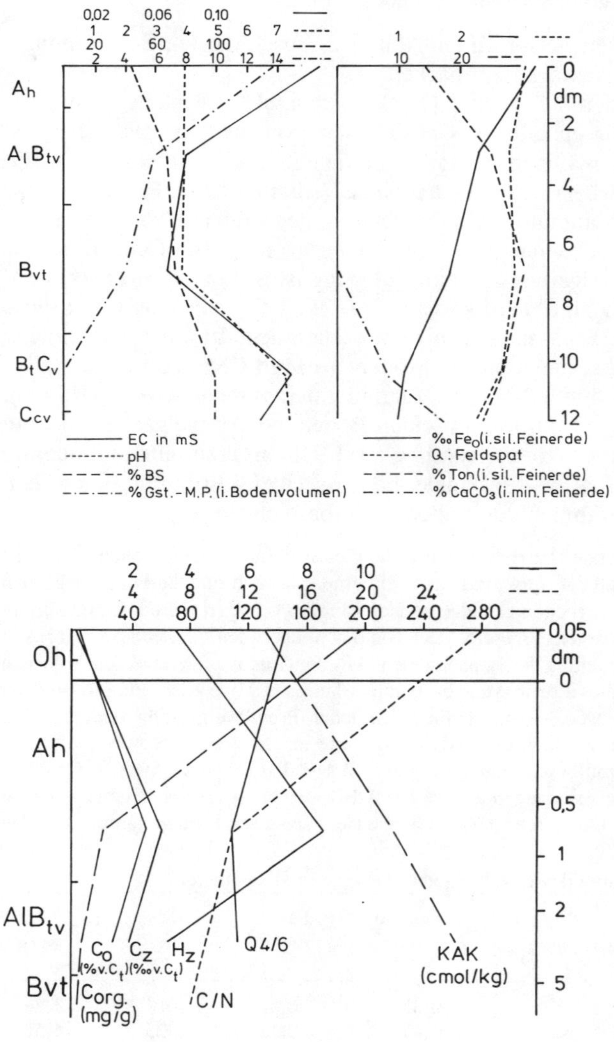

Abb. 7.2.3: Tiefenfunktionen einiger Analysendaten des Profils Siggen

Der Prozeß 1. (ggf. 12.) ist selten nur mit einem der Prozesse 2.–11. vergesellschaftet. Häufig aber überwiegt einer von ihnen doch stark (reine Typen), noch häufiger jedoch sind mehrere ähnlich stark ausgeprägt (Subtypen usw., vgl. 3.6.1.2). Es können z. B. von oben nach unten aufeinander folgen: 5. und 4a, 6. und 7.; 8. oder 9. oder 10. oder 11. und 7.; 11., 10., 9., 8., 6. und 4. Ebenso werden die einzelnen Horizonte oft – wenn nicht meist – von mehreren Prozessen geprägt. – Die Einteilung der Humusformen ergibt sich sinngemäß (vgl. 3.6.1.3).

Die Unterscheidung zwischen Tonverlagerung und Podsolierung sowie der Nachweis schwacher Verbraunung neben starker Tonverlagerung wird durch den Tonbezug von Fe_o und Fe_d erleichtert. Auf diese Weise ist auch der Nachweis schwacher Verwitterung, Verbraunung oder Vergleyung in geschichteten (und damit tongehaltsunterschiedlichen) Böden möglich.

Wertet man die Daten unseres Beispielsprofils in Abb. 7.2.3 nach diesem Bestimmungsschlüssel aus, so sind folgende Aussagen zu machen:

Das Ausgangsgestein – ein ziemlich dichter Geschiebemergel – ist mäßig verwittert. Der Mineralkörper ist tiefgründig entkalkt (s. $CaCO_3$), stark versauert (s. pH), aber erst mäßig entbast (s. BS). Einem mäßigen Silicatabbau (auch schon Feldspäte – s. Q: Feldsp.-, Glimmer sicherlich stärker) steht eine deutliche Verbraunung (s. Fe_o, und sicher auch eine Verlehmung) mit Maximum im Oberboden gegenüber. Der Effekt der Verlehmung wird überdeckt durch eine deutliche Tonverlagerung (s. Ton). Eine aus geringen Grobporengehalten zu folgernde Pseudovergleyung ist nicht ausgeprägt (s. Fe_o).

Anzeichen einer Podsolierung sind nicht vorhanden (s. Fe_o, C_o in % von C_{org}); diese wäre auch bei der nur mäßigen Entbasung wenig wahrscheinlich. In Übereinstimmung damit ist eine deutliche Humusakkumulation von Moder- bis Mull-Charakter festzustellen (s. C/N – das aber nach unter durch NH_4^+ in Tonmineralen verengt wird –, KAK_{org}, H.z., C_z und $Q_{4/6}$). Es handelt sich mithin um einen Boden aus Mergelgestein, der im wesentlichen durch Verwitterung, Tonverlagerung und Humusakkumulation geprägt wurde, also Braunerde- und Lessivé-Merkmale hat. In Übereinstimmung mit dem Feldbefund (s. 3.7) ist er als Parabraunerde mit Mull zu bezeichnen.

In Tab. 7.2.3 sind einige ergänzende Daten aufgeführt, die diesen Befund sichern sollen. Zunächst zeigen die K_t- und Mg_t-Werte, daß das Verwitterungsmaximum tatsächlich im Oberboden liegt, daß mithin nicht Ton bevorzugt im Unterboden gebildet, sondern dorthin verlagert wurde. Damit stimmt auch die Zunahme des Feintonanteils überein. Daß sie noch über den tonreichsten Horizont hinausgreift, spricht für eine Vertiefung des B_t nach unten. Mit den Tonmineralen werden pedogene Oxide verlagert (s. Fe_d, Al_l, während beim Mn_d die Pumpwirkung der Vegetation und die Bindung an die organischen Bodenstoffe stärker ist). Fehlen deutlicher Pseudovergleyung und jeglicher Podsolierung geht auch aus dem Maximum der Al_a : Ton-Werte im Oberboden hervor.

Die mikromorphologische Profilbeschreibung (s. Tab. 7.2.4) stützt diese Aussagen weiter. Der verlagerte Ton ist in dicken Cutanen angereichert. Im AlBtv deutet isotisches Plasma auf eine Vererdung des Gefüges (Flockung durch Al?). Beginnende Pseudovergleyung könnte aus den

Tab. 7.2.3: Ergänzende Analysendaten des Profils Siggen (Gehalte in sil. Feinerde)

	Al_a cmol$_c$/ kg Ton	K_t mg/g	Mg_t mg/g	Feinton : Ton	Fe_d mg/g	Mn_d mg/kg	Al_l mg/g
A_h	6,05	19,0	3,95	0,35	6,41	618	3,72
A_lB_{tv}	4,2	21,0	4,87	0,47	9,15	333	4,51
B_{vt}	3,1	21,5	6,82	0,48	10,90	316	4,55
B_tC_v	0	21,7	7,32	0,48	9,40	357	3,58
$C_{(cv)}$	0	22,0	7,52	0,44	6,78	320	3,12

Tab. 7.2.4: Mikromorphologische Beschreibung des Profils Siggen

Ah (2 cm[1])	feinporenreiches, intertextisches Mikrogefüge mit graubraunem isotischem Plasma; einzelne Streureste
AlBtv (30 cm)	feinporenarmes, intertextisches Mikrogefüge mit hellbraungrauem, isotischem bis asepischem Plasma; in größeren Hohlräumen z. T. scharf abgesetzte dünne (< 100 µm), ockergelbe Cutane mit sepischem Plasma
Bvt (65 cm)	feinporenarmes, intertextisches bis porphyrisches Mikrogefüge mit hellbraungrauem, asepischem, fleckenweise sepischem Plasma und kleinen (20 µm), dunkelbraunen (Fe-?) Konzentrierungen; in größeren Hohlräumen scharf abgesetzte, ockergelbe, schichtige, dicke (100–500 µm) Cutane mit sepischem Plasma
BtC (100 cm)	feinporenarmes, intertextisches bis porphyrisches Mikrogefüge mit schmutziggraubraunem, isotischem bis asepischem Plasma; in größeren Hohlräumen scharf abgesetzte, ockergelbe, schichtige Cutane mit sepischem Plasma
Ccv (125 cm)	porphyrisches Mikrogefüge mit wenigen Rissen durchzogen und olivgrauem, isotischem bis asepischem (Calcitkriställchen) Plasma; an größeren Hohlraumwandungen scharf abgesetzte, grauweiße Kristalle

[1] Entnahmetiefe (Schliffgröße 28 × 48 mm)

dunkelbraunen Konzentrierungen im B_{vt} geschlossen werden. Daß im Ccv wieder Carbonate angereichert wurden, geht aus dem Kristallrasen auf Aggregatoberflächen hervor.

Mit den als Bemerkungen in der Abb. 7.2.2 angegebenen unterschiedlichen Bezugsbasen wurde versucht, den Einfluß stärkerer Veränderungen in den jeweils eliminierten Fraktionen zu kompensieren (vgl. 7.2.1) und unterstellt, daß die Bezugsfraktion (als stabilste hier sil. Feinerde) selbst keine stärkeren Masseänderungen erlitt. Ersteres ist natürlich bei wenig entwickelten Böden nicht nötig, letzteres bei stark entwickelten nicht zulässig. Verluste an labileren Bestandteilen täuschen dann eine Anreicherung vor oder über eine Verarmung hinweg, Gewinne umgekehrt. Das kann innerhalb der Fraktion »sil. Feinerde« bei Tonverlagerung, Podsolierung und Vergleyung eintreten, wirkt sich allerdings deswegen oft nicht stark aus, weil die meisten der fraglichen Bodenmerkmale mit der Tonfraktion vergesellschaftet bzw. labiler sind als die Sesquioxide. Immerhin kann aber Tonverlagerung z. B. im Al eine Anreicherung von und im Bt eine Verarmung an Na vortäuschen, und zwar besonders dann, wenn eine intensive Umlagerung sich auf einen kleinen Raum erstreckt. Kennt man die umgelagerte Funktion, so kann man diesen Fehlschlüssen jedoch noch ziemlich leicht durch Bezug der Daten auf den jeweils stabilen Anteil (z. B. tonfreie bzw. sesquioxidfreie sil. Feinerde) entgehen. Schwieriger wird es bei summierten Verwitterungsverlusten, die insbesondere bei sehr alten Böden und solchen aus basischen Silicatgesteinen sehr hoch sein können. Dann müßte eine absolut stabile Bezugsbasis gewählt werden, um die wirklichen Veränderungen zu erfassen. Bei Böden aus Gesteinen, die praktisch nur aus leichter verwitterbaren Mineralen bestehen (z. B. Gabbro, Basalt), muß man dann oft auf Spurenbestandteile zurückgreifen. Je mehr man auf diesem Weg fortschreitet, desto absoluter, aber auch desto weniger differenziert wird die Aussage.

Böden werden genetisch nach Eigenschaften diagnostischer Horizonte *klassifiziert*, die das Ergebnis bodenbildender Prozesse darstellen. Dabei wird in der Regel ein Mindestmaß an Veränderung gefordert. So muß in der deutschen Bodensystematik z. B. ein Ah-Horizont 1–15 % Humus enthalten, ein Bt-Horizont einen um mindestens eine Bodenartenstufe höheren Tongehalt im Vergleich zum tonverarmten Horizont (d. h. > 3 % bei Sanden, > 5 bei Lehm und Schluffen bzw. > 8 bei Tonen). Dabei werden Merkmale herangezogen, die im Gelände ansprechbar sind (s. 3.6.1.1), deren Schätzung aber durch Laboranalyse überprüft werden kann. Für die Definitionen diagnostischer Horizonte und Merkmale, die den beiden international am häufigsten benutzten Klassifikationen, der der FAO-Unesco (1990) und der der USA (Soil Survey Staff 1990) zugrunde liegen,

wurden in noch stärkerem Maße Quantitätsmerkmale herangezogen. Die dafür erforderlichen Labormethoden sind Kapitel 5 zu entnehmen.
BLUME u. SCHLICHTING (1965), BLUME u. SCHWERTMANN (1969), FANNING u. FANNING (1989), JENNY (1980), MÜCKENHAUSEN (1977), REHFUESS (1992), SCHEFFER/SCHACHTSCHABEL (1992), SCHLICHTING (1993), SMETTAN u. BLUME (1987), STAHR (1989), WILDING et al. (1985)

7.2.5 Ausmaß der Bodenbildung

7.2.5.1 Profilbilanz

Die Aussage über das Ausmaß der Bodenbildung kann sich zunächst auf die Mengenangabe der gebildeten (pedogenen) Bodenstoffe oder der abgebauten (lithogenen) Gesteinsstoffe im Pedon beschränken. Ist der Bodenbestandteil völlig pedogen, der Ausgangswert also = 0 (z. B. Ton- oder Humusgehalt von Böden aus ton- bzw. humusfreiem Ausgangsmaterial), so ist das einfach, weil identisch mit der Ermittlung der gegenwärtig im Solum vorhandenen Mengen (vgl. 7.1); in unserem Falle ergeben sich 10,6 kg C/m^2 oder etwa 21 kg Humus/m^2. Subtrahiert man von allen C-Gehalten diejenigen des Ausgangsgesteines, so erhält man etwa 7 kg C/m^2 entsprechend 14 kg Humus/m^2. Ist dagegen die Substanz lithogen (z. B. Gesamt-K-Gehalt), so muß als Ausgangswert die Menge berechnet werden, die sich in dem ursprünglich vom Gestein eingenommenen Raum bzw. in dessen ursprünglicher Masse befand. Das erfordert nicht mehr allein den qualitativen Nachweis, daß das Profil einen echten C besitzt (Profil ungeschichtet, C unverwittert, vgl. 7.2.3.1), sondern die quantitative Rekonstruktion des ursprünglichen Zustandes. Dieser theoretisch vorhandene Wert (X_s) muß sich zur gegenwärtigen Menge einer als stabil anzusehenden Indexsubstanz (z. B. Sand, Quarz, Zr, Ti, vgl. 7.2.3) im Solum (I_s) verhalten wie das fragliche Merkmal im C (X_c) zu dessen Indexsubstanzgehalt (I_c), d. h. $X_s : I_s = X_c : I_c$. Multiplikation des Quotienten
$\frac{I_s}{I_c}$ mit den verschiedenen X_c-Daten ergibt mithin die gesuchten Größen, für unser Beispielsprofil aus dem Quarzgehalt (s. Tab. 7.1.2 und 7.1.3), also das theoretische Bodenvolumen zu

$$\frac{144\,960}{114} \cdot 1 = 1270 \text{ l/m}^2 \text{ und}$$

die theoretische K-Menge zu $\frac{144\,960}{114} \cdot 32{,}2 = 40600 \text{ g/m}^2$.

Die Differenz gegenüber dem tatsächlichen Wert 1170 l bzw. 38800 g ergibt sich zu 100 l/m^2 bzw. 1830 g/m^2 und weist einen Verlust an Volumen von 7,9 % (d. h. Sackung um 10 cm) und an K von 4,5 % aus.

Solche Angaben sind natürlich nur so absolut, wie die betreffende Indexsubstanz stabil ist (Kontrolle, ob sie wenigstens die stabilste aller untersuchten ist: keine andere darf bei Bezug auf sie angereichert erscheinen). Sie betreffen überdies stets die Resultierende aus allen Gewinnen und Verlusten, also nicht den tatsächlichen Umsatz, sondern nur die Bilanz. Sie geben auch keine Auskunft über deren Ursachen. In Profilen mit geköpften Verarmungshorizonten täuschen sie eine Anreicherung vor bzw. über die Verarmung hinweg (in solchen mit geköpften Anreicherungshorizonten umgekehrt). Auf die Einnahmeseite ist nicht nur das Gestein, sondern auch die Zufuhr aus der Atmosphäre (Ionen, Staub) und ggf. durch Düngung, auf die Ausgabeseite ggf. der Pflanzenentzug (nur bei Ernte) zu setzen. Da keiner dieser Werte exakt bestimmbar ist, kann immer nur eine Aussage über die Größenordnung gemacht werden. Mit dem einfachen qualitativen Horizontvergleich ist aber oft nicht einmal das möglich.

Bei sowohl pedo- als auch lithogenen Merkmalen (z. B. Tonminerale in Böden aus Mergelgestein) ist auf diese Weise der aus dem Gestein übernommene Anteil zu bestimmen

(in unserem Falle $\frac{144\,960}{114} \cdot 350 = 446 \text{ kg/m}^2$);

die Differenz zum Bestand (480 kg/m^2) entspricht dann der zusätzlich gebildeten Menge (34,0 kg/m^2). Aber auch hier wird nur die Resultierende erfaßt; es handelt sich also um eine Mindestmenge, da ein unbekannter Anteil bereits wieder verwittert sein kann. Den Bruttobetrag kann man aus der Bilanz einer irreversible Änderungen erleidenden Komplementärgröße (hier: pyrogene Silicate) erschließen. Dafür muß man jedoch mit einem angenommenen – sicherlich von der Art sowohl der abgebauten als auch der gebildeten Minerale abhängigen – Umwandlungsfaktor (Sil.-Verlust · x = Ton-Gewinn) rechnen. Umgekehrt läßt sich dieser Faktor aus beiden Bilanzen errechnen (x = Gewinn : Verlust = 34,0 : 128 = 0,27), wenn Stabilität der Tonminerale anzunehmen ist (Sicherung durch Profilvergleich innerhalb einer Entwicklungsserie, vgl. 7.4.2.2). Erstere Methode verdient den Vorzug in stark, letztere in weniger entwickelten Böden.

Entsprechend ist grundsätzlich zu verfahren, wenn die stofflichen Veränderungen eines geschichteten Profils bilanziert werden sollen, sofern die Rekonstruktion des ursprünglichen Zustands der oberen Schicht(en) gelungen war (s. 7.2.3.1). Da nunmehr aber verwitterungsresistente Indexsubstanzen zweier (bis mehrerer) Substrate G_1 und G_2 heranzuziehen sind, ist das Ergebnis noch unsicherer (s. ALAILY 1984).

Beim Humuskörper ist eine solche Umsatzangabe noch problematischer, da infolge des Fehlens organischer (zersetzungsresistenter) Indexstoffe nicht einmal die Ausgangsmenge der Komplementärgröße (hier: Streu) ermittelt werden kann. Schätzungen aus jährlichem Streuanfall und Dauer der Bodenbildung enthalten infolge der Vegetationssukzession (s. 7.2.3.2) und hinsichtlich der anzusetzenden Zeit große Unsicherheiten (sicherer bei Torfen, da Vegetationsform aus Resten erschließbar, deren Jahreszuwachs an rezenten Gesellschaften meßbar und Alter mit ^{14}C bestimmbar.

7.2.5.2 *Horizontbilanz*

Die nächste Aussage erstreckt sich auf das Ausmaß der Umlagerung der Bodenstoffe im Profil, auf ihre quantitative Verteilung auf die verschiedenen Horizonte. Das Verfahren entspricht dem erläuterten, nur muß in diesem Falle die Indexsubstanz nicht nur unlöslich, sondern auch unbeweglich (immobil) sein (z. B. Quarzsand, nicht dagegen Ti, das in mobilen Kolloiden enthalten sein kann). Statt I_S ist dann mit Hilfe der Indexsubstanzmenge in dem betreffenden Horizont I_H die gefragte Größe X_H zu errechnen. Bei den lithogenen Bestandteilen kann die Resultierende der Umlagerung (Gewinn – Verlust in den verschiedenen Horizonten) ohne weiteres ermittelt werden. Bei den teilweise oder ganz pedogenen muß dagegen die in einem Horizont gebildete Menge aus dem Verlust der Komplementärgröße ermittelt werden, um den theoretischen Ausgangswert (= aus dem Gestein übernommen + neugebildet) mit dem Bestand (s. 7.1) vergleichen zu können. Gegenüber der Profilbilanz (wo diese Größe wünschenswert, aber nicht unbedingt erforderlich ist) tritt hier als zusätzliches Problem die Bedingung auf, daß auch diese Komplementärfraktion immobil sein muß. Eine Gewinn-Verlust-Rechnung für die einzelnen Horizonte wird natürlich um so problematischer, je größer die Fortfuhr der betreffenden Substanz nach oder die Zufuhr von außen im ganzen Profil ist (Prüfung s. 7.2.5.1).

Anschaulicher als zahlenmäßig sind die Bilanzen für die Horizonte eines Profils graphisch als Tiefenfunktion darzustellen (s. 7.1). Dabei können die Daten entweder für den theoretischen und den tatsächlichen Wert in der Dimension g/ml oder letzterer gleich in % des theoretischen Wertes aufgetragen werden. Im ersteren Falle ergeben die von den Kurven umschriebenen Flächen bzw. die Diagrammblöcke die Bilanz in Absolut-, in letzterem in Relativwerten (was z. B. für den direkten

Tab. 7.2.5: K- und Ton-Horizontbilanz (in kg/m²) für das Profil Siggen

Horizont	K urspr. 1	K jetzt 2	2–1 3	2 in % v. 1 4	Ton urspr. 5	S + U urspr. 6	S + U Verlust 7	7 · x[1] 8	Ton theor. 9	Ton jetzt 10	10–9 11	10 in % v. 9 12
Ah	5,16	3,51	–1,647	68	56	180	27,8	7,5	64	31	–32,3	49
AlBtv	11,62	10,79	–0,830	92	127	409	29,0	7,8	135	128	–6,8	95
Bvt	14,80	15,44	+0,642	104	161	520	43,6	11,8	173	210	+37,6	122
BtC	9,04	9,04	+0,005	101	102	328	28,6	7,7	110	111	+1,3	101
Ccv			0	100							0	100

[1] x = Tonbildungsfaktor (= Tongewinn: Silicatverlust des Profils, s. 7.2.5.1)

Vergleich verschiedener Bodenbestandteile vorteilhaft ist). Wenn man die Daten auf die Volumeneinheit bezieht, muß natürlich der Einfluß der Sackung (d. h. der Verminderung des ursprünglichen Volumens) oder der Lockerung berücksichtigt werden.

Für unser Beispielsprofil sind die beiden Darstellungsweisen in Tabelle 7.2.5 veranschaulicht. Der Unterschied gegenüber derjenigen in Tabelle 7.1.3 liegt also darin, daß dort die Daten auf die gegenwärtige Bodenmasse bzw. das gegenwärtige Bodenvolumen bezogen wurden (die ja selbst ein Ergebnis der Bodenbildung sind), hier dagegen auf die ursprünglichen Werte. Es muß jedoch betont werden, daß auch die Horizontbilanz nur den Summeneffekt aller Prozesse, günstigstenfalls das Ausmaß eines in seinem Wesen auf andere Weise (s. 7.2.4) erkannten Prozesses angibt. Wie bei der qualitativen Profilbetrachtung, so kann man allerdings bei dieser quantitativen zusätzliche Informationen durch einen Vergleich verschiedener Tiefenfunktionen bekommen (z. B. zeigen die Daten für unser Beispielsprofil, daß der K-Verlust des Oberbodens durch Auswaschung und Tonumlagerung bedingt ist).

7.2.5.3 Sektionsbilanz

Die Differenzierung eines Horizontes in Sektionen durch laterale Umlagerung (z. B. im Pseudogley) kann man analog dem bereits Geschilderten quantitativ fassen, sofern die Indexsubstanz auch seitlich nicht verlagert wurde. Eine Gewinn-Verlust-Rechnung für solche Sektionen wird wiederum um so problematischer, je größer die Fortfuhr der betreffenden Substanz aus dem ganzen Horizont oder je größer die Zufuhr zu ihm ist (Prüfung s. 7.2.5.2). In der Sektionsbilanz summieren sich also deren eigene Probleme sowie diejenigen der Horizont- und der Profilbilanz.

Diese Ausführungen gelten zunächst nur für terrestrische Böden. Über das Profil hinausgreifende Umlagerungen (Erosion-Sedimentation durch Hangwasser bzw. Wind, Auswaschung-Kapillarhub durch den Grundwasserstrom) können quantitativ nur durch Untersuchung der Einheit erfaßt werden, in der diese abliefen (Landschaftsbilanz, vgl. 7.4.2.1). Hat man nicht nur eine Bilanz aufstellen, sondern auch den Umsatz ermitteln können (rel. einfach bei irreversible Änderungen erleidenden lithogenen Merkmalen, z. B. Gehalt an pyrogenen Silicaten, Gesamt-K-Gehalt), so kann bei bekannter Dauer der Bodenbildung auf deren durchschnittliche Intensität geschlossen werden. In unserem Beispielsprofil ergibt sich der jährliche K-Verlust des Mineralkörpers derart zu

$$\frac{1830\ \text{g}}{\text{m}^2 \cdot 15\,000\ \text{a}} = 0{,}12\ \text{g/m}^2\ \text{u. Jahr}$$

Für die rezente Veränderung ist natürlich die direkte Umsatzmessung sicherer (vgl. 6.5 und 7.4.1).
BARSHAD (1964), BLUME (1977)

7.2.6 Verlauf der Bodenbildung

Hat man ermittelt, welche Prozesse einen Boden prägten, so sind die Fragen zu beantworten, in welcher Folge (was Ausblicke auf ursächliche Zusammenhänge eröffnet) und in welcher Zeit sie abliefen (was eine Verknüpfung mit anderen erdgeschichtlichen Phänomenen erlaubt). Eine Aussage über die zeitliche Abfolge der Prozesse läßt sich bei terrestrischen Böden z. T. aus der räumlichen der Merkmale ableiten. Im Prinzip bedeutet es spätere Reaktionsstufe (und damit geringeres Alter), wenn ein Merkmal erst in größerer Entfernung vom Ausgangsmaterial im Profil auftritt (z. B. von unten nach oben: Mergel – kalkarmer Mergel – brauner Lehm – tonreicher Lehm = Entkalkung – Verbraunung – Tonbildung). Die Abfolge von Umlagerungsprozessen im Profil läßt sich dagegen nur an einer Entwicklungsserie sicher klären (vgl. 7.4.2.2). Beim Humuskörper ist die Richtung natürlich umgekehrt wie beim Mineralkörper, und beim Gefüge überlagern sich theoretisch die beiden. Die Abfolge der Gefügemerkmale aber repräsentiert oft auch den unterschiedlichen Einfluß der Umweltfaktoren zur selben Zeit (z. B. Krümel – Polyeder durch Abfolge organismenreich – organismenarm), so daß hier Vorsicht geboten ist.

Das gilt auch schon für manche Humus- und selbst für einige Mineralkörpermerkmale. Mit ähnlichen Einschränkungen nur kann man infolgedessen auch dem Prinzip folgen, daß relativ (d. h. auf das Ausgangsmaterial bezogen) stärkere Ausprägung eines Merkmals frühere und schwächere spätere Reaktionsstufe bedeuten. Erschwerend tritt hinzu, daß die Umweltfaktoren sich vielfach ändern (z.B. periglazial –warmzeitlich) und die von ihnen geprägten Merkmale eine unterschiedliche Stabilität besitzen. – Gestützt werden können die obigen Aussagen durch die Abfolge der Merkmale in kleineren Dimensionen, die im Dünnschliff zugänglich werden (z. B. obere Partien von B_s-, nicht von B_t-Horizonten, äußere von Wandbelägen oder Konkretionen aus späterer Reaktionsstufe und damit jünger). Dieser Schluß setzt allerdings voraus, daß die jeweils als älter angesehenen Partien nicht durchwandert werden können (wie es z. B. beim B_t der Fall ist). Das gilt auch für die Abfolge von Umlagerungsprozessen im ganzen Profil (s. o.).

Wie alt das ganze Profil ist, kann aus unseren Ermittlungen kaum erschlossen werden. Nach den Ausführungen in 7.2.4 sprechen stark angereicherter Quarz oder Kaolinit und scharf abgesonderte Aggregate oder Konkretionen für hohes Alter. Meist sind aber geochronologische Methoden zur Datierung der Bildung bzw. Freilegung des Ausgangsgesteins und bei begrabenen Böden des Decksedimentes anzuwenden (z. B. Fossilführung einschl. der Pollenführung bzw. ^{14}C-Datierung begrabener Humushorizonte, prähistorische Funde). Umwelteingriffe bekannten Alters mit dauerhaften Folgen (z. B. periglaziale Cryoturbation, bronzezeitliche Scherben), die das Mindestalter bezeugen, sind meist mit Feldmethoden sicherer nachzuweisen. Man kann aber die mutmaßliche Intensität eines Prozesses, z. B. der Entkalkung, abschätzen (aufgrund der Kalklöslichkeit bei mittlerem CO_2-Gehalt des Sickerwassers – etwa 0,15 g/l bei 0,5 % CO_2 – und der jährlichen Durchfeuchtung – bei unserem Beispielsprofil etwa 200 mm Sickerung – zu etwa 30 g/m^2 und Jahr). Hat man die tatsächlichen Verluste mittels einer Bilanz ermittelt (Beispielsprofil: 450 kg Kalk/m^2), so läßt sich die Dauer der Bodenbildung errechnen (hier 450 : 0,03 = 15000 Jahre, was mit dem Termin des Eisrückzuges weitgehend übereinstimmt). Für genauere Datierungen in Zweifelsfällen sind solche Rechnungen natürlich, zumal bei reinen Silicatgesteinen, zu grob. Man kann aber die Größenordnung (z. B. Bodenbildung seit Würm- oder Rißzeit oder gar Tertiär) abschätzen, und das genügt häufig. Zur Sicherung ist hier mehr noch als bei der Deutung des Profilaufbaues allein die vergleichende Profilbetrachtung, das Einfügen in eine Entwicklungsserie, nötig. Eine Kenntnis der steuernden Faktoren endlich gewinnt man allein durch vergleichende Betrachtung mehrerer Entwicklungsserien (s. 7.4.2.3).

JENNY (1980), MEYER, KALK und FÖLSTER (1963)

7.3 Ökologische Beurteilung des Bodens

Es ist die Frage zu beantworten, welche Standorteigenschaften ein Boden jetzt hat und künftig haben wird. »Jetzt« kann sich auf den Zeitpunkt der Probenahme, auf die gegenwärtige Vegetationszeit oder die wachsende Pflanzengeneration erstrecken, »künftig« auf die jeweils verbleibende Zeit. Praktische Beurteilungszeiträume sind z. B. die Rotation einer Acker-Fruchtfolge, eine und einige Baumgenerationen (also ca. 5, 100 und 500 Jahre). In jedem Fall sind die gegenwärtigen Bodeneigenschaften (s. 7.1) mit den Ansprüchen der Organismen (hier: Pflanzen) zu vergleichen. Diese sind abhängig von Pflanzenart und Witterung, so daß man mit Durchschnittswerten operieren muß. War bei der genetischen Interpretation das Hauptproblem die Rekonstruktion des ursprünglichen Zustandes, so ist es hier die Umformung besonders der Nährstoffansprüche in analytisch feststellbare Bodeneigenschaften durch Wahl entsprechender Extraktionsmittel. Das ist durch Erfahrung oder statistische Eichung an durchschnittlichen Versuchsergebnissen geschehen und hat seinen Niederschlag in »Grenzzahlen« gefunden. Zu bedenken ist jedoch stets, daß die Standortansprüche der Pflanzen eine Einheit bilden und daß erst Bodeneigenschaften und Witterungsverlauf zusammen die Standorteigenschaften ergeben.

Andererseits findet in den ökologisch wichtigen Bodenmerkmalen die Wirkung der Organismen auf den Boden ihren Niederschlag. Vor allem die organisch gebundenen Nährstoffe werden durch Mikroben mobilisiert und immobilisiert (z. B. N-Mineralisierung, Nitrifizierung); sie sind aber auch an anderen Umsetzungen (z. B. Mn-Mobilisierung und -Festlegung) wesentlich beteiligt. Es ist jedoch kaum möglich, die Wirkung der Bodenorganismen zu isolieren.

SCHEFFER/SCHACHTSCHABEL (1992), SCHLICHTING (1993), REHFUESS (1990)

7.3.1 Gründigkeit und Durchwurzelbarkeit (vgl. 3.6.2.1)

Mechanisch wirkende Gründigkeitsgrenzen lassen sich meist mit Feldmethoden ausreichend sicher nachweisen (s. 3.6.2.1), so daß diese allenfalls zu ergänzen sind. Horizonte mit Porenvolumina unter 30 gelten als extrem, 30–35 stark, 35–40 mittel, 40–45 mäßig und über 45 % als nicht verdichtet. Bei physiologisch wirkenden Faktoren (s. Wasser-, Luft- und Nährstoffhaushalt) entscheiden häufig weniger die Absolutwerte als vielmehr die Gradienten (Δ /cm). In einem Boden »normale« Horizonteigenschaften können also in anderen die Durchwurzelung hemmen oder fördern.

Auch die Durchwurzelbarkeit ist vorwiegend mit Feldmethoden zu beurteilen. Die obigen Grenzzahlen müssen bei Böden mit weiter Gefügeamplitude gemeinsam mit Daten über die Aggregatporosität gewertet werden. Je geringer und feiner diese, desto weniger durchwurzelbar sind die Aggregate selbst trotz oft starken Wurzelwuchses in den interaggregären Poren. Quantitativ verwertbare Grenzzahlen fehlen noch. Sie können ein Maß für die »räumliche« Verfügbarkeit der »energetisch« verfügbaren intraaggregären Wasser- und Nährstoffvorräte sein. Daher sind Schwierigkeiten bei deren ökologischer Bewertung – insbesondere bei kurzer Vorhersagezeit (Acker!) – a priori zu erwarten, wenn nicht die Beurteilung des Profils im Felde die Basis für die Interpretation der Labordaten bildet.

7.3.2 Wasserhaushalt (vgl. 3.6.2.2)

Die durch Klima und Relief bedingten Wasserhaushaltsdaten können besser mit Feldmethoden, die gefügebedingten besser mit Labormethoden charakterisiert werden. Von einem gegebenen Wasservolumen (WV) zur Zeit der Probenahme kann von den meisten Kulturpflanzen der in den Feinporen ($< 0{,}2\ \mu m$) mit den Wurzelsog überschreitenden Kräften (> 15000 hPa bzw. pF 4,2) gebundene Anteil nicht genutzt werden (»totes« Wasser). Er ergibt sich näherungsweise aus 1,5 Hy (in Vol.-%!); es ist mithin

$$\text{verfügbares Wasser} = WV - 1{,}5\ Hy \qquad (1)$$

Direkter und genauer ist es, anstelle von 1,5 Hy in obige Gleichung den 15000-hPa-Wert einzusetzen.

Die Wasserversorgung wird in Trockenperioden aber nicht nur durch das Wasserangebot im stärker durchwurzelten Raume bestimmt. Ist dessen verfügbares Wasser verbraucht, steigt Wasser aus tieferen Bodenlagen kapillar auf und ergänzt einen Teil des Defizits. Als effektiver Wurzelraum (We) gilt daher derjenige Raum, der nach einer längeren Trockenperiode im Sommer als vollständig ausgeschöpft gedacht werden kann

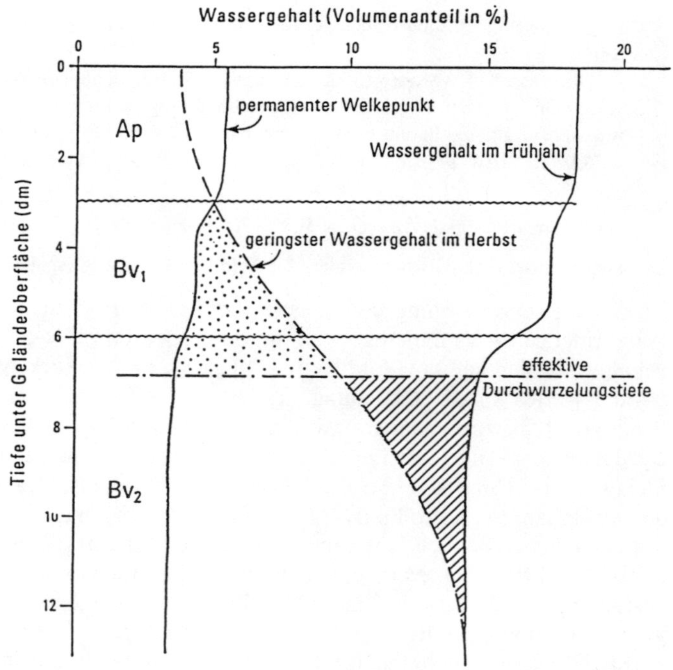

Abb. 7.3.1: Beispiel für die Ermittlung der effektiven Durchwurzelungstiefe in Abhängigkeit von Feldkapazität, permanentem Welkepunkt und aktuellem Wassergehalt, dargestellt für den Herbst eines Trockenjahres einer Sand-Braunerde (n. RENGER u. STREBEL 1980)

(wo in Abb. 7.3.1 der gestrichelte dem punktierten Bereich entspricht). We läßt sich bei Kenntnis der PWP- und FK-Tiefenfunktion aus Tensiometermessungen (s. 6.2.3.5) nach längeren Trockenperioden ermitteln oder ersatzweise für viele Böden Mitteleuropas aus Bodenart und Lagerungsdichte des Unterbodens ableiten (s. 3.6.2.1).

Summierung der Produkte aus verfügbarem Wasser in Vol.-% und der Horizontmächtigkeit in dm bis zur We-Grenze ergibt dann die verfügbare Wassermenge.

PWP bzw. 1,5 Hy gelten jedoch nur in salzfreien Böden, in salzhaltigen ergibt erst die Summe aus Tension der Matrix und osmotischem Druck des Gelösten den totalen Bodenfeuchtestress. In den Hy-Wert geht zwar die Wasserbindung durch Salze ein, jedoch müßte der obige Faktor je nach Salzmenge und -art variiert werden. Der 15000-hPa-Wert repräsentiert dagegen praktisch nur die Tension. Man könnte das osmotisch gebundene Totwasser aus der Leitfähigkeit der Gleichgewichtslösung a (in mS/cm), dem Wassergehalt der gesättigten Probe b (in Gew.-%) und der Lagerungsdichte näherungsweise zu

$$tW\ (Vol\ \%) = \frac{a \cdot b^2}{5000} \cdot c$$

errechnen.

Die Summe aus diesem und dem 15000-hPa-Wert wäre dann in salzhaltigen Böden der Totwassergehalt. Das Ergebnis aber wäre grob und würde durch schwerlösliche Salze - z. B. Gips - verfälscht (ihr Einfluß kann jedoch eliminiert werden, s. 5.5.3.1).

Da überdies der Salzgehalt eines Horizonts weitaus stärker witterungsabhängig ist als der Aufbau der Matrix, begnügt man sich meist damit, den allgemeinen (also nicht nur auf die Verfügbarkeit des Wassers bezogenen) Salzeinfluß mit Erfahrungswerten der Leitfähigkeit des Sättigungsextraktes der bei mittleren Bedingungen gezogenen Krumenproben entsprechend 3.5.5.5 zu charakterisieren.

Für genauere Aussagen aber müßten der Totwassergehalt mit Testpflanzen oder der osmotische

Druck der Bodenlösung über eine weite WV-Spanne gemessen und zu den Tensionswerten addiert werden.

Das zwischen WV und 15000 hPa (bzw. 1,5 Hy) gebundene Wasser ist auch nicht gleichmäßig verfügbar. Vielmehr unterschreitet die Nachlieferungsgeschwindigkeit die Wasserabgabe der intensiv wachsenden Pflanze bereits bei Erschöpfen der in Poren < 0,5 µm gebundenen Vorräte (entsprechend > 7000 hPa bzw. pF 3,8), so daß sie zwar noch überlebt, aber nicht mehr produziert. Mithin gilt:

$$\text{verfügbares Produktiv-Wasser} = \text{WV} - \text{7000-hPa-Wert} \tag{2}$$

Diese Einschränkung ist besonders für Feldfrüchte wichtig (spätester Bewässerungstermin).

Ist die Wasserversorgung auf längere Sicht zu beurteilen, so ist statt der vorhandenen Wassermenge (WV) diejenige wichtig, die in den Poren < 50 µm gegen die Schwerkraft gehalten werden kann (> 60 hPa bzw. pF 1,8), die Wasserkapazität (WK). Einsetzen des 60-hPa-Wertes in die Gleichung (1) anstelle WV ergibt also die *verfügbare* [bei (2) Produktiv-] *Wasserkapazität* bzw. die nutzbare Feldkapazität (nFK). Verfügbar für die in die Tiefe wachsenden Wurzeln ist auch das in den feinen Grobporen langsam ziehende Sickerwasser. Einsetzen von FK anstelle WV in die Gleichungen (1) und (2) ergibt also die verfügbare (ggf. Produktiv-) *Feldkapazität* (nFK) und die Summe nach Multiplikation mit den entsprechenden Horizontmächtigkeiten (in dm) die nutzbare *Speicherleistung* des *effektiven Wurzelraumes* in l/m^2 bzw. mm. Diese entspricht dem nutzbaren »Frühjahrsbestand«. Die Zahlen sind ein Maß für die relative Feuchte verschiedener Böden bei gleichem Klima (zur Bewertung im humiden Klima vgl. 3.6.2.2). Einen Anhalt für das wirkliche Wasserangebot an die Pflanzen bekommt man nur im Zusammenhang mit einer (klimatischen) Wasserbilanz. Der Wasservorrat im Boden wird durch die Differenz »Niederschlag – Evapotranspiration« aufgefüllt bzw. vermindert. Der Niederschlag läßt sich einfach messen (6.2.1), die Evapotranspiration nach HAUDE aus Sättigungsdefizit x Monatsfaktor (von 0,39 im April und Mai jeden Monat um 0,02 auf 0,29 im Oktober abnehmend) berechnen. Das Sättigungsdefizit wird mit dem *Psychrometer* gemessen. Für manche Zwecke genügt es, die bei der nächsten Wetterstation erfragten Dekadenmittel zu verrechnen, um einen Anhalt für die Dürregefahr bei einem bestimmten Boden zu bekommen.

Ist (bei unterbundener Evapotranspiration) WV auch längere Zeit nach Regen höher als FK, so handelt es sich um Stauwasser (Sicherung der Aussage: geringe Durchlässigkeit im darunterliegenden und oft WV < FK im folgenden Horizont), und noch längere Zeit bei Trockenheit, so um Kapillarwasser (Sicherung der Aussage: WV = PV im darunterliegenden Grundwasser-Horizont). Der Bereich mit WV > WK entspricht dem Kapillarsaum. Die Förderleistung ist nicht nur vom Feinporenvolumen, sondern auch vom Verbrauch abhängig (bodenartabhängige Faustzahlen s. 3.6.2.2).

AG Bodenkunde (1982), RUHR-STICKSTOFF AG (1988)

7.3.3 Lufthaushalt (vgl. 3.6.2.3)

Die Luftversorgung der Pflanzen wird zur Zeit der Probenahme bzw. der Beobachtung durch das Luftvolumen bestimmt: LV ergibt sich als Differenz von Porenvolumen (PV) und Wasservolumen (WV), läßt sich also bei Kenntnis des PV über den Wassergehalt bestimmen (s. 5.3.3) und nach Tab. 7.3.1 bewerten (wobei ein mittlerer O_2-Gehalt von 20 Vol % der Bodenluft unterstellt wird). Hohe LV-Werte bedeuten aber nicht automatisch hohes O_2-Angebot, da Bodenorganismen unterschiedlich stark konkurrieren und der O_2-Austausch mit der Atmosphäre z. B. durch eine verschlämmte Bodenoberfläche oder eine verdichtete Pflugsohle gehemmt sein kann, sofern also weiter oben die Luftleitfähigkeit gering ist. Besser ist es daher, den O_2-Gehalt im Wurzelraum direkt zu messen (besonders geeignet ist eine Sauerstoffdiffusions- bzw. ODR-Messung [s. 6.3.4], weil dabei auch die Luftleitfähigkeit mit eingeht) oder aus Redoxmessungen abzuleiten (s. 3.5.4.6 und 6.3.5) und nach Tab. 7.3.2 zu bewerten.

Tab. 7.3.1: Bewertung von Luftvolumen (LV) und Lufkapazität (LK) von Bodenhorizonten (n. AG Bodenkunde 1982)

Vol.-%	0–3	3–7	7–12	12–18	> 18
	sehr gering	gering	mittel	hoch	sehr hoch
	LK1	LK2	LK3	LK4	LK5
	LV1	LV2	LV3	LV4	LV5

Tab. 7.3.2: Bewertung von Sauerstoffdiffusionsraten (ODR-Werten n. 6.3.4) und rH-Werten (n. 6.3.5)

ODR		0,5	0,2	0,02	$\mu g\ O_2 \cdot cm^{-2} \cdot min^{-1}$
rH		33	29	20	
O_2-Angebot	hoch		mittel	gering	nicht gegeben

Das gleiche gilt für Aussagen auf längere Sicht. Sie sind am besten aus ODR- bzw. rH-Zeitreihen abzuleiten. Ersatzweise können redoximorphe Merkmale herangezogen werden, wie das durch Ableiten von Belüftungsstufen (L1–L7) aus dem Bodentyp geschieht (s. 3.6.2.2). Die Luftkapazität (LK) als Differenz von Porenvolumen und Feldkapazität kann dann als zusätzliches Merkmal herangezogen werden, besonders wenn redoxmorphe Merkmale reliktischer Natur sind (z. B. nach Entwässerung). Anstelle LK lassen sich auch kf-Werte heranziehen, da sie Aussagen über möglichen Wasserstau und damit potentiellen Luftmangel gestatten (Bewertung s. 3.5.3.7).
ARMSTRONG (1967), BOLT et al. (1970)

7.3.4 Wärmehaushalt (vgl. 3.6.2.4 und 6.4)

Der Wärmehaushalt eines Bodens ist stark von Klima (Witterung) und Relief abhängig. Die Abhängigkeiten sind Aufgabe der Geländeklimatologie (GEIGER 1961, VAN EIMERN 1984). Im Boden selbst sind als Kapazitätsgrößen die Wärmekapazität und als transportbestimmende Größe die Wärmeleitfähigkeit anzusehen. Beide sind Konstanten, die sich aus den Volumenanteilen der Minerale, der Bodenluft und des Bodenwassers ermitteln lassen (HARTGE und HORN 1991, Kap. 8). Da die Anteile von Wasser und Luft stark wechseln, ändern sich mit ihnen auch die Größen des Energiehaushalts. Deshalb müssen zum Wärmehaushalt der Böden hauptsächlich der Wärmezustand d. h. die Temperatur direkt gemessen und bewertet werden. Sie geben bei Betrachtung verschiedener Punkte (Tiefen) im Boden auch die Richtung und den Gradienten für die Wärmetransporte an.

Direkt können Bodentemperaturen mit Kardinalgrößen, die Grenzen für Umsetzungen im Boden angeben, verglichen werden.

Für die *Temperaturen im Wurzelraum* gilt:

< -2 - 0 °C	Bodenwasser gefroren, keine Wasser- und Lösungstransporte, keine mikrobielle Aktivität, Absterben frostempfindlicher Pflanzenteile (Gefrierpunkterniedrigung)!
4 - 6 °C	Biologischer Nullpunkt, Einsetzen von merklicher Assimilation und Wurzelatmung, deutlicher Anstieg der mikrobiellen Aktivität, größte Dichte des Wassers, Optimum der Kalklöslichkeit.

6 - 30 °C	Normalbereich. Bei gleichen sonstigen Standortbedingungen steigt die Leistung der Lebewelt mit zunehmender Temperatur an (mikrobielle Aktivität, Mineralisierung, Wurzelatmung), ebenfalls nimmt chemische Verwitterung zu. Die Beweglichkeit des Wassers (Viskosität nimmt ab) nimmt zu.
> 32 °C	Hitzebereich. Bei weiterem Ansteigen der meisten mikrobiellen Prozesse nimmt die Nitrifizierung bereits ab. Erste Schäden an Gefäßpflanzen. Bildung von Wurzelhaaren eingeschränkt.
> 40 - 45 °C	Absterben höherer Pflanzen und nicht an höhere Temperaturen angepaßter Mikroorganismen. Nachlassen der mikrobiellen Zersetzung (Mineralisation/Bodenatmung).

Sofern 32 °C nicht überschritten werden und andere Standorteigenschaften nicht begrenzt werden (z. B. Wassermangel), kann der Zeitraum, in dem der Wurzelraum Temperaturen > 5 °C überschreitet, als (thermische) Vegetationsperiode betrachtet werden. In ebenen Lagen Süddeutschlands (300 m ü. NN) ist dies z. B. vom 15.4. bis ca. 1.11. der Fall. Je nach Exposition und Inklination, Bodenart, Vernässungsgrad und Höhenstufe kann dieser Zeitraum wesentlich kürzer und auch länger sein. Oberflächliche Fröste (Bodenfrost = Frost an der Bodenoberfläche), die mehr als 2 Wochen nach Beginn der Vegetationsperiode einsetzen, werden als Spätfröste bezeichnet. Sie zerstören die Blüten oder Jungtriebe empfindlicher Pflanzen (Nußbaum, Pfirsich etc.). Als Frühfröste gelten entsprechende Ereignisse, die gegen Ende der Vegetationsperiode auftreten. Sie führen zum Absterben meist eingeführter Nutz- und Zierpflanzen (Rizinus, Geranien, Dahlien, Tomaten, Paprika etc.).

Die direkte Einstufung der *aktuellen Temperatur* ermöglicht nur kurzfristige Aussagen. Längerfristige Aussagen sind dann möglich durch Betrachtung von Temperaturmittelwerten. Hierzu werden Tagesmittel (s. 6.4.2) zu Dekadenmitteln (Durchschnitt von 10 Tagen) oder gar Monatsmitteln verrechnet. Eine Mittelung der Temperatur des Wurzelraumes kann auch in beliebiger Tiefe mit Hilfe der Invertzuckermethode vorgenommen werden (6.4.4.). Da die täglichen Temperaturschwankungen meist nur den Oberboden erfassen, läßt sich die Mitteltemperatur einer Jahreszeit im Boden ohne rasche Wasserbewegung (s. o.) auch durch einmalige Messung in 50 cm Tiefe im ungestörten Boden (nicht in einer offenen Profilgrube) ermitteln: 4 Messungen über das Jahr verteilt ergeben bereits das Jahresmittel. Jahresmittel des Wurzelraumes liegen 1–2 °C höher als die Mittel der Lufttemperaturen in 2 m Höhe.

Es hat sich international eingebürgert, den Bodenwärmehaushalt nach folgenden Stufen zu klassifizieren (SOIL SURVEY STAFF 1990): Nach Messung der *Mittel-Temperatur* an 4 Terminen über 1 Jahr verteilt in *50 cm Tiefe* ist der Boden

pergelic	< 0 °C,
cryic, wenn	< 8 °C , mit Frostwechsel,
frigid, wenn	> 0–8,0 °C ,
mesic, wenn	> 8,0–15,0 °C ,
thermic, wenn	> 15,0–22,0 °C ,
hyperthermic, wenn	> 22,0 °C

Ist die Differenz zwischen Sommerdurchschnitt (Juni bis August) und Winterdurchschnitt (Dezember bis Februar) kleiner als 5 °C, so wird das Temperaturregime als iso- (z. B. isofrigid) bezeichnet. In Mitteleuropa kommen die Temperaturregime von cryic (Hochalpen) bis thermic (Poebene) vor.

Neben der Interpretation von Temperaturmessungen ist es sinnvoll, die Wärmekapazität von Böden zu ermitteln. Dies ist unbedingt erforderlich, wenn Wärmetransporte (Energieumsätze) ermittelt werden sollen. In Analogie zum Wasserhaushalt kann aus Temperaturmessungen (Saugspannungsmessungen) lediglich die Richtung des Wärme(Wasser-)transports ermittelt werden. Zur Bestimmung der Flußgröße muß die Menge mit bekannt sein.

7.3.5 Nährstoffhaushalt und Schadstoffverhältnisse (vgl. 3.6.2.5)

Der Nährstoffhaushalt läßt sich durch Labor- besser als durch Felduntersuchungen charakterisieren. Da Nährstoffe bei entsprechend hohen Gehalten zu Schadstoffen werden können, werden die Schadstoffverhältnisse im folgenden generell mit behandelt. Differenziert werden die Standorte durch unterschiedliche Nährstoffmengen im Wurzelraum (s. 7.1).

Auch bei den Nährstoffen ist dabei der effektive Wurzelraum anzusprechen, weil mit dem Kapillarwasser gelöste Nährstoffe in den durchwurzelten Raum gelangen. Nährstoffvorräte unterhalb 3 (Grünland 2) dm Tiefe sollten dabei aber nur mit dem Faktor 0,5 berücksichtigt werden (solche unterhalb 10 dm mit dem Faktor 0,1), da sie in geringerem Maße nutzbar sind. Zum Vergleich können die Nährstoff*konzentrationen* einer Lage um so eher gewählt werden, je mehr sie in den anderen zu vernachlässigen sind und je mehr sich die Durchwurzelung auf diese Lage beschränkt. Beides wird nun bei Ackernutzung für die oberen 30 cm (»Krume«) angenommen. Da man überdies gleiche Lagerungsdichte (ca. 1,4) und geringen Kiesgehalt unterstellt, werden die »Grenzzahlen« für unterschiedliche Versorgungsstufen allgemein als Konzentrationswerte der Feinerde (meist g/kg oder mg/kg, oft sogar noch in Oxidform, z. B. K_2O) angegeben. Wenn die Werte im durchwurzelten Unterboden beträchtlich sind, muß jedoch der ermittelte Krumengehalt höher bewertet bzw. ein niedrigerer Grenzgehalt angenommen werden.

Gleiches gilt bei höherer Konzentration in der Bodenlösung des unteren effektiven Wurzelraumes (oft $N \gtreqless Ca > K >> P$: s. Tab. 7.3.3), und zwar besonders unter trockenen Klima- bzw. Witterungsverhältnissen. Multiplikation der »Grenzkonzentrationen« in mg/100 g bzw. mg/kg mit 40 bzw. 4 ergibt kg/ha (mit 4 bzw. 0,4 g/m^2). Mit diesen »Grenzmengen« in kg/ha (bzw. g/m^2) anstelle der »Grenzkonzentrationen« in der Krume ist bei Böden mit stark abweichender Lagerungsdichte (z. B. Anmoor und Moor) oder hohem Kiesgehalt zu operieren. Sie können aber für den Wurzelraum anderer Pflanzengesellschaften mangels entsprechender Vergleichsuntersuchungen nicht als »Grenzwerte«, sondern allenfalls als grober Anhalt benutzt werden. Selbst für Ackernutzung handelt es sich ja nur um statistische Mittelwerte aus recht heterogenen Eichversuchen. Bei größerem Wurzelraum (z. B. Laubwaldstandorte) kann man natürlich nur noch mit den Nährstoffmengen operieren. Bei Grünlandstandorten wären deutlich höhere Konzentrationen anzusetzen, da der Hauptwurzelraum oft nur 10 cm beträgt und eine oft geringere Lagerungsdichte vorliegt. Hierfür gibt es aber keine Eich-, sondern nur Erfahrungswerte. Die Mengen errechnet man nach dem unter 7.1 angegebenen Verfahren für den effektiven Wurzelraum (s. 3.6.2.1), wobei die Gehalte ab 3 bzw. 10 dm durch Multiplikation mit 0,5 bzw. 0,1 weniger stark berücksichtigt werden

Betrachtet man den ganzen Wurzelraum, so ist auch die Tiefenfunktion der Gehalte wichtig. Sie ist um so günstiger, je mehr sich die Optima mit dem Durchwurzelungsmaximum decken. Konzentrierung im Oberboden bedeutet überdies geringere Auswaschungsgefahr. Absolute Minima oder Maxima können Durchwurzelungshemmnisse darstellen.

Beim quantitativen Vergleich zwischen analytisch ermittelten Nährstoffmengen im »Wurzelraum« und Nährstoffentzügen wüchsiger Pflanzenbestände ist überdies noch zu berücksichtigen, daß die Extraktionsmittel selbst ideal durchwurzelbare Böden viel gleichmäßiger durchdringen, als es die Wurzeln können. Dieser Unterschied ist um so stärker, je weniger mobil der betreffende Nährstoff ist (z. B. P gegenüber N), je gröber, dichter und stabiler die Bodenaggregate sind und je stärker sich die Nährstoffkonzentrationen der Aggregatoberflächen von denen des -inneren unterscheiden. Die Aggregat-

Tab. 7.3.3: Bewertung der Elementkonzentrationen von Bodenlösungen und Gleichgewichtslösungen (GBL); n. Angaben in FIEDLER u. RÖSLER (1988), MATTHESS (1993), STREIT (1994)

	Stufe 1 sehr gering	Stufe 2 gering	Stufe 3 mittel	Stufe 4 erhöht	Stufe 5 hoch	Stufe 6 sehr hoch	Stufe 7 extrem hoch
a) Angaben in mg/l							
NH_4-N	0.01	0.1	**0.39**	*2.3*	100		
NO_3-N	0.1	1	**11.3**	*45*	2400	30000	
P	0.005	0.03	**0.16**	*0.23*	1.0	10	
CO_3	0.1	1	20	100	1000	10000	
Cl	0.2	2	40	360	6000	80000	
SO_4	1	40	**240**	*1000*	8000	100000	
Fe	0.01	0.01	**0.2**	10	1000		
K	0.2	2	20	50			
Ca	0.2	2	**12**	100	1000	10000	
Mg	0.1	1	20	100	1000	10000	
Na	1	1	20	200	3900	50000	
B	0.01	0.1	**1**	*4*	1000	10000	
Si	0.1	1	10	100	1000		
Zn	0.001	0.01	**0.1**	*2*	10		
F	0.01	0.1	**1.5**	4	100		
b) Angaben in µg/l							
Al	1	10	**200**	1000	5000		
As	0.01	0.2	**10**	*80*	500		
Co	0.05	1	**50**	*200*	1000		
Cu	0.1	10	**100**	*150*	1000		
Mo	0.2	4	10	100	1000		
Mn	0.2	10	**50**	2000	10000		
Se	0.05	1	**10**	100	1000		
Sn	0.1	1	**40**	*150*	1000		
Cd	0.01	1	**5**	*15*	100		
Cr	0.1	1	**50**	*200*	1000		
Hg	0.01	0.1	**1**	*3*	30		
Pb	0.1	10	**40**	*150*	1000		
Ni	1	10	**50**	*100*	1000		

1) Fett gedruckte Werte zwischen den Stufen 3 und 4 entsprechen den Grenzwerten der Trinkwasserverordnung (BMJFG 1990), kursiv gedruckte Werte Eingreifwerten für Grundwasser in Naturschutzgebieten.

oberflächen von Pseudogley-Sd-Horizonten und von sauren Waldböden sind oft nährstoffärmer, diejenigen der Go-Horizonte von Gleyen sowie der Bt-Horizonte von Parabraunerden hingegen reicher als die Matrix (so daß die verfügbaren Nährstoffe durch Perkolation ungestörter Volumenproben erfaßt werden sollten: HILDEBRANDT 1986).

Je kürzer dieser Zeitraum, desto schwächer muß natürlich gleichwohl das angewandte Extraktionsmittel sein. Die gegenwärtige Versorgungslage dürfte am besten durch den Nährstoffgehalt der Bodenlösung widergespiegelt werden, für den die Gleichgewichtsbodenlösung ein Maß darstellt. Die »physiologische« Verfügbarkeit eines Nährstoffes wird aber durch seine Natur (z. B. einfache Ionen kleiner und damit leichter aufnehmbar als komplex gebundene) und durch antagonistische oder synergetische Effekte anderer bestimmt, die sich bislang in einem so komplizierten System kaum ermitteln lassen. Bei dieser Wasserextraktion steht infolgedessen der Nachweis von Überschußschäden im Vordergrund (vgl. Salzkonzentration 7.3.2).

Entsprechende Werte sind für wichtige Nähr- und Schadelemente Tabelle 7.3.3 zu

Tab. 7.3.4: Mittlere jährliche klimatische Wasserbilanzen (KWBa) als Differenz zwischen Niederschlag und Verdunstung, bei Überschuß Maß für Versickerungsrate (DVWK 1982, ergänzt)

Kurzzeichen	Bezeichnung	mm/Jahr	Beispiele für Klimaregionen
KWBa 1	sehr gering	< + 100	Zülpicher Börde, Alzeyer Hügelland, Wetterau, Mittleres Maintal, Kaiserstuhl, Berlin
KWBa 2	gering	+ 100 bis + 200	Fehmarn, Hildesheimer Börde, Hellwegbörden, Kempen-Aldekerker Platte, Untermainebene, Marktheidenfelder Platte, Mittelfränkisches Becken, Donaumoos, Oberpfälzer Becken Leipziger Bucht
KWBa 3	mittel	+ 200 bis + 300	Angeln, zentrale Niedersächsische Geest, Westmünsterland, Oberes Gäu, Isar-Inn-Hügelland, Nördliches Erdinger Moos
KWBa 4	hoch	+ 300 bis + 400	Heide-Itzehoer Geest, Oberes Weserbergland, Osteifel, Odenwald, Schwäbischer Wald, Thüringer Wald, Voralpines Hügelland, Mühldorfer u. Altöttinger Terrassenlandschaft
KWBa 5	sehr hoch	+ 400 bis + 600	Zentralharz, Sauerland, Zentral-Schwarzwald, Bayerischer Wald, Schwäbisch-Oberbayerische Voralpen, Hohe Schwäb. Alb
KWBa 6	äußerst hoch	> + 600	Nördliche Kalkalpen, Hochschwarzwald

1) Lokale Werte können bei der nächsten Station des Deutschen Wetterdienstes erfragt werden; Werte gelten für Grünland, geringe bis mittlere Wasserleitfähigkeit (kf < 40 cm/d n. 353.7) und ebene Lage

Für die reale Verdunstung bzw. Wasserbilanz wirken sich Vegetation, Relief und Grundwasserstand, sowie die Durchlässigkeit des Wurzelraums stark aus. Es kann mit folgenden Faustzahlen gerechnet werden:

bei Ackernutzung Zuschlag von 50 bis 100 mm
bei Forstnutzung Abschlag von 50 mm
bei kf 40–100 cm/d im Wurzelraum Zuschlag von 50 mm
bei kf 100–300 cm/d im Wurzelraum Zuschlag von 100 mm
bei kf > 300 cm/d im Wurzelraum Zuschlag von 150 mm

Einfluß des Reliefs nach Tab. 3.6.4:
Typ 1 Zuschlag von 150 mm
Typ 2 Zuschlag von 50 mm
Typ 4 Abschlag von 50 mm
Typ 5 Abschlag von 150 mm

entnehmen. Sehr geringe Konzentrationen sind nur in extrem stark verwitterten Böden basenarmer Gesteine zu erwarten. Bereits bei Stufe 2 leiden manche Kulturpflanzenarten Mangel am entsprechenden Nährelement. Jahresmittelwerte unterhalb des Wurzelraumes ergeben nach Multiplikation mit der Sickerungsrate (s. 7.3.4) eine Vorstellung über den jährlichen Stoffaustrag. Die Werte zwischen den Stufen 3 und 4 entsprechen fett gedruckt den Grenzwerten für Trinkwasser sind mithin für die menschliche Gesundheit bereits als bedenklich anzusehen. Kursiv gedruckte Werte zwischen den Stufen 4 und 5 sind Eingreifwerte für Grundwasser unterhalb von Landböden. Werte der Stufe 6 sind in Salzböden zu erwarten, sofern das genannte Element im dominierenden Salz enthalten ist (s. Tab. 5.5.1), wobei die genannten Höchstwerte in der Regel nur in Lösungen trockener Böden zu erwarten sind (ein für Wüstenböden allerdings normaler Zustand). Ansonsten lassen hohe bis sehr hohe Werte eine anthropogene Kontamination vermuten.

Um die in einer normalen Frist – z. B. in einer Vegetationsperiode – *verfügbaren Nährstoffe* zu erfassen, sind die an Bodenkolloide leicht austauschbar gebundenen (nicht die gelösten) Nährstoffe geeignet. Die Interpretation dieser Daten wird noch durch die Unkenntnis der »physiologischen«, stärker aber durch die der »räumlichen« Verfügbarkeit (vgl. 7.3.1) beeinträchtigt. Dazu kommt, daß mit manchen Extraktionsmitteln zwar auch die Nährstoffe in mäßig löslichen Salzen, nicht aber die in leicht zersetzlichen organischen Stoffen erfaßt werden (problematisch bes. bei P). Aus diesen Werten auf die Versorgungslage zu jeder Zeit der Vegetationsperiode zu schließen, ist wegen des starken Witterungseinflusses meist nicht möglich. Tabelle 7.3.5 enthält entsprechende Werte. Die Bewertung gilt bei den Nährstoffen für intensive Ackernutzung, und zwar für Standorte mit einem mittleren Ertragspotential und einem mittleren Nährstoff-Transmissionsvermögen (ersteres hängt von Belichtung, Wärme-, Wasser-, Sauerstoff- und allg. Nährstoffangebot sowie Schadstoffeliminierungsvermögen ab, letzteres (bis auf Belichtung) ebenfalls, aber z. T. anders und wird durch die elementspezifische Interception, Konvektion und Diffusion sowie Synergismen und Antagonismen mit anderen Nährstoffen bestimmt). Bei niedrigem Ertragspotential und/oder hohem Transmissionsvermögen ist eine bestimmte Menge daher höher, bei hohem Ertragspotential und/oder geringem Transmissionsvermögen hingegen niedriger als angegeben zu bewerten. Bei Anwendung für extensivere (Nährstoff-) Nutzungen (Forst, ext. Grünland, ökol. Landbau) wäre die Bewertung nach links zu verschieben (z. B. Stufe 2 dann = mittel versorgt). Bei den Schadstoffen sollten erhöhte Werte die Möglichkeit und hohe Werte die Wahrscheinlichkeit einer toxischen Wirkung auf Pflanzenwuchs, Bodenorganismen und/oder Qualitätseinbußen für Kulturpflanzen und Grundwasser bedeuten, und zwar wiederum gültig für ein mittleres Schadstoff-Transmis-

Tab. 7.3.5: Bewertung verfügbarer Nährstoffmengen und vorläufige Bewertung verfügbarer Schadstoffmengen in kg/ha des effektiven Wurzelraumes (Multiplikation mit 0.25 ergibt etwa Gehalt einer Ackerkrume in mg/kg; ein fett gedruckter Wert entspricht dann einem Prüfwert nach Prüess 1992)

Element	Methode	alternative Methoden[1]	Stufe 1 sehr g.	Stufe 2 gering	Stufe 3 mittel	Stufe 4 erhöht	Stufe 5 hoch	Stufe 6 sehr hoch
$\mathbf{N}_{min}$	5.5.4.4		1	20	45	120	800	
N_{z}	5.6.3.9		2	10	20	80	200	
$\mathbf{P}_{la}$	5.5.4.2, $P_{Dl} \cdot 1.4$, $P_{H2O} \cdot 6$			100	250	400	600	
$\mathbf{K}_{la}$	5.4.3.4, 5.4.3.5, $K_{CAL} \cdot 1.5$, $K_{DL} \cdot 1.3$		80	240	480	800	1200	
$\mathbf{Mg}_{la}$	5.4.3.4, 5.4.3.5, $Mg_{Cacl2} \cdot 1.4$		50	150	300	600	1200	
$\mathbf{Ca}_{la}$	5.4.3.4, 5.4.3.5		150	500	1000	2000	6000	
S_{min}	5.5.4.4		20	80	200	400		
$\mathbf{Mn}_{la}$	5.4.3.9			16				
Mn_{e}	5.4.3.10, Mn_{akt} (Hydrochinon)			60	120	240		
$\mathbf{Cu}_{la}$	5.4.3.8				1.2	**8**		
Cu_{e}	5.4.3.10, $Cu_{HNO3} \cdot 0.5$		0.4	4	8	40		
$\mathbf{Zn}_{la}$	5.4.3.8		0.04	0.4	6	**40**		
Zn_{e}	5.4.3.10		4	24	60	180	320	
$\mathbf{Co}_{la}$	5.4.3.8		0.004	0.04	0.2	**2**		
$\mathbf{B}_{m}$	5.5.4.5		0.4	3	6	12	60	
$\mathbf{Mo}_{m}$	5.4.4.6		0.04	0.32	0.6	1.2	2.4	
$\mathbf{As}_{la}$	5.4.3.8			0.08	0.2	**0.4**		
$\mathbf{Be}_{la}$	5.4.3.8			0.004	0.04	**0.08**		
$\mathbf{Bi}_{la}$	5.4.3.8			0.004	0.04	**0.4**		
$\mathbf{Cd}_{la}$	5.4.3.8			0.02	0.04	**0.08**		
$\mathbf{Cr}_{la}$	5.4.3.8			0.004	0.04	**0.4**		
$\mathbf{Ni}_{la}$	5.4.3.8			0.02	1.0	**4.0**		
$\mathbf{Pb}_{la}$	5.4.3.8			0.02	0.4	**8.0**		
$\mathbf{Sb}_{la}$	5.4.3.8			0.02	0.2	**4.0**		
$\mathbf{Sn}_{la}$	5.4.3.8				0.004	**0.32**		
$\mathbf{Tl}_{la}$	5.4.3.8			0.001	0.03	**0.12**		
$\mathbf{V}_{la}$	5.4.3.8			0.002	0.06	**0.4**		

1) für die alternativ genannten Methoden gilt Bewertung nur ungefähr

Tab. 7.3.6: Bewertung der mobilisierbaren Nährstoff- und Schadstoffreserven in kg/ha des effektiven Wurzelraumes (Multiplikation mit 0,25 ergibt in etwa Gehalte in mg/kg, wobei die Fettgedruckten dann Grenzwerte der Klärschlammverordnung darstellen)

Element	Methode	Stufe 1 sehr g.	Stufe 2 gering	Stufe 3 mittel	Stufe 4 erhöht	Stufe 5 hoch	Stufe 6 sehr hoch
N$_t$	5.6.3.3	1000	2500	5000	10000	20000	
P$_v$	5.5.1.5	250	1250	1750	2500	5000	
K$_v$	5.5.1.5	1000	5000	10000	15000	30000	
Ca$_v$	5.5.1.5	500	2500	3500	5000	10000	
Mg$_v$	5.5.1.5	500	2500	3500	5000	10000	
Cd$_k$	5.5.1.4	0,2	0,8	2	**6**	80	
Cr$_k$	5.5.1.4	4	40	160	**400**	3200	
Cu$_k$	5.5.1.4	4	40	120	**240**	2400	
Ni$_k$	5.5.1.4	4	20	100	**200**	1200	
Pb$_k$	5.5.1.4	4	40	160	**400**	2400	
Zn$_k$	5.5.1.4	10	80	200	**800**	1600	

k = Königswasserextraktion

sionsvermögen (da mit der zugrundegelegten NH_4NO_3-Extraktion die Erfahrungen gering sind, muß die Bewertung als vorläufig gelten).

Eine etwas längere Zeit (z. B. einige Ackerrotationen) beurteilt man mit der zusätzlichen Bestimmung der schwer austauschbaren bzw. in leicht verwitterbaren bzw. zersetzbaren Bodenstoffen gebundenen, sogenannten *nachlieferbaren Nährstoffe.* Diese Ermittlung steht bei den Spurenelementen im Vordergrund (außer B), da sowohl die Bestimmung als auch die Düngung kleinerer Mengen technisch schwierig sind. Tabelle 7.3.5 enthält entsprechende Bewertungen für Cu, Mn und Zn in jeweils zweiter Querspalte.

Über noch längere Fristen (z. B. einige Waldgenerationen) geben die *mobilisierbaren Reserven* (Tab. 7.3.6) Auskunft, also die Gehalte an Nährstoffen, die durch den Verwitterungs- bzw. Zersetzungseffekt stärkerer Extraktionsverfahren erfaßt werden. Hier wird die Deutung mehr durch die Unsicherheit erschwert, ob auch die richtige »energetische« Verfügbarkeit erfaßt wurde. Je größer die Verwitterungsenergie des Klimas (z. B. warm – feucht), desto größer, und je geringer (z. B. kühl – arid), desto geringer ist die tatsächliche Nährstoffnachlieferung. Das gilt auch für Zersetzungsexperimente unter Standardbedingungen. Die von uns benutzten Grenzwerte gelten für ein gemäßigtes Klima (8 °C, 700 mm, atlantisch).

Tabelle 7.3.6 enthält neben einer Bewertung der mobilisierbaren Nährstoffreserven auch Schadstoffreserven. Hervorgehoben sind diejenigen Werte, die bei einer Anwendung von Klärschlamm als Humusdünger nicht überschritten werden dürfen. Entsprechende Böden sollten dann auch nicht mehr der Lebensmittelproduktion dienen. Die Kenntnis der Schadstoffreserven gestattet eine Präzisierung von Aussagen, die aus festgestellten Mengen an verfügbaren Schadstoffen (Tab. 7.3.5) abgeleitet werden: je höher das Mobilisierbare, desto stärker werden bereits geringfügige Änderungen des Säure- oder Redoxzustandes das Verfügbare verändern. Dieses Prinzip, die maximal verfügbare Menge zu bestimmen und dann aus der Kenntnis der verfügbarkeitsbeeinflussenden Parameter die wirkliche Anlieferung zu erschließen, gilt im übrigen für die ganze ökologische Interpretation der Nährstoffdaten. Im Idealfalle verwertet man erkannte quantitative Beziehungen für die Variation der Grenzwerte in Abhängigkeit von diesen Größen. Tabelle 7.3.7 enthält mittlere Nährstoffgehalte geernteter Pflanzenteile. Deren Multiplikation mit dem Ertrag ergibt eine Vorstellung über die bei der Ernte auftretenden

Tab. 7.3.7: Nährstoffgehalte[1)] *geernteter Pflanzenteile* (n. ANONYM 1972, BOYSEN u. OEHRING 1991, RUHR-STICKSTOFF 1988)

Acker		Tr.S.	N	P	K	Cl	Mg	S	Ca
		%	kg/t						
1 Getreide	a) Korn	86	19	3.2	4.4	0.60	1.1	2.0	0.7
	b) Stroh	89	4.6	0.70	9.0	3.2	0.80		2.5
2 Raps	a) Korn	91	33	6.3	8.0	4.3	2.5	10	
	b) Stroh	100	5.5	0.75	25		1.8		10
3 Zucker-rüben	a) Rübe	25	2.3	0.40	2.0	0.58	0.40		0.3
	b) Blatt	16	3.6	0.40	5.6	2.0	0.77		
4 Kartoffeln	Knolle	22	3.2	0.57	4.8	0.10	0.30		0.2
5 Silomais (Teigreife)		27	3.7	0.60	1.8	0.20	0.46		2,5
6 Erbsen, Acker-bohnen	a) Korn		38	4.8	12		1.2		
	b) Stroh		15	0.90	10		1.1		
7 Mais	a) Korn	83	14	2.7	2.5	0.33	0.84	1.5	
	b) Stroh	100	10	1.9	19		3.0		6.0
8 Reis	Korn		15	2.5	3.0	2.0	1.5		
9 Futterrüben	a) Rübe	100	12	2.6	27		2.4		
	b) Blatt	100	24	3.1	35		6.0		
10 Ackergras		100	30	2.7	28		2.7		
Grünland									
11 Schnitt		100	25	3.9	23		3.0		
12 Milch			25	1.8	3.3		2.4		
13 Fleisch			250	18	33		24		

		Fe	Mn	Zn	Cu	Mo	Co	B
		g/t						
1 Getreide	a) Korn	260	30	56	6.0	0.28	0.08	10
	b) Stroh	540	57	35	7.0	0.16	0.06	
3 Zuckerrüben	a) Rübe	67	15	9.0	2.8	0.03	0.02	9
	b) Blatt	41	29	12	0.85	0.07	0.06	

1) Multiplikation mit dem Ertrag in t/ha ergibt den Entzug in kg/ha bzw. g/ha

Nährstoffentzüge. Z. B. wurden bei einem Weizenertrag von 8 t/ha dem Boden an N, P und K ca. 150, 26 und 35 kg mit dem Korn entzogen; wird auch das Stroh von 6 t/ha geborgen, erhöhen sich die Entzüge um 28, 4 und 55 kg.

SCHEFFER/SCHACHTSCHABEL (1992), PRÜESS (1992), SCHLICHTING (1986, 1993), REHFUESS (1992)

7.3.5.1 Kohlendioxid (CO_2)

Die Kennzeichnung des CO_2-Versorgungsgrades der Sprosse durch die Bodenatmung wird durch die sehr unterschiedliche Weitergabe an den freien Luftraum entscheidend beeinträchtigt. Da sowohl Bodenatmung wie auch CO_2-Bedarf der Sprosse stark temperaturabhängig sind, sind Einzelmessungen (s. 6.3.3) nach Abb. 7.3.2 temperaturbereinigt zu bewerten. Bei einem Standortvergleich ist zudem sinnvoll, vor der Bewertung einen Zuschlag von 20 % vorzunehmen, wenn der Boden deutlich trockener oder nasser als normal war. Als rohe Grenzmengen für geringe, mittlere und hohe Anlieferung während der Vegetationsperiode können 4000 und 12000 kg CO_2/ha gelten. Eine Vorstellung vom

Bodenatmungspotential vermittelt die Zersetzbarkeit der organischen Substanz (s. 5.6.3.7), deren Oberbodenmengen (0–3 dm, 24-h-Werte) von 100, 500, 1000 und 2000 kg/ha als Grenzwerte für sehr geringes, geringes, mittleres, hohes und sehr hohes mögliches Angebot gelten können. Bei geringer LK sind hohe Werte im Unterboden ein Indiz für Wurzelschäden (vgl. 7.3.3).

7.3.5.2 Stickstoff (N)

Hier kann der Niederschlagseintrag (s. Tab. 7.3.8) beachtlich sein und sollte daher bei einer Bewertung berücksichtigt werden. Die verfügbaren N-Mengen (Tab. 7.3.5) schwanken im Jahreslauf stark, geben also nur ein Augenblicksbild. Nennenswerte NH_4-Anteile sind nur in luftarmen Böden (s. 7.3.3) und generell im Frühjahr zu erwarten, da niedrige Wintertemperaturen die Nitrifikation stärker als die Ammonifikation hemmen. Die N_z-Mengen (Tab. 7.3.5) vermitteln eine Vorstellung über die Nachlieferung während einer Vegetationsperiode. Geringere Einstufung der Werte ist unter den beim CO_2 genannten Bedingungen sowie bei niedrigen pH- und P-Werten erforderlich. Kürzlich entwässerte, gekalkte und/oder strohgedüngte Böden können auf diese Weise nicht beurteilt werden.

Für Nadelholzforsten unseres Klimagebietes ist beim mineralisierbaren N (s. 5.6.3.9) für die obigen Versorgungsstufen mit den Grenzmengen 5, 15 und 30 im Oberboden zu rechnen (ZÖTTL 1958).

Über längere Zeiträume kann der ganze N-Vorrat als Maß für die mobilisierbare Reserve gelten, da der Humuskörper schneller umgesetzt wird als der Mineralkörper ($<$20– $>$100 Jahre). Bei der Einstufung nach Tabelle 7.3.6 sind jedoch die obengenannten Standortfaktoren zu berücksichtigen. Da eine Anhäufung bei weitem C : N-Verhältnis auf geringe Ausgabe, bei engem auf hohe Einnahme schließen läßt, ist auch dieses von Belang.

Tab. 7.3.8: Häufige, jährliche Nähr- und Schadstoffdepositionen des Niederschlages in Deutschland (aus BLUME 1992)

kg/ha · a	N	Mg	K	Ca	S	Na	Cl
a) Küstennahe Gebiete	20	4	3	4	20	25	50
b) Küstenferne Gebiete	20	2	4	8	15	5	10
c) Ballungsräume	50			100	40		
g/ha · a	**B**	**Cu**	**Mn**	**Zn**	**Cd**	**Pb**	**P**
a)	50	30	60	200	1	50	500
b)	20	200	200	200	2	100	300
c)	80	1000	1000	2000	20	600	1000

7.3.5.3 Phosphor (P)

Beim kurzfristig verfügbaren Austausch-Phosphat (s. Tab. 7.3.5) geht man von sandigen, neutralen Böden aus; tonige und/oder saure sind besser einzustufen, da aus ihnen das Phosphat relativ schlechter extrahiert als aufgenommen wird. Entsprechendes gilt für humusreiche Böden, da der organisch gebundene und leicht mineralisierbare Phosphor nicht erfaßt wird.

Aus dem Humuskörper ist mit einer merklichen P-Anlieferung bei einem C : P-Verhältnis < 200 zu rechnen. Deren Ausmaß kann aus P_{org} · Zersetzungsrate abgeschätzt werden (s. 3.6.2.5). Bei einer Bewertung des in längeren Zeiträumen Mobilisierbaren (Tab. 7.3.6) sind die für N genannten Standortfaktoren zu berücksichtigen.

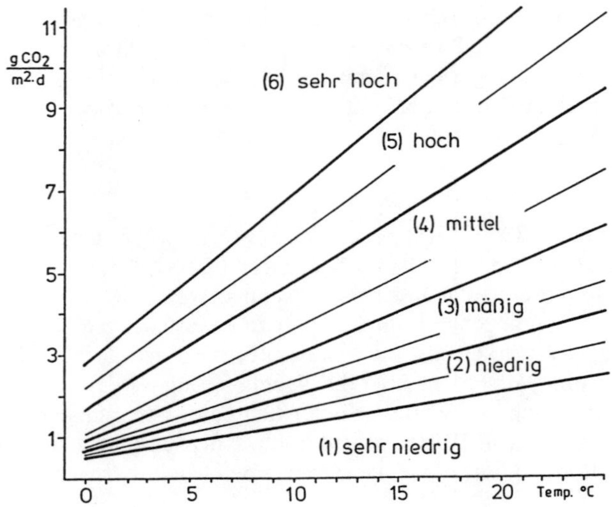

Abb. 7.3.2: Bewertungsschema für die Bodenatmung in Abhängigkeit von der aktuellen Tagesmitteltemperatur am Boden (BEYER 1990)

7.3.5.4 *Kalium (K)*

Für das kurzfristig verfügbare Austausch-K (Tab. 7.3.5) gilt der Mittelwert von 360 kg/ha für (illitische) Lehme (Tongehalt ca. 25 %, KAK 14 $cmol_c$/kg). Für andere Böden kann man einen Korrekturwert von etwa 45 kg je 10 % Ton (bzw. 12 kg je cmol) benutzen, um den Einfluß der K-Sättigung (hier 2 %) zu nivellieren. Sande wären z. B. bis 150, Tone bis 450 kg als gering einzustufen. Hohe Ca-Gehalte können die Aufnahme antagonistisch mindern.

Die mobilisierbaren K-Reserven (Tab. 7.3.6) sind um so geringer einzustufen, je geringer die Verwitterungsenergie des Klimas und je weiter die Verwitterung bereits fortschritt (Anreicherung immer resistenterer Minerale), und um so höher, je mehr nachlieferbares K (s. 5.5.1.7) in sie eingeht.

7.3.5.5 *Calcium (Ca)*

Mangel an verfügbarem Ca ist bei regelmäßig gekalkten Ackerböden nicht zu erwarten. Die Bewertung nach Tabelle 7.3.5 ist bei Forstnutzung nach links zu verschieben (z. B. bedeutet Stufe 2 mittel) und um so günstiger anzusehen, je weiter das Verhältnis von Ca_a : Al_a ist. Die mobilisierbaren Reserven (Tab. 7.3.6) sind um so höher einzustufen, je mehr $CaCO_3$ in sie eingeht.

7.3.5.6 *Magnesium (Mg)*

Beim leicht austauschbaren Mg gilt Tabelle 7.3.5 unabhängig von der Bodenart. Die ermittelten Mengen sind um so geringer einzustufen, je Ca- bzw. K-reicher und je saurer der Boden bzw. je niedriger die Mg_a : Al_a-Quotienten sind. Der Mg-Eintrag durch Niederschlag ist besonders in Meeresnähe zu berücksichtigen (s. Tab. 7.3.8). Bei Forstböden und bei der Bewertung der Reserven nach Tabelle 7.3.6 gilt das für Ca Genannte.

7.3.5.7 *Schwefel (S)*

Die verfügbaren S-Mengen (Tab. 7.3.5) reichten bisher infolge starker Niederschlagsdeposition (Tab. 7.3.8) meist aus; das wird sich dank verminderter Luftverschmutzung ändern, so daß (außer meeresnah) Stufe 3 unterschritten werden kann und Mangel bes. bei Raps zu erwarten ist.

7.3.5.8 *Bor (B)*

Die Grenzwerte der Stufen 2–4 des mobilen B (Tab. 7.3.5) sind bei Sanden zu halbieren. Die Versorgung ist bei pH-Wert unter 6 günstiger. Bei Stufe 6 sind Wuchsstörungen zu erwarten, ebenso bei Stufe 5 der GBL-Lösung (Tab. 7.3.3; bei empfindlichen Pflanzen wie Getreide, Kartoffeln, Mais bereits ab 4).

7.3.5.9 *Molybdän (Mo)*

Mangel ist unter Stufe 3 des gelösten (Tab. 7.3.3) bzw. mobilen (Tab. 7.3.5) Mo zu erwarten (letzteres nur bei pH-Werten über 6, während unter 6 ca. 0,6 und unter 5 ca. 1,2 kg nötig sind). Hohe P- und geringe Mn-Gehalte begünstigen die Versorgung.

7.3.5.10 *Mangan (Mn)*

Mangel ist unter Stufe 3 des verfügbaren Mn_a und Mn_e (Tab. 7.3.5) zu erwarten; bei pH-Werten über 5,7 sind 240 kg/ha Mn_e erforderlich; viel Mn_d bzw. wenig Ca_a, Fe_o oder Humus verbessern das Angebot. Ab Stufe 5 (bei wechselfeuchten bis nassen, biologisch aktiven Böden sowie neben Mülldeponien bereits ab 4) kann Mn toxisch wirken.

7.3.5.11 *Cu, Co, Fe und Zn*

Unterversorgung (Stufen 1 und 2 des Austauschbaren bzw. Mobilen: Tab. 7.3.5) von Co, Fe und Zn sind in deutschen Böden selten (Fe und Zn am ehesten bei pH > 7, Co bei pH > 5 bzw. viel Fe_o); bei > 8 % Humus sind 10, bei > 30 % 12 kg Cu_e erforderlich. Die Stufen 5 und vor allem 6 sind bedenklich (viel Cu_e verursacht Fe-, Mo- und Zn-Mängel; viel Fe_a kann bes. bei rH-Werten von 19–13 toxisch wirken; viel Zn wirkt wuchshemmend und mindert, wie auch viel Co, Lebensmittelqualität).

7.3.5.12 *Na und Cl*

Der geringe Bedarf wird in der Regel bereits durch die Niederschlagsdeposition (Tab. 7.3.8) gedeckt. Ab Stufe 5 des Gelösten (Tab. 7.3.3) ist mit Wuchsschäden zu rechnen (bes. bei salzempfindlichen Pflanzen, z. B. Bohne, Luzerne, Mais, viele Straßenbaumarten).

7.3.5.13 *Al*

Ab Stufe 4 des Gelösten (Tab. 3.7.3) ist mit Wuchsstörungen bei Al-empfindlichen Pflanzen (z. B. Fichten) zu rechnen, und zwar besonders bei hohem ionaren Anteil (bei wenig C_{org} der Bodenlösung zu erwarten) sowie niedrigen Ca : Al- bzw. Mg : Al-Quotienten.

7.3.5.14 *Weitere Schadstoffe*

Verfügbare Mengen an As, Be, Bi, Cd, Cr, Hg, Ni, Pb, Sb, Sn, Tl und V (Tab. 7.3.5) gelten ab Stufe 5 bezüglich Arznei-, Nahrungs- und Futterqualität (z. T. auch Pflanzenwuchs) als bedenklich; bei Stufe 4 ist Besorgnis gegeben, sofern die mobilisierbaren Reserven (Tab. 7.3.6) hoch bis sehr hoch sind und/oder zeitweilig rH-Werte (s. 3.5.4.6) zwischen 19–13 auftreten.

7.3.5.15 Allgemeine Kennwerte

Da sowohl Verwitterung als auch Zersetzung stark pH-abhängig sind, wird der *pH-Wert* oft als Maß für die gegenwärtige Verfügbarkeit eines bestimmten Vorrates benutzt (niedrige Werte senken die Verfügbarkeit von N, P, Mo und Sb, heben diejenige von Fe, Mn, Cu, Zn, B, Al, As, Be, Cd, Co, Cr, Hg, Ni, Pb, Sn, Tl und V und lassen meist auf Armut an K, Ca und Mg schließen, vgl. Bewertung der entsprechenden Grenzzahlen). Daher ist der pH-Wert nur im Zusammenhang mit diesen Vorräten interpretierbar (z. B. Gefahr von Al-Toxizität bei niedrigem pH abhängig von Vorrat sowie Komplexierungsgrad des Gelösten, wofür als rohes Maß der Mineral- bzw. Tongehalt sowie der C_{org}-Gehalt der Bodenlösung gilt. Ein direkter H-Einfluß auf die Pflanzen liegt nur in seltenen Fällen vor. Die als optimal für Acker- und Grünlandböden angesehenen pH-Werte sind Tabelle 7.3.9 zu entnehmen.

Tab. 7.3.9: Anzustrebender pH-Wert für landwirtschaftliche Nutzung in Abhängigkeit von Körnung und Humusgehalt (aus DVWK 1994)

Humusgehalt (Massen-%)		0–4	4–8	8–15	15–30	> 30
DV-Zeichen		h1–h3	h4	h5	h6	H
Nutzung	Bodenart					
Acker	Ss, Su2–4, St2–3	5.5	5.0	5.0	4.5	4.0
	Sl2–4, Us, Uls	6.0	5.5	5.0	4.5	4.0
	Ls2–4, Uu, Slu	6.5	6.0	5.5	5.0	4.5
	Tu4, Ut2–4	7.0⁺	6.5	6.0	5.5	4.5
	Lt2–3, Lu, Lts	7.0⁺	6.5	6.0	5.5	5.0
	Tu2–3, Tl, Tt	7.5⁺⁺	7.0⁺	6.5	6.0	5.0
Grünland	Ss, Sl2–4, Su2–4					
	St2–3, Slu, Us, Ut2–4	5.0	5.0	5.0	4.5	4.5
	Ls2–4, Lu, Uu, Uls	5.0	5.0	5.0	4.5	4.5
	Lt2–3, Lts, Tu2–4, Tl, Tt	6.0	6.0	5.5	5.0	4.5

⁺ mindestens 0.2–0.5 % $CaCO_3$; ⁺⁺ mindestens 1 % $CaCO_3$

Auch der *Redoxzustand* beeinflußt stark Verwitterung, Zersetzung und Mobilität vieler Nähr- und Schadstoffe: oberhalb rH 35 starke Nitrifizierung; unterhalb 33 Denitrifizierung und damit N-Verluste; unterhalb 29 bzw. 19–13 zunehmende Mn- bzw. Fe-Verfügbarkeit und damit auch des stark an Mn, Fe-Oxidoberflächen gebundenen P, Mo, Cu, Co, Zn sowie der Schadmetalle; unterhalb 13 Sulfatreduktion und damit starke Minderung der SO_4-, Fe-, Mn-, Cu-, Zn- und Schadmetall-Verfügbarkeit durch Sulfidbildung. Er wird entscheidend durch die Mikrobentätigkeit beeinflußt und wechselt mit dem O_2-Angebot um so rascher und stärker, je wärmer der Boden ist und je mehr leicht zersetzbare organische Substanz vorhanden ist. Niederschlag, Bodenlockerung und -verdichtung sowie Zufuhr an organischer Substanz können mithin die Mobilität vieler Nähr- und Schadstoffe rasch und stark verändern. Die im Jahreslauf dominierenden rH-Werte eines Bodens lassen sich im Gelände aus redoximorphen Merkmalen erschließen (3.5.4.6) oder messen (6.3.5).

Schließlich ist der *S-Wert,* ausgedrückt in Mol_c/m^2 effektiver Wurzelraum, ein grobes Maß der allgemeinen Kationenversorgung (Basenhaushalt): Messung s. 5.4.3.3; Schätzung und Bewertung s. 3.6.2.5; Rotationsentzug etwa 5 Mol_c/m^2. Weicht die Zusammensetzung der Ionengarnitur beträchtlich von der hier unterstellten Norm (Ca : Mg : K : x = 20 : 3 : 1 : 1) ab, so können antagonistische Effekte auftreten, die in den bisher genannten Grenzzahlen nicht berücksichtigt sind. Das ist von Belang, wenn $Me^+ > Me^{2+}$, Mg > Ca oder Na > K. Zu starker Na-Einfluß liegt vor, wenn Na über 15 % der

Basensättigung ausmacht. In diesem Wert ist jedoch nicht nur der Einfluß auf den Nährstoff-, sondern auch auf den Wasser- und Lufthaushalt (s. 7.3.2) erfaßt.

Für die »nachschaffende« Mineralkraft ist der *Silicatgehalt* der Sandfraktionen (s. 5.5.6.2) ein geeignetes Maß, das durch den Gehalt an (durchsichtigen) Schwermineralen (s. 5.5.6.3) zu stützen ist.

Man kann für Wald mit folgenden Werten rechnen (KUNDLER 1956):

	10		15		20		% Silicate
	1,0		1,5		2,0		% Schwerminerale
gering		mäßig		hoch		sehr hoch	

Für die Variation der Einstufung gilt das beim Reserve-K (s. 7.3.5.4) Erläuterte.

7.3.6 Deutung des Standortes

Die eigentliche Synthese der Analysendaten besteht im Korrelieren aller Standorteigenschaften, was ja letztlich auch die Organismen tun. Oft sind die Wechselwirkungen mit klimatischen Folgen so stark, daß ungünstige Witterung günstige Bodeneigenschaften oder diese jene überspielen. Das ist besonders deshalb von Belang, weil für die Pflanze die dem entwicklungsabhängigen Bedarf entsprechende Zufuhr entscheidet. Ein einzelnes Bodenmerkmal sollte man also nur dann bewerten, wenn es ökologisch extremen Mangel oder Überschuß bedeutet; sonst muß sein Verhältnis zu anderen berücksichtigt werden. Das wurde bei den konkreten Fällen im Vorhergehenden veranschaulicht und geht z. T. in die genannten Grenzwerte ein. Diese enthalten überdies meist beträchtliche Sicherheitszuschläge. Es muß also im Einzelfall dahingestellt bleiben, ob nicht ein geringerer Gehalt auch ausreichend gewesen wäre. Über das optimale Verhältnis der Gehalte untereinander bestehen jedoch noch Kenntnislücken. Dazu kommt, daß die Grenzzahlen nur statistische Mittelwerte unterschiedlicher Boden-Pflanze-Witterungs-Kombinationen (mit überdies verschiedenem Beurteilungsmaß, z. B. Wuchsfreudigkeit, Mangelsymptome, Düngewirkung) darstellen. Ob der jeweilige Boden diesem »Normstandort« ausreichend ähnlich ist, muß also für genauere Aussagen geprüft werden.

Naheliegender Prüfstein ist die Vegetation selbst, die das Produkt aller Standortfaktoren in der jüngsten Vergangenheit darstellt. Zum Vergleich heranzuziehen sind Artenbestand der Pflanzengesellschaft (bei Naturbeständen, s. 3.3.1), Wuchsleistung und Nährstoffgehalt in den Pflanzen. Problematisch ist nun aber das Aufgliedern des Produktes in seine Faktoren, da verschiedene Kombinationen zum selben Ergebnis führen können. Bei Artenbestand und Wuchsleistung kommt es also darauf an, wirklich geeignete Zeigerpflanzen und spezifische Mangel- bzw. Überschußsymptome zu erkennen, was infolge des häufigen Faktorenersatzes nicht ganz einfach ist. (Hier muß wiederum auf pflanzensoziologische bzw. -physiologische Werke verwiesen werden.)

Oft wird die Nährstoffkonzentration (z. B. in mg/g Trockenmasse) in der Vegetation zur Charakterisierung des Nährstoffhaushaltes des Bodens verwandt. Das ist jedoch nicht zulässig, da die Konzentration von der aufgenommenen Nährstoffmenge und von der produzierten Pflanzenmasse gleichermaßen abhängt, die wiederum ein Produkt aller, d. h. sowohl der klimatischen als auch der edaphischen Standortfaktoren ist. Mit den Gehalten wird also nur der relative, auf die Gunst der anderen Wachstumsfaktoren bezogene Versorgungsgrad der Pflanze, nicht die absolute Nährstoffanlieferung aus dem Boden gekennzeichnet. Dafür muß die aufgenommene Nährstoffmenge (z. B. in g/m^2) herangezogen werden (s. 7.1).

Als Grenzzahlen für deren Bewertung können die in Tabelle 7.3.7 genannten Gehalte (nach Ableitung der Entzüge durch Multiplikation mit den Erträgen und Umrechnung auf 1 m^2) angesehen werden (der geringere Bedarf gegenüber dem Fruchfolgedurchschnitt und der Gehalt der dort nicht berücksichtigten »Ernterückstände« gleichen sich etwa aus).

Obschon der Nährstoffentzug eine spezifischere Größe ist als etwa Artenbestand und Wuchsleistung (der Ertrag), kann doch auch über die ihn bestimmenden Faktoren nur mit Hilfe der Bodenanalyse eine Aussage gemacht werden, z. B. ob eine geringe Aufnahme mehr auf geringe Vorräte oder deren geringe Verfügbarkeit zurückzuführen ist. Solche differenzierenden Schlüsse können durch Bezug der aufgenommenen Menge eines Nährstoffes auf die anderer oder aller Mineralstoffe (Aschegehalt) und Vergleich mit den entsprechenden Bodenmerkmalen gesichert werden (z. B. geringere Aufnahme eines im Unterboden konzentrierten Nährstoffes spricht für Durchwurzelungshemmung).

Unter bestimmten Bedingungen (kein starker Mangel oder Überschuß an anderen Wachstumsfaktoren, Probenahme zur Zeit geringer Ertragsunterschiede) können die Nährstoffgehalte als Maß für die Nährstoffanlieferung dienen. Oft werden auch nur Pflanzenorgane analysiert, die einen besonderen Zeigerwert besitzen. Dieses Verfahren muß man notgedrungen dort anwenden, wo die Analyse der ganzen Vegetationsdecke schwierig wäre, wie z. B. im Wald.
Bei Fichten (Picea abies) und Kiefern (Pinus sylvestris) werden die Gehalte 1jähriger Nadeln des 1. Wirtels am Ende der Vegetationsperiode (Okt.–Jan.), bei Buchen voll entwickelte Blätter an Jungtrieben der Lichtkrone bewertet. Näheres zur Blatt- und Nadelanalyse ist der Spezialliteratur zu entnehmen (z. B. FIEDLER et al. 1973 und ENDE 1991).

Tab. 7.3.10: Es wird bei Bäumen (10-90jährig) in Mitteleuropa mit folgenden Grenzkonzentrationen gerechnet (WEHRMANN 1963, ZÖTTL 1973, HÜTTL 1992):

Element	(Konz.) T.S.	Fichte 1	Fichte 2	Kiefer 1	Kiefer 2	Buche 1	Buche 2
N	$mg \cdot g^{-1}$	13	15	14	16	18	25
P	$mg \cdot g^{-1}$	1.2	1.5	1.2	1.3	1.3	1.7
K	$mg \cdot g^{-1}$	4.5	6.0	4.5	6.0	5.5	7.5
Ca	$mg \cdot g^{-1}$	2.0	3.0	1.5	2.0	5.0	8.5
Mg	$mg \cdot g^{-1}$	0.8	1.0	0.8	1.0	0.8	1.4
Mn	$mg \cdot kg^{-1}$	20	500	20	500	–	–
Zn	$mg \cdot kg^{-1}$	13	25	13	25	–	–
Cu	$mg \cdot kg^{-1}$	4	12	4	12	–	–
B	$mg \cdot kg^{-1}$	10	30	10	30	–	–

1 = Obergrenze des Mangels; 2 = Beginn optimaler Versorgung

Die Vegetationsuntersuchung ist also die Gegenprobe für die integrierende Standortbeurteilung. Es wäre daher naheliegend, sie von vornherein und als alleinige Methode anzuwenden. Aber auch dann ist es erforderlich, dieses Produkt wieder in seine Faktoren zu zerlegen, d. h. die Gunst der verschiedenen Standortfaktoren einzeln zu beurteilen. Dafür gibt es zwei Gründe. Nur auf diese Weise läßt sich ermitteln, 1. welche ökologischen Folgen die einzelnen bodengenetischen Prozesse haben und 2. welche Bodeneigenschaften gezielt zu verändern sind, um die Standorteigenschaften zu verbessern. Ersteres ist das theoretische, letzteres das praktische Ziel der Bodenuntersuchung.

Für unser Beispielsprofil ergibt sich aufgrund der in Abb. 7.1.1 (S. 217) und in Tab. 7.3.10 (nach der in 7.3.1 geschilderten Weise umgerechnet) dargestellten Ergebnisse, daß es tiefgründig, aber nur im Oberboden gut durchwurzelbar (Ausgangsgestein dicht, Entkalkung führte infolge Toneinschlämmung im Bt und Gefügezusammenbruchs im AlBtv kaum zu Porenzuwachs), frisch und nur mäßig durchlüftet ist (geringes Porenvolumen und hoher Totwasseranteil im Unter-, günstigere Verhältnisse im Oberboden durch Belebung und Humusakkumulation). Die Nährstoffreserven sind nach Tabelle 7.3.6 hoch bei K, Ca und Mg und erhöht bei P (nährstoffreiches Gestein und nur bei Ca und P stärkere Verwitterungsverluste des Profils, bei K und Mg mehr Umlagerungsverlust des tonverarmten Oberbodens) sowie erhöht bei N (Anreicherung von Mullhumus). Der Vorrat an verfügbaren Nährstoffen nach Tabelle 7.3.5 (da Forstnutzung um jeweils eine Stufe besser

Tab. 7.3.11: Standorteigenschaften einer Geschiebemergel-Parabraunerde unter Buchen/Eichen-Altholz (effektiver Wurzelraum 10 dm)

	nFK_{We}	N_t	N_z	P_v	P_{la}	K_v	K_{la}	Mg_{la}
0–100 cm	200 mm	700	1,4	200	7,5	2470	83	160 g/m^2
0–30 cm	70 mm	546	1,4	115	5,7	1090	48	75 g/m^2

beurteilt) ist gering bei P, erhöht bei N und sehr hoch bei K und Mg, wobei sich bei N, P und K (wie auch beim Reserve-P) die Pumpwirkung der Vegetation deutlich auswirkt.

Zum Vergleich sind in Abb. 7.3.3 die Analysendaten für einen feuchten Acker-Podsol aus Riß-Moränensand dargestellt. Das Ausgangsmaterial ist grob und nährstoffarm; in ihm lief eine intensive (inter- und postglaziale) Verwitterung und danach eine mit starker Rohhumusakkumulation (erhalten etwa 400 t organische Substanz/ha) verbundene Podsolierung ab. Der mit Heide bestandene Boden wurde ca. 1915 kultiviert und 1955 analysiert. Er ist tiefgründig und gut durchwurzelbar (teils infolge lockeren Gesteins, teils infolge Tiefpflügens), mäßig trocken und gut durchlüftet (ohne die Speicherleistung des erhaltenen Rohhumus sehr trocken!). Die Nährstoffreserven sind gering bei P, K und Mg (Folge der starken Auswaschung), erhöht bei N und hoch bei Ca (Zufuhr durch Meliorationskalkung), die Vorräte an verfügbaren Nährstoffen erhöht bei Mn, mittel bei K, P und Cu (Düngungseinfluß) sowie gering bei N (Zersetzungsresistenz des Rohhumus).

Derart sind Standorteigenschaften aus Ausgangsgestein und Verlauf der Bodenbildung (einschließlich der Kultivierung) zu verstehen und entsprechende Nutzungsmaßnahmen (z. B. Unterbodenaufschließung bei der Parabraunerde, Erhöhung der Nährstoffreserven beim Podsol) abzuleiten.

7.3.7 Ableitung von Meliorations- und Nutzungsmaßnahmen

Bei jeder Meliorations- und Nutzungsmaßnahme sind die Belange des Boden- und Umweltschutzes sowie der Gesundheit von Mensch und Tier strikt zu beachten. Zu vermeiden sind mithin (vor allem schwer zu behebende) Veränderungen benachbarter Ökosysteme (häufig durch Ent- bzw. Bewässerung), der Atmosphäre (häufig durch NH_3 der Wirtschaftsdünger), des Grund- und Oberflächenwassers (häufig durch Überdüngung), der Bodensubstanz (durch Erosion/Sedimentation), des Bodengefüges (häufig durch Verdichtung), des Stoffbestandes der Böden (oft durch Überdüngung, z. T. durch Nährstoffentnahmen ohne entsprechende Kompensation), der Leistungsfähigkeit der Bodenorganismen (oft durch Pflanzenschutz) sowie des Tier- und Pflanzenartenbestandes der Landschaft (oft durch Verzicht auf naturbelassene Randstreifen) (Näheres s. BLUME 1992).
Im folgenden sollen nur die Folgerungen aus Laboruntersuchungen skizziert werden, die Geländebefund und -urteil (vgl. 3.6.2.7) ergänzen.

7.3.7.1 Verbesserung von Durchwurzelbarkeit, Wasser- und Lufthaushalt

Werden die in 7.3.3 genannten LV- bzw. LK-Werte unterschritten, so sollte entwässert oder gelockert werden. Graben- bzw. Dränabstand hängen von der Leitfähigkeit ab, an deren Stelle meist noch die Körnung (bzw. der durch sie bestimmte Hy-Wert) benutzt wird. Aus der Dränanweisung (DIN 1185) sind die Werte der Tabelle 7.3.12 übernommen (s. auch EGGELSMANN 1981). Dazu kommen die bereits unter 3.6.2.7 genannten groben Korrekturwerte (z. B. für die Lagerungsdichte, der bei Kenntnis des Porenvolumens in folgender Weise errechnet werden kann:

$$\text{Korrekturwert} = -\frac{\text{Normwert} \cdot 2 \cdot (45 - \text{PV }\%)}{100} \text{m}).$$

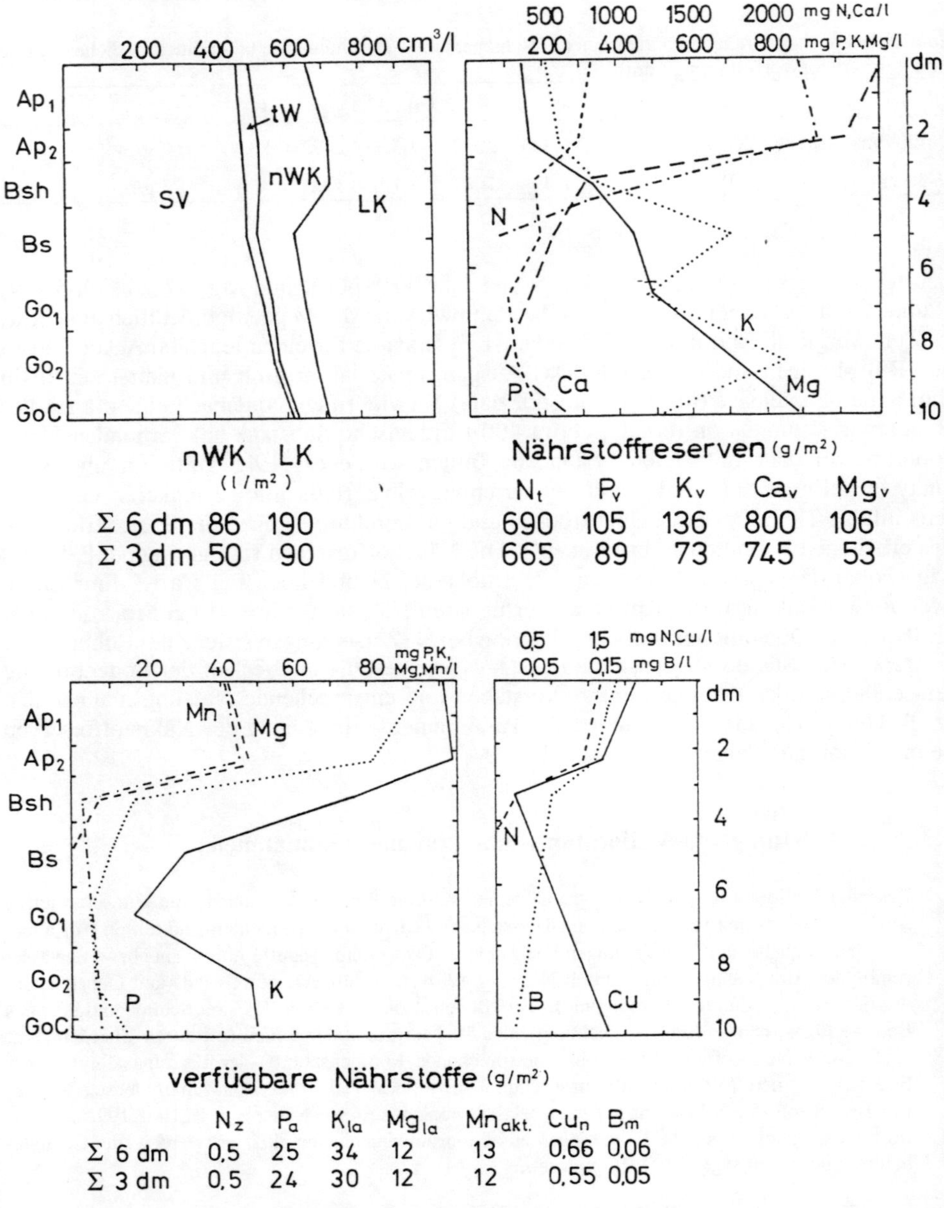

Abb. 7.3.3: Standorteigenschaften eines vergleyten Acker-Podsol aus Geschiebesand mit 6 dm effektivem Wurzelraum (KÖHNLEIN und SCHLICHTING 1959)

Sinnvoller wäre es natürlich, anstatt der Körnung (bzw. der stabilen Aggregatgrößenverteilung, s. 5.3.5.2) direkt die Leitfähigkeit (erschlossen aus dem Grobporengehalt bzw. gemessen im k_f-Wert, s. 5.3.4.2) als Berechnungsbasis zu verwenden; jedoch liegen bisher nur wenig Eichmessungen vor.

Bei Bewässerungsbedarf lassen sich Termin und Auffüllrate aus Messungen der Bodenfeuchtespannung (s. 6.2.3.5) oder des Wassergehaltes (s. 6.2.3.2) ableiten, sofern die pF-Wassergehaltskurve des Bodens bekannt ist (EGGELSMANN 1981).

Tab. 7.3.12: Dränabstand in Abhängigkeit von Körnung bzw. Hygroskopizität bei verschiedener Dräntiefe

Gew. %			m Tiefe			
			0,8	1,0	1,2	1,4
< 2 µm	< 20 µm	Hy	m Dränabstand			
> 82	> 98	> 21	5,5	6		
-60	-86	-16	6,5	7		
-47	-74	-13	7	8		
-35	-62	-10	8	9	9,5	
-26	-50	-8	9	10	11	12
-19	-38	-6	10,5	12	13	14,5
-12	-26	-4	12,5	15	17	19,5
-6	-8	-2	15,5	19,5	23	27
< 1	< 2	< 0,5	19	25	33	40

7.3.7.2 *Verbesserung des Nährstoffhaushaltes*

Meliorationscharakter hat zunächst die *Kalkung*. Da ihr Ziel weniger die Ca-Zufuhr als die pH-Steigerung ist, wird die nötige Menge nicht nach dem Ca-Gehalt, sondern nach dem H-Wert bemessen (s. 5.4.3.2). Soll die »Krume« (30 cm, Lagerungsdichte 1,3 = 4 Mill. kg/ha) auf pH 7 aufgekalkt werden, so ist 1 cmol H/kg 11,2 dt CaO, 14,8 dt $Ca(OH)_2$ und 20 dt $CaCO_3$/ha äquivalent. Steingehalt oder geringe Lagerungsdichte führen zu entsprechenden Ab-, Aufkalkung auch des Unterbodens zu berechenbaren Zuschlägen. Die für das jeweils optimale pH ($CaCl_2$) (s. 5.2.5.7, Tab. 7.3.9) nötige Düngermenge ist dann

$$x = \frac{\text{opt. pH} - \text{gegenwärt. pH}}{7 - \text{gegenwärt. pH}} \cdot \text{dt/ha f. pH 7.}$$

Je höher der Anteil an Austausch-Al ist, desto weniger wird wegen dessen langsamen OH-Verbrauchs der berechnete pH-Wert tatsächlich erreicht.

Unter Entzug ist in bezug auf ein Feld das Geerntete gemeint (z. B. Rübe, Milch und Fleisch, nicht untergepflügtes Blatt, Tierkot und -harn); in bezug auf den Betrieb ist nur das Verkaufte zu sehen (und durch Zukauf von Dünger bzw. nährstoffhaltige Futter- und Pflanzenschutzmittel zu kompensieren), nicht das im Betrieb Verbliebene (z. B. Futterrüben, Einstreustroh), da deren Nährstoffe zurückfließen (ggf. ist zwischen den Schlägen auszugleichen: bei Mischbetrieben erfolgt oft durch Wirtschaftsdünger ein Nährstofftransfer vom Grün- zum Ackerland).

N ist grundsätzlich nach Entzug zu düngen, und zwar abzüglich des Verfügbaren (N_{min}). Außer bei sandreichen Böden kompensieren sich N-Einnahmen durch Niederschlag sowie N-Bindung und Verluste durch Auswaschung sowie Denitrifikation (sofern in mehreren Portionen bedarfsgerecht gedüngt wird sowie Bodenverdichtungen behoben werden). Bei jenen sind erhöhte Austräge (> 30 kg/ha · a) kaum zu vermeiden und rechtfertigen einen Zuschlag von ca. 20 kg/ha. Die N-Mengen der Wirtschaftsdünger sind voll zu berücksichtigen, was nur unter Vermeidung jeglicher Verluste zu erreichen ist (z. B. Einsatz nach Nährstoffbedarf ggf. in mehreren Portionen, um Auswaschung, Stallmisteinsatz bei Regen, und Eindrillen der Gülle, um NH_3-Verluste zu vermeiden).

Die *Spurenelement*düngung hat mehr Meliorationscharakter. Hier empfiehlt sich ggf. ein Anheben der verfügbaren Mengen auf Versorgungsstufe 3 (s. Tab. 7.3.5), sofern man nicht überhaupt nur versucht, festgelegte Vorräte zu mobilisieren (z. B. durch pH-Senkung Mn, Fe, oft P, B; durch pH-Steigerung P, Mo); durch organische Düngung sowie Walzen sandreicher Böden oft P, Mn und Cu infolge Erniedrigung des pH-Wertes).

Bei stärkerer Belastung mit *Schadstoffen,* deren Löslichkeit mit steigendem pH sinkt (s. 7.3.5.15), kann ein stärkeres Anheben des pH zweckmäßig sein (was ggf. mit einer Düngung von Nährstoffen zu verbinden ist, deren Verfügbarkeit dann ebenfalls sinkt). Belastungen, deren Löslichkeit mit sinkendem pH sinkt (z. B. Sb), wäre kurzfristig durch verstärkten Einsatz organischer oder physiologisch sauer wirkender Dünger, mittelfristig (im humiden Klima) durch verminderte Erhaltungskalkung zu begegnen. Alternativ könnte in beiden Fällen die Schadstoffbindungskapazität erhöht werden (z. B. durch Zusatz von Metalloxiden). In gravierenden Fällen muß hingegen saniert werden (s. hierzu BLUME 1992).

In *alkalisierten* Böden tritt an die Stelle des Kalkes das Gipsen (oder Schwefeln). Der Gipsbedarf ist der Menge an Austausch-Na (s. 5.4.3.6) äquivalent, und zwar entspricht 1 $cmol_c$ Na/kg unter obigen Bedingungen 25,8 dt Gips/ha (oder 4,8 dt Schwefelblüte). Vorhandener Gips- und Steingehalt sowie Aufgipsen auch des Unterbodens sind entsprechend zu berücksichtigen.

Die ermittelten Gehalte an kurzfristig verfügbaren Nährstoffen sind nur eine qualitative Basis für die jeweilige *Düngermenge.* Bei mittlerer P-, K- und Mg-Versorgung ist es ratsam, den normalen Jahresentzug zu düngen, bei geringer bzw. sehr geringer das 1,3 bzw. 1,6fache, bei erhöhter die halbe Menge, während bei hoher Versorgung auf Düngung verzichtet werden kann.

Diese Empfehlungen gelten für intensive Acker- bzw. Grünlandnutzung bei mittlerem Ertragspotential und mittlerem Nährstoff-Transmissionsvermögen (s. 7.3.5). Bei geringem Potential oder hohem Transmissionsvermögen ist etwas weniger, bei hohem Potential etwas mehr zu düngen, während ein geringes Transmissionsvermögen besser erhöht (z. B. durch Gefügemelioration: s. 7.3.7.1) als durch erhöhte Düngung kompensiert wird (da sonst oft erhöhte Auswaschung). Ob das zweckmäßiger ist als Zufuhr, zeigen die Fixierungsraten, und ob erfolgversprechend die nachlieferbaren Mengen.

Art, Zusammensetzung und Wirkung käuflicher und wirtschaftseigener Dünger sind FINCK (1992) zu entnehmen, Hinweise zur Anwendung auch einschlägigen Werken des Acker-, Garten-, Obst-, Wald- und Weinbaus. Abschließend sei besonders hervorgehoben, daß die Meliorations- und Nutzungsmaßnahmen natürlich nicht nur auf den Standort, sondern auch untereinander abgestimmt werden müssen, und daß außer den erwähnten eine große Zahl anderer pflanzenbaulicher Maßnahmen zu berücksichtigen ist.

7.4 Sicherung der Ergebnisse

In Kapitel 7.2 und 7.3 wurde dargelegt, wie durch Auswertung der gegenwärtigen Eigenschaften eines Bodens die Fragen beantwortet werden können, wie und wann die Bodenmerkmale geprägt wurden und welche Standorteigenschaften der Boden dadurch bekam, und welche er künftig haben wird. Diese Aussagen können einerseits durch die Untersuchung des betreffenden Profils zu verschiedenen Zeiten (Umsatzmessung: s. Kap. 6) oder vergleichbarer Profile zur selben Zeit (Profil- und Standortvergleich) auf die bisher beschriebene Weise und andererseits durch Experimente gesichert werden (BLUME und SCHLICHTING 1965).

7.4.1 Umsatzmessungen

Im Grunde sind viele der im vorigen Kapitel interpretierten Daten bereits das Ergebnis von Umsatzmessungen; hier handelt es sich darum, die Veränderungen nicht unter Standard-, sondern unter Standortbedingungen zu erfassen. Zu unterscheiden sind die sich reversibel (± rhythmisch) und die sich irreversibel ändernden Merkmale. Die Amplitude ersterer zu ermitteln (s. Kap. 6), gehört eigentlich bereits zur Beschreibung des Bodens als dynamischer Naturkörper. In beiden Fällen aber ist für die Exaktheit der Aussage entscheidend, daß wirklich am selben Ort gemessen wird, da sonst räumliche Unterschiede in das Ergebnis mit eingehen. Oft empfiehlt es sich daher, die Resultate auf eine in der Meßzeit als konstant anzusehende Größe zu beziehen (z. B. den NO_3- auf den N_t-Gehalt, das Austausch- auf das Gesamt-Mn). Reversibel ändert sich insbesondere das Gefüge (vor allem die Porenfüllung, aber auch die Porenverteilung), aber selbst der Mineralbestand (z. B. die Salzverteilung im Profil, die Mn-Verteilung auf austauschbares und aktives). Diese Änderungen sind insbesondere für die kurzfristige ökologische Vorhersage sehr wichtig, weil es für die Pflanzen weniger entscheidend ist, wieviel ihnen durchschnittlich angeboten wird, als vielmehr, wie Minima und Maxima ihrem Bedarf bzw. ihrer Widerstandskraft entsprechen. Untersuchung des zeitlichen Verlaufes der Nährstoffaufnahme sichert diese Aussagen.

Irreversible Änderungen im Laufe kurzer Zeit wirken sich in den mobilen Fraktionen meist stärker aus (z. B. K-Auswaschung im Austausch- stärker als im HCl-K), sind aber exakt nur zu fassen, wenn man sie nicht aus dem Aufbau des Profils erschließt (»Umsatzbilanz«), sondern direkt mißt (z. B. im Dränwasser eines genau umgrenzten Standorts, in Lysimetern oder noch besser in gewonnenen Bodenlösungen, vgl. 6.5.3.4). Diese Änderungen geben Aufschluß über die - bei der rekonstruierenden Profilbetrachtung unterbewerteten - rezenten bodenbildenden Prozesse und mithin über die künftige Entwicklung der Standorteigenschaften. Die Aussagen über den Mechanismus der Prozesse (das Wie) werden um so sicherer, je mehr man die gegenseitige Abhängigkeit verschiedener Änderungen ermittelte. Kennt man bisheriges Ausmaß und Dauer der Bodenbildung, so ergänzt der Vergleich der errechneten bisherigen durchschnittlichen Intensität der Prozesse (STAHR 1979, JAHN 1988) mit der rezenten (gemessenen) die aus dem Profilaufbau erschlossene Abfolge der Prozesse (das Wann).

ULRICH u. PANKRATH (1983), MEIWES et al. (1984) BLUME u. SCHIMMING (1991), FEGER (1993)

7.4.2 Boden- bzw. Standortvergleich

Um die aus einem Boden abgeleiteten Aussagen weiter zu sichern, muß die Untersuchung in Gelände und Labor auf die anderen Böden der Landschaft, auf Regionen, Provinzen und letztlich sogar Zonen ausgedehnt werden. Damit werden umgekehrt auch die Aussagen über die zum Vergleich herangezogenen Böden gestützt. Das Hauptproblem ist hierbei die Vergleichbarkeit der Objekte.

7.4.2.1 Untersuchung einer Hangserie innerhalb einer Landschaft

In den bisherigen Darlegungen wurden die Böden und Standorte einer Landschaft ± isoliert betrachtet. Sie sind aber oft durch Verlagerungsprozesse miteinander verbunden. Wie man im Boden Verluste an einer Stelle (Fraktion, Horizont) und Gewinn an anderer miteinander vergleicht, um die Aussage über beide zu sichern, so auch in einer Landschaft. Das ist offenkundig und relativ leicht zu untersuchen an Bodenserien, die nur oder doch vorwiegend durch unterschiedliches Relief differenziert wurden (in ersterem Falle Toposequenz nach JENNY (1980) im engeren Sinne, im letzteren Catena). Abflußwasser verbindet geköpfte Böden am Ober- und überdeckte am Unterhang, Hangzug- und Grundwasser entsprechend Auswaschung der Hochfläche mit Kapillarhub in der Senke. Wie die Merkmale geprägt wurden, läßt sich also oft einfacher durch den Vergleich mehrerer als durch genaue Untersuchung eines Bodens klären.

Dies ist bereits bei der Profilaufnahme im Gelände zu beachten und stellt den wesentlichen Erkenntniszuwachs einer Bodenkartierung dar (vgl. 4.10). Entsprechend müssen die Ergebnisse von Laboruntersuchungen zu einer vergleichenden Betrachtung der betreffenden Böden und im Idealfalle zu einer Landschaftsbilanz verbunden werden. Infolge der Heterogenität der Bodendecke sind aber allenfalls qualitative Bilanzen durch Verknüpfen typischer Profile einer Landschaft möglich. Bei dem Prozeßpaar Erosion - Sedimentation ist meist der Gewinn, bei demjenigen Auswaschung - Kapillarhub der Verlust besser zu fassen. Aus diesen Daten den Verlust bzw. Gewinn zu erschließen, ist aber um so problematischer, je feiner bzw. löslicher das umgelagerte Material ist, da es völlig aus der Landschaft herausgetragen worden sein kann. Auch Umsatzmessungen lassen sich zu einer Landschaftsanalyse verknüpfen. Auf diese Weise gewinnt man z. B. quantitative Angaben über den Wasserhaushalt der Landschaft. Dem Verlust an Abfluß- oder Sickerwasser an einem Orte steht ein Gewinn an Zufluß- bzw. Kapillarwasser am anderen gegenüber.

Vor allem Senkenböden sind also in ihrem Stoffhaushalt selten autonom. Daraus folgt, daß weder ihre Entwicklung noch ihre Standorteigenschaften ohne Kenntnis derjenigen der Hügelböden verstanden und daß auch zweckmäßige Meliorationsmaßnahmen nicht allein aus ihrem Bodenaufbau abgeleitet werden können (SCHLICHTING 1986).

Das ist in der Abb. 7.4.1 für eine Toposequenz in der Jungmoränenlandschaft dargestellt. Von dem Beispielsboden auf der Hochfläche unterscheidet sich die Parabraunerde am Hang durch geringere Verwitterungstiefe und -intensität (Entkalkungstiefe geringer, Verbraunung und Entbasung

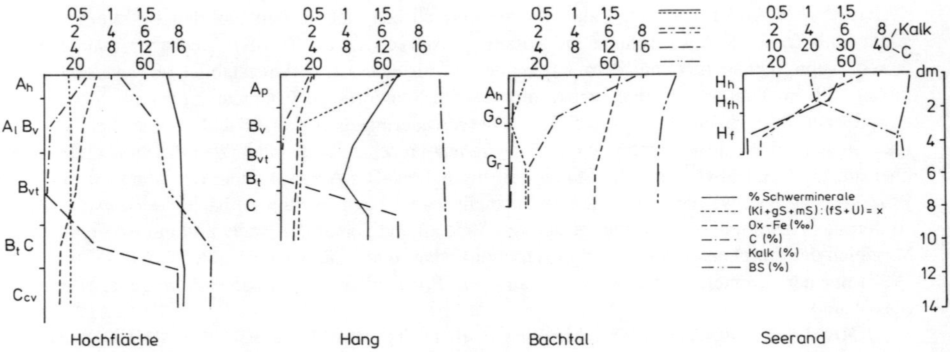

Abb. 7.4.1: Toposequenz einer Würm-Geschiebemergel-Landschaft

schwächer) sowie geringere Humusmenge. Das ist vornehmlich durch Erosion bedingt, die sich in einer Anreicherung von Kies + Grobsand gegenüber Feinsand + Schluff sowie von Schwermineralen zu erkennen gibt (Verwitterung hat den gegenteiligen Effekt). Gemeinsam ist beiden Böden die Verarmung durch Sickerwassertransport (deutlich sichtbar an der Entkalkung). Der Gley des Bachtales bekommt vornehmlich die - in ihrer Körnung wechselnde, aber besonders feinsandig-schluffige - Erosionsfracht zugeführt, während die Basen- und Kalkanreicherung des Oberbodens durch Kapillarhub nur mäßig ist. Im Niedermoor tritt diese stark hervor (Wechsel der Maßstäbe beachten!), während die Zufuhr fester Stoffe gering ist. Gley und Niedermoor unterscheiden sich von den Parabraunerden überdies durch höhere Gehalte an Oxalat-Fe und besonders natürlich in der Menge angehäufter organischer Substanz (C/N in allen Böden um 10). Diese ist zwar nicht im wesentlichen von der Hochfläche zugeführt, wurde aber in ihrer Bildung durch Nährstoff- und in ihrer Erhaltung durch Wasserzufuhr von Hang und Hochfläche begünstigt.

7.4.2.2 Untersuchung einer Entwicklungsserie innerhalb einer Bodenregion (Provinz)

In einem etwas größeren Bereich begegnet man meist einer abgestuften Wirksamkeit der Faktoren der Bodenbildung und mithin Böden unterschiedlichen Entwicklungsgrades. An ihnen läßt sich die an einem Boden gewonnene Aussage über das Wie und insbesondere über das Wann der bodenbildenden Prozesse sichern. Voraussetzung ist jedoch, daß die Böden vergleichbar sind. Streng genommen ist das nur dann der Fall, wenn sie sich lediglich im Alter unterscheiden, Zeit also die alleinige Variable ist (Chronosequenz). Das trifft selten zu (z. B. Böden auf datierbaren Lavaströmen oder Moränen); meist hat sich auch das Klima verändert oder ist das Gestein heterogen (z. B. Marschensedimente). Böden aus unterschiedlichen Gesteinen (Lithosequenzen) können dann eine Serie bilden, wenn sie sich nur im Gehalt eines entwicklungsverzögernden, aber keine immobilen Reaktionsprodukte bildenden Minerals unterscheiden (z. B. Geschiebemergel oder Löß verschiedenen Kalkgehaltes). Ähnliches gilt für Böden unter verschiedenem Klimaeinfluß (Klimasequenz), wenn nur die Durchfeuchtung, und für die oberen Glieder von Toposequenzen, bei denen nur der Erosionsgrad verschieden ist. Meist muß man sich mit gemischten Serien begnügen (z. B. Anfangsglied etwas jüngerer, kalkreicherer Geschiebemergel in schwacher Hanglage in etwas trockenerem Gebiet, Endglied gegenteilig). Unterschiede im Ausgangsmaterial kann man teilweise durch Bezug der labilen auf stabilere Merkmale (z. B. Oxalat-Fe auf Gesamt-Fe) kompensieren.

Solche Entwicklungsserien können wiederum durch Profilbeschreibung bei der Kartierung, durch Profilanalysen und -bilanzen im Labor sowie durch Umsatzmessungen gekennzeichnet werden. Wenn das Ausgangsmaterial ausweislich gleicher Gehalte der Böden an stabilen Bestandteilen gleich war, sind solche Serien überdies die einzige Möglichkeit, viele Prozesse selbst dann aufzuklären, wenn das Ausgangsgestein in fortgeschrittenen Stadien oder in der ganzen Serie längst verwittert ist. Weniger entwickelte Stadien (im günstigsten Falle das irgendwo erhaltene frische Gestein) dienen dann als Ausgangswert für die Beurteilung der seither abgelaufenen Prozesse. Der Hauptzweck von

Entwicklungsserien liegt aber im Nachweis der Abfolge der einzelnen bodenbildenden Prozesse. Absolut-chronologisch ordnen kann man sie auch mit Entwicklungsserien nur, wenn eine Chronosequenz aus datierbarem Gestein oder mit datierbar begrabenen Böden vorliegt. Eine Aussage, ob bestimmte Merkmale reliktisch sind, d. h. unter den jetzigen Bedingungen nicht mehr ausgeprägt werden können, ist nur bei denen möglich, die sicher früh entstanden sein müssen, aber in rezenten jungen Böden nicht mehr auftreten. Die Einordnung eines Bodens in seine Entwicklungsserie ist auch die Basis für Aussagen über die ökologischen Konsequenzen der bodenbildenden Prozesse und über die künftige Entwicklung der verschiedenen Standorteigenschaften. Damit wird es möglich, fruchtbarkeitsmindernde Vorgänge durch Nutzungsmaßnahmen zu hemmen, -fördernde zu begünstigen. Aus den Daten für eine gemischte Serie aus unserem Beispielsprofil und einigen anderen in Abb. 7.4.2 kann folgendes geschlossen werden:

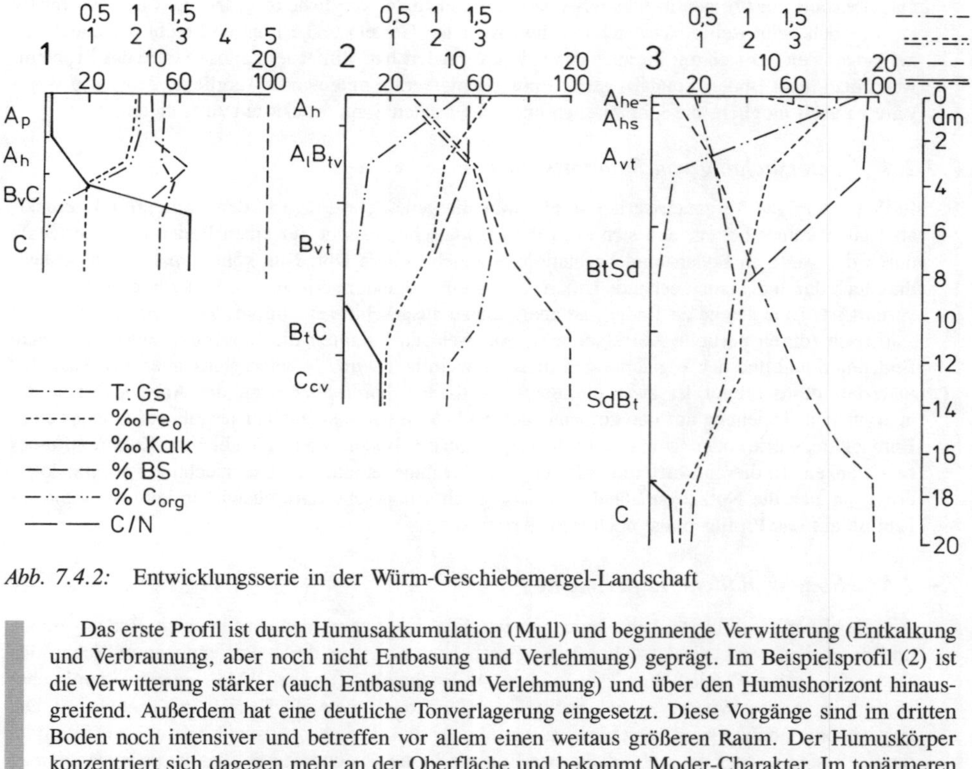

Abb. 7.4.2: Entwicklungsserie in der Würm-Geschiebemergel-Landschaft

Das erste Profil ist durch Humusakkumulation (Mull) und beginnende Verwitterung (Entkalkung und Verbraunung, aber noch nicht Entbasung und Verlehmung) geprägt. Im Beispielsprofil (2) ist die Verwitterung stärker (auch Entbasung und Verlehmung) und über den Humushorizont hinausgreifend. Außerdem hat eine deutliche Tonverlagerung eingesetzt. Diese Vorgänge sind im dritten Boden noch intensiver und betreffen vor allem einen weitaus größeren Raum. Der Humuskörper konzentriert sich dagegen mehr an der Oberfläche und bekommt Moder-Charakter. Im tonärmeren Oberboden beginnt eine Podsolierung und im tonangereicherten Unterboden eine Pseudovergleyung (die allerdings durch Analysen weniger faßbar ist). Daraus läßt sich folgendes Schema ableiten:

1 2 3

Humusakkumulation (Mull ⟶ Moder)

Verwitterung Entkalkung Entbasung ⟶

Verbraunung, Verlehmung

Tonverlagerung ⟶ – – – ⟶

Pseudovergleyung (Unterboden)

Podsolierung (Oberboden)

und mithin: C ⟶ A_hC ⟶ $A_hA_lB_tC$ ⟶ $A_{he}A_{ls}A_{vl}B_tS_dC$

Mergel Pararendzina Parabraunerde Podsol-Pseudogley-Parabraunerde

Wie Einzelböden, so können auch Catenen in Entwicklungsserien eingeordnet werden, um die Abfolge der Prozesse sicherer zu erfassen, die Hügel- und Senkenböden miteinander verbinden. Auf diese Weise mündet die Aussage über ein einzelnes Profil ein in eine solche über die Landschaftsgeschichte.
JENNY (1980), KUBIENA (1948), SCHLICHTING (1960)

7.4.2.3 Untersuchung verschiedener Entwicklungsserien

Die letzte Frage, durch welchen Faktor ein bestimmtes Bodenmerkmal am meisten geprägt wurde (geprägt wird es stets von allen!), läßt sich aufgrund der Untersuchung eines Bodens nur in bescheidenem Maße (nämlich hinsichtlich der Entscheidung, ob es überhaupt pedogen ist) beantworten. Die Aufgliederung des Faktorenkomplexes gelingt nur, wenn Böden bei Variation nur eines Faktors und Konstanz der übrigen in reinen Sequenzen miteinander verglichen werden. Das ist noch relativ gut möglich beim Relief, wird schon schwieriger bei Gestein und Klima und recht problematisch bei langer Zeit, da sich mit ihr auch das Klima verändert hat. Einfacher zu lösen wäre das Problem, wenn man nicht Böden, sondern ganze Entwicklungsserien miteinander vergliche. Auf diese Weise wäre es auch möglich, die klimatischen und edaphischen Standortfaktoren zu isolieren.

7.4.2.4 Untersuchung von Standortserien

In den bisherigen Vergleichsserien wurde zwar die genetische Frage in den Vordergrund gerückt, aber auch immer betont, daß sich auch die ökologische Aussage für einen Boden auf jeder Stufe durch den weiteren Boden- und Vegetationsvergleich sichern läßt. Nun könnte man daran denken, dies auch durch die entsprechende Untersuchung einer Standortserie zu tun, in der nur ein Merkmal variiert ist. Eine solche zu finden, ist aber nahezu ausgeschlossen. Infolgedessen prüft man meist statistisch (durch partielle Korrelationen), von welchen Faktoren die Beziehung zwischen einem Bodenmerkmal und der Vegetation am meisten beeinflußt wird. Je heterogener aber das Versuchsmaterial, desto breiter ist zwar die Basis, desto unsicherer aber auch die Anwendbarkeit der gewonnenen Beziehung auf den zu deutenden Fall. Man sollte sich daher jeweils auf Glieder einer Entwicklungsserie oder auf genetisch vergleichbare Böden unterschiedlichen Kultureinflusses beschränken. In diesem letzteren Falle liegt die Hauptbedeutung der Untersuchung von Standortserien, da sich die Nutzungsmaßnahmen ökologisch schon sehr stark auswirken können, wenn ihr Einfluß auf das Profilgepräge noch sehr gering ist.

7.4.2.5 Bodenkundliche Experimente

Auf die bisher geschilderte Weise kann man ziemlich sicher beurteilen, was in einem Boden geschah und geschehen wird, die Ursache dieses Geschehens aber nur durch Beziehungen zwischen den Daten (die reine Parallelitäten sein können) wahrscheinlich machen. Man gewinnt damit aber vernünftige Arbeitshypothesen und -bedingungen für Experimente, die Kausalitäten nachweisen. Die Experimente können ganz verschiedenes räumliches und zeitliches Ausmaß haben; gemeinsam ist ihnen ein chemischer oder physikalischer Eingriff in die Bodenprozesse (das ist genaugenommen bereits bei den früher beschriebenen Operationen der Fall und bedeutet ein schwieriges methodisches Problem bei Umsatzmessungen). Grundsätzlich ist jedes Experiment genetisch oder ökologisch interpretierbar; gleichwohl steht aber oft die eine oder die andere Frage bei der Versuchsanstellung im Vordergrund.
HALLSWORTH u. CRAWFORD (1965)

7.4.2.5.1 Der Feldversuch: Objekt ist ein Boden in situ von beliebiger Fläche, sofern sie ausreichend homogen ist (was durch eine Kartierung sicherzustellen ist). In bestimmten Fällen ist es auch eine Landschaft mit bekanntem Anteil verschiedener Böden. Der Witterungseinfluß ist durch eine ausreichende Versuchsdauer zu kompensieren. Langfristversuche werden meist durch vergleichende Beschreibung oder Messung gegenüber dem Ausgangszustand, Kurzzeitversuche mehr durch Umsatzmessungen ausgewertet. Flächenrepräsentative Probenahme ist unbedingt erforderlich. Wurde der Ausgangszustand nicht ermittelt (bei früher angelegten Dauerversuchen leider nicht selten!), so kann der Zustand einer unbehandelten Parzelle als Bezugsgröße dienen, sofern sie ursprünglich vergleichbar war (Prüfung an stabilen Merkmalen, nötigenfalls Bezug der Resultate auf diese). Die Art des Eingriffes wird durch die Fragestellung bestimmt.

Der Feldversuch ist im wesentlichen eine Domäne der Ökologie. Meßgrößen sind also die Standorteigenschaften des Bodens einerseits und Artenbestand, Wuchs und Zusammensetzung der Vegetation andererseits. Anstelle der möglichen Vielfalt solcher Versuche sei ein konkretes Beispiel geschildert. Frage sei, wie ein als arm eingestufter Boden seine Vegetation mit Mn versorgt. Mangel wird üblicherweise dann als tatsächlich vorliegend angenommen (die »Grenzzahl« für richtig gehalten), wenn Zufuhr einer löslichen Mn-Verbindung Ertrag und/oder Qualität erhöht. Grundsätzlich sagt ein solcher Befund aber nur aus, daß die zugeführte Verbindung (also nicht notwendigerweise das Mn) unter den betreffenden Verhältnissen den Wuchs (bei genetischer Fragestellung: den jeweils untersuchten Prozeß) begünstigte. Er sagt nicht aus, ob der Einfluß direkt und spezifisch ist und welche Partner an der ganzen Reaktion sonst noch beteiligt waren. In unserem Falle heißt das: 1. Die Mn-Verbindung könnte über einen anderen wuchsbeeinflussenden Faktor gewirkt haben, und 2. der Effekt könnte auch auf andere Weise zu erreichen sein (dann wäre die Grenzzahl zwar ein richtiges Maß für die Erklärung der allgemeinen Beziehungen zwischen Boden und Vegetation, nicht aber eine kausale Größe). Erst wenn weder Förderung des Wurzelwuchses (z. B. durch entsprechende Bodenbearbeitung) noch der Verfügbarkeit (z. B. durch pH-Senkung) denselben Effekt zeigen, kann man annehmen, daß tatsächlich der Vorrat den Wuchs begrenzte. Der Wirkungsmechanismus kann mit Feldversuchen nicht sicher geklärt werden.

Ausbleibende Wirkung wird entgegengesetzt interpretiert (die Grenzzahl also für falsch gehalten). Aber auch diese Aussage ist nicht sicher, da das Mn in schwerverfügbare Form übergeführt, d. h. festgelegt (dann müßte Zufuhr in allgemein oder in Wurzelnähe größeren Dosen oder als Komplex wirken) oder antagonistisch in der Aufnahme gehemmt sein kann (dann müßte Zufuhr über das Blatt wirken). Wenn das alles nicht zutrifft, ist entweder die Pflanze ausreichend versorgt, oder die Ursache für den Mangel liegt in ihr selbst, was wiederum mit Feldversuchen nicht sicher klärbar ist. Unterschiedliche Wirkung auf die Komponenten gemischter Bestände können auf Unterschieden in Bedarf oder Toleranz beruhen. Im gegebenen Falle kann die mangelnde Übereinstimmung zwischen Grenzzahl und Experiment wiederum auf überdurchschnittlichem Gehalt an mobilisierbaren Reserven (dann müßte ein stärkeres Extraktionsmittel angewandt werden) oder löslichen Verbindungen (dann wäre ein schwächeres zu wählen), auf ausgezeichneter Durchwurzelbarkeit oder starkem Mangel anderer beruhen. Aus dem Geschilderten folgt, daß Feldversuche nicht nur schon deshalb sichere Ergebnisse liefern, weil sie unter »natürlichen« Bedingungen angestellt werden. Das tun sie nur bei sinnvoller Kombination einer Anzahl von Eingriffen in die Bodenprozesse (sog. Komplexversuche). Hinsichtlich technischer Einzelheiten muß auf die Spezialliteratur verwiesen werden. Die Ergebnisse von Feldversuchen sind selbstverständlich nur auf vergleichbare Böden zu übertragen. Mittelwertbildung aus einem heterogenen Material mindert die Verwertbarkeit für den Einzelfall (s. 7.4.2.4).

FINCK (1992), MUNZERT (1992), SCHUSTER und v. LOCHOW (1979)

7.4.2.5.2 Der Gefäßversuch: Objekt ist hier ein Bodenausschnitt unter kontrollierten Umweltbedingungen. Der Ausschnitt kann räumlich (Pedon, Horizont) und mit natürlichem oder gestörtem Gefüge, oder stofflich sein (Größen- oder Löslichkeitsfraktionen). Ausgewertet werden solche Experimente meist durch Umsatzmessungen. Ihr Ziel ist es, die »Störfaktoren« des Feldversuches sukzessive auszuschalten (zunächst die wechselnde Witterung, dann den Horizontverband, das unterschiedliche Gefüge, die Gegenwart konkurrierender Stoffe usw.). Die Zahl der möglichen Fragestellungen und mithin Versuchsarten ist wiederum sehr groß. Für eine ökologische Interpretation wird vornehmlich versucht, die nötige Dauer durch Witterungskonstanz einzuschränken und die Durchwurzelbarkeit gleichzusetzen (Beispiel: MITSCHERLICH-Versuch, beim NEUBAUER-Versuch zusätzlich durch Beimischen von inertem Quarzsand). Hinsichtlich der Technik muß wiederum auf die Spezialliteratur verwiesen werden. Je differenzierter die Versuchsanstellung, desto eindeutiger wird natürlich die Antwort auf die spezielle Frage, desto unsicherer aber auch ihre Bedeutung für das ganze System (z. B. bleiben Witterungseinfluß auf die Nährstoffverfügbarkeit und Unterbodenvorräte unberücksichtigt). Das gilt besonders dann, wenn man teilweise Modelle

verwendet (z. B. synthetische anstelle natürlicher Fe-Oxide für den Nachweis der Chelatbildungsaktivität extrahierter organischer Bodenstoffe, den Schimmelpilz *Aspergillus niger* anstelle höherer Pflanzen für die Bestimmung pflanzenverfügbarer Nährstoffe) oder letztlich Modellversuche anstellt (Reagenzglasexperiment, Wasserkultur), die nicht mehr bodenkundlicher, sondern chemischer bzw. pflanzenphysiologischer Natur sind.
GIESECKE (1954), FINCK (1992)

Bodenbeschreibung und Modellversuche sind also zwei Pole bodenkundlicher Untersuchungen, die für sich zunächst nur die Aussage erlauben, wieweit sich ein postulierter Prozeß unbekannter Art ausgewirkt hat bzw. welcher Art ein Prozeß von unbekannter Bedeutung ist. Alle dazwischenstehenden Untersuchungen müssen also dazu beitragen, die bodenkundliche Grundfrage zu beantworten, wie sich ein Boden entwickelte und welche Standorteigenschaften er dadurch bekam.

8 Anhang

8.1 Maßeinheiten und Symbole

Länge

m	Meter	
dm	Dezimeter	10^{-1}m
cm	Zentimeter	10^{-2}m
mm	Millimeter	10^{-3}m
µm	Mikrometer	10^{-6}m
nm	Nanometer	10^{-9}m

Fläche

m^2	Quadratmeter	
cm^2	Quadrat-cm	$10^{-4}m^2$
ha	Hektar	10^4m^2

Volumen

m^3	Kubikmeter	
$l = dm^3$	Liter	$10^{-3}m^3$
$ml = cm^3$	Milliliter	$10^{-6}m^3$

Masse

dt	Dezitonne	10^2kg
t	Tonne	10^3kg
kg	Kilogramm	
g	Gramm	10^{-3}kg
mg	Milligramm	10^{-6}kg
µg	Mikrogramm	10^{-9}kg

Druck

Pa	Pascal
bar	10^5 Pa
mbar	10^2 Pa = hPa

Stoffmenge

M	Molmasse in g
mol_c	molare Menge Kationen
cmol	10^{-2} mol

Verhältniszahlen

%	Prozent 10 mg/g, (g/100g)

Zeit

s	Sekunde
min	Minute
h	Stunde
d	Tag
a	(J.) Jahr

Elektrizität

V	Volt	
mV	Millivolt	10^{-3}V
S	Siemens	(Ohm^{-1})
mS	Millisiemens	

Gefüge

BV	Bodenvolumen
SV	Substanzvolumen
PV (GPV)	Porenvolumen
WV	Wasservolumen
LV	Luftvolumen
ρ_p	Dichte der Festsubstanz
ρ_b, ρ_t	Lagerungsdichte (Raumgewicht)
SG	Substanzgewicht
ggP	Gröbstporen (> 1000 µm ∅)
mgP	mittl. Grobporen (50-1000 µm ∅)
fgP	feine Grobporen (10-50 µm ∅)
mP	Mittelporen (0,2-10 µm ∅)
fP	Feinporen (< 0,2 µm ∅)
pF	Saugspannung (log -cm WS)
WK	Wasserkapazität (pF 1.8)
WK_{max}	maximale Wasserkapazität (pF 0.6)
FK	Feldkapazität (pF 1,8)
k_f	Wasserleitfähigkeitskoeffizient
ku	ungesättigte Wasserleitfähigkeit
kl	Luftleitfähigkeit
GW	Grundwasser
Hy	Hygroskopizität (pF 4.7)
nFK	nutzbare Feldkapazität (pF 1,8–4,2)
PWP	permanenter Welkepunkt (pF 4,2)
LK	Luftkapazität
We	effektiver Wurzelraum
Wp	Gründigkeit, möglicher Wurzeltiefgang

Dispersität/Körnung

X	Steine (> 63 mm ∅)
G	Kies (2-63 mm ∅)
gS	Grobsand (630-2000 µm ∅)
mS	Mittelsand (200-630 µm ∅)
fS	Feinsand (63-200 µm ∅)
gU	Grobschluff (20-63 µm ∅)
mU	Mittelschluff (6.3-20 µm ∅)
fU	Feinschluff (2-6.3 µm ∅)
gT	Grobton (0.63-2 µm ∅)
mT	Mittelton (0.2-0.63 µm ∅)
fT	Feinton (< 0.2 µm ∅)

Ionenaustausch und Redoxzustand

KAK	Kationenaustauschkapazität
eff	effektive
pot	potentielle
S	S-Wert
H	H-Wert
AAK	Anionenaustauschkap. als PO_4-Aequivalent
BS	Basensättigungsgrad (V-Wert)
K_a	austauschbares K
Na_a	austauschbares Na
Mg_a	austauschbares Ca
K_{la}	leicht austauschbares K
Ca_{la}	leicht austauschbares Ca
Mg_{la}	leicht austauschbares Mg
Al_a	austauschbares Al
Mn_a	austauschbares Mn
Mn_{akt}	aktives Mn
Cu_a	austauschbares Cu
P_a	austauschbares P
P_m	mobilisierbares P
Me_{la}	leicht austauschbares Metall (z. B. Cd_{la})
Mo_m	mobiles Mo
B_m	mobiles B
pH	pH-($CaCl_2$)-Wert
EC	elektr. Leitfähigkeit
Eh	Redoxpotential
rH	rH-Wert $= \frac{2\,Eh}{59} + 2pH$

Mineralkörper

K_t	Gesamt-K
Na_t	Gesamt-Na
Ca_t	Gesamt-Ca
Mg_t	Gesamt-Mg
Fe_t	Gesamt-Fe
Ti_t	Gesamt-Ti
Al_t	Gesamt-Al
Me_t	Gesamt-Metall (z. B. Cd_t)
Me_K	Königswasser-Metall (z. B. Cd_K)
P_t	Gesamt-P
Si_t	Gesamt-Si
K_v	verwitterbares K
Ca_v	verwitterbares Ca
Mg_v	verwitterbares Mg
P_v	verwitterbares P
K_n	nachlieferbares K
Mg_n	nachlieferbares Mg
Sa_{ll}	leicht lösliche Salze
$CaCO_3$	Kalk
Fe_o	Oxalat-Fe
Fe_p	Pyrophosphat-Fe
Fe_d	Dithinonit-Fe
Mn_d	Dithionit-Mn
Al_l	Lauge-Al
Al_o	Oxalat-Al
Si_o	Oxalat-Si
Si_l	Lauge-Si
Q	Quarz
Feldsp.	Feldspäte
KAK_{min}	KAK der Minerale
KAK_{sil}	KAK Si-haltiger Minerale

Humuskörper

Hu	Humus
GV	Glühverlust
C_{org}	org. Gesamt-C
N_t	Gesamt-N
KAK_{org}	KAK d. org. Substanz
Hz	Humifizierungszahl
Q 4/6	Humifizierungsart
C_z	zersetzbarer Kohlenstoff
N_z	mineralisierbarer Stickstoff
C_o	oxalatlöslicher Kohlenstoff
HA	Huminsäure
FA	Fulvosäure
FH	Feinhumus
GH	Grobhumus

8.2 Literatur

Die genannte Literatur stellt eine Auswahl unter Bevorzugung deutscher Autoren dar. Der Titel der Veröffentlichung wurde fortgelassen, wenn ihr Inhalt aus dem Zitat im Text eindeutig hervorgeht.

8.2.1 Normen

DIN – und ind Deutschland übernommene ISO-Normen sind bei Beuth, Berlin erschienen
DIN ISO 10390 Bestimmung des pH-Wertes
DIN ISO 10693 Bestimmung des Carbonatgehalts
DIN ISO 11260 Bestimmung der Kationenaustauschkapazität und Basensättigung
DIN ISO 11261 Bestimmung von Gesamt-Stickstoff
DIN ISO 11272 Bestimmung der Trockenrohdichte (Lagerungsdichte)
DIN ISO 11274 Bestimmung des Wasserrückhaltevermögens
DIN ISO 11276 Bestimmung des Druckpotentials – Tensiometerverfahren
DIN ISO 11464 Probenvorbehandlung für physikalisch-chemische Untersuchungen
DIN ISO 11466 Extraktion von in Königswasser löslichen Spurenmetallen
DIN ISO 11508 Bestimmung der Partikeldichte
DIN ISO 13536 Bestimmung der potentiellen Kationenaustauschkapazität und Basensättigung
DIN 1185 Teil 1-5 (1973): Dränung, Regelung des Bodenwasserhaushaltes durch Rohrdränung, rohrlose Dränung und Unterbodenmelioration
DIN 4220 Bodenkundliche Standortbeurteilung, 1. Aufnahme, Kennzeichnung und Darstellung, 2. Auswertung der Untersuchungen
DIN 19681 Bodenuntersuchungen im landwirtschaftlichen Wasserbau – Entnahme von Bodenproben
DIN 19682 dito Felduntersuchungen
DIN 19684 dito Chemische Laboruntersuchungen
DIN 19685 Klimatologische Standortuntersuchung im Landwirtschaftlichen Wasserbau
DIN 19686 Vegetationskundliche Standortuntersuchung im landwirtschaftlichen Wasserbau
DIN 38405 Wasseranalyse – Anionen
DIN 38406 Wasseranalyse – Kationen
ISO/CD 10381: Soil quality – sampling. NNJ, Delft
ISO/DIS 10573: Soil quality – Determination of water content – Neutron depth probe method. NNJ, Delft
ISO/CD 11277: Soil quality-determination of particle size distribution in mineral soil material – method by sieving and sedimentation. NNJ, Delft

8.2.2 Literatur

AbfklärV (1992): Klärschlammverordnung; in D. Rosenkranz et al.: Bodenschutz. E. Schmidt, Berlin
AG Bodenkunde (1982): Bodenkundliche Kartieranleitung. **3.** Aufl. Schweizerbart, Stuttgart (4. Aufl. in Vorbereitung)
AK Bodensystematik (1985): Systematik der Böden der BRD. Mitt. Dtsch., Bodenk., Gesellsch. **44**
AK Standortkartierung (1980): Forstliche Standortaufnahme. **4.** Aufl., Landwirtschaftsv., Hiltrup (5. Aufl. im Druck)
AK Stadtböden (1989): Empfehlungen AK Stadtböden der DBG für Bodenkdl. Kartieranl. urban, gewerblich und industriell überformter Flächen. UBA-Texte 18/89, Umweltbundesamt Berlin
ALAILY, F. (1984): Heterogene Ausgangsgesteine von Böden: Rekonstruktion und Bilanzierung. Landschaftsentw., Umweltforsch. **25**, TU Berlin
ALBERT, R., BOGS, O. (1914): Internat. Mitt. Bodenk. 4, 181
ALEF, K. (1991): Methodenhandbuch Bodenmikrobiologie. ecomed, Landsberg
ALTEMÜLLER, H.-J. (1956): Z. Pflanzenern., Bodenk. **72**, 56
ANDERSON, I., DOMSCH, K. (1978): Soil Biol. Biochem. **10**, 215
ANDREASEN, A. (1930): Ber. Dtsch. Keram. Ges. **11**, 249

ANONYM (1972): DLG-Futterwerttabellen, Mineralstoffgehalte in Futtermitteln. DLG-V., Frankfurt

ARMSTRONG, W. (1967): J. Soil Sci. **18**, 27

ATTERBERG, A. (1912): Int. Mitt. Bodenkunde **2**, 312

BAILEY, E. H., STEVENS, R. E. (1960): The American Mineralogist **45**, 1020

BABEL, U., CHRISTMANN, A. (1983): Geoderma **31**, 239

BARSHAD, I. (1964): Chemistry of soil development;In: Bear, F.: Chemistry of the Soil. Reinhold, New York

BAVEL, C. van (1950): Proc. Soil Sci. Soc. America **14**, 20

BERGER, K. C., TRUOG, E. (1944): Soil Sci. **57**, 32

BEYER, L. (1990): Z. Pflanzenern., Bodenk. **153**, 261

BEYER, L. (1994): Die Charakterisierung der organischen Bodensubstanz. Schriftenr. Inst. Pflanzenern. Bodenk. Univ. Kiel **30**

BLACKMORE, L., SARLE, P., DALY, B. (1987): Methods for chemical analysis of soils. Soil Bureau, Lower Hutt, New Zealand

BLANCK, E. (1931): Handbuch der Bodenlehre, Bnd. 8, Springer, Berlin

BLEY, J. (1990): Experimentelle und modellanalytische Untersuchungen zum Wasser- und Nährstoffhaushalt von Perlhirse im Südwest-Niger. Diss. Univ. Hohenheim.

BLUME, H.-P. (1965): Z. Pflanzenernähr., Bodenk. **111**, 65

BLUME, H.-P. (1977): Mitt. Dtsch. Bodenkundl. Ges. **25**, 797

BLUME, H.-P. (1984): Definition, Abgrenzung und Benennung von Bodenlandschaften. – Mitteilgn. Dtsch. Bodenkundl. Ges. **40**, 169

BLUME, H.-P., (Hrsg., 1992): Handbuch des Bodenschutzes, **2**. Aufl., ecomed, Landsberg

BLUME, H.-P., FRIEDRICH, F. (1979): Verhandl. Gesellsch. Ökologie **7**, 145

BLUME, H.-P., HELSPER, M. (1987): Z. Pflanzenern., Bodenk. **150**, 354

BLUME, H.-P., SCHLICHTING, E. (1965): The relationships between historical and experimental pedology; in HALLSWORTH, E. G. u. CRAWFORD, D. V.: Experimental Pedology, Butterworths, London

BLUME, H.-P., SCHWERTMANN, U. (1969):Soil Sci. Soc. America Proc. **33,** 438.

BMJFG (1990): Bundesmin. Jugend, Familie u. Gesundh., Trinkwasserverordnung. BGBJ., I (Bonn)

BOENIGK, W. (1983): Schwermineralanalyse. Enke, Stuttgart

BOLT, G., JANSE, A., KOENIGS, F. (1970): Basic Elements of Soil Chemistry and Physics. – Part II: Soil Physics. – **2**. Aufl., PUDOC, Wageningen

BOYSEN, P. OEHRING, M. (1991): Richtwerte für die Düngung. **13**. Aufl. Landwirtschaftskammer, Kiel

BRADBURY, S., EVENETT, P., HASELMANN, H., PILLER, H. (1989): Dictionary of light microscopy. Microscopy Hdb. **15**; Univ. Press, Oxford

BRAUN-BLANQUET, I. (1964): Pflanzensoziologie. **3**. Aufl., Springer, Wien

BRECHTEL, H. (1971): Der Forst- und Holzwirt **18**, 358-360, Hann. Münden.

BRECHTEL, H. (1971): Wasser und Boden **23**, 60

BREWER, R. (1964): Fabric and Mineral Analysis of Soils. Wiley, New York

BUCHMANN, I. (1969): Untersuchung der Dynamik des Wasserhaushaltes verschiedener Bodentypen insbesondere mit Hilfe der Neutronensonde. Diss. Univ. Bonn

BULLOCK, P. (1985): Handbook for soil thin section description. Waine Res. Publ,. Wolverhampton

BURINGH, P. (1960): The Applications of Aerial Photographs in Soil Surveys, S. 633-666. In: Amer. Soc. Photogram.: Manual of Photographic Interpretation, Washington.

CASAGRANDE, A. (1934): Die Aräometermethode. J. Springer, Berlin

CHABRA, R. PLEYSIER, I., CREMERS, A. (1975): The measurement of CEC and exchangeable cations in soils; in S. Bailey (Ed.) Proc. Int. Clay Conf. Mexico, 439, Appl. Publ. Ltd. Wilmette, USA

CONWAY, E.(1947): Micro-diffusion analysis. Crosby-Lookwood, London

CZERATZKI, W. (1958): Zeitschr. Pflanzenernähr., Bodenk. **81**, 50

DIERßEN, K. (1990): Einführung in die Pflanzensoziologie. Wiss. Buchges., Darmstadt

DIMBLEBY, G. W. (1954): Plant and Soil **5**, 143

DIXON, J. B., WEED, S. B., Ed. (1989): Minerals in soil enviroments. **2.** Aufl. SSSA, Madison

DREVER, I. (1985): The chemistry of weathering. Reindel, Dordrecht

DÜMMLER, H., SCHROEDER, D. (1965): Z. Pflanzenern., Bodenk. **109**, 35

DUNGER, W. (1983): Tiere im Boden. **3.** Aufl., A. Ziemsen, Wittenberg

DUNGER, W., FIEDLER, H.-J. (1989): Methoden der Bodenbiologie, Fischer, Jena

DVWK(1982): Bodenkundliche Untersuchungen im Felde. 2. Ermittlung von Standortkennwerten. DVWK-Regeln 116. Parey, Hamburg

DVWK (1986): dito – 3. Anwendung Kennwerte f. Melioration. Regeln **117**. Parey, Hamburg

DVWK (1994): dito – 1. Ansprache der Böden. 2. Aufl. Eigenv. DVWK, Bonn, im Druck

EGGELSMANN, R. (1981): Dränanleitung. Parey, Hamburg

EGNÉR, H., RIEHM, H., DOMINGO, W. R. (1960): Kungl. Lantbrukshögsk. Ann. **26**, 199

EIMERN, Van J. (1984): Wetter- und Klimakunde: Ein Lehrbuch der Agrarmeteorologie. Ulmer, Stuttgart

ELLENBERG, H. (1979): Zeigerwerte der Gefäßpflanzen Mitteleuropas. Scripte Geobot. **9**, Göttingen

ENDE, H.-P. (1991): Wirkung Mineraldünger in Waldbeständen des Schwarzwaldes, Freiburger Bodenk. Abb. **27**

FANNING, D., FANNING, M. (1989): Soil morphology, genesis and classification. J. Wiley, New York

FAO-Unesco (1990): Soil map of the world (Überarb. Legende). FAO Soil bulletin **60**, Rom.

FAO (1990): Guidelines for soil description. 3. Aufl. (draft). FAO, Rom

FEGER, K. H. (1993): Bedeutung von ökosysteminternen Umsätzen und Nutzungseingriffen für den Stoffhaushalt von Waldlandschaften. Freiburger Bodenk. Abh. 31

FIEDLER, H. J. (1964): Die Untersuchung der Böden. Bd. **1**, Th. Steinkopff, Dresden

FIEDLER, H. J., NEBE, W., HOFMANN, W. (1973): Forstl. Pflanzennähr. u. Düngung. Fischer, Stuttgart

FIEDLER, H. J., RÖSLER, H. J. (1988): Spurenelemente in der Umwelt. Enke, Stuttgart

FINCK, A. (1992): Dünger und Düngung. **2.** Aufl. VCH, Weinheim

FITZPATRICK, E. A. (1984): Micromorphology of soils. Chapman and Hall, London

FITZPATRICK, E. A. (1993): Soil Microscopy and Micromorphology. G. Wiley, Chichester

FOSTER, M. D. (1953): Geochim. et Cosmochim. Acta **3**, 143

FREDE, H.-G., WEINZIERL, W., MEYER, B. (1984): Z. Pflanzenern., Bodenk. **147**, 131

GAESE, D. (1979): Gefügedynamik und Wasserbewegung in Pelosolen. Diss. Univ. Hohenheim

GARD, I.H., Ed. (1971): The electron optical identification of clays. Min. Soc., London

GARRELS, R., CHRIST, C. (1965): Solutions, Minerals and Equilibria. Harper a. Row, New York.

GÄTH, St. (1987): Böden aus Löß in ihrer hydrologisch differenzierten Gesellschaft in Börde- und Hügellandschaften Südniedersachsens. Diss. Univ. Göttingen.

GATTERMANN-WIELAND (1982): Die Praxis des organischen Chemikers, 43. Aufl. De Gruyter, Berlin

GEIGER, R. (1961): Das Klima der bodennahen Luftschicht. Vieweg und Sohn, Braunschweig

GIESECKE, F. (1954): Der Vegetationsversuch. **2.** Der Gefäßversuch und seine Technik. Neumann, Radebeul

GIESEL, W., RENGER, M., STREBEL, O. (1972): Z. Pflanzenern., Bodenk. **132**, 17

GÖTTLICH, K. (Hrsg., 1990): Moor- und Torfkunde. Schweizerbart, Stuttgart

GRIGG, J. L. (1953): New Zealand J. Sci. Technol. A **34**, 405

HAGEDORN, JENSEN (1923): Bioch. Z. **135**, 45

HALLSWORTH, E. G., CRAWFORD, D. V. (Ed.) (1965): Experimental Pedology. Butterworths, London

HANTSCHEL, R., KAUPENJOHAN, M., HORN, R., ZECH, W. (1986): Z. Pflanzenern. Bodenk. **149,** 136

HARTGE, K.-H. (1966): Z. Kulturtechnik u. Flurberein. **7**, 155

HARTGE, K.-H. (1967): Z. Kulturtechnik u. Flurberein. **8,** 175

HARTGE, K.-H., HORN, R. (1989): Die physikalische Untersuchung von Böden. **2**. Aufl. Enke, Stuttgart

HARTGE, K.-H., HORN, R. (1991): Einführung in die Bodenphysik. - **2**. Aufl., Stuttgart

HARTMANN, F. (1952): Forstökologie. Fromme, Wien

HEIYER, E., SCHNEIDER, R. et al. (1968): Arbeitsmethoden in der physischen Geographie. Volk und Wissen, Berlin

HILDEBRANDT, E. (1986): Z. Pflanzenernähr. Bodenk. **149**, 340

HOFFMANN, G. (1991): Methodenbuch, Band 1: Die Untersuchung von Böden. VDLUFA-V., Darmstadt

HOMES, A. (1930): Petrographie methods and calculations. London

HOOGHOUDT, S. (1937): Die Bohrlockmethode zur Ermittlung der Durchlässigkeit des Bodens. Proc. 3. Lom. ISSS A 12–14, B 42–57. Zürich

HÜTTL, R. F. (1992): Die Blattanalyse als Diagnose- und Monitoringinstrument in Waldökosystemen. Freiburger Bodenkdl. Abh. 30., 31–60

ISERMEYER, H. (1952): Z. Pflanzenern., Bodenk. **56**, 26
JAEGER, L. (1984): Wetter und Leben, **35,** 149
JAHN, R. (1988): Böden Lanzarotes. Hohenheimer Arb. Ulmer, Stuttgart
JASMUND, K., LAGALY, G. (Hrsg. 1993): Tonminerale und Ton. Steinkopff, Darmstadt
JENKINSON, D., POWLSON, D. (1976): Soil Biol. Biochem. **8**, 167, 20
JENNY, H. (1980): The soil resource. Springer, New-York
JENSEN, S. T. (1924): Int. Mitt. Bodenkunde **14,** 112
KAPPEN, H. (1929): Die Bodenacidität. J. Springer, Berlin
KEILEN, K., STAHR, K., ZÖTTL, H. W. (1976): Z. Pflanzenern. Bodenk. **139**, 565
KELLER, G. (1969): Angewandte Hydrogeologie, Wasser und Boden; A. Lindow, Hamburg
KLUTE, A. (Ed., 1986): Methods of soil analysis. 1. Physical and mineralogical methods. **2.** Aufl. ASA, Madison, USA
KÖGEL-KNABNER, I. (1987): Organ. Stoffgruppen in Waldhumusformen und ihr Verhalten während Streuzersetzung u. Humifizierung. Bayreuther Bodenk. Ber. **1**
KÖHN, M. (1928): Pflanzenernähr., Bodenk. A **11,** 50
KÖHNLEIN, J., SCHLICHTING, E. (1959): Eigenschaften und Nutzung kultivierter Heidepodsole in Nordwestdeutschland. Z. Pflanzenern., Bodenk. **84**, 296
KOEPF, H. (1961): Landw. Forsch. **14,** 1
KÖSTER, E. (1960): Mechanische Gesteins- und Bodenanalyse. C. Hauser, München
KONONOWA, M. M. (1958): Soil organic matter. **2**. Aufl. Pergamon, Oxford
KOPECKY, J. (1914): Int. Mitt. Bodenkunde **4,** 199
KRISTENSEN, E. (1990): Biogeochemistry **9,** 135
KROLL, W., MEYER, B. (1959): Landw. Forsch. **12**, 14
KUBIENA, W. L. (1948): Entwicklungslehre des Bodens. Springer, Wien
KUKOWSKI, H. (1989): Untersuchungen zur Ad- und Desorption ausgewählter Chemikalien in Böden. Schriften. Inst. Pflanzenern. Bodenk., Univ. Kiel **7**
KÜSTER/THIEL (1985): Rechentafeln für die chemische Analytik. **103**. Aufl. H. de Gruyter, Berlin
KUNDLER, P. (1956): Archiv f. Forstwesen **5**, 585
LEENHEER, L. de, BOODT, M. De (1954): Transact. 5. Int. Congr. Soil Sci. **2**, 11
LEENHEER, L. de, RUYMBEKE, M. v., MAES, L. (1955): Z. Pflanzenernähr., Bodenk. **68**, 10
LEMON, E., ERICKSON, A. (1952): Soil Sci. Soc. J. Am. **16**, 160
LESER, H., KLINK, H.-J. (Hrsg., 1988): Handbuch und Kartieranleitung Geoökologische Karte 1:25000. Zentralausschuß deutsche Landeskunde, Trier
LESER, H. (1991): Landschaftsökologie, Ulmer, Stuttgart.
LOEBELL, R. (1953): Z. Pflanzenernähr., Bodenk. **60,** 172
LOZAN, J. (1992): Angewandte Statistik für Naturwissenschaftler; Parey, Hamburg
MALICKI, M., SKIERUCHA, W. (1989): Irrig. Sci. **10**, 153
MARSCHNER, B. (1990): Elementumsätze in einem Kiefernforstökosystem auf Rostbraunerde unter dem Einfluß einer Kalkung/Düngung. Ber. Forsch.zentr. Waldökosysteme, R. A, **60,** Göttingen
MARTENS, R. (1985): Soil Biol. Biochem. **17**, 765
MATTHEß, G. (1993): Die Beschaffenheit des Grundwassers. **3**. Aufl. Borntraeger, Berlin
MATTSON; S., KOUTLER-ANDERSON, E. (1942): Kungl. Lantbrukshögsk. Ann. **10**, 241
MAYER, E. (1989): Regionale und saisonale Unterschiede in der Stickstoffmineralisierung Baden-Württembergischer Böden. Diss. Univ. Hohenheim.
MCKEAGUE, I., WANG, C., COEN, G. et al. (1983): Soil Sci. Soc. Am. J. **47**, 1052
MEHLICH, A. (1942): Soil Sci. **53**, 1–14
MEHRA, O. P., JACKSON, M. L. (1960): Proc. 7 Nat. Conf. Clays a Clay Min. 317
MEIWES, K., HAUHS, M., GERKE, H., ASCHE, N., MATZNER, E. u. LAMERSDORF, N. (1984): Berichte Forsch. Zentr. Waldökosysteme/Waldsterben **7,** 69-142, Göttingen.
MEIWES, K.-J., KÖNIG, N., KHANNA, P. K., PRENZEL, I., ULRICH, B. (1984): Chemi. Untersuchungsverf. zur Charakt. u. Bewertung der Versauerung in Waldböden, Ber. Forsch. Waldöko. **7**, Göttingen
MEUSER, H. (1993): Z. Pflanzenern., Bodenk. **156,** 137
MEYER, B., KALK, E., FÖLSTER, H. (1962/63): Parabraunerden aus primär carbonathaltigem Würm-Löß in Niedersachsen. Z. Pflanzenern., Bodenk. **99**, 37 u. 100

MIELENZ, R. C., KING, M. E., SCHIELTZ, M. C. (1950): Staining Tests. Rept. 7, American Petrol. Inst., Columbia Univ., New York

MITSCHERLICH, E. A. (1950): Bodenkunde für Landwirte, Forstw. u. Gärtner, **6**. Aufl., Niemeyer, Halle

MÜCKENHAUSEN, E. (Hrsg. 1977): Entstehung, Eigenschaften und Systematik der Böden der Bundesrepublik Deutschland. DLG-V., Frankfurt

MÜLLER, G. (1964): Methoden der Sedimentuntersuchung, E. Schweizerbart, Stuttgart

MÜLLER, M. J. (1987): Handbuch ausgewählter Klimastationen der Erde. **4**. Aufl. Hrsg. J. Richter, Trier

MUNSELL (1954): Soil Color Charts. Baltimore

MUNZERT, M. (1992): Einführung in das pflanzenbauliche Versuchswesen. Parey, Hamburg

NAGARAJARAO, Y. (1965): Gefügebildung in Pelosolen. Diss. Univ. Hohenheim

NANNIPIERI, P., GROGO, S., CECCANTI, B. (1990): Soil Biochem. **6**, 293

NAW (1979 ff): Deutsche Einheitsverfahren zur Wasser-, Abwasser- und Schlammuntersuchung. VCH, Weinheim

NITZSCH, W. (1936): Bodenk. und Pflanzenern. **1**, 111

OELKERS, K.-H. (1984): Datenschlüssel Bodenkunde - Bundesanst. Geowiss., Rohst. u. Geolog. Landesämter BRD (Hrsg.), Hannover.

OLLIER, C. (1984): Weathering **2**. Aufl., Oliver a. Boyd, Edingburgh

OSTENDORFF, E. (1955): Grundlage und Methode neuzeitlicher Bodenaufnahme. - Schr. Wirtschaftswissen. Ges. zum Studium Niedersachsens, N. F. **23**, Oldenburg.

PAGE, A.; MILLER, R., KEENEY, D. (Ed., 1982): Methods of soil analysis. **2**. Chemical and microbiological properties. 2. Aufl. ASA, Madison, USA

PALLMANN, H., EICHENBERGER, E., HASLER, A. (1940): Bodenkundl. Forschung **7**, 53

PAPE, H. (1977): Leitfaden der Gesteinsbestimmung. Enke, Stuttgart

PARFITT, R., HENMI, T. (1982): Soil Sci. Plant Nutr. **28**, 183

PETERS, M. (1990): Nutzungseinfluß auf die Stoffdynamik schleswig-holsteinischer Böden - Wasser., Luft-, Nähr- und Schadstoffdynamik -. Univ. Kiel, Schr. Inst. f. Pflanzenern., Bodenk. **8.**

PFISTERER, U., GRIBBOHM, S. (1989): Z. Pflanzenern., Bodenk. **152,** 455

PLAGGE, R. (1991): Bestimmung der ungesättigten hydraulischen Leitfähigkeit im Boden. TU Berlin, Bodenök. u. Bodengen., **3.**

PRESS, H. (1959): Kulturlanderhaltung und Kulturlandgewinnung. P. Parey, Berlin

PRÜEß, A. (1992): Vorsorgewerte und Prüfwerte für mobile und mobilisierbare, potentiell ökotoxische Spurenelemente in Böden. U. Grauer, Wendlingen

QUIRK, J., PANABOKKE, C. (1962): J. Soil Sci. **13**, 71

RAMSAYER, K. (1955): Grundriß der Vermessungskunde, Wittwer, Stuttgart

REEUWIJK, van L. (ed., 1993): Procedures for soil analysis. **4**. Aufl. ISRIC Wageningen

REHFUESS, K. E. (1992): Waldböden. 2. Aufl., Parey, Hamburg

REICHENBACH, H. Graf v., SCHROEDER, D. (1960): Z. Pflanzenern., Bodenk. **90**, 116

RENGER, M., STREBEL, O. (1980): Wasser u. Boden **32**, 572

RENGER, M., WESSOLEK, G., LIST, B., SEYFERT, R. (1987): Mitt. Dtsch. Bodenk. Ges**. 55**, 821

RICHARDS, L. A. (1949): Soil Sci. **68,** 95

RICHARDS, L.A. (1954): Diagnosis and improvement of saline and alkali soils. US Dept. Agric. Handbook **60**, Washington DC

RINNE / BEREK (1973): Anleitung zur Mikroskopie der Festkörper im Durchlicht. 3. Aufl. H. Schumann. Schweizerbart, Stuttgart

ROTHKEGEL, W. (1952): Landwirtschaftliche Schätzungslehre. Ulmer, Stuttgart

RUARK, G., ZARNOCH, S. (1992): Soil Sci. Soc. Am J. **56**, 1945

RUCK, A., STAHR, K. (1987): Mitt. Dtsch. Bodenk. Ges. **55,** 233

RUHR-STICKSTOFFAG (Hrsg., 1988): Faustzahlen für Landwirtschaft und Gartenbau. Landw. V., Hiltrup

RUMP, H., KRIST, H. (1992): Laborhandbuch für Untersuch. von Wasser, Abwasser und Boden. VCH, Weinheim

RUNGE, M. (1970): Flora **159**, 233, Jena

SAALBACH, E., KESSEN, G., JUDEL, G.-K. (1962): Landw. Forsch. **15**, 6

SAUNDERS, W. M., WILLIAMS, E. G.(1955): J. Soil Sci. **6**, 254

SCHACHTSCHABEL, P (1951): Z. Pflanzenern., Bodenk. **54**, 134
SCHACHTSCHABEL, P. (1960): Transact. 7. Int. Congr. Soil Sci. **II**, 22
SCHACHTSCHABEL, P.(1961): Landw. Forsch., **15**. Sonderh., 29
SCHACHTSCHABEL, P., KÖSTER, W. (1978): Z. Pflanzenernähr. Bodenk. **141**, 43-45
SCHAFFER, G. (1958): Z. Pflanzenernähr., Bodenk. **83,** 54
SCHEFFER, F., ULRICH, B. (1960): Lehrbuch der Agrikulturchemie und Bodenkunde III. Teil Humus und Humusdüngung. Enke, Stuttgart
SCHEFFER/SCHACHTSCHABEL (1992): Lehrbuch der Bodenkunde, **12**. Aufl. von P. Schachtschabel, H.-P. Blume, G. Brümmer, K.-H. Hartge, U. Schwertmann. Enke, Stuttgart.
SCHINNER, F., ÖHLINGER, R., KANDELER, E. (1993): Bodenmikrobiologische Arbeitsmethoden. 2. Aufl. Springer, Stuttgart
SCHLICHTING, E. (1960): Typische Böden Schleswig-Holsteins. Schriftenr. Landw. Fak. Univ. Kiel **26**
SCHLICHTING, E. (1970): Bodensystematik und Bodensoziologie. Z. Pflanzenern. Bodenk., **127**, 1
SCHLICHTING, E. (1986): Standortfaktoren und Düngewirkung. KALI-Briefe **18**, 157, Hannover
SCHLICHTING, E. (1993): Einführung in die Bodenkunde. 3. Aufl., P. Parey, Hamburg
SCHMITZ, W., VOLKERT, E. (1959): Die Messung von Mitteltemperaturen auf reaktionskinetischer Grundlage. Zeiss-Mitteilg. **1**, 300
SCHNITZER, M. KHAN, S. (1978): Soil organic matter. Elsevier, Amsterdam
SCHOLICH,G:, FIEDLER, S. (1994): Z. Pflanzenern. Bodenk. **157**, 279
SCHROEDER, D., ZAHIROLESLAM, S., HOFFMANN, W. E. (1962): Z. Pflanzenern., Bodenk. **100**, 215
SCHULLER, E. (1989): Z. Pflanzenernähr., Bodenk. **152,** 115
SCHUSTER, H.-J. (1980): Analyse und Bewertung von Pflanzengesellschaften im Nördl. Frankenjura. Cramer, Vaduz
SCHUSTER, W. H., LOCHOW, v., I. (1979): Anlage u. Auswert. von Feldversuchen. DLG-V., Frankfurt
SCHWANECKE, W. (1964): Richtlinien für die Bildung u. Kart. der Standortseinheiten im Mittelgebirge und Hügelland des mitteldeutschen Raumes. Inst. Forsteinricht. u. Standortskart., Postdam
SCHWERTMANN, U. (1964): Z. Pflanzenern., Bodenk. **105**, 194
SEKERA, F., BRUNNER, A. (1943): Bodenk. u. Pflanzenernähr. **29**, 169
SIBIRSKI, B. (1935): Pochvovedenie **1,** 188
SMETTAN, U., BLUME, H.-P. (1987): Catena **14**, 333
SMITH, K. Ed. (1991): Soil analysis – modern instrumental techniques. M. Deccer, New York
SOIL SURVEY STAFF (1992): Keys to Soil Taxonomy. **4.** Aufl. Blocksburg, USA
SOMMER, M. (1992): Musterbildung und Stofftransporte in Bodengesellschaften Baden-Württemberg. Hohenheimer Bodenkdl. Hefte **4**
SOPER, R., HUANG, P. (1963): Soil Sci. **43,** 350
SPRINGER, U. (1940): Bodenk. u. Pflanzenernähr. **18,** 129
SPRINGER, U. (1948): Z. Pflanzenern., Bodenk. **40,** 168
SPRINGER, U. (1954): Z. Pflanzenern., Bodenk. **64,** 1
STAHR, K. (1974): Mitt. Deutsch. Bodenkl. Gesell. **18,** 10
STAHR, K. (1979): Die Bedeutung periglazialer Deckschichten für Bodenbildung und Standorteigenschaften im Südschwarzwald. Freib. Bodenkdl. Abh. **9.**
STAHR, K. (1989): Stoffverlagerung in Böden und Landschaften. Gedächniskoll. »Ernst Schlichting«, S. 58. Hohenheimer, Arb.; Ulmer, Stuttgart
STAHR, K., HÄDRICH, F., GAUER, J. (1983) Z. Pflanzenern. Bodenk. **146**, 23
STAHR, K., RÜCK, F., LORENZ, G. (1992): Vorhersage der Stickstoffmineralisierung in Böden Baden-Württembergs. Freib. Bodenkdl. Abh. **30,** 103
STEVENSEN, F., CHANG, C.-N. (1970): Geochim. Cosmochi. Acta **34**, 77
STRASBURGER, E. (1983): Lehrbuch der Botanik. **32**. Auf.; G. Fischer, Stuttgart
STREIT, B. (1994): Lexikon Ökotoxikologie. 4. Aufl., VCH, Weinheim
STRUNZ, H. (1982): Mineralogische Tabellen. 8. Aufl., Akad. V., Leipzig
STREBEL, O. (1970): Zeitschr Pflanzenern Bodenk **126**, 111–116.
STUMM, W. (1992): Chemistry of the soil-water interace, J. Wiley, New York
SYDOW, M., STASCH, D. u. STAHR, K. (1992): Berliner Naturschutzbl. **32**, 129
TAMM, O. (1932): Meddel. f. Statens Skogsförsöksanst. **27**, 1; Stockholm

TANNER, C. B., JACKSON, M. L. (1947): Proc. Soil Sci. Soc. America **11**, 60
TATE, K., JENKINSON, D. (1982): Soil Biol. Biochem. **14**, 331
TEGELAAR, E. (1989): J. Anal. Appl. Pyrol. **15**, 29
TEPE, W. (1961): Die Weinwissenschaft **16,** 65
TJURIN, L. W. (1940) (russ.): Probleme der sowjetischen Bodenkunde, Sb. **11,** zit. n. Kononowa 1958
TOPP, G., DAVIS, J. u. ANNAN, A. (1982): Soil Sci. Soc. Am. J. **46**, 672, 678
TRIBUTH, H., LAGALY, G. (1986): Fachzeitschr. f. d. Laborw. **30**, 524, 771; GIT, Darmstadt
TRIBUTH, H., LAGALY, G., Hrsg. (1991): Identifizierung und Charakterisierung von Tonmineralen. Ber. DTTG, Gießen
TRÖGER, W. E. (1982): Optische Bestim. gesteinsbildender Minerale. E. Schweizerbart, Stuttgart
TRÜBY, P. (1983): Elementumsatz in einer bewässerten Pararendzina der südlichen Oberrheinebene unter besonderer Berücksichtigung der Schwermetalle. Freib. Bodenkdl. Abh. **12.**
ULRICH, B. (1983): Interactions of forest canopies with atmospheric constituents: So2, alkali and earth alkali cations and chloride. – In: B. Ulrich and J. Pankrath (eds.) Effects of Accumulation of Air Pollutants in Forest Ecosystems: 33-45; Dordrecht
ULRICH, B., PANKRATH, J. (Hrsg., 1983): Effects of accumulation of air pollutants in forest ecosystems. Reidel, Dordrecht
VANCE, E. BROOKES, P. JENKINSON, D. (1987): Soil Biol. Biochem. **19**, 703
VOGEL, F., KOHL, F. (1952): Das Bodenprofil. Verfahren zu seiner Entnahme und Präparation für Lehr- und Sammlungszwecke. Bayer. Geol. Landesamt, München
VOIGT, E. (1936): Bodenk. u. Pflanzenern. **45**, 111
WAKSMAN, S. A., TENNEY, F. G. (1927): Soil Sci. **24**, 275
WALTER, H., BRECKLE, S.-W. (1986-1991): Ökologie der Erde (4 Bände). G. Fischer, Stuttgart
WALTER, H., LIETH, H. (1960-1967): Klimadiagramm-Weltatlas; G. Fischer, Jena
WARD, K., KLEPPER, B., RICKMANN, R., ALLMARAS, R. (1978): Agron. J. **70**, 675
WEBER, E. (1972): Grundriß der biolog. Statistik. **7**. Aufl., Springer, Berlin
WEBER, U. (1961): Geschnittene Drogen. **5.** Aufl., G. Fischer, Stuttgart
WEHRMANN, J. (1963): Möglichkeiten und Grenzen der Blattanalyse in der Forstwirtschaft. Landw. Forsch. **16**, 130
WEIHE, J. (1976): Allg. Forst- u. Jagdzeit. **12,** 235
WELTE, E. (1955): Angew. Chem. **67**, 153
WERF, H. van de, VERSTRAETE, W. (1987): Soil Biol. Biochem. **19**, 253
WILDING, L., SMECK, N., HALL, G. (1985): Pedogenesis and soil taxonomy. Band 1 u. 2. Elsevier, Amsterdam
WILSON, A. (1991): Analysis of functional groups in soil by nuclear magnetic resonance spectroscopy; in K. A. Smith: Soil analysis, 601-646. M. Dekker, New York
WISCHMEIER, W., JOHNSON, C., CROSS, B. (1971): J. Soil Water Conserv. **26**, 189
ZEIEN, H., BRÜMMER, G. (1989): Mitteilgn. Dtsch. Bodenkdl. Gesellsch. **59**, 505
ZEZSCHWITZ, E. von (1976): Geol. Jb. **F3,** 53
ZÖTTL, H. (1958): Z. Pflanzenern., Bodenk. **81,** 35
ZÖTTL, H. W. (1973): Diagnosis of nutrit. disturb. in forest stands. 75–95. Transact. Int. Symp. Forest Fertil. FAO-IUFRO, Paris

8.3 Sachverzeichnis

T

U

V

Notizen

Notizen

Notizen

Notizen

Notizen

Notizen

Notizen